如愿

记者眼中的南水北调

水利部南水北调工程管理司 编

中国水利水电出版社
www.waterpub.com.cn

·北京·

图书在版编目（ＣＩＰ）数据

如愿：记者眼中的南水北调 / 水利部南水北调工程
管理司编. -- 北京：中国水利水电出版社，2019.11
ISBN 978-7-5170-8285-9

Ⅰ．①如… Ⅱ．①水… Ⅲ．①新闻—作品集—中国—
当代 Ⅳ．①I253

中国版本图书馆CIP数据核字(2019)第270165号

书　　名	**如愿——记者眼中的南水北调** RUYUAN——JIZHE YANZHONG DE NANSHUIBEIDIAO
作　　者	水利部南水北调工程管理司　编
出版发行	中国水利水电出版社 （北京市海淀区玉渊潭南路1号D座　100038） 网址：www.waterpub.com.cn E-mail：sales@waterpub.com.cn 电话：（010）68367658（营销中心）
经　　售	北京科水图书销售中心（零售） 电话：（010）88383994、63202643、68545874 全国各地新华书店和相关出版物销售网点
排　　版	中国水利水电出版社微机排版中心
印　　刷	天津嘉恒印务有限公司
规　　格	170mm×240mm　16开本　35.5印张　600千字
版　　次	2019年11月第1版　2019年11月第1次印刷
印　　数	0001—2000册
定　　价	**128.00元**

本书编委会

前言

　　2014 年 12 月 12 日，南水北调中线一期工程正式通水，这也意味着东、中线一期工程开始全面发挥效益。习近平总书记作出重要指示，强调南水北调工程是实现我国水资源优化配置、促进经济社会可持续发展、保障和改善民生的重大战略性基础设施，功在当代，利在千秋。希望继续坚持"先节水后调水，先治污后通水，先环保后用水"原则，加强运行管理，深化水质保护，强抓节约用水，保障移民发展，做好后续工程筹划，使之不断造福民族、造福人民。

　　五年来，南水北调人牢记总书记教导和嘱托，认真落实好"十六字"治水思路，紧紧围绕"水利工程补短板、水利行业强监管"水利改革发展总基调，一以贯之持续抓好工程管理和运行安全，着力增加供水量，确保供水水质，工程综合效益持续发挥。

　　截至 2019 年 11 月 29 日，工程已累计调水达 297.18 亿立方米，受益人口超过 1.2 亿人，成为沿线 40 多座大中城市生活用水的主力水源，受水城市供水保障率显著提高。沿线群众饮水质量显著改善，北京市自来水硬度由过去的 380 毫克/升降低至 130 毫克/升，河北 500 多万人告别了饮用高氟水、苦咸水的历史。工程为我国北方地区新增了两条绿色生态大走廊，大幅度改善了沿线地区生态环境，通过生态补水，沿线城市河湖、湿地以及白洋淀水面面积明显扩大，河湖水质显著改善，地下水位明显回升；为京津冀协同发展、雄安新区建设等重大战略提供可靠水资源保障，倒逼沿线产业结构优化布局、转型升级。

在北京，一纵一环输水大动脉缔结了万里长江与千年古都的"千里姻缘"，南水润泽千家万户，成为首都"血脉"；在天津，南水入卫兴津，建构"一横一纵"供水新格局；在河北，碧水润泽，燕赵焕青春；在河南，护水用水，中原见芳华；在山东，水网织就，脉动齐鲁大地；在江苏，依江凭水，苏北大地生机勃勃……南来之水，一路向北奔涌，欢快着、激荡着，滋润万物、泽惠万民——工程已由原规划的补充水源转变为多个重要城市的主力水源，在实现优化配置水资源的同时，助力生态文明建设。人民群众的获得感、幸福感持续增强。

东、中线一期工程宛如两条巨龙，驰骋于粗犷率直的北方，支撑起共和国刚硬的脊梁，"国之重器"的烙印深嵌人心。这是新时代中华儿女谱写出的最美水韵，这是新时代水利人在丹青史册上留下的厚重一笔！

五年来，有这样一个群体，作为时代的见证者、记录者，他们关注、守望着工程，通过忠实地记录、客观地表达、正面地宣传，为工程奔波操劳，慧眼识珠、巨笔如椽，形成了强大的宣传声量：人民日报赵永平采写的《南水从此润北方》，通过深刻的思考、凝练的语言，立体展现了工程全面通水的深远战略意义和影响；新华社于文静采写的《千里水脉润北方——南水北调中线输水成效综述》，以翔实的材料，写实的文笔，综合陈述了工程全面通水以来所发挥的巨大综合效益情况；新华网傅菁等采写的《平凡的南水北调中线源头护水人》用朴实的文笔、感人的细节，生动地反映了工程建设者背后那些鲜为人知的感动瞬间……所有这些，都凝结着记录者们的辛苦和付出，"妙手著文章"，他们借助全媒体平台，尽情地讴歌伟大时代、赞美伟大工程，让南水北调工程在新时代的大舞台上，绽放出夺目风采。

为充分展现全面通水五年来南水北调工程宣传工作成果，进一步总结宣传报道经验，积累和丰富工程文献资料，我们收集整理五年来中央主要媒体以及沿线省（直辖市）有关新闻媒体报道内容，文海拾贝，穿掇成册并结集出版，供关心、支持和参与南水北调工程的人们了解工程五年来建设运行情况、围绕做好工程管理开展的一系列工作以及综合效益发挥情况，更深刻全面地认识南水北调工程的重大意义；同时，也希望读者通过阅读本书，更加理解、支持南水北调工程，共同做"一渠清水永续北流"的参与者和维护者。

本书名为"如愿——记者眼中的南水北调"，即借以表达"这盛世如你所愿、这工程如你所愿"之意，新中国成立 70 周年来，以南水北调工程为代表的一系列"大国重器"为实现民族伟大复兴中国梦夯基助力、增光添彩，南水北调工程的全面通水和稳健运行使中华民族半个多世纪以来的调水梦功成愿遂。

五年来，围绕南水北调工程宣传涌现出了大批优秀作品，限于形式、篇幅和结构编排，只能够从中遴选部分作品，难以做到面面俱到，如有遗珍，还望海涵。

本书在编辑过程中，得到了有关媒体和记者的支持与帮助，在此特致以诚挚的感谢。

编 者

2019 年 11 月

目录

前言

 南水北调东线优秀新闻作品

2012—2014 年

2015 年

2016 年

2017 年

2018—2019 年

NEW 南水北调中线优秀新闻作品

2012—2014 年

2017 年

2018 年

2019 年

南水北调东线
优秀新闻作品

南水北调是社会发展的必然需求

——访江苏省水利厅原副厅长沈之毅

开栏语： 2012 年是南水北调实现通水目标三年决战的关键之年。为了回顾在南水北调工程论证、规划、勘测、设计和施工建设中作出贡献的老专家、老学者和老工程技术人员的艰辛历程，颂扬老一辈水利工作者为南水北调工程建设付出的心血和作出的卓越贡献，激励参建者的斗志，本报从本期开始推出《岁月留香》栏目，望读者予以关注。

沈之毅，江苏省水利厅原巡视员、副厅长，分管江苏南水北调工程的规划设计工作。这位曾担任过江苏省水利设计院院长的老人，如今虽然赋闲在家，但一直关注着南水北调工程的建设。

记者： 南水北调东线一期工程是在江苏江水北调工程的基础上建设的，请您谈谈为什么江苏省要搞江水北调工程。

沈之毅： 苏北是一个洪水走廊，降水时空分布不均，当时最大的问题就是洪水灾害。按当地的说法就是"大雨大灾、小雨小灾、无雨旱灾"。1949 年一场大洪水，苏北地区一片汪洋。当时的苏北区党委成立了水利署，山东、江苏共同搞淮河、沂河、沭河的治理工程。1950 年，江淮流域又发生了一场大水，毛主席便发出了"一定要把淮河修好"的伟大号召。从 1951 年开始的第一次治淮高潮取得了显著成效，洪水归槽后，农业生产得到了较快发展。1959 年、1960 年，洪泽湖发生较为严重的干旱，不但直接影响到苏北地区的农业灌溉，也影响到整个江苏经济的发展。

为了解决"淮水可用不可靠"的问题，在 20 世纪 60 年代，江苏就已经开始有步骤地进行调水工程的建设。按当初的规划，在江苏省境内，引长江之水沿运河北上，将洪泽湖、骆马湖、微山湖等湖泊串联起来，为淮北农业耕作制度调整和经济发展提供水资源保障。由于当时中国南水北调工程规划论证已全面展开，江苏调水工程便由南水北调改称为江水北调工程了。应该说，南水北调工程是经济社会发展的必然产物，是对水利的需求。南水北调东线江苏段工程就是建立在江水北调基础之上的。

记者：请您谈谈对南水北调工程的认识。

沈之毅：在经济社会发展的每个阶段，水利建设都是最重要的中心任务之一，而且都要做到适度超前。从江苏省来说，随着苏北地区城镇化建设步伐的加快，20世纪80年代苏北作为江苏的农业基地，徐州电厂、连云港核电厂的建设，还有航运也需要京杭运河保持一定水位，这些都需要水资源供给的保证。随着时代的不断发展，水利工程的功能也在不断拓展和完善。水利厅是政府职能部门，要围绕省委、省政府的要求，围绕区域经济发展、能源基地建设、生态环境改善等，抓好水利工程建设。从1958年形成江苏江水北调工程的雏形，到2013年南水北调东线一期工程将建成通水，我工作这么多年，真没有想到会发展到现在这个程度。现在回过头来看，南水北调工程战略意义非常大，是一项关系国计民生的伟大工程。

调水工程建设是伴随着经济社会发展的需求逐步提出、逐步完善、逐步发展的。江水北调工程具有生命力的本质就是综合利用，南水北调工程更是如此。

记者：江都站经过几次改造，现在焕然一新，已经从江水北调的骨干工程，发展成为南水北调东线工程的调水源头。从泵站的发展看，调水工程经历了怎样的发展过程？

沈之毅：调水工程建设是伴随着经济社会发展的需求逐步提出、逐步完善、逐步发展的，在泵站建设上同样如此。在20世纪六七十年代，调水工程主要靠0.2～0.5个流量的小柴油机，几十台排在一起调水，两三个月就能建成并发挥效益。从小到大经过了几十年的发展，才逐渐换上了现代化的大水泵。现在还清楚地记得，1962年我大学毕业后，便分到基建工程队，并在设计室工作，曾参加江都一站的修改设计和二站的设计工作。江都一站使用的是混流泵，上海水泵厂也是头一次造这种泵。这么大的电机，在当时泵站建设上还是头一次，试运行时，厅里的两个老总和技术专家都到了现场，在场的人都很紧张。为了防止意外，现场就留几个操作工，其他人都撤到100米以外，当看到水出来时，都高兴得不得了。当时所谓的大泵放到现在已经是

"小儿科"了。现在泵的制造水平和设备控制技术也提高了，还引进了国外技术，并进行吸收改造，比如，宝应站的 4 台泵中，中日两国生产的就各占2台。

当时的泵站建设为后来的发展奠定了基础，如果没有过去的小泵站，就没有现在的大工程。应该讲，江苏的南水北调工程不仅规划设计是几代人逐步深化完善而来的，而且工程建设也是逐步积累的，不是一次完成的。

记者：江苏省江水北调工程与现在实施的南水北调东线工程之间，有什么内在关系？

沈之毅：从江苏江水北调工程来看，调水工程具有生命力的本质就是综合利用，方方面面都需要它。江水北调工程的建成，解决了防洪问题，解决了困扰几十年的区域性排涝问题，由于沿线 9 级泵站都可单独运行，所以保证了农业灌溉，也解决了区域性干旱问题。同时，还解决了区域性水环境治理问题。比如 20 世纪 80 年代初淮安曾出现过小范围的水污染事件，通过及时调水稀释，问题很快得到了解决。由于调水工程顺应了当地经济发展需求，因而效益十分明显，工程建到哪里，就促进了哪里的经济发展，所以地方上都希望调水工程经过他们那里。

调水工程之所以有生命力，效益是第一位的。从这点看，江苏江水北调工程和现在实施的南水北调东线一期工程是融合在一起的，与国家的大规划也是一致的。已经过世的姚榜义曾说过，江苏江水北调东线工程的建设和运行经验是南水北调工程建设与管理的基础，在江水北调基础上扩大规模向北延伸，南水北调东线工程一定是成功的。

治污和节水这两个问题对南水北调东线工程的成败关系重大。东线工程的运行管理，也是一个需要实践摸索的重要课题。

记者：您怎样看东线工程的治污和节水问题？

沈之毅：治污和节水这两个问题对南水北调东线工程的成败关系重大，如果解决不好，整体效益就很难充分发挥。现在回想起来，当时江水北调初期工程无论是规划设计，还是建设阶段，对治污和节水两个问题研究较少，特别是农业灌溉方面浪费水的现象更为突出，对治污和节水的认识也有个渐进的过程。现在特别强调这两个课题是很必要的。在治污方面，虽然从 2000

年开始，治污工作得到高度重视，江苏段建设的截污导流工程也取得了比较明显的成效，但东线治污工作仍然要下大力气。

记者：俗话说"管理出效益"，您对南水北调工程的运行管理有什么建议吗？

沈之毅：南水北调是个系统工程，从工程性质上看，江苏向北方调水，应该重在补源错峰调水，而不是单纯地在用水高峰期直接供水。调水线路400多公里，9级泵站调水，怎样与防洪、排涝、灌溉相结合，怎样与地方区域性经济发展的要求结合起来，都需要进行深入研究，否则很难达到效益最大化。在服从大局的前提下，南水北调东线工程的运行管理问题，还需要研究如何与地方利益相结合、如何调动地方积极性等问题，这些都是需要经过实践摸索的重要课题。

苏冠群　李志杰　李松柏　王　晨
原载 2012 年 4 月 20 日《中国水利报》

南水北调东线治污工程成效调查

新华网北京 7 月 25 日电　再有一年多时间，举世瞩目的南水北调东线一期工程就将通水了。早在东线工程论证阶段，专家们就下过判断：东线工程技术不是难题，真正的难点在治污。南水北调能否引来一渠清水？记者近日赴山东、江苏东线工程沿线进行了实地采访。

"酱油湖"变身"清水湖"

"西边的太阳快要落山了，微山湖上静悄悄……"电影《铁道游击队》中的歌曲使微山湖闻名全国。然而，20 世纪 90 年代开始，这个北方地区最大的淡水湖受到严重污染，湖水污浊得仿佛"一湖酱油"。

广义的微山湖包括微山、昭阳、独山、南阳四个相连湖泊，是东线工程的输水通道和重要调蓄水库。这里承接鲁、苏、豫、皖 4 省 32 县 53 条河流的来水，且无直接入海通道，任何一条河流治理不好都会影响湖区水质。

"先治污后通水"，是南水北调东线的调水原则。沿线江苏省、山东省政府与国务院南水北调办签订东线治污工作目标责任书，发起治污攻坚战。

江苏省推行"河长制"，辖区内负责人分段包干治污任务，设置环保"门槛"拒绝高能耗、高污染企业，处理后的尾水通过截污导流工程经湿地再处理后入河；山东省提出"治、用、保"理念，"治"是全过程污染防治，"用"是合理利用达标中水，"保"是流域生态修复和保护。

如今的微山湖，湖面浩渺，水光荡漾，再也不见往日的"伤痕"。微山县环保局监测站站长丁德超从湖中舀了一试管水，仰头喝了下去。"现在的湖水可以直接饮用，只不过还有点泥土味。"他笑着说。

东线输水干线基本达到Ⅲ类标准

漫步在济宁市北湖景区，一望无际的荷塘绿意盎然，一米多高的芦苇丛随风摇荡。但令大多数游客想不到的是，这个美丽的景区也在默默地为南水北调治污工程作出贡献。

每天，有7.5万吨处理后的1级A中水被引入这个人工湿地，接受湿地植物系统的深度净化。监测数据显示，进水的化学需氧量和生化耗氧量分别是50毫克每升和20毫克每升，出水时的数据则分别下降到20毫克每升和4毫克每升。这也意味着，这两个数据已经达到地表水Ⅲ类水质标准。

在国务院制定的东线工程治污任务中，输水干线的水质目标就是Ⅲ类。但在2000年，黄河以南36个控制断面，仅1个断面水质达到规划目标要求，高达32个断面水质均为Ⅴ类或劣Ⅴ类。一些专家甚至认为，东线治污将是流域治污的"世界第一难"。

困难面前，中国选择了迎难而上。国务院南水北调办环保司司长石春先介绍，国家有关部门制定了《南水北调东线工程治污规划》，安排了工业结构调整、工业综合治理、城镇污水处理及再生利用设施建设、流域综合整治以及截污导流等五大类项目，建立"治理、截污、导流、回用、整治"一体化治污体系。

江苏、山东两省为实施好规划，分别制定了 41 个控制单元治污实施方案，还增加了船舶污染防治、城市生活垃圾处理等项目。调整后东线一期工程治污项目达 426 项，总投资 153 亿元。

经过国务院有关部门和沿线省、市共同努力，东线治污规划控制单元治污实施方案确定的治污项目基本上已完成。国务院南水北调办新闻发言人、综合司司长程殿龙介绍，2012 年 1—4 月，东线黄河以南 36 个控制断面中，有 32 个达到了规划目标，达标率为 89％，输水干线基本达到 Ⅲ 类标准。

环保治污倒逼经济转型

在山东省兖州市太阳纸业污水处理厂边，处理后的中水汇聚成宽阔的水面，不时有几只水鸟轻轻掠过。67 岁的顾老汉正在岸边的柳树下悠闲垂钓："湖里有草鱼、鲢鱼、鲤鱼，一天能钓两三斤呢。"

太阳纸业节能环保处处长姜红梅介绍，处理后的中水出境水质已经达到地表水 Ⅳ 类标准。通过淘汰落后产能、加强技术创新、全力治理污染，公司浆纸产量不断增加，但单位用水却逐年减少，规模效益和环境保护形成良性循环。

"没有真正落后的行业，只有落后的观念、标准、技术和管理。"山东省环保厅厅长张波说，通过结构性污染治理，2010 年全省造纸企业数量比 2002 年减少了 70％，产量、利税分别是 2002 年 2.5 倍和 4.7 倍，而造纸行业COD（化学需氧量）排放量却同比减少了 62％，山东造纸行业市场竞争力显著增强。

在工业城市徐州，曾经的四大产业是水泥建材、电力、煤炭、化工，对环境影响很大。经过污染治理和产业结构调整，现在徐州的新四大产业是工程机械、食品加工、新材料、商贸物流。焕然一新的城市面貌，让游客发出"错把徐州当杭州"的感慨。

以环保倒逼产业转型，东线治污工程的成绩向世人证明：经济发展与环境保护不是互斥关系，二者可以共生共荣，互相促进。

离东线通水只有一年多的时间了，确保水质稳定达标的任务更加紧迫。针对当前不能稳定达标和不达标的控制单元，江苏、山东两省已经分别制定了水质达标补充方案，进一步深入东线治污工作，全力确保一渠清水北送。

林　晖

2012 年 7 月 25 日新华网

创新管理文化三管齐下
质量安全廉政实现多赢

——东线江苏段泗阳站建设管理纪实

2012 年 5 月，南水北调东线江苏段泗阳站机组正式接受省防指抗旱翻水指令，经受了 59 天 4770 台时的安全运行考验，共翻水 5.15 亿立方米。在此之前，早在 2012 年 4 月通过验收并交付省骆运管理处泗阳闸站管理所投入运行的导流河工程，曾在 2011 年遭受 60 年一遇严重旱情之际，为泗阳一站连续开机抽水运行 174 天，共引水 16.67 亿立方米。

自 2009 年 12 月 30 日开工，到 2012 年 5 月 12 日通过泵站机组试运行验收，泗阳站不仅顺利完成了各时段的工期节点计划，而且率先实现了通水目标，及时有效地在缓解淮北地区严重旱情中发挥了显著工程效益。

工程质量安全双赢的佳绩，源自于前期优化设计和施工阶段的技术创新，源自于规范制度、强化管理和贯彻始终的廉政文化建设。

前期优化设计创新　施工技术亮点纷呈

泗阳站工程位于江苏省泗阳县城东南中运河输水线上，是南水北调东线多级提水中的第四梯级站，工程分主体工程和导流工程两部分。主体工程主要是拆除原泗阳一站，在下游新建泵站。导流工程即在泗阳一站下游至泗阳节制闸下游引河间开挖导流河，维持泗阳站施工期间泗阳一站的正常运用，泗阳站建成通水后导流河予以回填。

泗阳站工程建设处（以下简称"建设处"）副主任陈作义介绍说："泵站

及翼墙等主要建筑物设计技术要求高，施工难度大，为达到优质、高效、节省投资和节能减排的目标，工程从设计到施工的整个建设过程中，多项技术创新成为最为突出的亮点。"

在工程实施过程中，建设处充分发挥设计和施工单位的人才技术优势，积极引用新技术、新工艺，着力提高科技含量，努力打造优质工程。并依托大专院校和科研院所，组织开展了泵站装置模型研究、复合地基加固工艺试验研究和泵站超长底板复杂结构混凝土施工防裂研究等课题。

优化工程设计是前期工作的重要环节。承担设计任务的上海勘测设计研究院泗阳站工程项目组技术人员与建设处以及施工单位团结合作，实现了多项设计创新。首先在站身结构设计中，为克服总长为38.5米的进、出水流道容易漏气的难题，大胆采用悬挑结构，把底板长度减少为36米，既有利于施工中的温度控制，又可保证底板少出现温度裂缝，经泵站投入使用，证明了设计的合理性。其次是在节能减排设计中，针对泗阳泵站的规模和扬程，充分比较低扬程泵站多种形式进出水流道，结合泵站管理单位多年来积累的运行管理经验，采用CFD计算与物理模型试验结合的优化方式，对流道线型进行多轮优化，并经模型水泵充分比选，将原型水泵叶轮直径定为3.10米，减轻了水泵重量，减小了费用。同时，还立足当地实际，设置了一套变频发电机组，尊重管理单位的经验和习惯，设计了拓扑结构先进、合理的泵站计算自动化机监控系统。

特别是在施工过程中，引进常用的CFG桩法，通过试验论证改变了规范中明确的桩顶褥垫层做法，解决了既满足地基承载力要求又满足地基渗透稳定要求的难题。他们在泵站底板浇筑前，随机选取不同部位的3个试验组，在桩顶和桩周土上埋设土压力计，随上部荷载变化观测分析桩、土承载比例。据沉降观测资料显示，泵站站身累计最大沉降10毫米，远远小于设计计算预计60～70毫米的沉降量。CFG桩法褥垫层工艺得到了专家组的一致认可。此项"测试数据翔实可靠，技术路线正确，对保证工程安全提供了有效的技术支撑"的工艺，目前已形成《南水北调东线一期泗阳站CFG桩试验研究阶段报告》。此项创新在水工建筑物，特别是泵站底板基础施工中尚属首例。

此外，排泥场退水口虹吸式退水管路施工技术、铸钢锥形丝套螺纹拉杆体系的应用和泵站流道层混凝土施工中模板施工与冷却水管安装等新技术的运用，不仅降低了成本，提高了工程质量，而且还避免与地方发生纠纷，减小运行阶段对灌溉水渠造成污染或者淤积。

规范制度强化管理　质量安全同步保障

质量管理是工程建设管理的核心。建设处认真贯彻"百年大计、质量第一"和"安全第一，预防为主，综合治理"的方针，强化质量意识，狠抓关键环节，建立健全质量保证体系和安全生产管理网络，落实工程质量和安全生产责任制，把工程质量管理和安全生产贯穿于建设全过程，不仅保证了施工工期，而且实现了工程质量和安全生产双赢。

建设处成立由参建各方相关人员组成的泗阳站工程质量管理领导小组，在抓好参建各方质量保证体系建立和质量责任制落实的前提下，在重大技术方案的讨论、决策，重要隐蔽工程的验收，以及对监理单位的监管和设计单位、施工单位、设备制造供应单位的检查等质量管理工作方面发挥了重要作用。建设处制定了《南水北调泗阳站工程建设管理监督检查实施办法》《南水北调泗阳站工程质量管理考核细则》《关于加强泗阳站工程设计变更管理的通知》等一整套质量管理规章制度，并严格遵照有关制度和规范，着重抓了施工图纸质量、施工组织设计、重大技术方案和关键技术问题的审查与决策等关键环节，工程质量始终处于受控状态。2012年5月12日通过泵站试运行验收。

文明创建贯彻始终　廉政文化喜结硕果

创建文明建设工地是对优质、高效、安全完成工程建设目标的重要推动、促进和保证。开工伊始，建设处与项目部就分别成立了精神文明建设领导小组，建立了建设处工地临时党支部和项目党支部，将文明工地创建工作和党风廉政建设贯穿于工程建设全过程。

建设处在工地进口处设置灯箱门楼，施工区域内所有道路均采用混凝土路面或泥结碎石路面，架设高杆路灯，修建了围墙，对生产区实施了封闭管理。进入工地，钢筋场、木工厂、沙石料场布置有序，各类材料堆放整齐，标志齐全。施工现场各类安全宣传牌、警示牌齐全，临边坑口设安全护栏并悬挂警示牌豁然醒目。在管理单位办公和生活区，将要拆迁的房屋设施经改造扩建后，会议室、办公室、食堂、宿舍、浴室、活动室、厕所一应俱全。由于实施了园林化管理，区内花草争艳，亭台楼阁，鸟语花香，环境优美。黑板报、宣传橱窗、报栏、阅览室可供职工学习政治、时事、道德、法律等。卡拉OK室、棋牌室、乒乓球室、篮球场、羽毛球场和单杠等文体活动场所和器械，可使职工们在工余时间，参加各种文体活动，以消除疲劳，活跃气氛。

据统计，工程开工以来，共开展党风廉政教育活动16次，开展廉政文化进工地活动6次。截至目前，未发现任何违法、违纪的现象，也未受到群众举报。2011年度，建设处被江苏省水利厅授予"廉政示范点"称号。

建设处还以争创活动为载体，结合节点工期适时开展了"我为率先通水立新功""为民服务建新功，五比五赛展风采""大干三个月，确保完成年度建设目标""决战四十天，确保完成试运行建设目标"等劳动竞赛活动。2010年，建设处被江苏省总工会授予"工人先锋号"称号。

苏冠群 李志杰 李松柏 王 晨
原载2012年12月7日《中国水利报》

山东段干线主体工程基本完工

2013年第三季度东线工程将实现通水运行

记者从山东省南水北调工程建设管理局获悉，2012年12月25日，南水北调东线一期山东段干线主体工程基本完工，东线工程建设取得重大阶段性成果，今年第三季度南水北调东线将实现通水运行。

据山东省南水北调工程建设管理局局长孙义福介绍，南水北调山东段工程经过10年建设，已到收官阶段。所有11个单项、54个设计单元工程，已有9个单项、49个设计单元工程完工或基本完工，其中干线主体工程已基本完工。工程累计完成投资214.7亿元，占工程批复投资的96.7%。

2012年，按照建委会南水北调东线工程2013年实现通水的部署要求，

万年闸泵站（于福春　摄）

山东省南水北调工程各参建单位在沿线各级党委政府和有关部门的支持配合下，全力打好建设攻坚战，全面实行工期倒逼机制，优化进度计划，严格建设管理，科学组织施工，加大资源投入，对控制性节点工程实行不间断施工，同时大力营造良好施工环境，确保了工程建设又好又快推进，超额完成了国务院南水北调办下达的投资计划，提前完成工程建设任务。

根据国务院要求，2013 年 3 月南水北调东线工程试通水，第三季度全线正式通水运行。孙义福表示，主体工程虽基本完成，但要确保通水目标实现，山东南水北调工作任务仍很艰巨。山东将确保干线主体工程满足各单项工程验收和试通水要求；压茬推进工程验收，确保 5 月底全面完成完工验收技术性初步验收；综合考虑调水水量、调水时间、水源调蓄、各控制性建筑物和节点运行方案、运行管理技术力量调配等因素，科学制定通水方案；尽快确定运行管理体制机制，逐步推行综合水价；加快配套工程建设，确保南水北调工程效益如期发挥。

南水北调东线一期工程建成后，将首先调水到山东半岛和鲁北地区，并为向河北、天津地区应急供水创造条件。供水区共涉及山东省 17 个市中的 13

个市的 68 个县（市、区），每年可为山东省调引长江水 15 亿立方米。

高德刚　杨建伟

原载 2013 年 1 月 1 日《中国南水北调》报

东线成果将对泵站建设发挥重要作用

——访江苏省水利厅原总工程师陈茂满

陈茂满，江苏省水利厅原总工，教授级高级工程师，1962 年大学毕业后，参与了江苏省江水北调工程建设，在泵站设计施工和水资源配置规划等方面积累了丰富的经验。1995 年，他开始经手南水北调东线江苏境内工程前期工作，2002 年退休后依然受邀参与南水北调东线一期江苏境内泵站工程专家咨询和研讨活动，对南水北调东线江苏段工程建设作出了突出贡献。在五一节来临之前，本报记者采访了陈茂满。

南水北调东线工程取得现在的成果，对于跨省调水大型工程来说，各方面能够达成共识是一件不简单的事

记者：南水北调工程经过几十年的论证和十几年的建设，现在的成果来之不易，请您谈谈这方面的感受。

陈茂满：江苏省从 20 世纪 50 年代末就开始进行淮水北调、江水北调，几十年来坚持不懈地扩大、延伸，泵站建设具有较长的历史，但限于经济条件，过去大量的泵站都是简易的、临时的。记得到 20 世纪 70 年代，从江都、淮安、淮阴、泗阳到宿迁，每级泵站都有三四百台小水泵排在一起，场面十分壮观，当时也的确需要那样做。苏北地区洪涝干旱灾害严重，农业生产条件差，1959 年大旱，粮食产量一下就降了几十亿斤。所以，建设淮水北调、江水北调工程成了改变农业生产条件的一个重要举措。实施旱改水（主要是种水稻）取得了很大成效，我统计了一下，1953 年江苏粮食总产 100 亿公斤，1973 年 200 亿公斤，到了 1983 年突破 300 亿公斤。即使在 20 世纪 80 年

代以后进行农业结构调整，江苏粮食产量仍然稳定在 310 亿～350 亿公斤。在全省 3000 多万亩水稻种植面积中，属于江水北调工程覆盖范围的就有 2000 万亩❶。江水北调工程经过 50 年来几代人的不懈努力，已经成为苏北地区经济发展的主要支撑和重要的生命线。

记者： 南水北调东线工程是在江水北调工程的基础上形成的，请您谈谈论证阶段的情况。

陈茂满： 1983 年搞南水北调东线工程可行性研究，江苏提出不同意见，主要是调水规模问题。1993 年东线可研修订，基本上维持了 1983 年的意见，把抽江水量从 600 个流量降到 500 个流量，出省后调水到天津 100 个流量。对此，江苏提出调水要"扎根长江"，在江水北调基础上"多做加法，少做减法"。

记者： 当时的不同意见主要是哪些？

陈茂满： 主要是担心影响江苏水稻灌溉高峰期用水。向北调水出省，一是调水总量和调水流量的确定；二是还要看一年内在调水时段上怎样分配水量。按照规划确定的抽江规模，根据 46 年系列降雨和淮河来水计算，从调水量来看，大多数年份调水出省的总量是有的，但江苏灌溉期不但不能调水出省，淮北地区用水还有缺口，因此要求对抽江和梯级规模及调水时段进行调整。

记者： 当时是怎样解决的呢？

陈茂满： 南水北调是解决我国北方地区水资源紧缺的重大工程，江苏积极拥护，全力支持。在这个前提下，首先，江苏在农业节水上做了大量工作，对灌溉定额进行了调整，减少了用水量；其次，充分利用现有工程的"余力"，从多年平均年运行 2000 多小时扩大到连续运行 8000 小时，增加调水总量；三是在调度运行原则上适当进行调整，在江苏用水高峰时段错峰；四是每级泵站都适当增加备机，既保证北调水量稳定出省，又照顾了江苏用水高峰。通过这些措施，把可能对江苏高峰期用水的影响尽量减少，省内、省外

---

❶　1 亩≈666.67 平方米。

在思想认识上逐步达成了共识。2000 年，我们又把 1990—1999 年 10 年间江苏江水北调的实况，按照南水北调工程的调水方法进行模拟，年调水总量出入不大，虽然在用水高峰期有差距，但不像原来想象的那样严重，因此最终在规模和用水量上取得了一致。

记者： 还有其他问题吗？

陈茂满： 再有就是省界交接水的问题。江苏提出，为解决与山东省交接水的问题，应该建一个控制计量建筑物，江苏省送多少水应该有个数。后来经过论证和协商，决定在骆马湖与台儿庄之间建一个闸，并且对南四湖用水分配计量交给第三方管理，也就是把二级坝泵站等工程交给淮委管，最后在总体上也达成了共识。因此，南水北调东线在许多问题上能够取得一致确实不是一件简单的事，经过各级的共同努力，2002 年国务院批准了南水北调总体规划。

南水北调工程泵站建设水平大幅度提高，对于今后的泵站建设项目将发挥重要作用

记者： 泵站是东线工程最主要的建设项目，在泵站建设方面，都做了哪些主要工作？

陈茂满： 2002 年南水北调工程开工后，宝应站首先开工建设，接着又建设刘山站、解台站等。我国的低扬程农用水泵，还是在 1978 年由当时的农机部做了一次"同台试验"，提出了低扬程水泵的性能指标。针对南水北调东线泵站工程，一是原有的水泵性能不能覆盖，二是有些水泵性能指标不高，三是在水泵试验、制造以及招标等方面的市场比较混乱，泵站验收时往往达不到设计要求。该从哪里做起？仅靠江苏省的力量是搞不起来的，需要国家层面制定统一的标准。为此，江苏向国务院南水北调办公室汇报，提出了提高水泵技术水平的问题，建议组织力量设计水泵模型，取得可靠数据，制造出性能更优秀的新水泵。为此，国务院南水北调办公室找了有关研究部门，在全国征集水泵模型，统一标准进行"同台试验"，经过两年的努力，形成了一个较为完善的水泵模型系列。

记者：您是《南水北调泵站工程水泵采购、监造、安装、验收指导意见》主要起草人之一，请您谈谈这方面的情况。

陈茂满：在南水北调工程建设以前，水泵制造等环节还处在一个低层次的水平上，在水利部和国务院南水北调办公室的大力支持和原总工汪易生、高安泽的指导下，我们起草了《南水北调泵站工程水泵采购、监造、安装、验收指导意见》，召开了不下四五次全国会议，最终于2005年由国务院南水北调办公室正式发布。从此，南水北调东线工程有了水泵设备工作流程的规范要求和指导意见，解决了几十年来在泵站建设上需要解决的难题。建设方对这个指导意见非常认可，认为对于那些泵站建设经验不足的地区更为重要。

记者：水泵制造水平是泵站建设的基础，在提高水泵性能方面都做了哪些工作？

陈茂满：在水泵模型研发方面，江苏针对低扬程轴流泵效率不高、贯流泵模型较少的问题，与江苏大学、扬州大学、河海大学等高等院校合作，在水泵系列模型研制方面做了不少工作，对泵站流道设计也给予高度关注，使中低扬程的泵站效率提高了10%，特低扬程的泵站效率提高了20%～30%，许多水泵模型已经达到了国际先进水平。在水泵制造方面，不仅水泵材料的加工精度和水泵性能得到显著提高，而且水泵外观也有了很大的改观。南水北调工程泵站建设水平的大幅度提高，对于今后的泵站建设项目将发挥重要作用。

南水北调建设已经进入通水倒计时阶段，今后最大的事就是对管理体制及运行机制等方面作进一步的分析和研究

记者：从2002年正式开工至今，南水北调工程建设已经进入通水倒计时阶段。您对今后的工作有什么看法？

陈茂满：从江苏几十年调水实践看，调水管理是今后最大的事，将来在运行管理上，还要花很大的工夫。首要的就是体制和机制问题，也有调度技术上的问题。从目前情况来看，考核计量问题仍然没有解决。我退下来以前，按照水利部对水利信息化项目的批复，省水利厅就针对江水北调进行了水资源配置调度系统研究，尽管后来没有继续做下去，但为南水北调东线工程的

调度管理提供了一定的借鉴。

记者：对此您有什么感受？

陈茂满：江苏省的配水系统是历史形成的，沿途取水口有 300 多个，如果控制不好就不能达到规划设计要求。在用水控制和运行管理方面比较复杂，配水系统无序、难以控制是历史形成的，搞了几十年都没能搞好，这对我来说是很遗憾的。南水北调东线工程是新建工程和原有工程的结合体，在依靠原有工程的基础上，更好地发挥新建工程的作用，还要在管理体制及运行机制等方面作进一步分析和研究。

李松柏　王　晨
原载 2013 年 4 月 29 日《中国水利报》

南水北调东线一期工程江苏段试通水
山东 6 月喝上长江水

经过十年的建设，南水北调东线一期工程江苏段于 5 月 30 日开始试通水，预计今年 6 月山东地区就可饮到长江水。

5 月 30 日上午 11 点 10 分，国务院南水北调办公室下达了试通水指令，东线江苏段沿线的十三级泵站全部启动，在江都水利枢纽，长江水被提高 7 米，然后开始沿着河道向北输送。此次试通水路线从江苏扬州沿大运河北上，到达徐州蔺家坝站，主要在江苏境内进行，试通水时间为 24 个小时。

5 月 20 日，随着东线最后一级抽水泵站八里湾泵站通过验收，南水北调东线工程 13 级泵站经过十年的建设已全部完工，具备试通水条件。5 月 30 日，南水北调东线源头——江苏江都开始提闸放水，长江水将经过江苏段 9 级泵站，预计一周后到达山东南四湖，从而进入山东境内。

东线工程通水后，每年将向淮河、黄河、海河流域的下游地区和山东半岛送水 148 亿立方米，可以有效缓解江苏、安徽、山东 3 省沿线地区的缺水状况。

南水北调是缓解中国北方地区水资源短缺的重大战略性工程。东线一期工程于2002年12月27日正式开工建设，输水干线总长度为1467，在长江至东平湖1045千米工程中，大部分利用的是原有的京杭大运河河道。

南水北调东线一期工程规划从江苏省扬州附近的长江干流引水，利用京杭大运河以及与其平行的河道调水到山东半岛和鲁北地区，向沿线江苏、安徽、山东地区供水。供水范围南起长江，北至德州，东至威海，涉及江苏、安徽、山东3省的21个地级市和其辖内的71个县（市、区），土地总面积16.6万平方千米，人口约1亿人，直接供水受益人口近6000万人。

打开一幅示意图即清晰可见：东线长江水，从长江干流江都三江营段流出，以京杭运河为输水干线。沿着运西支线，江水逐级北上，并以洪泽湖、骆马湖、南四湖、东平湖为主要调蓄水库。出东平湖后，水将分为两路，一路向北，穿黄河，自流到天津；另一路向东，经胶东，流往烟台、威海。

南水北调东线沿区人口密集、城市集中、矿产资源丰富，是中国重要的能源化工生产基地和粮食等农产品主要产区。可一直以来，水资源供需矛盾日益突出，制约了这一地区经济社会的发展并对生态环境产生严重影响。

有专家认为，对于山东省来说，南水北调是当前解决水资源短缺问题的必由之路，具有社会、经济和生态多重效益。工程全线通水后，可实现长江水、黄河水和当地水的多水源联合调度，对促进山东省经济可持续发展、提高人民生活水平、恢复自然生态健康等方面具有可持续发展的战略意义。

国务院南水北调办总工程师沈凤生介绍，我国人均水资源量为2163立方米，只有世界人均水平的1/4，时空分布不均。黄、淮、海流域人均水资源量仅为全国平均水平的21％，京、津两市所在的海河流域人均水资源量不足全国平均水平的1/7。

"南方水多，北方水少，如有可能，借点水来也是可以的。"从20世纪50年代毛泽东主席第一次提出南水北调的宏伟设想，到2002年这一世界规模最大的调水工程开工，南水北调历经上百次研究论证，终成现实。

根据国务院批准的《南水北调总体规划》，整个调水工程从长江上、中、下游分西线、中线、东线"三线"调水，形成与长江、黄河、淮河和海河相互联通的"四横三纵"的南水北调总体工程布局，实现我国水资源南北调配、东西互济。它串起大半个中国，其线路之长、调水量之大、工程之复杂、受益范围之广，为世界水利史罕见。

国务院南水北调办副主任张野介绍，截至 2013 年 4 月底，国务院南水北调办累计下达东线工程投资 306 亿元，完成投资 299.5 亿元，占在建设计单元工程总投资的 97%。

会不会"污水北调"？

治污 10 年，干线水质达标。

南水北调东线，成败在水质。工程开工建设之初，36 个考核断面仅有 1 个水质达标。国务院南水北调办环保司司长石春先介绍，国务院明确提出"先治污后通水"的调水原则。为此，江苏、山东两省关闭排污口、调整产业结构、建污水处理厂，连运河上船家的生活垃圾、废油都集中收集。

江苏省南水北调办副主任张劲松介绍，江苏省累计关停沿线化工企业 800 多家；山东省在全国率先实施严于国家标准的地方性标准，取消行业污染排放"特权"。

目前，规划确定的 426 项治污项目全部建成。针对不稳定达标断面，国家补充实施了 200 亿元的治污项目。治污 10 年来，沿线河流 COD（化学需氧量）平均浓度下降 85% 以上，氨氮平均浓度下降 92%，水质达标率从 3% 提高到 90%，水质和生态环境持续改善。

最新监测显示，目前输水干线沿线排污口全部关闭，自 2012 年 11 月起，36 个控制断面水质全部达到Ⅲ类水标准。专家组评估认为，水质达到预期目标。

供水会有多大效益？

年均供水效益达 109.5 亿元。

东线一期工程供水范围南起长江，北至德州，东至威海，涉及江苏、安徽、山东 3 省的 21 座地级市和其辖内的 71 个县（市、区），土地总面积 16.6 万平方公里，涉及人口约 1 亿人，直接供水受益人口达 6000 万人左右；规划多年平均抽江水量 88 亿立方米。

调水对长江有没有影响？冯旭松说："南水北调抽引流量只有 500 立方米每秒，而长江流量多年均值达到了 10000 多立方米每秒，不足以影响长江扬州段的水位水量环境，因此影响是很小的。"

相比之下，南水北调东线工程效益可观。据相关测算，南水北调东线一期工程多年平均供水效益 109.5 亿元。

水资源评价显示，作为南水北调受水区，近 20 年黄、淮、海流域水资源出现明显衰减趋势。南水北调东线在原有江水北调基础上实施，按照规划，年净增供水量 36.01 亿立方米，将给沿线城市及工业增加供水量 22.34 亿立方米，农业增加灌溉面积 3025 万亩，航运船闸增供水量 1.02 亿立方米。

此外，工程所建泵站还可双向运行，增加排涝面积 266 万亩，使其排涝标准提高到 5 年一遇以上。

大运河会受何影响？

成我国第二"黄金水道"。

东线一期工程输水干线长 1467 千米，其中长江至东平湖 1045 千米，大部分利用原有的京杭大运河河道。

张劲松介绍，通过南水北调对河道的整治，恢复断流区域的通航，使千年古运河重新焕发青春。

输水运河按照设计的调水规模和航道等级进行河道整治。京杭运河济宁段主航道由 4 级标准提高到 3 级标准，江都至南四湖段达到 2 级航道，水深 4～7 米。南四湖以北段，也通过通水与航运结合，在实现南四湖向东平湖调水 100 立方米每秒的同时，还可实现 3 级航道通航至东平湖的目标。届时，黄河以南从东平湖至长江将实现全线通航，1000～2000 吨级船舶可畅通航行，新增港口吞吐能力 1350 万吨，新增加的运力相当于新建一条水上"京沪铁路"，大运河成为中国仅次于长江的第二条"黄金水道"。

梁福龙

2013 年 6 月 1 日中新网

长江水流过我的家

——写在南水北调东线试通水途经宿迁之时

"以前，我们这旱涝不保收，旱像旱，涝像涝。现在不同了，南水北调给我们这里带来的直接好处就是，旱时候它能向你翻水，涝时候能排水，今后我们将旱涝保收。"昨天下午，湖滨新城皂河镇袁甸村的刘子军正在田里查看刚出苗的水稻秧田，看着长势苗壮的秧苗，刘子军喜上眉梢。

皂河镇袁甸村地势低洼，村民种地最怕的就是大旱大涝。一到农忙时节，运河、骆马湖就承担着整个皂河灌区、来龙灌区以及嶂山灌区几十万亩耕地的用水。水少地多，在没有水源补充的情况下，有的年份只能望河兴叹。如今，南水北调运河线水源直接经过了家门口，这样一来，三夏大忙时节，村民们就再也不用犯愁了。

水往高处流！昨日，南水北调东线正式试通水。从长江干流扬州江都三江营段取水，以京杭运河为输水干线，开辟运西支线，逐级提水北上。长江之水，通过大运河这条"玉带"逐级北上，将有效缓解北方水资源严重短缺。

长江之水穿越宿迁，蜿蜒112公里，通过宿迁境内的泗阳站、刘老涧站、皂河站三级泵水，将甘洌的清泉依次抬高北送。长江之水同时也滋润着宿迁大地，仅皂河站提水就可满足周围4个灌区60万亩良田用水。

长江之水"逆流"到宿迁

2002年12月27日，南水北调东线江苏工程正式开工，历经十多年的努力，现在已具备全线通水条件，东线工程江苏段定于2013年5月30日正式试通水。

初夏时节，驻足南水北调泗洪站枢纽，南眺徐洪河水默默北上，一列列船队缓缓驶进船闸，映衬着恢弘气势、厚重颜色的水工建筑，透露出一种蓬勃之美。昨日，随着南水北调通水指令的下达，南水北调东线一期单体投资最大的调水工程——泗洪站枢纽正式发挥效益，滚滚的水流通过该枢纽向北奔流而去。

江水北上，举世瞩目，京杭运河、徐洪河这两条穿越宿迁的输水线路，如长龙卧波，进入宿迁后，两条巨龙各顶一颗明珠（洪泽湖、骆马湖），源源不断地滋润着宿迁大地。

据南水北调江苏水源公司宿迁分公司常务副总经理王兆军介绍，洪泽湖和骆马湖都是南水北调东线工程的重要输水通道和调蓄湖泊，连接两个湖的徐洪河和京杭运河水平常是从北向南流的，这与南水北调的方向正好相反，在宿迁境内两湖之间是南水北调四、五、六梯级泵站，包括泗洪、泗阳、刘老涧、皂河一二站等，通过泵站的逐级抽水实现河水的"逆流"。

宿迁境内南水北调一期工程总投资 19.96 亿元，主要包括主体泵站工程、河湖影响处理工程以及截污导流工程三个部分。目前，宿迁境内的泗阳站、泗洪站、刘老涧二站、皂河一二站已经具备了全线通水条件。南水北调洪泽湖蓄水位抬高影响处理工程、骆马湖以南中运河影响处理工程、徐洪河沿线影响处理工程以及沿运涵闸堵漏工程、宿迁市截污导流工程在全省率先完成。已经建成的南水北调水工建筑物已然成为当地的道道风景，彰显带着浓浓的现代化水利的特色。

"南水北调通水指令一声令下，我们这里便实现了全面调水。"王兆军说。

南水北调给宿迁带来巨变

流经宿迁市区的京杭运河，清波荡漾，花树簇拥，建筑恢弘，风光迤逦，部分河段还被确定为国家级或省级水利风景区。

为了打造清水廊道，市委、市政府以及沿线有关县区，利用南水北调这一有利契机，下大力气对沿运河沿线进行整治。近年来，"迁厂、截污、清淤、防洪、绿化、造景"等综合整治措施，在千年流淌的东方运河上全面展开，突显以"生态、文化、旅游、休闲、商贸、居住"等六大功能于一体的滨河城市，让居住在运河两岸的近 20 万市民真正享受运河带来的水文化熏陶。

南水北调对运河水质的提升和景观打造是给宿迁带来的一个令人欣喜的礼物，而南水北调给宿迁带来的礼物却远远不止这一个。

——提升宿迁水资源保障能力。宿迁看似拥有洪泽湖、骆马湖两大湖泊及众多河流，但宿迁属于黄泛区，历史上是一个旱灾频发的城市。南水北调工程通水后，这一状况将会得到彻底改变，江水引进两湖两河，供水保证率将提高到 85% 以上。同时，南水北调工程新建、改建或扩建原有水利工程，疏浚、扩挖现有输水河流、湖泊，加固处理沿线堤防，将增强这些河湖防洪排涝的能力。

——提高宿迁人民群众生活质量。南水北调工程调水将让宿迁人均拥有水资源量水平有较大幅度的增加，而且能有效解决农村地区地下水因自然原因造成的水质问题，如高氟水、苦咸水等。同时，南水北调东线工程通水后，宿迁的发展有了充足的水源保证，水生态保护力、水经济支撑力、水文化亲和力、水资源的承载力都将得到明显增加。

——极大改善宿迁地区的生态。宿迁是全国唯一拥有两湖的生态之乡，其中，骆马湖既是宿迁的一块宝湖，也是南水北调东线工程的资源型调蓄水库，利用南水北调之水，可充分开发生态旅游。同时，通过七堡枢纽这一地下引水廊道，骆马湖水源源不断地引入城区，让古黄河水清、让民便河水活，让宿迁的生态环境更美。

把干净的水送到北方去

"不仅要往北送水，还要送干净卫生的水，这是南水北调的两项重点任务。"王兆军告诉记者，"先节水后调水，先治污后通水，先环保后用水"的"三先三后"原则是南水北调的基本原则。

在市城南污水处理厂内，记者看到，泵站监控仪上水的流量、流速等数字在跳动着，在水泵强力作用下，宿迁城南污水处理厂处理过的中水将进入埋在地下的输水管道，南水北调宿迁市截污导流工程由此开始了第一步。

据悉，我市截污导流工程任务是将城南污水处理厂和运西工业废水收集系统收集的工、农业及生活废水送至截污导流工程总提升泵站进水池进行处理，并输送到新沂河山东河口。

宿迁南水北调截污导流不仅在工程建设方面下工夫，在堵住污染源、长效监管等方面也采取了多项措施。南水北调工程开工以来，我市清理关闭了干线排污口，建立健全地方政府负责、职能部门监督的工作机制，并加大了有关部门联合监督检查和违法偷排查处力度，确保排污口门得到有效控制。此外，还加大水环境整治力度，加强水质监测检查，强化目标考核，督促有关县区政府采取有力措施，确保水质持续改善、稳定达标。同时，我市建立完善了水质预警保障机制和长效管理机制，加强南水北调沿线污染整治，清除各类非法私建码头，确保突发事件得到及时有效处理，切实改善输水干线水环境。

王山甫

原载 2013 年 6 月 2 日《宿迁日报》

江都，追寻那清澈的源头

开 篇 语

从小学的课本上学到的仅是"南水北调"的概念，20 世纪 50 年代，我国提出了"南水北调"，借长江水到北方缓解干旱。而今这已经成为了现实，滚滚长江水东流入海已不是唯一的目的地，沿途的上游、中游、下游对应的南水北调西、中、东三条线路在如火如荼建设中。其中东线一期工程已全线验收，涉及的江苏和山东两省也分别试通水，近期将全线通水，这就意味着岛城居民以后能喝上长江水了。根据规划，近几年每年可以有近 1.4 亿立方米的长江水沿着南水北调东线一期工程进入青岛，和岛城目前用的黄河水等水源交汇在一起，经过处理后流入城市供水管网，变成居民家水龙头里流出的自来水。对青岛这座"缺水"的城市来说，这是继 1989 年引黄济青工程贯通之后，为解决缺水问题做出的又一次尝试。

长江水是如何来到青岛的？上千公里的沿途会不会有波折？9 月 12 日下午，记者开始出发探寻长江水进青的路。当天记者冒雨赶路，经过近 10 个小时后，9 月 13 日凌晨到达南水北调东线工程的源头城市扬州市江都区。从今天起，早报将推出"长江水进青特别报道——南水北调东线探访"系列调查，本报特派记者将从南往北，追随长江水流进青岛的路，一路沿京杭大运河北上，途径淮安、宿迁、徐州、济宁、泰安、济南、潍坊等城市，最终跟着长江水的脚步抵青。

南 水 北 调

南水北调是缓解中国北方水资源严重短缺局面的重大战略性工程，横穿长江、淮河、黄河、海河四大流域，是一个十分复杂的巨型水利工程，也是世界上规模最大的调水工程，规模及难度国内外均无先例。整个工程分东线、中线、西线三条调水线。西线工程在最高一级的青藏高原上，地形上可以控制整个西北和华北，因长江上游水量有限，只能为黄河上中游的西北地区和华北部分地区补水；中线工程从第三阶梯西侧通过，从长江支流汉江中上游的丹江口水库引水，自流供水给黄淮海平原大部分地区；东线工程位于第三阶梯东部，因地势低需抽水北送。

江都，追寻那清澈的源头

不在江南，在江的北岸，却胜过江南的美景，这是一个被水环绕的"春江花都"，南有长江，北靠高邮湖，空气里也有些许水草的味道。"去北方的水从我们这里出发，这要在古代，应该有孕育文明的说法吧。"江都水利枢纽工程附近钓鱼的老汉也会"拽"上几句。的确，江都人都以是南水北调的"源头"而自豪，江都水利枢纽工程因为地势原因，比江都城区要高近10米，就像悬在城市的头顶，但这不影响它成为这座城市的核心，就像青岛的奥帆中心一样，有着举足轻重的作用，同时也是这个城市引以为豪的一个现代景点。为了南水北调，江都有付出也有收获，但换来更多的还是环境的改善和生活的进步。

悬在"头顶"的水利枢纽

从江都区政府出来，向左穿过引江桥，就能看到江都水利工程管理处的大门，里面就是长江水北上的源头，两排茂盛的银杏树遮蔽着整个迎宾大道。进门后向东走，这个拥有排灌能力，兼有发电、航运能力的综合水利枢纽站就逐渐展现在记者眼前。如果不细看，很容易忘记这里是一个大型的水利枢纽工程，而把这里当成一处公园和旅游景区。4座灰白色抽水机站，呈"一"字形东西排列，走进还能听见机器运转有节奏的轰鸣声。"由于还没有正式通水，目前只有1个泵站在工作。"管理处工作人员介绍，目前每秒钟就有100立方米的长江水输送到京杭大运河里。

江都水利枢纽工程就盘踞在江都城区的中心位置，距长江边原淮河入江口"三江营"约12公里，也是南水北调东线第一期工程的第一级抽水泵站，通过4个抽水泵站，将引江里长江来的水抬高5~8米，然后通过穿过城区的高水河汇入京杭大运河，让河水顺京杭大运河北上。"高水河的水位比市区正常要高出近10米，算是'悬'在江都人头上的一条河。"江都区委宣传部的工作人员王学忠介绍，这个高度是南水北调东线逐级提水需要的，正因为这条河的高度，一般污染很难汇入河中，才能更有效保护北上的水不受城市污染。

"向长江借水"成为现实

"观江都枢纽系统，引长江，连淮河，串湖泊，衔五百流量之江水，攀四十米之高程，越五百公里之坎坷，达淮北千万顷之渴沃，并吞吐淮河里下河之潦涝入江。从此，淮北旱涝无虞。流泉鸣处，陇亩平添锦绣，粮仓涌立；碧波荡时，街衢插翅腾飞，万象更新。"这是江都"源头"纪念碑上碑文的一段。一组数据足见江都水利工程的意义，我国人均水资源量为 2163 立方米，只有世界人均水平的四分之一，时空分布不均。黄淮海流域人均水资源量仅为全国平均水平的 21%，京津两市所在的海河流域人均水资源量不足全国平均水平的七分之一。

"南方水多，北方水少，如有可能，借点水来也是可以的。"从 20 世纪 50 年代，毛主席第一次提出南水北调的宏伟设想，到 2002 年这一世界规模最大的调水工程开工，南水北调历经上百次研究论证，随着南水北调东线一期工程的全线验收，"向长江借水"的伟大设想已经成现实。今年上半年，江苏和山东两省分别进行了试通水，原本北向南流的京杭大运河改变流向，开始从南往北流。

串起大半中国世界罕见

根据《南水北调总体规划》，整个调水工程从长江上、中、下游分西线、中线、东线"三线"调水，形成与长江、黄河、淮河和海河相互联通的"四横三纵"的南水北调总体工程布局，实现我国水资源南北调配、东西互济。它串起大半个中国，其线路之长、调水量之大、工程之复杂、受益范围之广，为世界水利史罕见。

江都区委宣传部的工作人员王学忠告诉记者，事实上在南水北调东线工程动工之前，江苏省的江水北调工程已经过了 40 年建设，当时称为苏北灌溉总渠，为江苏北部地区灌溉、排水和航运发挥了重要作用。对江苏而言，南水北调东线工程就意味着江水北调工程规模的扩大，抽水量的扩大。多年的建设，虽然为江苏省内的南水北调工程奠定了一定的基础，但同时也为扩容增加了难度。"由于之前的河道已经相对固定，河道两岸的建筑也都已经完善，所以很难继续对河道进行加宽，只能选择修建副道的方式。"江都水利工程管理处接待中心工作人员万丹说。截至目前，所有改造工程全部竣工验收。

水泵接力抽　水往高处流

南水北调东线的特点，可以用打破常规来形容，在中国境内大多数的河流都是由西向东的走向，东线工程要改变水流的方向，同时要让水从低往高处流。"多级提水、水往高处流不容易，而这正是东线工程的特点。将处于低位的长江水，从海拔 2～3 米处由南向北、逐级上升到山东境内东平湖的海拔45 米高度。"江苏省水源公司总工程师介绍，在东线工程，江苏到山东境内1000 多公里的输水干线上，修建了 13 个梯级泵站，每个泵站里面的水泵水量不同，总数加起来是 160 台水泵，相当于 160 台抽水机，用接力的方式，一直把水送到山东境内的东平湖。

"由于北高南低的地理特征，每一级都要将水平面抬高一些，只有靠泵站接力将江水抬高，构成世界最大规模现代化泵站群。"江都水利工程管理处接待中心工作人员万丹说。过了东平湖地势由高向低，才使水自然而然地顺流而下。

在江苏段的调水中，扬州市江都的 4 个抽水站与北部的宝应站共 5 个站点的抽水机组共同组成了第一梯级，抽水总能力为 500 立方米每秒，规划抽江水规模最高年份达 157 亿立方米，相当于正常年份的 5 个洪泽湖、25 个骆马湖的正常蓄水量。在保证跨流域调水的同时，工程也将显著提高苏北地区城乡供水、农业灌溉和防洪排涝能力，有效改善沿线水生态环境和京杭运河航运条件。

昼夜抽水可绕地球一周

根据万丹的讲解，记者在江都水利枢纽工程三站看到，站房内排列着 7

台 3000 千瓦的巨型电机。沿站内的楼梯盘旋而下，又看到一台台庞大的机泵，每台泵的直径达 3 米以上。工作人员只要在操作台轻按电钮，巨型机泵就会井然有序地运转，就能看到出水口巨型水泵吐出的水翻滚。通过这个泵站的运转，引江里的水被提升了 5 米多，进入抽水站另一侧的高水河，实现了"水往高处流"的景象。

"全站共拥有 33 台机组，总功率近 5 万千瓦，每秒可提引江水 473 立方米，自引江水 550 立方米，一小时抽水量可供 4 万亩田插秧。"万丹给打了个比方，一天一夜的抽水量，如果注入宽深 1 米的水渠，可以绕地球一周。

打开一幅示意图即清晰可见：东线长江水从长江干流江都三江营段流出，以京杭运河为输水干线。沿着运西支线，江水逐级北上，并以洪泽湖、骆马湖、南四湖、东平湖为主要调蓄水库。出东平湖后，水将分为两路，一路向北，穿黄河，自流到天津；另一路向东，经胶东，流往烟台、威海。江都水利枢纽工程与宝应站工程共同组成东线第一级抽江泵站，实现一期工程的输水目标，这就是水往高处流的第一"跳"。

补偿没谈好　百姓就搬了

2002 年，宝应县夏集镇万民村成为首批为南水北调工程搬迁的扬州"移民"，如今这些"移民"生活得怎么样？一晃 11 年过去了，62 岁的余永祥迁到新家以后出生的孙女都已经 9 岁了。余永祥现住夏集镇万民村东风组，新家是一座 3 层楼的"别墅"，这要比之前一层瓦房要舒服多了，房子内部还做了些装修，一楼是客厅、厨房、两间卧室和一个储藏间，还有一间余永祥修自行车的工作间，二楼是三间卧室和一个露台，三楼是放杂物的阁楼。"我记得是 2002 年 11 月份，老支书向我们传达了信息，父母当时都已经 90 多岁了，不愿意离开自己的祖屋，再说还有几个月就要过春节了，总不能住在临时搭建的帐篷里过年吧。"余永祥说。可是他们是第一批拆迁的，如果拆不了，后续工作全都要耽误，经过做工作，加上村里给选好了新家的地址，离原来的地方只有 1.5 公里远，并且做好了水电配套，由威望较高的老支书家带头，第三天就开拆，仅一个星期，他们首批 52 户就全部拆完了。

夏集镇时任党委副书记胡永发当时担任搬迁工作组负责人，他告诉记者，当时夏集镇有 7 个行政村 592 户 3700 多间房屋需要拆迁、2000 多人需要搬迁，万民村涉及人数最多。"老百姓都很配合，在当时补偿条件都还没谈好的情况下，这是很不容易的。"胡永发至今仍这样感叹。

"这几年生活变化太大了，以前做饭要烧柴火，现在用液化气；以前洗衣服到河里用手搓，现在直接扔进洗衣机；以前要跑到村里看露天电影，现在家里就有家庭影院。"老余带记者参观他的家，说话间他还有些自豪，自从搬家后，村里面再也不淹水了。以前每年雨季的时候都要淹水，现在这个南水北调工程修建后，水都随河道走了，再也不淹水了。

住在帐篷里 过个快乐年

当时，万民村的"移民"多数和余永祥一样，留在了万民村的另外一个组——东风组。由于拆迁来得太突然，多数村民住到临时搭建的帐篷里。对于那年冬天，同样搬迁到东风组的李春富记忆犹新。"政府给我们送了鱼、肉、被子，让我们过了个快乐年。"李春富说，那个年多数村民是在帐篷里度过的。

"我们家当时一共 6 口人，在春节前就突击盖好了新房，有两层半房子，虽然还没装修，但至少算是有房子住了，成为这里第一个盖起新房的人家。"余永祥说，以前这里是荒地，货车根本都进不来，是村里统一找来大型拖拉机，帮着村民将石子、砂子、水泥等建筑材料拉进来。

一直到第二年开春，搬迁到这里的"移民"陆陆续续盖起了新房，这才搬出了帐篷。如今，万民村"移民"安置区面貌焕然一新，一排排"洋房"，宽阔的庭院，比"城里人"居住条件还要好。"这些房子虽然是村民自己建的，但都是经过了详细规划，建筑风格要求一致，所以很漂亮、整齐。"余永祥说，他们感受到的，不仅仅是房子漂亮了。搬到安置区后，政府还给他们修了公路。"以前孩子上学要走 2 公里，而且是烂泥路。现在学校近了，并且门口都是水泥路。"

"听说南水北调工程马上要通水了，我们也很高兴，因为这个事情不但对国家来说是一件大事，对我们来说，也是很有利的，而且政府也没有亏待我们，给我们提供了这么好的新生活，我很满足。"余永祥笑着说。

1845 户 "移民" 为调水舍家

在最近 10 来年南水北调工程建设中，还有不少"移民"。如与夏集接壤的柳堡镇，就为南水北调一个配套工程"移民"，搬迁涉及郑渡村和柳堡村的 258 户 1000 余位村民。2012 年 6 月动员，9 月底拆迁结束。

宝应县柳堡镇拆迁办工作人员介绍，目前他们已就近盖了三幢安置楼，每幢安置 24 户，共 72 户，今年春节有两幢已经分配，另外一幢目前正在验收；其他 76 户到中心集镇安置，3 幢集中安置楼，目前已经建好一幢，其他两幢即将开工；另外有两个安置点，采取由农民自建的方式，水、电、网络等也是直送到位。"老百姓比较支持，对政府的安置比较满意。"

记者从南水北调东段工程指挥部获悉，目前南水北调东段工程在扬州共涉及拆迁房屋面积 28.86 万平方米，涉及 1845 户。他们对南水北调工程的贡献，显然是无法忽略的。正是他们"让家于河道""为国让路"，才成就了南水北调这项伟大的国家工程。

"早上皮包水　晚上水包皮"

扬州是一座有两千多年历史的古城，长期的安逸生活，沿袭下了许多生活习惯。江都区之前是扬州的一个县，近年才改为区，但江都人喜欢称自己住的地方为"春江花都"，这个词中透出的是一种浪漫、安逸的心境。南水北调工程建设更是让这个城市的人觉得"敞亮"，生活也更安逸。"早上皮包水，晚上水包皮"一句话勾勒出的是江都人的闲散生活，说的是当地人早上去茶楼喝茶，晚上去浴室泡澡的生活习惯。

"早上皮包水"指当地人喜欢喝茶、爱泡茶馆，每天清晨，水乡的风情韵致就在这袅袅的茶香中展开。而令记者印象深刻的则是扬州的一种汤包，是真正的"皮包水"。蒸熟的汤包单独躺在一个小小笼里，皮薄如纸，几近透明，稍一动便可看见里面的汤汁在轻轻晃动。"放在盘里如座钟，夹在筷上像灯笼。"汤包是扬州的名点之一，需要注意的是，热腾腾的汤包上来后一定不要心急，小心烫着嘴，插着的一根吸管，就是方便吸汤包用的。据老板讲，曾有不知情的顾客吸汤包时被烫掉口腔一层皮的事故发生。还是老扬州总结出来的吃汤包心得很实用："轻轻提，慢慢移，先开窗，后吸汤"，这十二字要领将食用的技巧刻画得惟妙惟肖。汤包放得稍凉之后，细细品之，蟹黄汤汁的鲜美和浓郁，不是一般地方能品尝到的。

"晚上水包皮"则是因为扬州人特别喜欢去澡堂子洗澡，在扬州，浴室随处可见。进浴室不仅是洗澡，还可以修脚、捶背、小吃、聊天、理发、闭目养神，更多是一种生活享受。而记者感受到的是江都夜晚的水汽朦胧，夜幕降临后，整个城区会笼罩在雾气中，就像青岛常见的平流雾一般，人走在雾中，就像被水包围一样，但太阳升起后，雾气会马上消散，变为晴朗的天气。

刘海龙　孙启孟
原载 2013 年 9 月 26 日《青岛早报》

《青岛早报》系列报道 2

江水北上，激活淮安的运河情绪

从江都的南水北调东线源头出发，沿着京杭大运河北上，走过高邮湖，就到了淮安市，这里是民间传统南北方的"分水岭"，也是南水北调工程第二阶梯提水站。到淮安之前，你或许还会有"京杭大运河是否还是重要航线"的疑问，来了之后运河上穿梭的船只就给了你明确的答案。正是南水北调，激活了已经冷却近一个世纪的运河情结，运河、漕运等关键词出现在淮安的大街小巷，一种浓厚的运河情结在这座城中漂流。南来北往的船老大们也习惯将必经的淮安市当成航程的落脚点，在这里靠岸休息，补充生活物资。看着京杭大运河里船头熙攘，你很容易想到"商贾云集"这个词。

截污导流保证水质

京杭大运河及其支流北上的第二站，也是必经之地就是淮安，在南水北调东线工程中，淮安有着举足轻重的地位。现在的淮安是江苏省水利工程密度最高的地区，不仅京杭大运河共 68 公里水线，淮河也从淮安穿过，并且与京杭大运河在这里"握手"。在淮安市辖区的南水北调东线工程项目就有 7 个，即淮安四站、淮阴三站、金湖站、洪泽站、金宝航道疏浚工程、洪泽湖水位提高影响工程以及截污导流工程。南水北调东线工程淮安段主要是利用京杭大运河和金宝航道为主线输水，把洪泽湖作为一个大蓄水池。

从淮安市水路图上看，京杭大运河从淮安市的西南部蜿蜒穿过，和大运河相接的还有一条里运河，也属于京杭大运河的一部分，里运河及其小支流的清河等水系成了密布在淮安市的"血管"。南水北调的一部分水顺大运河经过淮安二站、四站提水后穿过淮安城北，这股水和从洪泽湖东北部经过淮阴三站和二站的提水后的支流在淮安城的西北方向汇合，形成了整个淮安的水利工程。

"2007 年开工的南水北调东线淮安市截污导流工程，主要是将清浦、清河、淮安经济开发区原来直接排入大运河、里运河的污水截流，分别处理达标后排入清安河，然后经淮河入海水道南泓排入大海，从而保证南水北调输水干线里运河淮安城区段的调水水质。"淮安站技术员介绍，这些工程的建设就是将淮安市的污水避开京杭大运河，让南来的清水途经淮安北上途中不受到污染。

亚洲最大"水上立交"

淮安市楚州区南部是淮河和京杭大运河的交汇处，这里已经建成了亚洲同类最大的"淮河入海水道大运河立交工程"，实现了淮河水道和京杭大运河的交叉，既满足运河正常通行，又保障淮河入海水道畅通，还让两条河水"互不相涉"，避免交叉造成污染。

站在这座"水上立交"的塔楼上，记者看到，南北方向的是京杭大运河，上面有频繁穿行的千吨级货船，也有如火车般绵延数百米的拖船，货船上载着煤炭和砂石等物资南来北往，而京杭大运河河道的下方就是穿河而过的淮河，淮河上的船舶少，但两条水系一高一低互不干涉，一路水北上滋润北方缺水的诸省市，一路水东去入海。

"别小看这个水上立交系统，除了能保证京杭大运河的正常运行，还能对淮河下游到入海口的防洪和抗旱起到重大作用。"该管理站技术人员介绍，这里也像是一道闸门，如果淮河下游干旱，就能放水灌溉农田；如果下游发生洪涝，还能关闭闸门，将水蓄在上游的洪泽湖区。同样如果上游发生洪水，也能通过这道闸门将水通过淮河入海水道下泄入海，设计行洪流量均为 2270 立方米每秒，强迫行洪流量达 2890 立方米每秒。

记者从淮河安澜博物馆内的资料上看到，2003 年 6 月 28 日，淮河入海水道主体工程建成，6 天后，面对淮河突发的特大洪水，入海水道临危受命降"洪魔"，分泄洪泽湖大洪水，入海水道闸门启动了，凶猛的洪水顺着宽阔的新水道奔涌入海，此后的 33 天时间里，淮河入海水道泄洪 44 亿立方米，相应降低洪泽湖水位 40 厘米，有效地减轻了入江水道的行洪压力，也使洪泽湖避免了周边圩区滞洪。

刘海龙　孙启孟

原载 2013 年 9 月 27 日《青岛早报》

《青岛早报》系列报道 3

滚滚长江水　"歇脚"骆马湖

出了淮安，江水继续北上，就进入了江苏省最北部的宿迁市，流入宿迁和徐州附近的骆马湖，这里也成为南水北调工程中江水进入山东前最后一个"歇息"的驿站，长江水在这里可以将泥沙沉淀，随时等候"北上"的调令。水流从骆马湖西南部汇入，从北部流出，更清洁的水流焕发出饱满的精神沿大运河向西北方向分成两路，分别流经江苏徐州市和山东枣庄市的台儿庄区，汇入微山湖。骆马湖也受益于长江水，注入了新的水源和活力，在南水北调工程中，骆马湖不仅承载着上游京杭大运河的来水，如今还承载着下游湖边居民的期盼，因为在湖边居民眼里原本水质优秀的骆马湖已受到沿湖采砂的生态破坏，他们期盼南水北调工程的建设能遏止采砂，让湖中的生态回到从前。

苏北地区的"辣味"生活

和淮安以南清淡的"淮扬菜"有着截然不同的口味，苏北地区从宿迁到徐州周边的居民生活习惯也不同，他们都特别能吃辣，这里的辣并不是川菜的香辣或麻辣，而是一种纯粹的辣，归结起来可能是靠近山东，受到鲁菜的影响，做法和菜名基本相同，但里面多加了辣椒，这里的姑娘也有"无辣不欢"的嗜好，甚至连煎鸡蛋里也分布着红色的辣椒段。

吃惯了鲁菜，又刚品尝了淮扬菜的记者，一时受不了这纯粹的辣味，专门叮嘱饭店老板炒一份不加辣椒的菜，但出锅后还是有比较重的辣味。"实在不好意思，炒菜的锅平常被辣椒熏透了，所以不加辣椒可能也会有辣味。"饭店厨师充满歉意的脸上也有些无奈。

从淮安向西北方向的泗阳、宿迁、邳州、徐州等城市都是依运河而建，也是靠着运河水滋润，这几座城市都有着吃辣椒的习惯。"靠近水，湿气大，大约是吃辣椒能去除体内湿气。"当地居民这样总结。

关键词：生态

到骆马湖之前，记者在网上查询到的资料里都说骆马湖是整个南水北调东线中水质最好的湖泊，湖水清澈，美景让人赞叹。所以，南水北调东线工程也将骆马湖作为江水北上的一个"驿站"，奔流而来的江水，在这里得到暂时"歇脚"，也希望用这里好的生态环境，将水质净化，希望从这里流出继续北上的水更清一些。所以，骆马湖的生态在南水北调东线中显得尤为重要。

长江水在骆马湖"歇脚"

长江之水穿越宿迁的长度蜿蜒112公里，通过宿迁境内的泗阳站、刘老涧站、皂河站三级泵站，将南水北调的长江水依次抬高北送进入骆马湖内，给骆马湖带来新鲜水源的同时，也借助骆马湖调蓄和净化水。江水同时也滋润着宿迁大地，仅皂河站提水就可满足周围4个灌区60万亩良田用水，正是这里的水源孕育了苏北地区的"鱼米之乡"。

皂河站工程位于宿迁市宿豫区皂河镇北5公里处，新建的皂河二站，设计每秒输送江水175立方米；而经过改造的皂河一站成为亚洲单机流量最大的泵站工程，设计每秒输送水200立方米。"打个比方，如果是载重10吨的汽车，这个泵站1秒就能为20辆汽车注满水。"宿迁市水利部门工作人员介绍，整个工程运行后不仅能提高洪泽湖向骆马湖的调水能力，同时对工程沿线的防洪、排涝、浇灌和改善运河航运条件等发挥重要作用。

洪泽湖和骆马湖都是南水北调东线工程的重要输水通道和调蓄湖泊，连接两个湖的徐洪河和京杭运河水平常是从北向南流的，这与南水北调的方向正好相反，在宿迁境内两湖之间是南水北调四、五、六梯级泵站，包括泗洪、泗阳、刘老涧、皂河一二站等，通过泵站的逐级抽水实现河水的"逆流"。其中，骆马湖既是宿迁的一大宝湖，也是南水北调东线工程的资源型调蓄水库，利用南水北调之水，可充分开发生态旅游资源，处在这个位置的骆马湖，也是京杭大运河上船队歇息的天然港湾。"清清的骆马湖啊，一望无穷，站在那湖岸上，从西望不到东……"宋祖英唱的这首《清清骆马湖》，在当地可谓是家喻户晓。

蔺家坝距山东"一步之遥"

江水从骆马湖北部出来后，其中仍在江苏境内的分支流向了徐州。"五省通衢"的徐州，自古是兵家必争之地。骆马湖、微山湖环护东西，京杭大运河分支也贯穿徐州的南北，南水北调东线3座梯级泵站工程位于河道内，刘山站、解台站、蔺家坝站矗立。徐州市地处苏鲁两省交界之处，是江水北上江苏境内最后一关，位置敏感。蔺家坝是南水北调东线一期工程的第九梯级泵站，也是送水出江苏省的最后一级抽水泵站，是承接江苏与山东的关键性工程，它把前几级泵站抽引来的长江水接力送向山东境内的微山湖。

从宿迁前往徐州铜山区的蔺家坝泵站，记者驱车两个多小时，下高速后要沿着运河走很长一段颠簸的岸堤，这里和前面不同，其中有些支线工程尚在建设中，路面情况极为复杂。在徐州市，京杭大运河沿岸能见到一些大烟囱冒着烟，这也说明徐州市运河沿岸治污的任务更重。

泵站离最近的镇子有10多公里，工作人员整日与泵站为伴，几乎每个人都曾连续几个月不回家。作为省际边界工程，蔺家坝泵站承担着向微山湖调水75立方米每秒的目标。"原来，江苏还有20亿立方米的用水缺口，东线一期工程将给全省增加19亿立方米的供水量，解决了省内用水问题。"蔺家坝泵站项目部经理程淼说，东线一期工程开通后，江苏省用水高峰时期农民灌溉的用水保证率从70%提高至80%。

"除了解决北方水资源短缺问题，南水北调还有效改善了生态环境和水利设施条件，提高了京杭大运河的航运能力。"程淼说，有了充足的水源供应，能够有效改善水质，但根本还是要控制污染源。在东线工程的建设过程中，能够感受到很多改变，从"要你治污"到"我要治污"，水环境越来越被地方重视，老百姓环保观念也越来越强。

"湖上人"盼着"死水"变"活水"

"现在的渔业资源肯定不如前几年了。"在骆马湖上生活了 50 多年的皂河镇袁甸村村民杨四玲说，以前开着小船，到湖中一网下去，满网的鱼、蟹，现在渔民大多靠湖区养殖维持生计。杨四玲一家六口就住在停靠在湖畔的水泥船上，这条水泥船也是他卖螃蟹的地方。"别看是水泥船，里面都是空心的，跑在湖面上没一点问题，不过养殖区离着近，开着小木头船就行了，很方便。"杨四玲笑着告诉记者，自家的老房子因为长时间没人住已经快塌了。

回 到 陆 地 上 不 适 应

记者注意到，杨四玲家的这条船甲板面积有百余平方米，有好几间单独的舱室，船头紧靠码头，前来批发大闸蟹的商贩跳到船上挑选不同规格的蟹子。"二两一个的骆马湖大闸蟹，批发价 30 元一斤。"看到记者有些惊讶的表情，杨四玲说，这还是今年贵了，去年更便宜，去年这种规格的大闸蟹才卖 16 元一斤。"其实我们骆马湖的大闸蟹并不比阳澄湖等地方的差，很多外地商贩从我们这买了贴上阳澄湖的标价格就翻好几番，我们希望当地政府也能多扶持本地养殖户，也多给骆马湖大闸蟹打打广告。"老杨说。

杨四玲的母亲李老太已经 79 岁了，身体很好，耳不聋、眼不花，儿子到湖里养殖作业的时候，李老太就在船上看门，顺便准备全家人的饭。"我在船上住习惯了，真让我回到陆地上还不适应了呢，在这里闻的空气多新鲜啊。"李老太说。她有 4 个儿子，杨四玲是老三，她就喜欢在老三家里住，老少四代在一起，生活起居都在船上，什么也不缺。

临近中秋节，前来批发大闸蟹的商贩特别多，杨四玲和妻子还有儿子、儿媳一起一直忙到下午 3 时许，才吃上已经凉了的中午饭。"今年没敢养殖太多，蟹苗和喂食总共投了 5 万元，只要卖过 5 万元就算回本了。"杨四玲说，现在在湖里养殖就像赌运气，收成好就挣钱，收成不好就赔钱。

期盼"死水"变"活水"

杨四玲说，他们湖区养殖最怕的一个是缺水，再就是污染。"我了解过南水北调，通水后不仅让骆马湖原本的'死水'变成能更换的'活水'，还能调解旱涝。"杨四玲说，虽然他不识字，但听收音机里说了，南水北调给这里带来的直接好处就是旱的时候它能供水，涝的时候能排水，今后就能旱涝保收。不怕哪年因为缺水而造成养殖的大闸蟹死亡，或者因为水不流通变成"死水"。

世代生活在骆马湖畔的渔民杨四玲对两年前的那个夏天记忆犹新，受干旱天气影响，骆马湖水位临近死水位，湖面只有原来的四分之一左右，湖区最深处水位仅不到半米。由于水位不断下降，湖底几成草原，渔民们无奈开着挖掘机进湖拾死鱼。"当年投进去的十几万元全赔进去了，血本无归。"杨四玲说，湖区渔民最担心的就是旱情，骆马湖干涸萎缩，将给湖区的生态带来灭顶之灾，一些水中的浮游生物死亡后，再想恢复，至少要 3～5 年。杨四玲现在只承包了 100 亩湖面养大闸蟹，他计划等明年再多承包一些，不怕旱涝等着收肥美的大螃蟹就行了。

近年来，随着骆马湖的综合开发利用，湖区水域环境破坏日趋严重，原有的底栖生物、天然芦苇和水草带消失殆尽，渔业水域生态环境面临荒漠化的威胁。从 1986 年起，骆马湖就开始实行封湖禁渔，至今已有 27 个年头。从 1986—2008 年，骆马湖实行每年 3 个月的封湖禁渔期，2009 年起延长至 4 个月。封湖禁渔可以有效保护湖区的生态环境，保护骆马湖渔业环境，保证鱼类能在春季安全、大量地繁殖，增殖种群，从而达到养护、增殖渔业资源的目的。"政府还出资购买鱼苗实施增殖放流，现在偶尔有渔民能捞上几条大鱼来。"杨四玲说。

还有一点让养殖户非常担心的就是骆马湖上的采砂。"要是不治理这些采砂的，我敢说，用不了 5 年，骆马湖内基本颗粒无收。"养殖户老史告诉记者，湖上近几年冒出了上百条采砂船在湖内疯狂采砂，将他们原本可用于养殖的区域完全破坏。"采砂船抽走湖低的砂子后，湖底就不能长水草了，不管是养殖还是野生的螃蟹、鱼类失去了水草以后则难以生活，湖底没有砂子了，这些动物也就没有了排卵繁衍的地方……"老史说起采砂船有些愤恨。

骆马湖里漂满"采砂船"

骆马湖拥有丰富的砂矿资源。近年来，受到利益驱使，这一资源已经成为一部分人疯狂攫取财富的工具。然而，过度采砂和无序开发导致水生植物无法生长，严重破坏了骆马湖的生态平衡。虽然由于南水北调工程的建设，当地出台了一些禁止采砂的政策，但由于执法无力，采砂船依然在骆马湖这个"水源地"里成规模作业。沿着骆马湖一线大堤行走，记者看到这样的画面：砂厂里的黄砂堆成了一个个小山包，一排排运砂船整齐有序停放在沿湖岸边，船身压得很低，船舱里堆满黄砂。在记者沿途采访中，不少渔民和周边的村民指着在骆马湖中的采砂船气愤地说："这些违规的采砂船为了采砂，把湖中心打得千疮百孔，深洞一个连着一个，这也造成湖水流失，可把我们害惨了！"

记者乘坐一条小渔船行至湖中水域，沿途发现许多的采砂船，尤其是湖面的北部区域，远看去几乎连成片，这些船多数在作业，还有不少运砂船只在湖上穿行。采砂船的前部有一根高近百米的大泵，上百艘采砂船分布在湖面上，就像到了"大工业区"一样。"放到水里的是在作业，提起来的都是歇着的。大泵深入水底砂层，将砂子吸上船，再进行过滤，然后直接转运到运砂船上。"老史告诉记者，砂子不上岸，直接运走，一艘采砂船能在一个固定位置待上几个星期。

驾船的渔民拿着一根7米长的撑船竹竿向记者演示，在湖面上有水草的地方，竹竿插到湖底只有两米的距离，而几步外在一些没有水草的地方，7米多长的竹竿伸下去都够不到湖底。"以前骆马湖的湖底就像平底锅一样，平均水深也就三四米深，而现在采砂最严重的地方，水深已经达到60多米，导致水草不能生长，小虾没了食物，湖里的鱼也不能生存，就形成了恶性循环。"老史感叹说，这吃的都是子孙饭啊，把河砂都采光了，还能吃什么。

过度的采砂行为不仅影响了湖床和沿线京杭大运河的河床变化，也危害了骆马湖一线大堤的安全。2012 年年底，一份关于骆马湖宿迁水域的调研报告集中分析了骆马湖存在的主要问题。其中突出表现在："湖泊面积缩减过快，骆马湖水面目前已缩减到 290 平方公里，比建库时减少 22.7%，严重影响湖泊调蓄洪水的能力；生态功能严重退化，过度采砂导致水生植物无法生长，破坏了生态平衡。"

当地媒体报道，按照"总量控制、区域限采和保护生态"的原则，宿迁市制订了骆马湖宿迁水域 2013 年采砂许可方案。方案明确，目前骆马湖宿迁水域黄砂年开采量约 2000 万吨，2013 年要递减 30%，2014 年和 2015 年各递减 20%，计划到 2015 年骆马湖黄砂年开采量控制在 900 万吨左右。综合考虑堤防安全、旅游开发、航道保护等因素，严格控制开采区域，原则上骆马湖南部、东部以及堤防、湖中的戴场岛周围、航道、渔业资源保护区禁止开采。

当地水利部门负责人对此有着更详细的说明，今年 9 月 30 日后，骆马湖宿迁水域内采砂船数量控制在 120 艘范围内，其余的采砂船将有步骤地进行分流和改造；夜间严禁采砂作业；采砂船主动力不超过 450 千瓦，开采深度不超过 60 米。"通过限制黄砂开采量等措施，让黄砂价格真正体现其应有的价值。"该负责人称，只有这样才能够在保住"绿水青山"的同时，留得住"金山银山"。

刘海龙　孙启孟

原载 2013 年 9 月 29 日《青岛早报》

《青岛早报》系列报道 4

北调江水为北方水乡"加油"

从骆马湖出来的京杭大运河分成两股，除了向西北到徐州再到微山湖西南侧入湖这条线，就是直接到山东枣庄市台儿庄区的另一条线，这里也是江水进入山东的第一站台儿庄泵站，此后江水直接西流经过两个泵站后进入微山湖南部。对于山东的第一站台儿庄泵站，大家熟知的是抗日大战"血战台儿庄"，电影里一幕幕惨烈的镜头掩盖了这里原本也是一个有江南风韵的"水乡之城"，南水北调更是给这个北方的水乡加足了油。相信初到台儿庄，你也会赞叹"咦，这里也有水乡"。用当地人的话说，"看水乡根本不用去江南，到台儿庄就足够了。"

3 级泵站送水微山湖

沿京杭大运河直接北上的这股水从江苏的骆马湖直上来到山东，第一站是枣庄市的台儿庄区。沿台儿庄古城运河大道而行，在运河大桥北侧向东不远处，就是南水北调东线一期工程山东境内的第一站——台儿庄泵站。台儿庄泵站可以说是长江水来到齐鲁大地的前沿阵地。

记者在台儿庄泵站看到，5 台泵机齐刷刷地"站着"，上下纵贯四层楼，高达 17 米。"遇到干旱年份，航道水位不够时，这几个泵机的作用就能显现出来了。"站区工作人员向记者介绍，因为扬程较高，台儿庄泵站统一都安装了立式轴流泵，把旋转的水流通过导叶体，转换成垂直方向的水流，这样就完成了逆向调水。泵站的设计扬程是 4.53 米，平均扬程 3.73 米，也就是说，长江水经过泵站后，平均要被抬高 3.73 米。"泵站已建好并经过了今年 5 月份试通水的考验。"工作人员表示，台儿庄泵站的主要任务是抽引骆马湖来水通过韩庄运河向北输送，结合排涝并改善韩庄运河的航运条件，每秒向北方输送水达 125 吨。

从台儿庄泵站出发一路向西，在古邵镇与涧头集镇中间，是万年闸泵站。当地人说，起这个名字意味着闸可运行万年。随后，记者到达了江水入微山湖之前的泵站，即韩庄泵站。如果长江水到来，就会经过韩庄泵站，韩庄泵站建得很有特点，全部位于地下，站在河岸旁，几乎听不到机器轰鸣。

船家以前"靠天吃饭"

京杭大运河台儿庄段西起微山湖口，经台儿庄，东至鲁苏交界处入中运河，全长 42.5 公里，流域面积 3.35 万平方公里。这段河是一个弯道，就像在鲁南大地上打了一个漂亮的蝴蝶结，连接起了南北方的运河。它一直是重要的通航河道，但是干旱一直是困扰众多船家的大难题。遇到降水偏少的年份，运河水位偏低会让部分船舶滞留，常年行船做生意的人只能"靠天吃饭"。甚至在20世纪，每年干旱季节，河边还有专门为货船拉纤的纤夫，但后来水位更低，纤夫也拉不动船了，干旱季节只能限行或直接断航。

去年夏天，枣庄多处现干旱，部分航道水位不足3.2米，为保障河道通航，山东段全面限航，枣庄段的3个船闸均出台限行标准。"去年7月初，因为水位较低，航道限行，我在这儿等了6天。"57岁的济宁船主王乡里说，当时他的船满载货物，从镇江到济宁，没想到快到达目的地时，却一堵就是6天，他跑船20多年了，那次堵的时间最长。

记者采访中了解到，不仅仅是这段运河，由于水位低、河道淤积等原因，山东境内的老运河许多河段如今都限制通航，甚至是断航。比如梁济运河，曾是大宗货物外运的重要渠道，但在20世纪90年代，因航道缺水、修建浮桥等原因，梁山至济宁长沟的航道断航。此后，该航道成为京杭运河黄河以南最后一段尚未恢复通航的河道。

水位太低长江水来补

南水北调东线工程通过开挖河道，利用泵站逐级提水，将长江水引到北方。它在缓解北方城市生活用水的同时，也悄然开启了古运河的复活之旅。站在台儿庄运河岸边，能够看到一艘艘满载货物的轮船正在通过船闸，缓缓而行，这个景象就是让原本古老的大运河焕发第二春的开始。

台儿庄港航管理处工作人员对一年前的限制通航记忆犹新。他说，当时持续干旱，一直未出现有效降雨，农业灌溉用水量增加，致使主航道水位下降约90厘米，能提高水位的办法就是依靠微山湖水的补给，但是当时微山湖水位已经接近最低点了，最后也只能限制通航，看天而行。

南水北调东线通水以后，这种"靠天吃饭"的尴尬境地将极大改观。"以前缺水的时候，微山湖的水位也很低，根本没处调水，来往的船只就都卡在这里了，泵站建成以后，可以用这几台泵机从东边提水，输送到韩庄运河，提高航道水位。"台儿庄港航管理处工作人员说。

而位于南四湖中部的二级坝泵站，在上级湖和下级湖之间提水。二级坝泵站采用的是卧式泵机，虽然扬程只有 3.21 米，但是水流量更大，输水能力更强，对航道的补给作用不言而喻。"南水北调通水后，运河河道内常年能保障充足的水，一般不会出现雨水偏少导致限制航行的现象。"台儿庄区南水北调工程相关负责人表示。

曾经的清水河又回来了

台儿庄区属淮河流域运河水系，全区总面积 538.5 平方公里，台儿庄原本也是一个因水而生、因水而兴的城市。运河穿境而过，境内有运河、伊家河、大沙河、涛沟河等 13 条主干河道，台儿庄城区更是河流纵横、汪渠相连，拥有三圈环城河、四条新老运河航道，是一座名副其实的水城。南水北调东线工程的实施使得台儿庄成为山东入水的第一站，这里的出境水水质，无论是对南泄水还是北调水都有影响。因此，也就对台儿庄辖区的水源质量和水环境提出了更高的要求。

台儿庄城区东面的小季河途经 8 个村庄，全长 5.1 公里，曾经是一条清水河。20 世纪 80 年代，这里相继建起了化工厂、造纸厂，工业污水伴着城区生活废水，通过小季河排入大运河；90 年代中期以来，虽然经过企业和政府一次又一次治污，但没有根除污染，小季河还是一条"纳污河"。

"为实现'确保清水出辖区'的承诺，自 2006 年以来，我们先后关停了 5 家高污染企业；累计投入资金 47 亿元，开工建设了 136 个工业技改项目，否决可能造成污染的引资项目 34 个；企业排水口和重要河流断面安装了在线水质自动监控设备，工业废水全部实现了稳定达标排放。"台儿庄区环保局相关负责人表示，去年，台儿庄区建成了一座日处理能力 2 万吨的城市污水处理厂和城区污水输送管网；今年，又对小季河实施综合治理。城区生活废水、企业治理后达标排放的工业污水，通过地下管道送入城市污水处理厂处理，再经过种植着菱角、芡实、莲藕、芦苇等水生植物的湿地净化区自然净化后，才通过小季河排入大运河。通过生态滞留氧化、植物吸附、生态护坡等湿地效应，有效降解水中有机污染物，促进水体自净能力，改善水体环境。此外，还新建了小季河、大沙河、马兰分洪道、龙河、引龙河 5 处人工湿地，通过生态滞留氧化、植物吸附、生态护坡等湿地效应，改善水体环境。

谈起变清了的小季河，在小季河边住了一辈子、今年 82 岁的赵村村民王德堂喜上眉梢："我们又能在河里洗澡、网鱼了，这真得感谢南水北调啊，不缺水了，水也干净了。"

有着江南韵味的北方水乡

今年 8 月中旬，一座让战火毁灭、沉寂 70 多年的沧桑古城——台儿庄古城，历时 4 年的重新建设，终于如画卷般重现在世人眼前，"江北水乡·运河古城"，目前已经成为煤城枣庄的新城市名片。这里能看到的并不是想象中的北方工业，而是一片江南水乡的婉约韵味。

这要从历史说起，1938 年春，李宗仁将军指挥军队在台儿庄城内外与侵华日军血战半月，痛击坂垣、矶谷两个精锐师团，歼敌万余人，台儿庄被誉为中华民族扬威不屈之地。"为什么会在台儿庄发生激战，就是因为台儿庄地处苏鲁交界，为山东南大门，徐州之门户，举世闻名的京杭大运河横贯全境，自古是南北漕运枢纽，战略位置十分重要，历史上为兵家必争之地。"台儿庄区委宣传部工作人员向记者介绍，这也从侧面反映了台儿庄当时航运、交通的发达。

如今，依托古运河建成的台儿庄古城已成了台儿庄人生活的一部分，台儿庄古城有着千年运河上最完整的文化、体系和古河道，城内还保存着大量的古建筑、水堤、码头、水门，是明清时期保留最完整的一段，也就是"活着的古运河"。正是借了古运河的灵气，在南水北调工程实施之际，一个巨资打造的"天下第一庄"让人穿越历史的时空，领略 400 多年前的古镇风情。

来到台儿庄古城，既观赏了古运河，又体验了战地现场的英气雄魂，不免触发了思古幽情，在享受了时尚生活的同时，还领略了多元文化的交融荟萃。台儿庄古城既是一种沧桑豪迈，更是一种让人放松的古朴和典雅。难得离开喧嚣的城市、拥挤的车流，悠闲漫步在台儿庄古城，一切仿佛是久已向往般熟悉的模样，人们的言谈举止会让你觉得非常亲切，古朴淳厚的民风带着些世外桃源般的况味。那种温馨和归依感就像流淌了千年的古运河，起伏的思绪变得缱绻和安然。光影里的小桥流水人家，满载的是生活里饱满的笑容。这一切与古城的环境正好合拍，很是入景。一种在路上然而却分外闲适的感觉油然而生，原来飘逸脱俗不再是个形容词，而是由内向外散发出的从容气质。

台 儿 庄

"以前京杭大运河是从北向南流，我们只能靠微山湖的水来补充，境内的运河时常会出现断流现象，而今水能源源不断从长江来，我们再也不怕没水了，南水北调东线工程就像给我们台儿庄'加油'一样，让我们'北方水乡'的称号名副其实。"枣庄市台儿庄区委宣传部副部长李振启总结得很到位。他说，北方缺水，以前遇上旱年，微山湖的水下不来，台儿庄的河道就会干枯，现在北方越是缺水，长江的水来得更多，发展水乡旅游是台儿庄的第二春，他们也是南水北调东线山东境内的第一个受益区域。

河道捞污人吃上旅游饭

9月18日上午，记者来到位于京杭运河北岸的台儿庄运河湿地，这是全国首家以运河湿地为主题的湿地公园，总面积约2万余亩。目前有各种莲花近500种。数百种浮水植物、沉水植物与各类鸟禽虫鱼息息不断，形成典型的湿地景观。游客可以乘坐游船沿水而行，游览十里荷花廊。"你们来得晚了，要是早两个月来，这里盛开的荷花连成了片，可漂亮了。"在景区内驾驶游船的当地村民陈兴强滔滔不绝地向记者介绍着这里的变化。"大运河现在变化非常大，以前叫'一弯堵三水'，水都流不起来。现在新运河都是直线的，少了很多弯，不像以前那么堵了，还有今年运河里的水多起来了，这都是南水北调的功劳。"老陈说，经过河道整治，以前不见了的野鸟、河鱼都出来了。

一路之隔生活大不同

55岁的陈兴强是台儿庄区马兰屯镇人，早年一直在京杭大运河上跑船运，养着一条上千吨的水泥船，运煤、砂子、塑料等货物。四五年前，为防止发生危险，水泥船被禁止在大运河上搞运输。"很多人都换成铁壳船了，俺现在年龄大了，闺女也都出嫁了，就不愿意再去出那份力，操那份心了。"老陈说，年轻时使劲拉货，光想着赚钱，有时候在河上跑4个多月才回趟家，根本顾不上照顾家里。"船上的生活也很无聊，多数时候只能看着月亮打发时间。"

如今的老陈生活非常自在，在家门口给景区开游览船，天天都可以回家。"现在驾船游览的河道和以前跑航运的大运河只有一路之隔，生活却截然不同。"陈兴强说，自己现在改吃"旅游饭"了，天天闻着清新的空气，心情特别好。老伴也在景区工作，两个人每月收入将近 5000 元，吃喝不愁，光等着享福了。"在这里工作，见得人也多，每天见来自天南海北的游客，开开玩笑，听听各地的段子，比以前那种生活能多活好几年呢。"话语间，老陈脸上露出幸福的笑容。

消 失 的 河 道 捞 污 人

在岸边，记者闻到了一阵阵油漆的味道。"附近有个船厂，很快就要搬迁了，将统一集中到一个工业物流园区内。"枣庄市台儿庄区林业局湿地办公室副主任朱东旗表示，这里以前是农民种的水田，但因运河水位上涨，淹过好多次，政府便因势利导，将这里打造成运河湿地。

陈兴强的老伴颜廷芳今年 53 岁了，在景区厨房里做饭。她以前也干过很多活，时间最长的就是作为河道捞污人。"以前大运河上的船很多，有垃圾直接就扔到河道里了，我们就乘着小船沿航道用钩子打捞河里的垃圾。"颜廷芳说，现在随着治理，所有的船必须要自己收集垃圾，然后每到一站统一投放到当地的垃圾回收站集中处理。如今，像颜廷芳从事的河道捞污人职业随着京杭大运河环境的改善，也慢慢消失了。

刘海龙　孙启孟
原载 2013 年 9 月 30 日《青岛早报》

《青岛早报》系列报道 5

瞧！微山湖华丽转身现倩影

长江水顺京杭大运河北上，过了骆马湖后，分成到徐州和枣庄的两股水，这两股水分流后在山东境内又汇合到一起，进入山东境内最大的湖泊微山湖，这里也有个别称叫南四湖，是北调江水在山东以北最大的储蓄和净化空间。为了改善环境，济宁市的环微山湖地区开展了各种治污政策和工程，南水北调东线工程的建设，更给微山湖带来了新的契机，建设湿地净化水质、退渔还湖保护生态、截流整治污染源头成为环微山湖地区的首要任务。"湖边的荷叶连成片了，好多年不见的水鸟回来了，湖中心的水又能喝了。"环微山湖周边的居民充满了欣喜，他们说，被污染的喧嚣过后，咱们恬静的微山湖又回来了。

泵站接力直通东平湖

沿着京杭大运河，从江苏徐州和山东枣庄来的两股长江水分别经过蔺家坝和韩庄泵站进入了微山湖，也就进入了山东济宁市的管辖范围，微山湖整体被分为上游湖和下游湖两段，分为微山湖、昭阳湖、南阳湖、独山湖四个区域，中间有二级坝拦截调蓄，上下游湖区的水位不同。"之前二级坝只是起到拦截上游湖水不下泄或者上游水位高开闸泄洪的作用，现在新建设了二级坝泵站，就能让水交流起来了。"微山县欢城镇政府工作人员陈文芳告诉记者，建于20世纪50年代的二级坝就是为了蓄水，不让湖水下泄，没有想到提水，南水北调打破了这一概念。湖水多了可以泄洪，湖水少了就可以通过泵站用长江水补充了。

江水通过三个泵站的"接力"，就将水调到了微山湖的上游湖，也就是济宁的"家门口"，在这里经过"休息"后，沉淀了泥沙的清清湖水沿着新治理的京杭大运河济宁到东平湖段工程再经过长沟泵站、邓楼泵站、八里湾泵站的接力送水，直接通到进青前最后一个调蓄水库东平湖，等待北方需要补水的"召唤"。

准备就绪就等一声令下

南水北调东线工程黄河以南660公里，济宁高于长江约40米，共13级提水，总扬程65米。记者在微山县欢城镇的二级坝泵站看到，由于还没有正式调水，这里只有少许工作人员维护着站内的设备。"这是南水北调东线工程的第10级抽水梯级站，根据南水北调东线工程总体规划，二级坝泵站工程设计流量每秒125立方米。主要任务就是将水从微山湖下游湖提至上游湖。"济宁市南水北调工程建设管理局相关负责人介绍，东线工程在济宁段长 198 公里，占山东段干线总长度的 40% 以上，济宁境内一期工程调水规模为入下级湖 200 立方米每秒进行调蓄，调蓄水位 32.8 米，经二级坝泵站 125 立方米每秒入上游湖、调蓄水位 34 米，经梁济运河，再通过长沟泵站 100 立方米每秒和邓楼泵站 100 立方米每秒提水至东平湖新湖区内的柳长河，预计年输水天数为 240 天，输水时间为 10 月至次年 5 月。

"我们已经准备好了，就等南水北调通水的一声令下了。"该负责人说，济宁市的调水通水条件已经完全具备。届时，这三级泵站将与东线其他泵站将地势相对较低的长江水一路"抽"进东平湖，进而为我省的缺水地区提供优质水源。

背景　纯净湖泊变"酱油湖"

"西边的太阳快要落山了，微山湖上静悄悄。"电影《铁道游击队》插曲《弹起我心爱的土琵琶》里的这句歌词，让微山湖家喻户晓。然而，就是这个渔产潜力曾位居国内湖泊之首、素有"日出斗金"美誉的中国第六大淡水湖泊，却遭遇了从未有过的环境危机。20 世纪 80 年代，随着乡镇企业的发展，化肥厂、造纸厂、水泥厂等小企业在湖边雨后春笋般冒出来，没有经过任何处理的污水肆意地流入这个纯净的湖泊，微山湖开始变浑、变黑，沦为鱼虾绝迹的"酱油湖"。

土生土长的微山县欢城镇张白庄村支书张明进目睹了微山湖的变迁。"当时流域沿线的数千家企业污水直接排放，泡沫堆积，蚊蝇横飞，水黑得可以直接当墨水，被毒死的鱼漂浮水面，恶臭难闻。"这段历史有纪录片《微山湖在呻吟》为证。张明进说，20 世纪 90 年代开始，村里就陆续有渔民上岸，去城市打工。这两年经过治理，环境得到改善后，很多外出打工的村民又回来了，虽然不能养殖，他们找到了新的职业，就是村里的 4 个港口，这也成为村里的经济支柱。

机遇　南水北调带来了生机

随着南水北调东线工程的实施，微山湖成为重要的调蓄水库和调水通道。

根据调水要求，湖区水质必须稳定达到Ⅲ类水标准，治污成为了微山湖的当务之急，也成为微山湖水质改善的重大机遇。不同于中线和西线，南水北调东线工程的成败关键就是治污。

"过去几乎全是劣Ⅴ类水，意味着人体不能接触的'死水'。"济宁市微山县环保局工作人员介绍，微山湖承接了苏、鲁、豫、皖4省32个县53条河流的来水。为了让一渠清水继续北上，仅微山县的欢城镇就关闭了126家环保不达标的企业。随着治污力度的逐渐加大，微山湖岸边不达标的工厂接二连三地关闭了，大大小小的排污口封堵了，微山湖的水变清了。

转变　以水养鱼到减渔养水

俗话说，"靠山吃山，靠水吃水。"随着水质的变好，湖区渔民们又回到湖上搞起了养殖，渔民们发现养蟹利润大，一窝蜂地加入了养殖大军，投放大量饵料，对湖区水质环境再次造成污染。

微山湖过去都有大量渔民布网搞养殖，将竹竿插到湖里，然后在中间拉上渔网，放鱼苗，撒鱼饵。这种过度养殖、滥撒鱼饵等不合理的养殖方式严重威胁到调蓄水库的水质。2012年年初，一场清网行动在微山湖展开。"我们保留规范了8万亩网箱和网围，实行集中规范养殖的方式，同时清除湖面网箱、网围养殖面积19万亩。"微山渔管委负责人告诉记者，湖区渔业养殖大面积压缩后，通过渔业技术人员教渔民采用生态高效养殖技术，发展清洁型现代渔业，实现了由以水养鱼到减渔养水的转变。

升级　入湖水先进湿地净化

近两年，环微山湖周边新修了很多湿地，微山县新薛河湿地、鱼台县西支河湿地等都是数千亩的大型湿地。"湿地，被称为永不偷懒的污水处理厂。"济宁市环保局工作人员介绍说，在不影响流域或区域防洪安全的前提下，综合采用河流入湖口人工湿地水质净化、河道走廊湿地修复、湖滨及湖区湿地修复等生态修复和保护措施，对流域内生态恢复过程进行强化。

所有企业经过处理的达标废水在进入微山湖之前，必须流经最后一道防线——到湿地进行再净化。"上游来水进入湿地后，都是蜿蜒在湿地内流淌、渗透，保证了最后进湖的是清澈见底的清水。"微山县环保局工作人员告诉记者，一滴水可能要在湿地里走上几个月才能进入湖中，这比有些纯净水的"27层净化"还要多。

一年少赚 20 万还是狠心上岸

在退渔还湖过程中，湖区几十万渔民无疑做出了巨大牺牲。微山县欢城镇张白庄村是微山湖区一个典型的渔业村，渔民日出而作，日落而息，下湖养鱼捕鱼，祖祖辈辈住在自家船上。50 岁的朱恒佰就是其中的一员。他是土生土长的当地人，在微山湖没有治理之前，他过的是典型渔人酒家的日子。如今，由于微山湖治理水质污染，他先后投资 40 多万元开设的 3 家湖上饭店都被叫停了。虽然每年要少赚 20 万元，但他对整治活动还是给予了极大支持。

"我是最早受益于微山湖环境改善的人，以前由于水质不好，我离开老家四处打工。随着南水北调东线工程的实施，微山湖的水质得到极大改善，来旅游的人也多了。3 年前，我拿着自己多年打工攒下的钱购置了 3 条水泥船，又花钱改造装修，放在湖中变成了水上饭店，因对南水北调心存感激，饭店的名字就是'南水北调饭馆'。"朱恒佰说，一年至少能赚 20 多万元，先前的投资很快就赚回来了。"正当我准备就这么顺顺当当地干下去时，政府又加大了对微山湖的整治力度，要求所有的湖上饭店全部关停，这是为了防止饭店的污水对湖里水质造成污染。"朱恒佰说，刚开始他心里也不乐意，可是想想要不是南水北调工程，他现在还要在外漂泊打工。"20 世纪 90 年代初，微山湖水受过污染，经过治理，湖水干净了，我们是受益者，可以用上干净的湖水，也应该让济南、青岛甚至北京、天津的老百姓喝上洁净的湖水。"

对于眼前的这片湖水，老朱有着很深的感情。现在他不再开饭店了，旅游季节，他就驾驶木头船带游客到湖里赏荷花，过了旅游季节，就驾船到湖里撒网捕鱼，过起了优哉的生活。

实实在在的髊肉干饭

因为运河，南来北往的船户、商人聚集于此。济宁有不少商业老字号，也留下了很多美食。其中济宁的髊肉干饭就像青岛的"排骨米饭"一样，满大街都是，内容也和排骨米饭差不多，都是米饭管饱，不同的是，鬍肉干饭用的是大片肥瘦相间的纯肉，另外，除了肉片，还有其他多种丰富的配菜。

鬍肉干饭据说起源于元朝，随着京杭大运河的开通，南方的大米从水路运往北方，当时的人们把用陶器炖出来的五花肉和大米饭放在一起吃，大口吃饭、大口吃肉，这也符合运河边上体力劳动者的口味。随着时代发展，现在又增加了面筋、肉芯丸子和鸡蛋等一系列菜品，一顿饭十几块钱就能吃个饱，就像山东人一样实实在在。鬍肉干饭是济宁首屈一指的小吃，绝对是硬货，饿的时候吃一碗，十分满足。有些时候，街边无名小店的鬍肉干饭比有招牌的店更入味醇厚。

刘海龙　孙启孟
原载 2013 年 10 月 2 日《青岛早报》

《青岛早报》系列报道 6

串黄河长江　现运河繁华

一路北上，江水经过了 13 级泵站，被提高了 40 多米，来到了山东泰安境内的东平湖，如果说大家不了解东平湖，那么大家一定知道《水浒传》中的水泊梁山，这里就是八百里水泊唯一遗存水域。东平湖也是南水北调工程东线上的"天池"，之所以有这个称呼，是因为在南水北调东线上，这里的海拔最高；称其是南水北调东线的"分水岭"，是因为从这里再往北到北京、天津或往东到青岛、烟台、威海走的水就不用泵站提水了，而开始实现自流了。在南水北调东线起到"承前启后"作用的东平湖也和京杭大运河沿线的城市一样，迎来了新的发展，湖区环境得到改善，渐成气候的旅游业都得益于将要从南方来的"一江春水"。"湖里的水会多起来，鱼儿会更肥美，这里也能来货船了。"说起南水北调，东平湖环湖村民无人不知，他们已经做好准备，都在期盼这一天的到来。

南水北调东线工程中，东平湖被"委以重任"，成了南水北调东线一期干线工程中继骆马湖、微山湖之后的最后一座蓄水湖，也是高程最高的一座蓄水湖。未来的东平湖犹如南水北调东线上的一座"天池",从千里之外调来的长江之水在这里蓄积,经过调蓄,既可源源不断地送到冀东和天津地区,也可润泽干旱的鲁北以及胶东半岛,肩负起沟通黄河、淮河、海河和连接胶东输水干线、鲁北输水工程的重任。

东线提水工程最后一站

南水北调东线工程是解决黄淮河地区东部和山东半岛水资源短缺的一项国家重点战略工程,而东平湖畔的八里湾泵站则是东线13级提水工程的最后一站。这个泵站将引来的长江水带到最高点东平湖,然后分成两路,一路穿过黄河往河北、天津供水;一路输水至胶东地区,它既是南水北调东线上的标志性工程,也是关键枢纽工程。而东平湖畔复杂的地质环境和工程本身的高规格标准,都给东平湖边的建设者们出了个不小的难题。

9月22日下午,记者驱车从微山湖一路向西北方向行驶,沿途经过长沟泵站、邓楼泵站,最终来到位于泰安东平县八里湾村的八里湾泵站。"整个泵站主体工程基本完成,之前南水北调山东段进行了试运行通水,设备运转一切正常。目前,仅剩内部装修的收尾工作还没结束。"东平湖工程局工作人员任思福向记者介绍说,八里湾泵站工程为微山湖、东平湖段输水与航运结合工程的组成部分,位于东平湖新湖滞洪区,是南水北调东线工程的第13级泵站,也是黄河以南输水干线最后一级泵站。泵站南侧河道里的水位高程为36.6米,北侧连接东平湖,水位高程为40.8米。这个泵站的作用就是让长江水在泵机的牵引下提升4.78米的高度,将引来的长江水提升到一个制高点,然后顺利流淌进一堤之隔的东平湖。

从设计理念上来说,八里湾泵站是整个南水北调工程中东线山东段一个标志性工程,主体工程包括进出水渠、清污机桥、主泵房等几个部分。工程全部竣工后,泵站还将安装观光电梯,乘坐观光电梯就能看见南水北调工程的部分河道以及东平湖的美丽景色。

混凝土浇筑出丝绸质感

在水泵的作用下,长江水将以100立方米每秒的速度通过一个接近S形的弯道。这个弯道就是泵站的进出水流道，也是这个主泵房工程的重中之重。"八里湾泵站工程的精髓是进出水流道，既需要大器械，也需要绣花针。"任思福向记者介绍，在施工技术方面，混凝土的曲线段浇筑是一个难度非常大的工程，由于水在弯道内高速流动，就要求整个混凝土曲线段表面非常平滑，没有任何颗粒感，手感像丝绸一样。

任思福笑着向记者回忆，当年，他们的施工队伍来到大安山八里湾泵站的建设地址时，被眼前的景象惊呆了。那时候，这里还是一片巨大的湿地，里面的芦苇荡长得密密麻麻。由于常年累积，湖底的芦苇根、腐殖质累积了很厚一层，达 4 米多深，清除淤泥难度很大。工人们挖淤泥、填新土、打地槽，挖出芦苇根十万余斤，才将地面清理干净。一切工程就是这样才有了开始。

"当地老百姓都跷起大拇指说，几十年的臭水塘硬是给弄干了。"一施工人员说，开挖后的工程基坑底高程与东平湖现有水平面有 20 米左右的落差，由于水压的原因，东平湖的水不断地往外渗透。为了降低地下水，他们打了 3 排共计 62 眼排水井，同时用截渗墙将建筑工地和东平湖及周边地带分隔开以阻断水的来源。

调水"给力"泰安段复航

"这个地方以后将变成什么样啊？"东平县八里湾的村民们经常这么问。"八里湾泵站站房的南侧就是清污机桥，引来的长江水将首先通过清污机桥，水质在这里将得到一次净化。而在泵站东面约 600 米的位置，就是一个正在建设中的船闸，南水北调工程将以前的大运河的泰安段进行了清淤，届时，这里将重现大运河的复航美景。"任思福将八里湾的工程形象比喻为"一线串三珠"。

"一湾碧水将八里湾泄洪闸、八里湾泵站、八里湾船闸三个明珠串联起来。三颗明珠的距离都是 600 米，方圆两公里范围内将出现商贾云集、游客盛行、村民富足安乐的生活场景，想起来就美得不得了。"任思福介绍，大运河复航后，这里将变成一个三级航道，八里湾船闸处可以通过载重 2000 吨的大船。据介绍，以前八里湾泵站所在的位置是大安山镇，是京杭大运河上的一个大码头，后因大运河泰安段堵塞不能通行，大安山镇的重要作用就逐渐丧失。

大运河复航后，这里将重现古大安山镇繁华景象，成为集山水一色，人文、地理、环境于一体的自然风貌，成为人流、物流、财流、信息流汇聚的商贸胜地，货运业、服务业、旅游业将蓬勃发展，大安山这个古代重镇将发展为具有现代气息的繁华商镇。

5大"水肺"保水质

东平湖是南水北调东线的最后一个闸口，也是南水北调东线一期工程中继骆马湖、微山湖之后的最后一座蓄水湖，也是最高的一座蓄水湖。未来的东平湖犹如南水北调东线上的一座"天池"，从千里之外调来的长江之水在这里蓄积，经过调蓄，既可源源不断地送到冀东和天津地区，也可润泽干旱的鲁北以及胶东半岛，肩负起沟通黄河、淮河、海河和连接胶东输水干线、鲁北输水工程的重任。在南水北调工程内部有这么一个说法：东平湖的水合格了，南水北调东线的调水也就成功了。

9月23日上午，记者驾车沿东平湖堤坝从南岸一路行驶到北岸，实地探访这里的生态治理和水质净化成果。在东平县稻屯洼国家湿地公园，园内道路两旁竖立着风力和太阳能发电的路灯，两侧是碧绿的湿地植物，东平县环保局工作人员告诉记者，县城的工业废水和生活污水，经过污水处理厂处理之后在湿地停留，通过湿地里的填料和黄菖蒲、水葱等植物根系吸收水里的污染物。在这片湿地干活的小河村村民陈秀艳和侯秀珍说，以前这里是片小水沟，水黑乎乎、臭烘烘的。湿地的建成，让附近景色好了很多。"建一片湿地不光是为了净化水质，我们还要考虑到它的社会效益，要为市民提供一片可以游玩、休憩的大景观。"环保部门工作人员表示，像稻屯洼这样的人工湿地在东平县总共有5个，5块湿地就像5个大"水肺"，让流入和流出东平湖的水得到过滤和净化，让送到京津和青岛的水质得到保证。

拆万亩网围搞清洁养殖

"拆了网围和网箱，我们渔民们就都开始学着上岸转型了，大家有的外出务工，有的直接开了农家乐，吃起了旅游饭，收入也不比以前少。"在东平县老湖镇吃了20多年打鱼饭的老曹说，起初大伙都不理解，拆了网围怎么生活，但渐渐看着湖里的水越来越清，游客越来越多，生活环境得到改善，心里也就理解了。

为了发展东平湖库区经济，这里先后发展了水产养殖、畜牧养殖、旅游开发、农副产品加工等脱贫增收项目，在东平湖内发展4万亩网围、2.95万架网箱水产养殖，那时候，东平湖上一片"举网便知鱼虾富，来往常年万里船"的景象。但随着南水北调工程的实施，为了保证湖水水质，东平县先后整治拆除网围1.85万亩、网箱9600架，将10000亩网围、9850架网箱由投饵性养殖转化为清洁养殖生产。

从 源 头 切 断 污 染

保证东平湖的水质，不仅要通过后期的治理，还要从源头上切断污染，山石禁采、河砂禁采、农田施肥、小产业排污，这些都得下工夫。"东平旧县乡的粉条全国出名，全乡大多数的农民都靠着生产地瓜淀粉和粉条谋生，但是生产淀粉污染大，我们通过做工作，600多户居民主动放弃了这一行业，老百姓付出了很多。"工作人员表示。

现在当地的农民有不少人开始种蘑菇，发展生态农业，而且收入也都不错。据了解，东平县先后开展山石禁采、河砂禁采、小地瓜淀粉企业整治、东平湖综合治理四大战役，共关停山石开采企业90家，拆除抽砂船只1600余艘、砂场码头130个，关停沿湖小型造纸厂3家。

与此同时，东平县农业局也在环湖周边的农田开展另一项工作——测土配方。东平是农业大县，农田一年化肥使用量达到12.5万吨，这些化肥如果顺着水流入东平湖，会引起水域生态富营养化，直接导致水藻疯长，鱼类等水生动物因缺氧数量减少甚至死亡。现在，东平县农业局对每家农田检测土壤，制订化肥使用配方，有目的施肥，让施肥数量直接减少三分之一，不仅对环境保护起了大作用，对农民也省下一笔不小的开支。

目前，东平湖水通过湿地强化治理、拆除网箱网围以及禁渔等措施，已经达到规划所要求的三类水质标准。

养 殖 区 改 养 吃 草 鱼

东平县斑鸠店镇路村村民孙传鹏和孙刚坡父子俩近年来一直在东平湖从

事养殖。9月23日中午，记者来到路村的码头时，正赶上孙刚坡驾船从湖中养殖区出鱼。一辆专门来拉活鱼的货车停在岸边等候，其他的村民也赶来一起帮忙。"我们这边养殖户心都很齐，碰上谁家要出鱼了，都会过来帮忙。"74岁的父亲孙传鹏向记者介绍，这条钢板船一次拉了3000多斤活鱼上岸，这一趟能卖2万多块钱。"我年轻那会儿在东平湖打鱼，后来打鱼的村民越来越多，湖里的野生鱼越来越少，20世纪90年代，大家就纷纷开始搞养殖。那时，湖中架设的网具成片成片的，大多数渔民养的是需要喂饲料的鲤鱼，时间长了，湖里的水质也在慢慢变差。"孙传鹏说，现在政府加大了对湖区养殖的管理，缩小养殖规模，提倡养殖吃水草的草鱼、青鱼以及白鲢、花鲢和鳙鱼等净化水质的滤食性鱼类。"这两年的水质明显好转了。"老孙说，自己和儿子养了1万多尾鱼，主要是花鲢、白鲢、草鱼、青鱼，每年能赚10多万元。"现在，全国各地的批发商户都来我们这拉鱼，日子过得红红火火。"46岁的孙刚坡笑着说。

东平县工作人员介绍，目前，湖内生长有50多种鱼类、40余种水生植物，东平湖水质明显改善，呈现出"水清、草茂、鱼肥"的美好景象，通过"以鱼养水"改善水质，实现了生态环境的良性循环。

逛城汶水西流的美丽传说

如果站在泰山之巅远望，汇入东平湖的唯一一条河——大汶河，就像一条绚丽的彩虹沉降于大地之上，秀丽壮美。大汶河位于黄河下游右岸，是黄河下游最大的支流，发源于莱芜、淄博沂源、泰安新泰等地的山区，自东向西流经淄博、莱芜、泰安、济宁、济南，最终流入东平湖。东西流向的大型河流多自西向东，而在这里却有"汶河倒流"奇观。

"有个传说，汶河形成时便背向东海，龙王很生气，认为汶河小瞧他，便令掌管汶河的小青龙改道，同时令三女儿去督察。"当地很多村民都会讲这个故事，小青龙带小龙女来到汶河告诉她，汶河两岸都是肥沃之地，如将其改道，会殃及百姓。小龙女便去劝告父王，岂知龙王不听，更将小龙女逐出龙宫。小龙女又回到汶河，与小青龙施恩于百姓，使两岸风调雨顺。汶河一直倒流，成为奇观。

汶河沿岸还有着众多古迹，有明石桥、大汶口文化遗址、戴村坝等。大汶口文化遗址位于汶河岸边，是新石器时期的典型文化遗存，与长江流域的河姆渡文化，同为中华民族的文明起源。

刘海龙　孙启孟

原载 2013 年 10 月 4 日《青岛早报》

《青岛早报》系列报道 7

江水顺流而下　润泽美丽泉城

爬完 13 级"台阶"，江水被提到南水北调东线的"最高点"东平湖，从此就可以顺流而下了。从东平湖一路奔流了千里的江水也分成了两股，一股穿过黄河继续北上，流往河北、天津等地；另一股和黄河并肩而行，经过济平干渠到达济南后转向东去，在滨州市博兴县境内的引黄济青胶东输水线和黄河水"邂逅"，一起流向胶东地区。在胶东的输水线上，唯一贯穿城市就是泉城济南，济南也借势引来长江水补充水源。"江水来了后，地下水肯定能充沛，泉城的泉水就不会停涌甚至干枯了，我们的'泉城'之名也更响了。"济南市水利部门工作人员说。

输水路线 1

黄河堤下要走长江水

9 月 24 日下午，记者来到东平湖北侧的玉斑堤，堤坝南侧宽约 40 米，深约 4 米的渠道里水流清澈，堤坝北侧穿黄工程明渠里只有深约 2 米的浅水。"这里是穿黄工程起点，长江水到东平湖里的水从这里开始，穿过黄河往河北、天津方向供水。"南水北调穿黄工程建设管理局工作人员说，该工程从东平湖引水，在东平湖玉斑堤建出湖闸，开挖南干渠至黄河南大堤，南大堤处建埋管进口检修闸，以埋管的方式穿过黄河滩地至黄河南岸的解山村，经隧道穿过黄河主槽及黄河北大堤，在东阿县位山村以埋涵的形式，向西北穿过位山引黄渠渠底，与黄河以北输水干渠相连，工程主体全长 7.87 公里。

记者沿路看到，东平湖里出来的水，首先会经过一条长约 2.4 公里的明渠，再从黄河南大堤以地下埋管的方式穿过黄河滩地。记者从东平湖玉斑堤一路往北走看到，明渠两岸建起高约 2 米的绿色围栏。"这渠道是 2008 年新修的，以前都是庄稼地。"正在黄河大堤上放羊的 69 岁的子路村村民刘美训向记者介绍，这个工程就是将东平湖来的水通过地下管道穿过黄河和黄河的滩涂，其中工程建设时还征用了他们家的 4 亩地，总共用了 3 年时间，给了他们家近万元的补偿款。

具备向河北天津供水条件

在黄河南大堤北侧，输水干渠埋入地下。这个地方土地肥沃，工程人员采用地下埋管方式引流水源。现在工程已全部完工，老百姓已开始在管道上面种庄稼了。

据工作人员介绍，通水后，引来的水从黄河南岸进入隧洞，首先经过一个弯洞，弯洞包括 31.42 米的进口；然后进入一个竖直洞，落差达 19.47 米，经过竖洞的水流流速将大大加快，经过下直弯道进入一个长达 307 米的直洞。这个直洞是整个隧洞最长的一段，经过后水流稍微上斜，经过一个 166 米的斜洞，此时引流的水顺利通过黄河河床。

"在这地方长江水像 U 形一样通过黄河大堤。"工作人员说，穿黄河隧洞是该工程的重中之重，穿黄隧道两侧都是山，整个地形像马鞍，隧道正好位于黄河下游河床最窄的地方。"穿黄隧道长 585 米，位于黄河以下 70 米深处。隧洞经混凝土衬砌后直径为 7.5 米。"工作人员说，按照南水北调东线一期工程规划，通水后，长江水将以 100 立方米每秒的流量"俯冲"70 米穿越黄河，经位山引黄东西渠和聊城境内的明渠相连接，到达南水北调东线一期工程末端的大屯水库，同时具备向河北和天津应急供水条件。

输水路线 2

顺济平干渠跌入小清河

在东平湖的东北角是东平湖往黄河的泄洪闸，泄洪闸边上一个不起眼的水闸就是控制了济南和胶东半岛来水的济平干渠首闸,这个闸门开放,清澈的水流就从东平湖涌出,顺着济平干渠到济南的小清河,从小清河到引黄济青输水线,沿途的城市等都能取水用水。

"济平干渠是胶东输水干线的首段工程,西起东平湖,途经泰安市的东平、济南市的平阴、长清、槐荫,至济南市的小清河源头睦里庄跌水,全长90公里,是南水北调东线一期工程的骨干工程之一。"济平干渠渠首闸负责人郭培胜向记者介绍。

记者驱车沿济平干渠往济南方向行驶,这段济平干渠一直和黄河并肩而行,首先经过的是位于济南平阴县的浪溪河倒虹,负责人侯士潇正在站内检查设备。"我们每一个闸口都在最外层设置了清污机,这样可以把沿途的水草和杂物拦住,让更清澈的水继续往前流。"侯士潇说,整个济平干渠工程沿线没有工厂,可以确保长江水的水质在行进途中不被污染。

沿着济南的平阴县、长清区、槐荫区一路走来,记者来到济南市的小清河源头睦里庄跌水,这是济平干渠唯一的跌水。"因为东平湖水面高程40米,小清河河底高程27米,这段高度差造就了特殊的跌水工程,犹如一个小瀑布。但此时并非雨季,清澈的渠水缓缓流下,显得很柔和。"郭培胜说。

长江水"半隐身"穿泉城

南水北调东线一期济南市区段西起睦里庄,下至洪家园桥,全长近28公里,与小清河"亲密结合"东西横穿济南,是南水北调唯一一个穿过省会城市的项目。像"穿黄工程"一样,当地人形象地称为"穿济工程"。

在睦里庄,记者看到这里河水清清。由于小清河上游水质不错,自睦里庄至京福高速段"穿济工程"将直接利用小清河河道输水。但是,考虑到调水期小清河的排洪和补源等问题,在这一段,还将在小清河南侧地下建一条补源暗管,以便调水期长江水和补源水分别通过。此后从京福高速至小清河洪家园河段,为了保证调水水质,在小清河北岸新辟了一条长23公里的输水暗涵与小清河并行。暗涵是用钢筋水泥浇筑成的,宽约17米,高约7米,内部被隔成三个各自独立的空间,很像一条"地下隧道"。输水暗涵将整个埋设在小清河河道坡地绿化带下。

泉城引水补源防泉水停涌

周日的早晨，济南黑虎泉边，晃动着一群人的身影，原来他们是在这里取水准备回家泡茶喝。来打水的济南市民老孙，将泉水灌满了两个大水桶和十几个大可乐瓶子。知道记者从江苏扬州源头出发后，老孙表示很早就知道南水北调东线工程取水"源头"在扬州，"引过来的水渗到地下，再从泉眼里涌上来，不处理也能直接喝，清冽而甘甜。"

济南以"泉"闻名于世，然而，却也是一座资源型缺水城市。"济南人均水资源占有量不足全国的 1/7，要避免泉水停涌，必须科学用水、引水补源。"济南市南水北调工程建设管理局办公室工作人员说，济平干渠通过泵站把水打到济南的卧虎山水库，既能保泉，还能补充地下水；并往玉清湖水库补水，提供城市的生活用水，为济南提供更充沛的水源。目前正在建设的工程中，济南的玉清湖水库、东湖水库、卧虎山水库等都将是长江水到济南后的储蓄水库，江水来了先将这几座水库灌满，可以调蓄补充下游，也可以渗透到济南地下补充地下水位。

昔日"小黑河"变成小清河

由于污染等原因，历史上清澈的小清河成了"小黑河"，小清河流域的生态环境遭到破坏，让许多投资商望而却步，能经营下去的大多是化工、建材、加工等高污染小企业，招商引资陷入恶性循环。为还两岸居民碧水蓝天，重现"清河走廊"靓景，近年来，济南市斥巨资对小清河进行综合治理。最让济南市民有直观感受的，莫过于为小清河生态输水了。看着昔日的"小黑河"变成了今日的小清河，水一天天绿了起来。目前，济平干渠已为小清河补水2亿立方米，取得了良好的生态效益。

"过去是喷吐漫天的黑烟，排泄浑浊的污水，过去空气呛得连大气都不敢喘，现在化工企业都搬走了，真好啊！"61岁的济南市民老谢从小在小清河旁居住，年轻时还曾参与过河道治理。"现在，小清河51个排污口已全部实现截污，沿河直排口的污水将全部在净化处理后才能进入小清河。"济南环保部门工作人员表示，另一方面，引水补源也对小清河水质改善起到了立竿见影的作用。

　　经过多年的综合整治，那条曾经脏、乱、差的排洪河道，如今碧波重现，两岸绿化景观带也初具规模，与河道相映生辉。板桥广场、五柳岛等景观成为周边居民休闲、观景的新去处。河畅、水清、景美，让在五柳岛散步的李先生感慨万千："这么多年了，河水从来没有像现在这么清过，早上我还看到一群野鸭在水中游来游去，'小黑河'终于又变回了'小清河'。"说话间，岸边传来抑扬顿挫的京剧唱腔。

　　在济南老百姓中流传着这么一句话："宁要历下区一张床，不要小清河边一套房。"随着滨河环境的改善，昔日的烫手山芋，如今成了市民和开发商眼里的黄金宝地。

刘海龙　孙启孟

原载 2013 年 10 月 5 日《青岛早报》

中国南水北调东线工程通水
综合效益凸显

　　经过 11 年的奋战，中国南水北调东线一期工程近日正式通水，10 日此次调水过程结束。工程干线全长 1467 公里，设计年抽江水量 87.7 亿立方米，总投资 500 多亿元。沿线江苏、安徽、山东 3 省 71 个县（市、区）约 1 亿民众受惠。

　　据国务院南水北调办估计，南水北调东线一期工程正式通水后，黄河以南从东平湖至长江将实现全线通航，1000～2000 吨级船舶可畅通航行，新增港口吞吐能力 1350 万吨。换算下来，新增加的运力抵得上新建一条"京沪铁路"。

　　专家指出，随着长江水源源不断地流向干旱的北方地区，水资源将提升沿线地区人口、经济、社会的承载和发展能力，产生巨大的经济、社会和生态效益。

　　南水北调工程是缓解中国北方水资源严重短缺局面的战略性基础设施。按照规划，工程分东、中、西三条线路从长江调水北送，总调水规模 448 亿立方米。南水北调工程分期建设，目前正在实施东、中线一期工程。其中东线于 2002 年最早开工。中线一期工程建设进展顺利，主体工程将于今年底基本完工，明年汛后通水。

南水北调东线一期工程自长江下游江苏境内江都泵站引水，通过13级泵站提水北送，经山东东平湖后分别输水至德州和胶东半岛。

从经济和社会效益上看，工程通水后，沿线城市及工业将增加供水量22.34亿立方米；农业增供水量12.65亿立方米，涉及灌溉面积3025万亩；航运船闸增供水量1.02亿立方米。此外，工程所建泵站还可双向运行，增加排涝面积266万亩，使其排涝标准由不足3年一遇提高到5年一遇以上。据可研报告测算，东线一期工程多年平均供水效益达109.5亿元。

通过这项工程，水利技术装备应用水平和综合效益也得到了提高。"通过对荷兰、日本等国泵站技术的引进、吸收、再创新，新建的泵站有效解决水往高处流的问题，其技术已经达到了国际一流水平。"江苏省南水北调办公室副主任张劲松说，泵站的制作、运行及安装技术已经向外输出。

在加强工程建设的同时，南水北调还加大治污和生态环境建设。南水北调东线江苏水源有限责任公司副总经理荣迎春说，工程沿线的绿化率和人居环境都得到了很大提升，生态效益凸显。

"在10年前的规划论证阶段，东线一直存在水质不达标问题，少数地方在相关专家考察后，不愿意引进来自东线的水。"张劲松说。

借南水北调的东风，工程东线沿途各地的水环境治理实现根本转变。输水沿线监测断面水质全部持续稳定达标。

十年来，江苏、山东两省通过签订治污工作目标责任书，关闭排污口、截蓄中水，关停并转了一批污染严重企业，沿输水干渠污染入河总量持续减少。自2012年11月起，东线黄河以南段各控制断面水质全部达到规划目标要求，输水干线达到Ⅲ类水标准。

污水治理能有这样的成绩，既是因为中央系统的督导机制有效发挥作用，也有地方坚持"谁污染，谁治理"原则落实治污责任的因素。

"中央经常不定期有专家下来督导检查污水治理情况，且不与地方打招呼，查出问题后便予以通报，不留任何情面。"荣迎春说，这种督导方式倒逼地方不能有任何懈怠，必须要把责任落实到位。

南水北调东线工程通水后，北方地区一部分人将告别长期饮用高氟水和苦咸水的历史，地下水严重超采的局面也将逐步得到遏制。

有关专家指出，南水北调东线区域经济总量大，缺水一直是其发展的掣肘，通水后将缩小其先天性资源差距，助力区域经济发展。

长江学者、山东大学经济研究院院长黄少安说，南水北调东线通水将使南北水资源真正实现优化配置，为南北方发展注入新的活力。

杜　斌　陈　刚　秦华江　刘宝森
2013 年 12 月 11 日新华网

"我终于喝上长江水了！"

——东线一期淄博市配套工程通水运行纪实

"我终于喝上长江水了！" 2013 年 12 月 20 日，山东省淄博市张店区的 70 多岁老人吴玉纶说起用上长江水的事儿，抑制不住内心的激动，"山东自古十年九旱，过去遇上大旱年，人畜饮水都成问题，那真是叫天天不应，叫地地不灵呀。能用上长江水是党的英明决策，建设南水北调工程是国家为老百姓做的大好事！有了南水北调工程，不管再遇上什么旱情，咱心里都有底了。"

11 月 15 日，南水北调东线一期工程正式通水后，配套工程基本完工的淄博市，在山东省率先实现了配套工程通水运行，并真正做到了长江水进厂入户，当地居民第一次喝上了长江水。

据山东干线公司调度运行部副主任陆经纬介绍，截至南水北调东线一期工程本年度调水运行结束，淄博市实际引水 1002 万立方米，完成了引水、供水任务，南水北调东线一期山东段工程开始发挥调水效益。

在配套工程建设中，淄博市立足实际、发挥优势，依托原有引黄供水工程进行建设，主要包括引水工程、调蓄工程和输水工程三部分。其中维修改造原引黄干渠 11.4 公里；扩建新城水库至 2144 万立方米，新增兴利库容 1138 万立方米；新建输水管道 62.1 公里。工程永久占地 1746.46 亩，临时占地 3016.29 亩，概算总投资 7.618 亿元。一期每年引用长江水 5000 万立方米，供水区域辐射张店区、周村区、临淄区、桓台县和淄博高新区。

"长江水引入淄博以后，一部分是用于工业用水。齐鲁石化目前用的就是长江水，有一部分用于生活。还有 300 万立方米用于桓台县生态用水，现在注入了马踏湖水库，对改善生态环境发挥了很大作用。"淄博市南水北调工程建设管理局局长王绍臣说。

2012 年 7 月 26 日，淄博市配套工程在全省率先开工。工程建设开展以来，淄博市市委、市政府高度重视，建立了政府主导、部门联动、运转高效、保障有力的工作机制，工程建设得以加快推进。在全省配套工程建设中，淄博市实现了可研批复、开工建设、工程进度、通水运行"四项第一"。

工程正式通水前，为确保工程稳定高效运行，淄博市南水北调局组织专业技术人员，赴江苏、南京等地，调研长江水水质、处理工艺、运行管理情况，拟定了长江水进入供水管网运行的初步方案。引水过程中，全程跟踪检测，并根据水质变化情况，及时调整运行方案和水处理工艺，确保了供水水质稳定达标。通过引黄供水工程泵站、净水厂、配水厂、供水管网，将经净化处理达标后的长江水送入工业企业和居民生活用户管网，在全省率先实现了长江水进厂入户，用户反馈结果良好。

淄博市配套工程的通水运行，确保每年可引进长江水 5000 万立方米，到 2030 年后，每年可引进长江水 2.2 亿立方米。届时将实现长江水、黄河水与当地水的联合调度和优化配置，从根本上改变淄博地区的缺水状况，对于构建淄博市"三河相通、两库相联、客水补源"的大水网工程体系，提升水资源承载能力，支撑经济社会可持续发展，具有重要的战略意义。

据悉，山东省南水北调配套工程供水区分为鲁北、胶东、鲁南 3 个片区，共包括 14 个单项、38 个供水单元工程，配套工程建设涉及枣庄、济宁、菏泽、德州、聊城、济南、滨州、淄博、东营、潍坊、青岛、烟台、威海等 13 个市，68 个县（市、区）。规划总投资 217.12 亿元，永久占地 7.16 万亩。工程将于 2015 年全部完工，可年消纳江水 13.53 亿立方米。

木 易 邓 妍

原载 2013 年 12 月 24 日《中国南水北调》报

玉清湖联调长江黄河水

——记山东首个通过竣工验收的配套工程

8 月 20 日，笔者驱车来到位于济南市西部的玉清湖水库。顺着坝顶路的导引牌一路向南，一侧是波光潋滟的湖面，另一侧是树影婆娑的济西湿地公园，前行数百米，几栋在绿树环绕下的灰墙蓝瓦泵站厂房映入眼帘，这便是玉清湖引水工程的核心枢纽——玉清湖引水泵站。

玉清湖引水工程是南水北调东线一期济南市市区配套工程的重要组成部分，工程主体包括玉清湖引水泵站、1000余米的输水暗涵和4根翻越玉清湖大坝的输水钢管。7月24日，玉清湖引水工程通过竣工验收，成为山东省南水北调配套工程建设第一个开工、第一个投入运行和第一个竣工验收的工程。至此，山东南水北调配套工程由施工建设进入了正常运行管理、全面发挥效益的新阶段。

玉清湖水库水位较高，且为济南重要的水源地，鉴于水下混凝土浇筑工作的特殊性，经过反复论证研究，最终确定水下混凝土浇筑采用导管法施工方案。建管单位委托山东大学土建与水利学院测试中心进行水下混凝土配合比、浇筑试验，于2013年8月15日浇筑施工顺利完成。该项技术开创了水利工程中水下大体积混凝土浇筑的先河。

玉清湖引水工程建成后，把济平干渠与玉清湖水库有机地连接起来，可将长江水和田山灌区的黄河水提入玉清湖水库，实现地表水、地下水、长江水、黄河水的互联互通和多水源联合调度。还可以利用玉清湖引水工程预留的分水口，向济西湿地进行生态补水，改善水生态环境，为"泉涌、湖清、河畅、水净、景美"的水生态文明市建设提供支撑和保障。

邓　妍　孙健滨
原载 2014 年 8 月 22 日《中国南水北调》报

打造精品工程　展示特色水文化

——东线江苏段淮安二站改造工程建设纪实

到过淮安的人，都会毫不吝啬地把景色秀丽、风光旖旎等美丽的词汇送给这座城市。而有着"城在水上漂，水在绿中绕"美誉的淮安古城中镶嵌着一个耀眼的明珠，它就是东线一期工程江苏省淮安第二抽水站（以下简称"淮安二站"）。人们感叹，这里的一草一木、一物一景都是那么别致、精到。

淮安二站改造工程是江苏南水北调建设的缩影，更像是人水和谐的生态园林。记者在桃花盛开的季节走访了这座正焕发着青春活力的泵站。

高标准　严管理　质量上台阶

走进淮安二站，迎面扑来缕缕花香，站内独特的厂房造型，风格迥异的泵站设计，曲径通幽、竹影摇曳、兰叶吐翠、鸟语萦怀的环境布局令人驻足。东线江苏段淮安二站改造工程建设处（以下简称"建设处"）主任孙洪滨说："淮安二站的任务，就是与淮安一站、淮安三站和淮安四站一起，共同承担着先将江都站和宝应站输送来的长江水入苏北灌溉总渠，然后抽引至淮阴站下的任务，实现南水北调东线第一期工程第二、第三梯级 300 立方米每秒的规划抽水目标。"

淮安二站位于淮安市淮安区、京杭运河和苏北灌溉总渠的交汇处，是淮安水利枢纽工程的重要组成部分，也是南水北调的第二级泵站之一。据了解，淮安二站工程从 20 世纪 70 年代投入运行以来，在 30 多年的时间里，平均每年抽水量约 9 亿立方米，近年来由于设备老化，装置效率下降，存在严重安全隐患，难以保证安全运行。为了确保南水北调和排涝的安全运行，必须对淮安二站进行加固改造。

2009 年 10 月 14 日，国务院南水北调办以《关于南水北调东线一期长江至骆马湖段其他工程淮安二站改造工程初步设计报告（技术方案）的批复》（国调办设计〔2009〕185）文件批准淮安二站改造工程初步设计。淮安二站改造工程主要内容有：更换机组及配套辅助设备、电缆、检修闸门及启闭系统、拦污栅；行车更新改造；增设微机监控系统；厂房加固处理；开关室改造；接长控制楼、拆建交通桥；下游引河清淤和上下游护坡整修等。改造工程从 2010 年 10 月 15 日开始，至 2012 年 12 月 30 日基本完成。

在国务院南水北调建设办公室高度重视下，江苏省南水北调办和水源公司对淮安二站的更新改造提出了更高的要求。记者了解到，淮安二站改造工程特点是在原有老站的基础上，对水工建筑物进行加固，对机电设备进行改造，让老站换新颜。

一个现实的难题摆在了建设处的面前。为实现淮安二站改造工程目标，就要解决新设备与老基础结合的问题。面对这一新的课题，建设处首先从设计环节入手，确定了设计标准，并委托原二站的设计单位江苏省水利勘测设计研究院有限公司，根据原淮安二站图纸重新进行实地测绘，用测绘得到的数据指导改造工程的设计；其次，为保证工程建设质量，通过招标择优选择了江苏科兴建设监理有限公司负责施工监理工作，江苏盐城水利建设有限公司负责土建和设备安装施工，确保了淮安二站改造工程有序进行。

在工程建设管理过程中，建设处以创优良工程为目标，把工程质量管理贯穿于工程建设全过程，并落实到各个工作环节和节点。

建设处成立了质量管理领导小组，建设处主任为组长，对工程质量负总责，工程科具体负责工程质量管理工作。建设处主任、总工、总监、项目经理及项目部各工种负责人组成质量检查小组，建设处制定了质量现场检查制度，根据制度每月组织 2 次由主要领导参加的质量专项检查，每季对监理、施工单位的质量行为和实体质量进行检查考核，建立检查台账，每次检查后都要认真进行总结，发现的问题及时整改落实，确保质量形成过程处于受控状态。

机泵是泵站的心脏，建设处为保证"心脏"健康，首先在水泵、电机制造期间下工夫：派技术人员驻厂监造机组设备，把工程质量检验的全过程放到厂家去。监理工程师驻厂监造，深入车间巡查，监督厂家按设计图纸组织生产，依据合同规定的技术标准和规范，对其设备、材料、工艺进行检查，旁站监督车间设备组装和有关工厂试验，将质量掌握在可控范围内，使产品达到质量标准，满足设备改造要求。

严格原材料、中间产品的质量控制。各批材料进场前施工单位都按照有关规定和规程进行相关的送检、报验；监理单位按照规范要求进行平行检测。部分工程混凝土采用现场自拌，所需的砂、石、水泥等原材料由建设处、监理处、项目部三方共同调研比较后确定供应商。材料进场后，施工单位及时取样，监理单位跟踪送检，并进行平行抽检。建设处制订了质量检测计划，委托江苏省水利建设工程质量检测站进行抽样检测。

参建单位主动接受上级检查，及时落实整改上级检查意见。工程开工以来，省南水北调办、江苏水源公司、省质量监督站等上级部门的领导和专家多次来工地检查。对检查提出的意见，建设处及时组织学习和消化，确保整改意见落到实处，并将整改落实情况上报江苏水源公司和质量监督机构。

目前，淮安二站安装完成的2台套立式液压全调节轴流泵，叶轮直径4.5米，单机流量60立方米每秒，与淮安一站、淮安三站和淮安四站一起实现了南水北调东线一期工程第二梯级300立方米每秒的规划抽水目标。同时，在白马湖地区70万亩农田的排涝和苏北地区200万亩农田的灌溉任务中，也发挥着重要作用，为当地的工业、航运、城乡人民生活用水等提供了可靠保证。

抓特色　增亮点　老站展新颜

淮安二站改造工程中，建设处围绕工程改造抓特点，也突出了继承传统、强化水文化内涵的亮点。

特点一：淮安二站是一项改造工程，能否在泵站主厂房原有结构的基础上完成机泵安装任务，是顺利圆满完成泵站改造任务的关键。孙洪滨说："设备运到现场后，怎样进行安装又是一个难题。我们采用的方案是边运行边安装，一台机组运行，一台机组拆除安装。安装时按照测绘基座的数据对号入座。实践证明，这种办法行之有效。2011年5月机组安装全部结束，并开始运行，圆满地完成了机组的安装任务。"

建设处的正确决策、高质量施工和科学的建设管理，为淮安二站带来了丰硕成果。依据《水利水电基本建设工程单元工程质量等级评定标准》《江苏省水利工程施工质量检验评定标准》等标准，淮安二站单位工程参验项目合计11个分部154个单元（分项）工程，其中按水利标准评定总计9个分部，合计89个单元工程，施工单位自评86个优良，自评优良率为96.6％，监理单位复评86个优良，优良率为96.6％。目前，淮安二站改造工程已按设计标准建成，具备了工程运行条件，并受江苏水源公司委托，建设处分别于2012年5月、7月组织泵站机组预试运行。2012年12月27日，工程通过了江苏水源公司组织的试运行验收。2013年4月7—9日，工程通过了江苏省南水北调办组织的设计单元通水验收。

特点二：淮安二站不仅是一项南水北调东线中的一项重要工程，而且还承担着重要的防汛任务。由于原水工建筑物具备度汛条件，所以淮安二站改造工程建设中，既没有施工围堰，也没有导流工程。在确保淮安二站改造工程正常进行的同时，要保证汛期一台机组随时能够运行 60 立方米每秒的抽水能力。改造过的淮安二站在预试运行结束后，根据江苏省防汛防旱指挥部办公室的调度指令，当即投入抗旱运行。2012 年 5 月 24 日至 11 月 30 日，淮安二站 1 号机运行 1629 小时，2 号机运行 1171 小时，累计运行 2800 小时，抽水 6 亿立方米。运行期间机组在启动、停机和持续运行时各部位工作正常，无异常现象，各项检测数据基本满足设计和规范要求。

淮安二站改造工程不乏其亮点。在与孙洪滨的交谈中，记者感受到，随着淮安水利枢纽工程功能的不断完善，淮安水文化也同时延续发展，不断增添新的内涵。从横向来看，淮安水利枢纽本身就是水工程文化的一个重要载体，而从纵向来看，它同时又是对地方水文化的继承与发展。

记者发现在淮安二站一块空场地放着一个巨大的金属齿轮状物，便请教孙洪滨。"淮安二站作为一个老泵站，我们把拆除下来的老设备都妥善管理和保护，你们看到的就是淮安二站淘汰下来电机转子和水泵转轮。我们准备将它同淮安水利枢纽各个泵站工程淘汰下来的机组设备和零件集中到一起，建一个'水泵广场'。这也是一个水文化广场、科普基地、爱国主义教育基地，要让非水利人和青少年都了解水利人所创造的财富、所经历的艰辛、所取得的成就。通过实物展示让人们了解水泵的基本知识，加深对水泵的直观印象，把它作为一个水利作品展示给大家，'水泵广场'初步规划在今年年底建成。"孙洪滨兴奋地说。

淮安二站改造工程建设处非常重视水文化教育，始终将水文化教育与淮安水利枢纽的历史融合起来，发扬光大。淮安二站在改造过程中，保持了淮安水利枢纽传统风貌。泵站厂房依然保持着水磨石结构，现在看来依然不落后。

淮安二站打造淮安水利枢纽特色，不仅突出水文化，而且突出"四季常青、四季有花"的特点，无论你 1 年 365 天，哪一天来到淮安二站都有鲜花迎接你。在泵站建筑上，淮安二站也是特色鲜明，白色瓷砖为主色调的厂房，周围配上绿色的竹子，时尚且大气。淮安二站人常说的一句话就是：哪怕只有 1 平方米的面积，也要绿化好，绝不放过边边角角。为了实现美化环境的总体目标，建设处聘请淮安市园林绿化局的专家设计图纸并提出方案。淮安二站的花台设计就是利用了一块废弃的地块建成的。

如今，淮安二站景色秀丽，花木葱茏，曲廊迂回，水鸟翻飞，可以灌溉、排涝、泄洪、航运等，众多的水工建筑犹如一座水利工程博物馆，构成了淮安水利枢纽风景区奇特的水利景观。

李志杰　苏冠群　李松柏　王　晨
原载 2014 年 12 月 11 日《中国水利报》

南水北调东线工程润泽济宁
综合效益显现

大众网济宁 1 月 22 日讯　南水北调中线工程去年 12 月 12 日通水，让已进入运行阶段的南水北调东线工程再次成为关注的焦点。大众网记者探访南水北调东线山东段工程，其对沿线城市的社会经济、生态发展起到了综合带动作用。

南水解了北渴，润泽济宁大地

根据国务院 2002 年批准的《南水北调工程总体规划》，南水北调东线在山东境内规划为南北、东西两条输水干线，全长 1191 公里，其中南北干线长 487 公里，东西干线长 704 公里，在山东省形成"T"字形输水大动脉和现代水网大骨架。

"去年入汛以来至 7 月下旬，南四湖水位持续下降，中心湖底裸露，航运基本停止，近两万渔民生活受到影响，济宁市政府向省政府呈报了《关于补充南四湖生态用水的请示》，省委、省政府高度重视南四湖旱情，启动南水北调工程，调引长江水 8000 万立方米向南四湖下级湖补水。"济宁市南水北调管理局副局长孙逢立告诉记者，此次引水不仅保证了南四湖的生态用水，还增加了湖深，提高了湖内巷道的通行率，减少了航运损失，也为湖内群众出行提供了方便。

据了解，南水北调东线工程济宁段长 198 公里，占山东段南北干线总长度的 40% 以上。自南水北调山东段工程于 2013 年 11 月 15 日提前实现全线通水以来，有效缓解了济宁市的水资源短缺矛盾，提升了水生态环境质量，解除了因遇枯水年而发生的水资源危机和生态危机影响，为济宁市的经济社会可持续发展提供了水源保障。

牢筑生态屏障，综合效益显现

南水北调工程开始建设时，社会各界普遍担心东线水质问题。但经过12年的治理，通过建设南水北调工程，沿线的水质不仅得到了根本改善，还为全国流域污染防治工作提供了示范。按照国家确定的评价指标，山东省输水干线测点基本达到地表水Ⅲ类标准，对水质要求比较严格的小银鱼、鳜鱼、毛刀鱼、麻坡鱼等鱼类在南四湖重现。

"污水经过污水处理厂，变成可利用的中水，虽然中水在日常生活中发挥了很大作用，但还未达到饮用水的标准。因此，截断由污水处理厂出来的中水，不让中水进入输水干线就成了南水北调济宁截污导流工程的重点。"据济宁市南水北调管理局副局长、市截污导流工程建设管理处处长郭立介绍，为确保南水北调东线调水水质稳定达标，改善区域生态环境，2014年济宁市南水北调截污导流工程进行了优化提升，采用"多级表面流湿地＋近自然人工湿地＋生态稳定塘"组合工艺，利用湿地系统对蓄水区近9000亩水域中水进行水质净化。"净化后中水通过工农业利用，再回湿地净化，如此循环，既实现了零污染排放，又满足了生态城市建设用水需求，一举多得。"郭立说道。

此外，为提升南水北调工程沿线经济社会发展质量，在工程规划设计建设过程中，还积极发挥了南水北调工程的综合带动效应。济宁梁济运河下游水生态工程与南水北调东线梁济运河输水航道工程实施紧密结合，既扩宽航道，提高了船舶通过效率，又提升了运河生态景观，对进一步减少面源污染，保障南水北调输水干线水质具有重要作用。

高　杨　朱仙婷

2015年1月23日大众网济宁频道

创新培训模式　做实一线管理

——山东干线公司胶东管理局运行管理探路

运行管理规范化，是南水北调山东干线公司由上到下必须直接面对的问题。这也是工程能否充分发挥效益，乃至长期稳定运行的关键。

从2014年至今，一年多的时间里，东线山东干线公司胶东管理局以千分制考核为总抓手，做实一线管理，加大运行环境协调力度，对运行管理工作规范化进行了有益的探索，仅用1年时间，就基本完成了从建设到运行管理的转型。

在运行管理规范化的探索中，胶东段工程率先在山东干线发挥了社会效益。去年，胶东段工程先后向淄博提供生态供水、生活供水，向潍坊提供抗旱应急供水、生态供水，有力地支持了地方群众生活、经济建设。

非 准 绳 不 以 正 曲 直

运行管理规范化，最怕不知道该干什么，怎么干。

胶东段工程位于山东干线工程末端，下辖3个管理处、85公里渠道和一座平原水库，担负着向胶东地区供水的任务。

胶东管理局结合自身实际，依据山东南水北调局和山东干线公司制定的《山东省南水北调现场管理千分制考核办法》等规章制度，细化制定了45项管理制度，统一规范了检测记录、巡查记录、值班记录等。

为了让每一名工作人员清楚自己的岗位职责，胶东管理局又结合建设管理向运行管理转型期的特点，在明确岗位分工的基础上，制定了每一名工作人员的工作职责和工作目标，确保每一项工作任务到人、责任到人。

进入运行管理期，新老工作人员同样都要面对新的领域，都需要重新认识、重新学习。

胶东管理局创新模式，在开展常规管理培训的同时"借船出海"，将工作人员输送到成熟的运行管理单位定岗培养。以泵站工种为例，工作人员编入培训单位班组，参与日常维护，贴身学习。与以往参观学习培训相比，针对性强，更能锻炼实际操作能力。

在双王城水库工作的女员工冯雪莲，经过这样的培训，熟练掌握了泵站电气操作规程，自如应对机组日常维保，胜任泵站运行岗位。

做 实 一 线 管 理 处

"基层管理处是运行管理工作的前沿阵地，做实基层管理处一线管理工作，就等于抓住了运行管理工作的牛鼻子。"胶东管理局局长范继友有着这样的认识。

基于此，胶东管理局一方面以千分制考核为总抓手，落实各项制度和规范。管理局制定了月度千分制考核和与绩效考核计划，将综合管理、工程管理、运行管理、安全管理纳入重点考核范围，每一名工作人员都有相对应的责任考核内容。每月对责任人进行考核打分，并将打分结果与年度绩效考核挂钩，与个人收入直接挂钩，奖优罚劣。

实施千分制考核后，一线管理处不论是处长还是普通管理人员，岗位责任意识明显增强，都能认识到控制差错人人有责，自觉地从我做起，从身边每一件小事做起，把工作做好、做细、做实。

另一方面，不断充实现场管理力量。胶东管理局缩短管理链条，将所有管理处设在工程现场，人员吃住在管理处，比建设期管理重心更加前移。这样一来，管理处对工程养护、运行调度等工作的管理更加精确化，发现处理问题的过程大大缩短，办事效率、办事效能都不同程度地得到提高。

同时，人员编制向一线管理处倾斜，局机关精简岗位，只留下日常办公人员，将更多的管理人员派驻到一线管理处。目前全局52人，近80%的人员配置在一线管理处，其中双王城水库21人。

另外，胶东管理局还注重增强一线人员凝聚力，组织现场人员开展工程边界清理，植树绿化工程环境，义务劳动等活动，通过这些活动，不断增强一线人员主人翁意识。

改善运行管理外部环境

建设管理期需要良好的外部环境，运行管理期要实现运行安全，更需要长期稳定的外部环境。

在山东南水北调局与省公安厅协调沟通的基础上，胶东管理局与地方公安部门积极协调，各管理处与公安部门签订协议，将治安办公室、警务室直接设在了工程闸站、管理处，现场开展工作。其中，邹平县公安局任命派出所所长为治安办公室主任，专职负责南水北调工作，干警、协警在现场办公，及时解决问题。

治安办公室、警务室成立以来，在运行管理工作中发挥了积极作用，先后解决了多起渠道围网外保护区范围内种树、种田、私搭违建等违法侵占工程的事件。去年"五一"期间，双王城警务室出动警力，制止了多人次在水源保护区范围内的捕鱼行为，保障了应急供水。

"工程平稳运行，确实离不开良好的外部环境。"一名现场管理人员告诉记者，现在工程沿线钓鱼的看不见了，偷盗围网的没有了，非法侵占的事件少了。

当然，"工程进入到全面运行期，胶东管理局离运行管理规范化还有差距。2015年，我们将围绕工程运行管理这一中心任务，继续深化水库管理，重点加强渠道工程规范化、标准化建设，确保工程发挥效益。"范继友告诉记者。

朱文君　王子春
原载 2015 年 4 月 3 日《中国南水北调》报

于细微处见真章

——江苏水源公司宿迁分公司睢宁二站规范化管理调查

园林式的睢宁二站

扫描二维码查看设备台账

用不同颜色标识的线路走向清晰

干净明亮的泵站厂房

题　记

　　"听了江苏南水北调运行管理人员的讲座很有收获，我们有机会还想再去江苏南水北调泵站培训，他们的运行管理工作做得细致……"在南水北调一线采访过程中，记者不止一次听到类似的话。江苏南水北调的运行管理工作到底有什么魅力，让如此多的同行心生向往。带着这份好奇，记者于 5 月 12 日来到了东线江苏段工程，在江苏水源公司宿迁公司所管辖的睢宁二站一探究竟。

5 月 12 日的下午，绿树掩映中的睢宁二站显得有些安静，这种安静之中透着几分淡定和从容。优美的环境让人产生了错觉，若不是南水北调标识的提醒，仿佛置身于一处园林景观之中。

作为南水北调东线工程第五级泵站，睢宁二站位于江苏省徐州市睢宁县沙集镇徐洪河输水线上，周边河湖密集，水网发达。泵站的所在地沙集镇，是以销售家具闻名全国的淘宝村。当地人的经营意识如同南方茂密的绿植一样，与生俱来。

丰沛发达的水网，让江苏在水利工程管理上有了积累经验的先天优势，强烈的经营意识，又让他们在管理中有了独到之处。只有身处这样的环境，才能理解其中奥秘。

传承意识
——积累实践经验

见到睢宁二站的负责人莫兆祥，是在他的办公室里。泵站的工作人员匆匆从房间里出来，去为防汛检查做准备。还未散去的烟味弥漫在室内，尽管不抽烟，细致的他还是在办公室准备了烟灰缸。

这位运管人员是大家口中爱琢磨、肯钻研的"老师""专家"，浑身透着一股精干劲儿。他的官方称呼是睢宁二站项目部部长，这个不同的称呼也暗示着他的特殊身份。江苏水源公司对部分泵站委托管理，他本人还是江苏江水北调工程骆运管理处沙集站的所长。他所属的骆运管理处，就是东线山东段工程双王城水库泵站值班长于涛的"深造"单位。

任何事情都不能一蹴而就。

对于业界的认同，他归结为江水北调工程运行几十年来打下的良好基础。江水北调工程建成投入运行，也经历了南水北调工程现在所面临的问题和困难，而不断解决这些困难的过程，也让几代运行管理人员积累了宝贵的经验。

莫兆祥于 1997 年大学毕业，刚步入工作岗位时，和现在许多南水北调的年轻人一样，书本与现实的差距迅速呈现在面前。一切归零，拜师学艺，学看图纸成了他每天必做的功课。而最让他兴奋的是每次的机组大修，他都会拿着笔记本，一个工序一个工序地记，不断的琢磨。两年后，他不但可以独立操作，还带上了徒弟。

他告诉记者，要想胜任调水工程运行管理岗位，运管人员首先要提高的就是实际操作能力和动手能力。就像一个好的汽车驾驶员，不仅能熟练驾驶，还能发现汽车日常使用中的故障，并能排除故障。比如，在泵站的机电设备改造中，部分机电线路需要重新铺设，只有实际动手一根一根地理清线路，才能熟悉线路走向，找出隐患点。这样才能在运行过程中遇到问题时迅速找到症结。

除了自身的努力外，他把迅速适应运行管理岗位还归结为那个时代很流行的一种培养模式——师傅带徒弟。通过老师傅的传帮带，迅速脱胎换骨。

对此，莫兆祥的师傅蔡晓东更有发言权。他于1993年参加工作，从1997开始带徒弟，至今已经带过9个徒弟了。经他点拨过的这些徒弟，如今都是工作中的岗位能手了。他最近带的一个徒弟，是刚毕业没多久的本科生，小伙子理论知识扎实，手脚勤快，很多问题一点就透。

师傅带徒弟这种培养模式，可以使初入岗位的年轻人少走弯路，短时间内就适应岗位要求，满足工作需要。传帮带的过程中，不仅将几代人的经验传承，也将不断完善的行业规范传承。传帮带的过程中，师傅还将泵站几代人对于工作的执着负责精神传承给年轻人，并且不断发扬光大。

对于这种传统，睢宁二站继续发扬光大，在口头约定的基础上，将师傅带徒弟的传帮带模式纳入制度建设，不仅明确传帮带责任人，还对新人的培养提出量化指标。如今，老传统正作为一项制度，在泵站的人才培养、规范化管理中发挥着重要作用。

创新意识
——提升管理水平

为了适应运行管理工作的需要，睢宁二站打破传统观念，树立创新意识，借鉴服务行业管理经验，应用网络信息技术，不断提升管理水平，这体现于日常管理的每一个环节，见诸于工程的每一个细小的角落。

记者在泵站地下厂房采访时，在每层的通道口以及其他一些重要部位，都能看到一个醒目的指示牌，牌子上标注着当前位置，以及下一个方向是前往泵站哪一个部位，让初来乍到的记者一目了然。

莫兆祥告诉记者，2013年，刚接管泵站时，复杂的地下厂房让他这个

"老泵站"也有些转向。他借鉴知名景区管理经验，设置了位置标示牌，不但方便了新入职员工，还让日常巡查更加精准化。

更让记者惊讶的是，在泵站的重要设备上都有一个巴掌大小的二维码标记。这是做什么用的？要知道在日常生活中，二维码常见于微信朋友圈，大家通过"扫一扫"互相建立联系，商业机构又将二维码用于营销产品推广，而在水利工程中可实属罕见。莫兆祥看出记者的疑问，他笑不作答，示意记者用手机微信软件"扫一扫"。

带着不解和疑问，记者拿出手机"一扫"，几秒钟后，记者通过扫码在手机上看到的是设备的"身份"信息，出厂时间、维修记录等信息一目了然。莫兆祥这才解释到，为了方便现场设备巡查检修，他从网上下载了二维码生成软件，将设备台账信息录入，生成每个设备特有的二维码。现场人员只需要用手机扫码，就能迅速便捷地了解到所需信息，方便快捷。

莫兆祥是个爱琢磨的人，在生活中甚至在出差中，也不放弃学习的机会。加油站、快餐店、旅游景区、宾馆酒店都是他学习的对象。他说，作为危险源的汽车加油站，危险等级为三类，在管理上就有很多值得学习的地方。泵站作为水利设施，涉及高压电都是重大危险源，需要通过标示让工作人员重视防范。

求精意识
——追求精细化管理

睢宁二站在严格执行国家、省部行业规范的同时，更加注重对规范条例的细化落实。现有规范要求对设备巡查情况进行记录，对于设备状况的描述分为正常或者失常等。这种记录符合规定，但是离精细化还存在差距。

睢宁二站在此基础上，量化标准，细化项目记录内容。以往记录闸门锈蚀情况时，一般描述为严重或者轻微。这样的记录虽然符合规范要求，但是还可以做得更细，如闸门不同位置锈蚀的情况各不相同，睢宁二站则细化指标，以锈蚀的深度和面积作为参数，以此来判断闸门锈蚀程度。

量化标准、细化标准的最大好处就在于规范化、精细化管理。工作人员只需要按照不同的参数范围，就能列出设备状况等级。即便是没有经验的工作人员，只要仔细核对，也能将工作做到位。这就是所谓的"傻瓜"式管理。

莫兆祥这个精明人是"傻瓜"式管理的积极倡导者。他把这种管理方式运用到日常工作当中，在泵站的同步电机检查中，把所有的检查项目、内容、要求、规范标准等逐一明确，将内容表单化、"傻瓜"化，检查人员只需要对应逐条核对、填写即可。

泵站的运行人员告诉记者，他们拿着这样的表单再也不担心检查是否缺项、漏项，时间长了，还间接提高了业务素质，不用查资料就知道设备状况的判断参数。以前上面发的很多文件，说实话，对我们最基层的员工来说实用性不强，也不好落实。包括在听说要进行规范化建设后，我们也不知道怎么进行。这个册子一出来，大家心里都有底了，知道努力的方向了，包括很多工龄长的员工，都会拿着这个册子来对照自己平时的工作。

目前，睢宁二站已制定完成调度指令接收记录、经常性检查记录、检修记录、调试记录等18个标准化版本。在总结运行带班经验的基础上，制定了《运行期技术总值班工作记录》，强化总值班人员责任意识，细化其带班职责。

2014年12月，新的《安全生产法》生效，对泵站安全工作提出了更高要求。为此，睢宁二站完成了新版安全台账的设计初稿，将原来使用的安全生产监督检查台账分解成安全检查台账、安全培训台账、安全会议台账和安全消防台账四个独立板块，已于今年1月实施。

规范化告诉我们做什么、怎么做，精细化则是解决怎么做好的问题。

从2014年7月起，睢宁二站将年度工程管理资料细化分类成48项，制定标准文本，并逐项分解，落实责任人和审查人，每月5日组织技术人员集中汇总审查。在审查过程中发现的问题，责成相关人员限期整改，决不允许把问题带入下个月。"月审"制度实施后，资料比以往更加及时、准确、完整。

朱文君　王　晨　王山甫

原载 2015 年 5 月 15 日《中国南水北调》报

追求完美品质　实现"两个率先"

——东线江苏段刘老涧二站建设管理纪实

2008年10月21日，国务院第32次常务会议审议批准了东、中线一期工程可研总报告，解决了长期以来制约工程全面推进的关键问题，理顺了工程建设程序，迎来了南水北调工程新一轮建设高潮。刘老涧二站就是东线江苏段在此轮建设高潮中率先开工建设，也是率先完建的工程。

动力强劲的"发动机"

刘老涧二站位于江苏省宿迁市东南约 18 公里的京杭运河上，是刘老涧泵站枢纽的重要组成部分，该站与刘老涧一站和睢宁一、二站等工程共同组成了南水北调东线第一期工程第五个梯级泵站，批复工程投资 2.07 亿元。

江苏省南水北调刘老涧二站工程建设处（以下简称"建设处"），作为南水北调东线江苏水源有限责任公司的现场机构负责工程建设管理。建设处主任韩仕宾说："建设处作为牵头单位，是工程建设正常运转的'发动机'。前期工作、工程实施方案、合同规划、招标投标等都要超前考虑，进行有计划的安排，做到心中有数，有的放矢，这样才能确保施工单位进场后工程顺利实施，避免相关合同纠纷。我们狠抓了招标设计这一承上启下的关键环节，保证了后续招标投标工作的质量，为工程的顺利实施打下了坚实基础。"

据了解，在工程招标设计阶段，他们对临时征地红线、导流方案、提高主电机装置性能、膨胀土回填改良等 17 项方案进行了优化。如在优化施工现场布置和补充勘探一站弃土可利用性的基础上，对征地红线作了相应调整。红线调整后，将原来利用老百姓的土地改为利用国有闲散土地，节省了投资，保护了耕地。"如果前期工作做到位，就能避免许多矛盾，这是建设管理单位必须做到的。"韩仕宾说。

2011 年是刘老涧二站工程建设的收官之年，建设处编报了《刘老涧二站工程 2011 年度建设实施方案》，明确了投资目标、工程形象进度、招标计划、验收计划等内容，分解了工程重要节点工期，为全年建设目标的实现奠定了良好基础。随着工程建设的不断推进，参建单位越来越多，多工种、多专业、多单位相互交叉作业的情况时有发生，容易出现相互干扰、相互推诿的问题。建设处根据施工现场情况，加大了对水工、房建、电气、自动化之间的协调力度，努力减少干扰，同时积极与设计单位沟通协调，完善细部结构方案，避免了可能留下的工程隐患。

韩仕宾说："在方方面面的支持下，2011 年 6 月，刘老涧二站机电设备、自动化工程完工；9 月 2—3 日，泵站工程主机组试运行，运行情况良好，已具备随时开机调水条件；9 月 4 日，泵站机组通过了 24 小时连续运行验收。2011 年度新建成的刘老涧节制闸开始投运共启闭 20 多次，最大泄放流量 290 立方米每秒，发挥了工程建设预期的排涝效益，做到了工程运行安全无事故。"

抓细节搞创新保质量

刘老涧二站工程具有参建单位多、施工点多、涉及专业多、交叉作业多、协调工作量大、目标工期任务紧等显著特点，建设处严格执行建设程序，严格合同管理，认真履行建管职责，始终把"确立精品意识，建设优质工程，争创部优省优"作为工程建设和质量管理的目标，通过抓细节，搞创新，确保了工程质量的稳步提高。

韩仕宾说："所有参与工程建设的单位，不存在领导与被领导的关系，纯属合同关系。以事实为根据，合同为准则，这就是处理一切问题的唯一依据。"建设处制定了《刘老涧二站工程合同管理实施细则》，建立了合同管理组织网络，明确了工程科为合同管理部门，落实专人统一进行合同管理工作，进一步规范了合同管理行为。严格考核相关人员的履约能力，加强对总监理工程师、副总监理工程师、项目经理等关键岗位人员的管理，实行离开工地请假批准制度。对监理单位和施工单位，从质量、安全、进度和文明工地建设等方面进行考核，将考核结果与资金支付挂钩，以考核促管理，以考核促效益，提高了参建各方的管理水平。

建设处始终把工程质量管理放在各项工作的首位，以创建优良工程为目标，实行建设单位负责、监理单位控制、设计和施工单位及供货方保证、政府监督相结合的质量管理体系。成立了以建设处主任为组长的质量管理领导小组和质量集中整治工作领导小组，把质量管理贯穿于工程建设全过程，落实到每个工作环节。施工过程中，严把工程材料和水泵、电机、开关柜等主要设备准入关，认真组织验收，严把质量确认和签证关。在开展质量集中整治活动中，建设处成立了工程质量集中整治工作领导小组，主动接受检查监督，对照"工程质量集中整治工作自查重点内容表"逐条进行排查，及时整改到位。建设处自开工以来，未发生任何质量事故。

抓细节、搞技术创新是刘老涧二站建设的突出亮点。韩仕宾说："东线江苏段工程要努力做到尽善尽美。我们对建筑方案进行自我消化，即使是一些园林小品，也要经过仔细推敲。"

在技术创新方面，流道砖模保温保湿工艺就是一例。据了解，刘老涧二站进水流道形状为肘形进水流道。施工时，正值 2009 年 12 月，当时的气温零下七八摄氏度，如果采用传统的木模施工，混凝土浇筑质量就很难保证。施工单位提出在进水流道肘形部位采用砖模模板的施工方案，建设处邀请有关专家对施工方案进行专题研讨，并提出进一步补充、细化和完善的建议。为提高进水流道肘形砖模施工质量，江苏省水利科学院利用三维激光扫描仪对流道砖模进行了三维扫描、建模试验，采取在进水流道内加热等温控措施，砖模形成后对其表面进行喷塑处理，保证了流道混凝土表面的光滑度，保证了浇筑质量，达到了预期效果。这项工艺已经成为公司的一项专利。淮阴水利建设有限公司刘老涧二站项目部经理李延安说："另一个亮点就是利用微膨胀土施打围堰的方案获得成功。在招标阶段，建设处确定采用模袋砂填筑加钢筋混凝土防渗板桩方案。在实施阶段，根据现场膨胀土的试验成效，提出了采用现装膨胀土，保持其含水率，水中筑坝的施工方案。采用这个方案后，节省了投资，缩短了工期。"

讲文明促和谐树形象

自开工建设以来，建设处进一步健全文明创建组织网络，制定落实《刘老涧二站工程文明工地实施办法》，全力推动文明工地建设，营造和谐、文明、廉洁的内外部环境。

建设处始终将安全生产作为贯穿于工程建设中的头等大事来抓，结合施工特点，贯彻落实"安全第一，预防为主，综合治理"的方针，建立安全管理组织机构，制定了《安全管理实施细则》《安全事故综合应急预案》《安全管理奖惩办法》等规章制度，使安全生产管理有章可循。健全安全生产管理网络，完善安全管理机制。每月两次组织监理、施工单位主要负责人和分管安全的人员进行安全生产例行检查，强化危险源安全的管理，将安全隐患消灭在萌芽状态。

东线江苏段刘老涧二站工程位于刘老涧一站管理所辖区。建设处与当地政府和周围群众关系融洽，营造了良好的建设环境。"处理好周边单位之间的关系，对工程建设顺利开展至关重要。南水北调工程是国家重点工程，为得到地方的理解和支持，我们每年年中岁末都要进行定期交流，征求对方意见。同时，在不影响工程进度的情况下，尽可能地帮助地方解决一些实际问题。"韩仕宾说。

刘老涧二站工程已顺利建成，并开始发挥效益，实现了建设"优质工程、高效工程、优美工程、廉洁工程"的目标。建设者们又全身心地投入江苏境内泵站工程最后一个开工项目睢宁二站的建设之中……

苏冠群　李志杰　李松柏　王　晨

原载 2015 年 9 月 16 日《中国水利报》

江苏"样本"五问

编者按：江苏段工程投运以来，南水北调东线江苏水源有限责任公司（以下简称"江苏水源公司"）立足工程安全高效，积极推进规范化、精细化管理，圆满完成了历次调水任务，在国务院南水北调办 2014 年度运行管理考核中被评为优秀，被誉为南水北调工程运行管理的江苏"样本"。2015 年 6 月 25 日，国务院南水北调办在江苏省淮安市召开南水北调运行管理工作会，现场观摩并学习江苏水源公司运行管理工作经验。本期我们推出专题报道，敬请关注。

一问：设备状态如何保持良好？

8 月中旬，苏北多雨，空气湿润，记者相继来到金湖、洪泽和泗洪三座泵站，所到之处，无论设备是否正在运行，厂房内都是干净整洁，设备锃亮，伸手一摸，不仅没有半点灰尘，更看不到任何漏油渗水现象。

设备状态如何保养得这么好？金湖站管理项目部经理王从友告诉记者，这与江苏水源公司切实加强现场管理维护工作的计划性有很大关系。

江苏水源公司每年第四季度开始组织二、三级机构，从建章立制、管理维护和安全保障 3 个方面编制管理维护年度计划，并按季、月和旬将年度管理维护计划细化、调整，使之更有利于操作执行和管理；在年度岁修、大修、电气试验项目批复后，分公司负责编制片区内工程的年度日常养护、岁修、大修、电气试验计划表，确保调水运行和维修养护工作有序开展；在总公司和分公司两级机构全过程监督检查之下，泵站管理项目部严格按照计划表执行。

"我们每月月底上报下月的管理维护计划，每个月干什么事情，一目了然。计划完成得如何，分公司通过半月报制度，随时纠偏。"王从友说，项目部每天有早会，主要是对照计划，哪些地方还没有做到位，需要马上协调等，都在早会上得到具体的落实。

因为计划详细周到，大家每天按部就班，工作内容十分充实，泵站维护保养已经形成了常态化管理。"无论哪级领导突击检查，现场都是一个样儿，大家没有任何应付的心态。"王从友说，有计划、有落实、有督促、有检查，大家思想上才有了毫不松懈的责任感，从以前的"可做可不做"变为现在的自觉去做，形成了设备维护保养的良好机制。

设备遇到突发事情怎么办？洪泽站管理所副所长杨登俊说，江苏水源公司直接管理的泵站主要采取预算管理。这就需要管理处在做年度预算计划时，把各种意外情况充分考虑到。比如 2014 年，因为超警戒水位洪水，洪泽站有一个启闭机的控制线路总集成突然坏了，这属于紧急情况，他们向上级部门打了维修处理报告，并按照要求，在报告后面附上物资更换的详细比价清单。公司核实后，报告很快批复下来。

自此，记者得出答案，周密的维护管理计划和工作责任感是有效保证江苏段泵站工程运行安全整体稳定的两驾马车。

二问：精细化管理何以成为榜样？

在金湖站，记者看到，无论是具体操作还是例行检查，现场人员都有一个"法宝"——作业指导书。翻开来，上面包括了每个岗位、每台设备的具体操作实施过程。在洪泽站，现场人员也不例外，内部编制出版的《南水北调洪泽站管理手册》，成为指引他们现场工作的一盏"明灯"。

"设备操作每一步都有详细的说明，变过去的经验管理为现在的量化管理。"杨登俊说，"有了这个作业指导书，就相当于拥有了一台全自动相机，无论你有没有工作经验，只要按图索骥，做完一步打一个勾，就能顺利完成值班、安保、检查、设备操作等工作内容。"

"编制这本书，过程并不容易。"杨登俊说，在历时一年多的时间里，大家自己动手查资料，详细研究每台设备的说明书，从不懂到精通，一点点摸索，并根据设备原理，编制出台了设备故障应急处理方案。设备有可能出现的种种故障，全都能在方案里找到相对应的处理措施，省却了操作人员过去一个个排查故障费时费力的烦恼。别小看这一本岗位作业指导书，它将泵站和河道工程日常管理维护工作清单化，使日常管理精细化有据可查。

标识牌统一订制。大到宣传栏，小到各种不起眼的反光板，都像从一个模子里刻出来。这种标准化，让泵站从里到外感觉上了一个档次。为什么能够成为榜样？金湖站管理项目部经理王从友说："一是他们复制了自己多年从事江苏省水利闸站管理积累的经验；二是借鉴了其他行业先进的精细化管理实践。"他们时常组织管理人员到电力系统参观考察，如安徽陈村水电站、湖北三峡水电站等，安全管理规范化在泵站这里得到了最好的推广。

管理基础扎实。在泗洪枢纽泵站，每台设备都可以通过手机扫描设备上标注的二维码，进入到网络平台，查找到这台设备的基本情况、运行工况、维修养护最新信息。这些台账不仅有效提升了泵站的基础管理技术水平，也将成为江苏段泵站信息管理系统的重要组成部分。

另外，在江苏水源公司的统一安排下，以"创先争优"为载体，工程管理"星级达标""江苏省一级管理单位""水利风景区"等特色创建活动一环紧扣一环，进一步提升了工程精细化管理的水平。因而，江苏段泵站工程良好的形象能够成为业界纷纷学习的榜样，也就不足为奇了。

三问：工程管理模式何以先进高效？

受江苏水源公司委托，江苏省水利厅直属的石港抽水泵站管理处组建金湖站管理项目部，代为管理金湖站。像这样委托省水利厅属管理处、市县水利局的管理方式，在江苏段有 23 个工程管理项目部。

与直接管理相比，委托管理有哪些好处？江苏水源公司扬州分公司综合科沈广彪告诉记者，一是受委托的管理单位往往都有多年从事大型抽水泵站管理的资质和经验，其实力雄厚，管理质量在同行业中属于一流。二是委托管理与直接管理相结合，有利于两家单位之间相互学习、相互借鉴、相互竞争。三是通过对委托单位的合同化管理，能够有效降低江苏水源公司的管理成本。

直接管理好处更多。洪泽站和泗洪站是江苏水源公司直接管理的两座大型泵站。记者采访了解到，直接管理人员往往精干高效。金湖站运行高峰达 38 人，平常也在 22 人左右，但在直管的泵站管理所，人员编制最多不超过 22 人。

"今天你在这里维护设备，明天你可能就被抽调到江苏水源公司设备维修检测中心，从事电气试验工作。"洪泽站管理所副所长杨登俊说，虽然人手少，任务重，但通过管理创新，实施 A、B 岗管理，一专多能，很快培养出一支自己的运行管理队伍；由于直管单位人员主观能动性强，安排布置的任务，能够保证不折不扣地完成，重大突发事件，直管人员可以随时顶上去。

委托出去并不是完全不管。江苏水源公司牢牢立足于"完善顶层设计、落实中间监管、强化现地执行"，先后成立了宿迁、扬州两个分公司。分公司作为江苏水源公司的派出机构，具体负责年度运行管理目标任务落实，重点对辖区内三级管理机构运行管理工作进行日常监管和组织协调。

核心技术管理仍旧由江苏水源公司完全掌握，比如维修检测中心和数据中心两个二级机构。这是江苏水源公司充分利用大型泵站建设和运行维护技术优势，构建起的工程技术服务平台，在不断提升自我服务能力的同时，也培育了公司的对外服务竞争力。

泗洪站枢纽管理所所长刘厚爱说："去年以来，维修检测中心不仅全面服务江苏段泵站和河道工程管理相关工作，还通过公开招标，走出了江苏省水利市场，承担了北京市南水北调办团城湖管理处两批管理人员培训及北京市京密引水工程三个梯级泵站的管理和维修保养工作。"

委托出去的工作还有南水北调工程水土保持和绿化养护、供电线路专业维护等，由有资质的社会专业队伍实施。通过积极探索实践，江苏段工程立足管养分离，专业化和市场化相结合，直接管理和市场化委托管理相结合，走出了一条宽广道路。

四问：管理考核如何做到公平公正？

如果没有一个公正、公平的管理考核环境，江苏段复杂的运行监督管理工作将无从谈起。

"压力比以前大多了。我们必须每季度都要有创新，有工作亮点，才能保持先进地位。"金湖站管理项目部经理王从友说，以前在水利厅时，一年考核一次，一般都是例行公事。现在，总公司组织的考核每季度一次，前三个季度，占分比例为 60 分，年底考核占 40 分。每一次考核，都要评选出一个优秀项目经理，优先参加考核组。通过这种考核方式，大家相互交流学习，相互提高。

考核面前，没有委托和直管之分，一律平等。在江苏水源公司各分公司的考核范围中，如果评为优秀管理单位，奖励 5 万元钱；如果评为江苏水源公司评选出的先进单位，则奖励 10 万元。先进单位是优秀中的优秀，要求更高，考核更加严格。

管理处员工内部有绩效百分制管理考核。在洪泽站管理处，这项考核更显得透明公开。每个月的 25 号是考核日，大家坐在一起，就每一项工作相互打分。加分项是什么内容，都要告知大家，做到公正公平。经过讨论后，把员工个人考核结果上报分公司，并在当月的工资中体现出来。

这里不能不提泵站管理班长的公开竞聘。班长是兵头将尾。在直管的管理所，他们分布在重要岗位，地位举足轻重，不仅是所长的左右臂，还是各项任务执行的关键环节。

陈峰 2010 年毕业于扬州大学土木工程专业，曾在江都市市政部门工作过。现在是洪泽站管理所维护班班长。说起竞聘过程，他感叹，管理所所有的人都在场，所领导现场命题，公开演讲、公开测评、公开竞聘，他当时还真有些紧张。"但只要你表现突出，工作能力强，就能脱颖而出。"

"班长不仅是每个月多 500 元的岗位津贴，更重要的是肩上的担子。"陈峰说。他必须起带头作用，做事更加严格要求，技术上也要比别人进步快。目前，洪泽站有 6 名班长，泗洪站有 9 个班长。这种考核和选拔方式，为年轻人快速成长提供了舞台，经过两三年的锻炼，他们都能独当一面。像周畅，自 2013 年竞聘上洪泽站管理班长后，现在还兼着北京市京密引水工程一座泵站的所长，负责电气试验。

通过大力推广公开竞聘，公开考核，江苏水源公司逐步形成了一个层次明显、朝气蓬勃的管理梯队。

五问：职工学习培训何以形成特色？

金湖泵站的贯流泵叶轮直径 3.35 米，单机流量 37.5 立方米每秒，属于国内最大。如果一线职工没有高超的设备操作和维修技术，很难驯服这些"大家伙"，它们可是泵站管理处重点呵护的"掌上明珠"。

金湖站管理项目部经理王从友说，技术工人的培训工作由总公司统一安排。除了邀请内部专家进行专业理论培训外，一线工人根据自身发展需要，由总公司统一组织外出培训，通过起吊工、高压电路工、压力容器工等特种岗位的理论和实践考试后，持证上岗。

最好的培训是安排挑战性的任务，让职工在实践操作和维修中获得经验和教训。王从友说："金湖泵站项目部与江苏水源公司维修检测中心合署办公，2014 年一年内，他们派出多名工人轮番参与到泵站机组大修过程之中。6 台机组大修下来，每个职工的应急处置能力都有很大提高。"

洪泽站管理所采取的是全员培训模式。他们设立了晚自习制度，专门辟出两个小时学习时间，开展了"三个一"学习活动。即每周一题，每周请专家出一道问答题，周五公布答案；每月一测，每月出一张试卷，开卷考试，成绩公布；每年一考，从历次考卷中抽题考试，排出名次，第一名给予奖励。考试成绩与年底绩效考核挂钩。

动手实践能力是具体操作的根本。洪泽站管理处专门有一个员工实习操作车间。记者看到，这里有台式虎钳、锉刀等，简单做个螺母轻而易举，还有电气接线盘，各种插头、继电器等。令职工津津乐道的是总公司组织开展的"技术比武"活动，由于有江苏省人力资源劳动部门参加，若在"技术比武"中取得的好名次，就能够破格享受技师待遇。因此，一有时间，职工们喜欢泡在实习车间，自己动手做一些设备零配件。

其实，任何方面都可以展开培训。洪泽站管理所就制定了一个庞大的培训计划：让员工自己动手编制工程竣工图。晚上大家一起加班，查找资料，对照初步设计图，检查哪里有变更，一点点校核。如今，大半年过去，编制工程竣工图成为大家熟悉工程的最好方法。竣工图即将竣工，每个人不仅掌握了工程建设的来龙去脉，无论对工程整体还是局部部位都有了一个明确的概念。

许安强　沈广彪　王山甫

原载 2015 年 9 月 16 日《中国南水北调》报

南水北调东线一期工程启动第三个年度调水

本次调水计划抽引长江水 41.86 亿立方米，
向山东省调水 4.42 亿立方米

近日，南水北调东线一期工程启动实施 2015—2016 年度水量调度计划，开始了第三个年度调水工作。本次调水计划抽引长江水 41.86 亿立方米，向山东省调水 4.42 亿立方米，调水时间为 2015 年 12 月至 2016 年 9 月。

按照 2016 年度调水计划，位于枣庄市的台儿庄泵站首先开机运行，从江苏调长江水进入山东境内，经韩庄运河调水入南四湖向枣庄和济宁供水，并经梁济运河、柳长河调入东平湖。在为两座湖泊补水后，又分成两路，一路向东，通过胶东干线向济南、淄博供水，并与胶东调水工程联合运行向潍坊、青岛和威海供水。另一路计划于 5 月初向北穿黄河经鲁北干线向德州供水。调水线路穿越全省 13 个市，全长 1300 多公里。

东线总公司会同苏、鲁两省相关单位编制了年度水量调度实施方案，并明确工程月水量调度方案编制和执行工作流程，保证了工程通水顺利进行。江苏省委、省政府要求各级各有关部门认真按照年度调水组织实施方案，严格履行职能职责，切实加强沟通协调，完善应急保障措施，强化信息共享机制，确保圆满实现本年度向山东省调水水量、水质双目标。山东省南水北调局强化调水准备工作，实现水质管理内部规范化、程序化。同时，加强工程安全监测，注重监测资料分析，加快设备调试，使通信保障与调水相适应，确保调水工作顺利进行。

东线工程规划从江苏江都抽引长江水，利用京杭大运河及与其平行的河道逐级提水北送，连接起具有调蓄作用的洪泽湖、骆马湖、南四湖、东平湖。出东平湖后分两路输水：一路向北，穿过黄河，输水到天津；另一路向东，通过胶东地区输水干线，经过济南输水到烟台、威海。

东线一期工程调水到山东半岛和鲁北地区，补充山东、江苏、安徽等省输水沿线地区的城市生活、工业和环境用水，兼顾农业、航运和其他用水。

主干线全长 1467 公里，多年平均抽江水量为 87.7 亿立方米，受水区干线净增供水量 36 亿立方米，其中江苏省 19.3 亿立方米，山东省 13.5 亿立方米，安徽省 3.2 亿立方米。

东线一期工程于 2002 年 12 月开工，2013 年 11 月通水，已经历了两个调水年度的全面考验，累计抽江水量 62 亿立方米，向山东调水 4.8 亿立方米。沿线各控制断面水质均达到目标要求，通水期间水质保持在 Ⅲ 类。

刘　纲　王晓森　于颖莹
原载 2016 年 1 月 12 日《中国南水北调》报

突出一个"转"字
确保"十三五"良好开局
——访山东省南水北调局局长王安德

3 月 10 日，威海市首次引进长江水，标志着东线工程规划供水目标在山东省全部实现。在此之际，记者就如何贯彻落实 2016 年南水北调工作会精神、开展好 2016 年各项工作，专访了山东省南水北调工程建设管理局局长王安德。

王安德说，围绕贯彻落实国务院南水北调办党组确定的"稳中求好，创新发展"总体思路，山东省确立了"转思想、转职能、转方式"的工作原则，重点就是突出一个"转"字。

近年来，随着南水北调山东段工程提前建成通水、配套工程加快建设，工程建设已逐渐步入收尾阶段，工程的运行管理、效益发挥、机制建立等已成为主要矛盾或矛盾的主要方面。原来十几年形成的管理制度、管理方式、管理习惯已不适应工作重点转移的客观需要。这就要求我们必须首先转变思想、转变观念、转变思维，从工作的指导思想、工作原则、工作谋划上率先适应客观形势的变化要求。王安德表示，山东省在全国率先颁布实施了《山东省南水北调条例》，推进了"区域综合水价改革和地下水压采限采工作"，力求破解工程运行初期水价偏高与用水积极性不高、职能交叉与职责不清、地下水压采限采与生态保护、工程效益难以发挥等问题，取得了良好效果。

在采访中，王安德围绕"稳中求好"，提出要重点抓好四项工作：一是继续探索建立发挥工程效益的各项机制。全力推进区域综合水价改革、地下水压采限采和节水工作；积极稳妥推进工程管理、水质保障外部协调机制的建立；依据国家、省《条例》规定，理顺水费征缴渠道；按照与东线总公司签订的供水合同，分别与我省各市签订供用水合同，促进我省南水北调供用水关系规范化、程序化。二是力促各地多调引、多使用长江水。全面梳理配套工程剩余尾工，力促全省配套工程2016年年底基本建成投入使用，促使各市多用长江水、多消纳承诺的调江水量。三是确保年度调水计划顺利实施。积极组织做好工程运行、与地方工程衔接、工作协调、水质保障等各项工作，按时完成水利部、国务院南水北调办批复的年度调水任务。四是保障良好的南水北调工程运行管理环境。以贯彻落实国家、省《条例》各项立法要求为总目标，跟踪督查、压实责任，积极争取省人大执法检查，力促《条例》尽快全面落实到位，积极营造南水北调良性运行的工作环境和社会氛围。

王安德表示，工作形势和重点变了，工作方式必须随之变化。要转变工作方法，深化大局意识，首先从事业发展的整体利益出发考虑问题、处理工作。要深化担当意识，敢于负责、勇于负责、善于负责，在重点工作上下工夫，在关键节点上下工夫，在抓好落实上下工夫。要深化时限意识，对于每一项目标和工作都要制定时间表、路线图，一步一步抓实、一个环节一个环节，倒逼各项工作按时完成。要深化责任意识，所有重点工作都要建立责任清单、问题清单、考核清单，干一项消一项，让每一个干部都把责任真正担当起来。

于颖莹　牛晓东
原载 2016 年 4 月 21 日《中国南水北调》报

创 新 之 花 绽 放

——山东省南水北调局岗位创新活动纪实之一

9月30日，在山东南水北调东湖水库的会议室里，2016年山东南水北调系统岗位创新成果评审会从早开到晚。"技术供水改造""抓爪式清污机手动操作装置改进""启闭机底座封堵"等一批来自运行管理一线的"四新、五小"项目研发成果集中亮相。

二级坝泵站创建设备二维码台账

李典基评委兴奋地说："没想到创新成果这么多，实用性能这么强，推广价值这么高。通过一年来的创新成果盘点，多项小发明、小革新和新材料、新技术、新工艺，在山东南水北调工程运行管理和维修养护中广泛应用，发挥了很大作用呀！"

积极搭建创新舞台，山东省南水北调局自 2013 年转入运行管理以来，面临着工程战线长、调水工况复杂、过渡期遗留问题多、运行管理人员缺少经验等诸多难题。为了尽快实现调度运行制度化和管理水平科学化、精细化，打造一支素质优良、技术精湛、作风过硬的运行管理队伍，山东省南水北调局党委提出，以全面提高运行管理水平、建设创新型运管团队为契机，积极搭建岗位创新平台，大力推进岗位创新实践活动。

活动伊始，山东省南水北调局副局长刘鲁生就明确提出："要通过典型带动，结合工作实际开展活动，不能为了开展活动而开展活动。"为此，南水北调东线山东干线公司工会主席张金平，多次来到率先开展岗位攻坚和技术创新活动的枣庄管理局，深入调研，挖掘典型。通过调研，工会按照局党委的部署，组织编制了《山东南水北调"岗位创新活动"实施方案》，部署开展岗位创新系列活动，并在枣庄管理局召开现场观摩和经验交流会，学习推广其"岗位创新"工作经验。

通过岗位创新锻炼队伍。枣庄管理局是岗位创新活动的最早发起者，枣庄管理局所辖的韩庄运河段是南水北调山东段最早投入试运行的单项工程，包括台儿庄、万年闸、韩庄三座泵站。面对机电设备多、人员经验缺乏等实际情况，枣庄管理局不等不靠，通过岗位创新和技术过关，锻炼队伍，提高管理水平。

他们结合考核评比出台创新管理办法，鼓励职工结合本职工作搞创新。岗位创新给广大职工创造了发挥的舞台，广大职工积极参与，当年就有 22 个创新项目通过评审。泵站之间形成了"比、学、赶、帮、超"的良好局面。活动开展以来，已取得 50 多项创新成果并汇编成册，其中，"泵房空压机呼吸器改造""泵站伸缩缝渗水处理方案"等众多创新项目，已经具备在南水北调沿线推广应用的条件。

掀起岗位创新活动高潮。通过交流学习，极大激发了全省南水北调系统职工的岗位创新热情。各单位立足本职工作，大力推广枣庄管理局岗位创新经验，迅速掀起岗位创新活动高潮。截至 2016 年 9 月，山东省南水北调共形成岗位创新成果 200 多项，有效地促进了工作水平的提高，营造出创新创业的良好氛围。

"立足岗位创新的初衷就是给职工提供一个发挥自己聪明才智的大舞台，引导大家主动解决运行管理以及维修养护中遇到的深层次的问题，借助大家的力量共同攻坚克难。"枣庄管理局局长苏传政在接受采访时如是说。

高德刚　邓　妍　武　健　丁晓雪
原载 2016 年 10 月 21 日《中国南水北调》报

大 胆 创 新 解 决 难 题

——山东省南水北调局岗位创新活动纪实之二

创新的原动力来自于解决工作中的实际问题。山东省南水北调七座提水泵站是工程运行管理的关键点，也是需要集中解决问题最多的重点区域。济宁管理局八里湾、邓楼泵站"技术供水改造"项目就是大胆创新、解决实际问题的典型代表。

台儿庄泵站职工进行测温探头连接线改造

开 动 脑 筋 大 胆 实 践

在 2013—2014 年、2014—2015 年两个调水年度中，泵站机组在调水运行过程中，经常发生由于水草、鱼虾等污物直接进入水泵进水侧，导致供水泵阻塞甚至爆裂的现象。以往只能通过频繁停机进行人工清理暂时解决问题，费时费力。

济宁管理局泵站运行职工开动脑筋、大胆实践。他们将水泵进水侧直管改造成格栅集水箱，在集水箱内部设置一道格栅，将各类污物有效阻隔在格栅外部，并在集水箱上部设置分离式盖板。正常运行期间隔板和箱体封闭，清理污物时直接打开盖板即可，简单快捷地解决了这个难题。在此基础上，职工们又将供水泵设计改造为恒压变频控制，适当延长启动和停止时间，以减小因水压力突变对冷却水管产生的水力冲击。经过 2015—2016 年调水年度的实践检验，该方法效果明显，有效保障了机组安全平稳运行。

小 技 改 带 来 大 变 化

"没在基层一线干过的人，很难体会到运行管理的辛苦。"德州管理局大屯水库管理处的职工深有感触地说，"不要小瞧简单的技术改造，小技改能带来大变化，能让库区环境和人员面貌带来很大提升。"

据大屯水库管理处值班人员介绍，卷扬式启闭机吊孔处有较大的孔洞，很容易进尘土，特别是夏天，飞鸟蚊虫都能从孔洞里钻上来，对电气设备和人员操作都造成很大隐患。职工们尝试了多种方法对孔洞进行封堵，经过反复对比试验，最终采用了一种尼龙套封堵法。尼龙套封堵法是将一种特制的尼龙套套在启闭机钢丝绳上，当钢丝绳来回移动时，尼龙套能随着钢丝绳的移动拉动伸缩带的伸展和收缩，实现将空隙全部封堵的目的。职工们又在钢丝绳下面增设了接油槽，让保养钢丝绳的黄油滴落到接油槽里，以保证启闭机底部清洁。

这些小技改实施之后，有效保证了电气设备的安全运行，闸室操作间的卫生状况有了很大改观，操作人员也减少了不必要的繁重劳动，可谓一举多得。

整合改造解决大问题

做好运行管理工作既要不辞辛苦，又不能一味蛮干。随着运行管理期各种问题的出现，职工们逐渐意识到，灵活合理地利用工具设备，积极动脑进行整合改造，才是解决问题的重要法宝。

以泵站前池拦污栅清污为例，原来的清污机在操作过程中由于控制室离抓爪较远，观察受限，必须由两人配合才能完成，且位置准确度较低，耗时耗工。韩庄泵站为此成立了专题攻坚小组，多方讨论调研，对清污机原控制系统进行升级改造，增设了遥控装置。现在由一名操作人员手持遥控器现场操作，就能迅速有效地完成定位清理和精确捞取，节约了人力物力，达到了事半功倍的效果。

谈起岗位创新，任庆旺说得实在，"说到底，创新就是为了解决我们平时遇见的问题，不解决，工作就费劲儿，解决了，工作就省时省力，还有比这更实惠的吗？"

高德刚 邓 妍 武 健 丁晓雪
原载 2016 年 11 月 1 日《中国南水北调》报

激发潜能 培养人才

——山东省南水北调局岗位创新活动纪实之三

在台儿庄泵站运行岗位工作了 7 年的苏阳，今年 6 月，因为技术过硬、创新成果多、工作出色被破格提拔为台儿庄管理处运行管理科科长。这只是山东省南水北调局培养创新人才的一个缩影。

学习知识总有用武之地

"我们搞创新，是为改善现有的工作环境，改进操作过程或者设备的某些缺陷，提高工作效率。"苏阳谈起自己的成长经历时说，自己热爱泵站运行管理工作，工作中遇到问题就想办法解决，解决不了就查资料、查规范或向别人请教，天长日久，对泵站各部件的构造、功能、原理就熟悉了，操作技能因此得到了提高。

苏阳被破格提拔让广大基层职工认识到了学习知识的重要性，台儿庄管理处通过岗位创新发现人才、培养人才、同时重用人才，极大激发了员工们的创新热情。

创新工作室产生"裂变"效应

为进一步调动创新的积极性，枣庄管理局成立了"岗位创新工作室"，骨干是由创新热情的"80后、90后"的小伙子们担当。他们将日常运行管理和巡查维护中发现的问题，以及检查考核中指出的问题短板总结记录下来，在各个泵站之间组成联合攻关小组，日思夜想，逐项攻克各个难题。

擅长机电设备维修改造的苏阳，肯于钻研机械操作原理的李继勇，水电理论基础扎实的任庆旺，制图技术精密的韩业庆，还有很多有专长、有兴趣的年轻人自发地参与进来，形成攻坚克难、创新求索的先锋队。他们上网查询、请教师傅和咨询专家，一旦碰撞出智慧的"火花"，就自行实践制作，很多小技改发明、简单实用的小工具就是这样面世的。

短短两年的时间，这个不到10人的"创新工作室"产生了原子核的"裂变"效应，带动吸引了众多职工参与到岗位创新和技术改革中来。每个人的聪明才智和技术特长都能得以发挥，经过加工切磋凝聚成集体的智慧成果，爆发出了崭新的创造能力。创新工作室的负责人马儒航说："通过不懈的努力、不断地尝试，解决了技术问题，在以后的工作中更省心、省力，我们发自内心的高兴、自豪。"

富有创新精神的师徒传承

济宁管理局以总工李典基为首，成立了"师徒传帮带"联合创新小组，由技术经验丰富的管理人员或值班长，与基层一线的新职工一对一搭配起来。他们将发现问题、研究问题、解决问题融会贯通起来形成机制，及时捕捉问题，深入研究破解，集思广益实施，收到良好效果。在老技师、老职工的带领下，济宁管理局集中解决了一批在泵站机组运行、安全生产、节能减排方面积压的隐患问题，涌现出马新喜、刘辉、张俏俏、刘海关等一批岗位创新模范人物。而像这种富有创新精神的师徒传承，在山东省南水北调各个现场管理局不胜枚举。他们像强力"引擎"，在平凡的岗位上发挥着引领作用，带动着身边更多的人不断勤奋探索，加速创新。

"人人都是创新主体，岗位都是创新平台，问题都是创新源泉"。正是基于这样的创新理念，让创新之花在平凡的岗位上绚丽绽放，让普通人的梦想在宏伟的南水北调事业中闪光，不忘初心、砥砺前行，山东省南水北调工程的科学化、精细化管理水平不断提高。

高德刚　邓　妍　武　健　丁晓雪
原载 2016 年 11 月 11 日《中国南水北调》报

一江清水润苏鲁　几多成果几多难

——南水北调东线一期工程通水三周年探访

2013 年 11 月 15 日，从扬州江都的"源头"起，一条干线总长 1467 千米的输水线路，把滚滚长江水由北至南引至苏北、山东半岛和鲁北地区。这一天，南水北调东线一期工程正式通水。

三年过去，"东线"如今不只是一条输水线路。对江苏省和山东省来说，它已成为盘活区域水资源、提升沿线经济社会发展质量的一条"活力之源"。

南水北调东线一期工程通水三周年之际，人民网记者随南水北调东线总公司前往沿线多地，对这项重大民生工程的建设和运营情况进行了实地调研。在东线的源头所在地扬州，南水北调东线总公司副总经理由国文告诉记者，三年来南水北调东线一期工程累计抽引江水 187.66 亿立方米（含新增供水量），调入山东省水量约 11 亿立方米，有效提升了沿线城市的供水保证率。

这一工程不仅用"逆流而上"的实践体现着集中力量办大事的优势，而且蕴藏着沿线各地因地制宜、协力保障清水北上的智慧和能力。那么，南水北调东线一期工程由梦想变为现实的过程中，经过了怎样攻坚克难？这项关系我国水资源整体优化配置的工程，又给受水地区带来了怎样的效益和改变？

江苏勇著先鞭　江水润泽山东

南水北调东线工程的起点，是江苏省扬州市的江都水利枢纽。在京杭大运河、新通扬运河和淮河入江尾闾芒稻河的交汇处，记者走进了这座气势磅礴、景致宜人的国家级水利风景区。

穿过银杏树密布的"黄金大道"，一座刻着"源头"二字的纪念碑十分醒目。碑文书写了南水北调工程的历史功绩，也见证着江苏作为引水源头的重大责任：

"乾坤得定，水利大兴，领袖又指点江山，绘制南水北调宏图，江苏勇著先鞭。"

始建于 20 世纪 60 年代的江都水利枢纽工程，最初的功能是进行江苏省境内的"江水北调"，达到"控扼江淮，治淮排涝"的目的。东线一期工程利用已有的"江水北调"工程，在其基础之上逐步扩大调水规模，并将输水线向北延伸，将"江水北调"升级为"南水北调"。

南水北调面临的首要问题自然是如何让江水"逆流"。绵延数千里的东线线路中，海拔最高点在山东境内的东平湖。为了到达东平湖，长江水需要经过 13 个梯级泵站逐级提水，提升 65 米之后，才能从东平湖开始形成自流，向鲁北地区和胶东半岛供水。这 13 个梯级泵站构成了世界上大型泵站数量最集中的现代化泵站群。

除利用江苏原"江水北调"工程外，东线一期工程还利用了京杭运河及山东境内的济平干渠等既有工程。同时，沿线途经洪泽湖、骆马湖、南四湖、东平湖四大湖泊，造就了新老工程交叉、内流外源交织的特点。

这一特点贯穿在东线工程体系的各个环节中。自江都到山东境内，供水沿线一个个规模浩大的工程，无不体现出这一体系涉及方方面面的复杂性与综合性。

在东线第二梯级泵站上，记者见到了目前亚洲最大的"水路立交"工程——淮安水利枢纽工程。它既是南水北调东线工程输水干线上的节点，又是淮河水东流入海的控制点。"水路立交"上部的渡槽可供京杭运河航运之需，是南水北调东线工程的调水通道；下部的涵洞自西向东，沟通淮河的入海水道，可防百年一遇的特大洪水。东线一期工程对古运河航线的利用，使现代水利工程与古运河文化实现了和谐的融合，构成了工程干线上一道亮丽的风景。

当江水行至山东境内，输水干线出东平湖后，开始分两路送水：一路向北，在位山附近经隧洞穿过黄河，送水到达鲁北；另一路向东，通过胶东输水干线到达威海。为送长江水穿越黄河，南水北调东线穿黄工程于2012年修建完成。这一南水北调东线的关键控制性项目，打通穿黄河隧洞，并连接东平湖和鲁北段输水干线，成功实现了调引长江水至鲁北地区，也为未来通过这一工程向河北省东部、天津和北京地区供水创造了条件。

调水的需求带来许多技术上的难题，而东线一期工程的顺利实现，也伴随着无数的技术攻关和创新。

在江苏省宿迁市的南水北调东线一期工程第六梯级泵站皂河站，工作人员向记者介绍，皂河站安装的6HL-70型立式全调节混流泵，主泵叶轮直径长度为亚洲之最，被称为"亚洲第一泵"。山东鲁北段大屯水库全库盘铺膜共铺设土工膜501万平方米，土工膜焊接长度1000多公里，在国内尚属首次。可以说，南水北调东线一期工程攻坚克难的成果，直接提高了国内大型泵站的设计制作水平，乃至推动制造业水平的进步。

力克水质难关"一江清水北上"

南水北调东线一期工程建设的参与者们都明白，东线的关键问题是水质。水质的好坏直接关系到整个工程的成败。

然而东线工程启动之前面临的治水任务极其艰巨，几乎被认为是"不可能实现的目标"。

在东线一期工程通水前，全线 COD 入河量须削减 29 万吨，削减率为

82％；氨氮入河量须削减 2.8 万吨，削减率为 84％，这在世界治污史上也没有先例。

针对这一情况，国务院制定了《南水北调东线工程治污规划》。为了落实该规划，保证工程水质在通水之前达到规划要求，苏、鲁两省此后开始了长达 10 多年坚忍不拔的努力。

"江苏作为送水的源头，也是第一受水区，想让'一江清水北上'，必须狠抓治污难题。"江苏省南水北调办公室沈健处长对记者介绍，江苏省把治污问题作为重点，完善了调水水质的保障机制：由省环保厅统筹负责境内南水北调水污染防治工作，加强水质保障的监督管理；省交通厅做好运河航运保障和危化品禁运监督管理；省住建厅抓好污水处理厂及配套管网运行监管，从体制上保障治污工作的有序展开。

同时，江苏实施规划了一批深化治污项目，包括尾水资源化利用及导流工程、污水自理厂管网配套和断面水质自动监测站网建设，同时对沿线治污重点行业进行升级改造，减少 COD 和氨氮排放量，以及设立水产品养殖禁养区、限养区和集中区，对养殖区废污水进行专项治理。

而在山东，规划东线工程之时，沿线的水质几乎"不堪入目"。山东省南水北调建设管理局副局长罗辉直言，当时的治水任务之重让他"感到无望"。

基于这种严峻的形势，山东省南水北调治污的依法管理工作责任重大。山东率先出台了全国首个针对南水北调治污的地方性法规《山东省南水北调沿线区域水污染防治条例》，还发布实施了严于国家标准的《山东省南水北调工程沿线水污染物综合排放标准》。依据这一标准，治理淘汰落后的产能实施工业污染治理"再提高工程"，对沿线城镇污水处理厂实施进一步的改造升级，全部升级到一级 A 标准。

在这一过程中，山东供水沿线数量众多、污染严重的造纸企业，成了重点改造的对象。而对造纸行业的有效改造，也成为山东治污成果的一个侧面展示。

在济宁市，市环保局副局长刘云廷告诉记者，当地治污工作对造纸行业的影响深远。曾经的济宁拥有数十家造纸厂，为了配合南水北调的治污工作，政府倒逼造纸企业改革升级，在用水量和排放量等方面执行严格的地方标准。

"当时有人担心高标准会不会把造纸企业'治死'。"刘云廷说，实际的结果却是，山东的造纸业并没有萎缩，产能不降反升了。

"现在山东的造纸行业，在倒逼升级之下成为了一个低耗能、重环保的绿色产业，"刘云廷表示，"这一系列治污措施推动产业结构升级提前了十几年。"

"东线的关键问题是水质，而水质保障的重点在南四湖。"罗辉告诉记者，南四湖是东线干线必经之路，内源外源交叉，南四湖治水是"跑不掉的难题"。为此，山东实施了环南四湖、东平湖人工湿地项目建设，加强水系生态建设，强化入湖水质治理。

经过10多年坚持不懈的流域治污和生态保护，南水北调东线一期工程输水干线的水质全部达到了地表水Ⅲ类标准。而南四湖的治理成果，也成了南水北调东线一期工程沿线流域水环境质量改善的最好体现。

在济宁市的一处人工湿地边，刘云廷感慨起南四湖的转变："当年南四湖因为水又黑又臭，被称为'酱油湖'，现在已经跻身全国水质优良湖泊行列。这一结果对我们真是非常难得。"他还跟记者谈起一个"令人惊喜的转变"——在南四湖绝迹很多年的小银鱼、鳜鱼、毛刀鱼等一些对水质要求比较高的鱼类，如今又重新出现了。

"活"齐鲁水资源"远不仅是调水"

1952年，毛泽东视察黄河时曾说："南方水多，北方水少，如有可能，借点水来也是可以的。"这是"南水北调"伟大设想的第一次明确提出。而南水北调东线一期工程，主要是为了缓解苏北、山东半岛和鲁北地区的城市缺水问题。

南水北调江苏水源公司副总经理冯旭松向记者介绍，自2013年南水北调东线一期工程试通水以来，江苏境内工程已完成了7次调水出省任务，累计抽江14.69亿立方米，调水出省约11亿立方米。同时，江苏新建南水北调工程积极参与省内抗旱、排涝运行，有效缓解苏北地区用水问题。

三年里调水量的成倍增长十分瞩目：2013—2014调水年度调水1亿多立方米，2014—2015调水年度调水3亿多立方米，2015—2016调水年度调水6亿多立方米，2016—2017调水年度计划调水近9亿立方米。这与受水地区经济飞速发展对于水资源的需求增长密切相关。

冯旭松总结南水北调东线一期工程三年来的工作时指出，"三年来工程运行安全平稳，供水量逐年大幅提升。"他认为，这一工程的社会、经济、生态效益及战略作用正在日益凸显。

对于主要受水地山东而言，这一工程带来的更是持续、综合的效益，远不止近 11 亿立方米的水量这么简单。

"南水北调这么大一个工程，功效远不仅是调水、缓解水资源短缺矛盾而已。"罗辉对记者指出，"我们要通过自己的工程体系把整个区域水资源盘活，把长江水、黄河水、当地地表水以及各类非常规的水汇集到一块，构建联合调度、优化配置的骨干水网，这是一个非常庞大的体系。"

罗辉认为，南水北调是一个支点，撬动了山东整个地区水利方面的大改革，"我们构建骨干水网，从无到有，使山东的区域供水网络发展起来。"

利用南水北调骨干工程、配套工程以及地方水网工程，山东已经形成了一张供水网。干线向各个地方输水，一些时候也能反向补水，为干旱年份的水资源供给提供保障。2015 年潍坊遭遇严重干旱，国家又要求引黄济青改扩建工程必须开工建设，潍坊市面临用水无着的严峻局面。山东利用南水北调新建双王城水库的蓄水，向潍坊城区及寿光市应急供 2271 万立方米，保证了潍坊市用水需求。

南水北调对地区生态的改善也功不可没。罗辉介绍，从 2013—2014 年度开始，南四湖、东平湖已经启动了生态调水，保障了南四湖的生态安全。这些水在必要的时候又可以调去解决城市应急用水，实现"一水两用"。"我们的目的是江水来了以后，用好、配置好水资源，同时把原来长期以来因为缺水造成的生态危害恢复好，把占用的农村农业用水逐渐归还回去，对地下水的压采进行限制回补，恢复我们的大生态。"

对于这项建成运行三个年头的工程，外界的期待和其建设者参与者所承受的压力都是不言而喻的。罗辉对记者说，他始终认为南水北调作为一项公益性的工程，需要人们从多个层面上审视它的综合效益和历史贡献。同时他指出："工程的特点也决定了它需要协调、平衡各方利益诉求，实现最优效用，这需要一个过程。"

今年 11 月，东线 2016—2017 年度调水工作也启动在即。从江苏到山东，沿线各地都已蓄势待发，为迎接向山东调水 8.89 亿立方米的计划做好了准备。这项牵动万千百姓利益的工程，将继续随着江水奔涌的路径，撬动沿线区域经济社会的发展。

陈　孟

2016 年 11 月 14 日人民网

潺潺南来水　千里润北国

—— 南水北调东线一期工程通水三周年调查

南水北调，是世界上规模最大的调水工程，规划了东、中、西三条调水线路，分别从长江的上中下游取水，分三路向西北、华北、华东等地区供水。

今年11月15日，是南水北调东线一期工程正式通水三周年的日子。

3年来，调水沿线治污情况如何？受水人是否喝上了放心水？从劣Ⅴ类水到一渠清水的背后说明了什么？给沿线居民带来了哪些实惠？近日，记者随南水北调东线总公司相关工作人员，前往江苏、山东等地探访湖区、泵站，对南水北调东线一期工程进行实地调研，就以上问题一一寻找答案。

一渠江水　永续北送

南水北调东线工程规划分三期实施，第一期工程设计抽江水量达500立方米每秒，年平均净增供水量36.01亿立方米。通水三年来，东线一期工程累计抽引江水187.66亿立方米（含新增供水量）。

"今年的水库水位是129.9米，达到了历史最高值。"站在山东济南市卧虎山水库前，济南市南水北调局调度保护处处长姜鸿翠向记者介绍说，这一成绩得益于南水北调工程，仅2015—2016年度东线入库水就有2500万立方米，让今年的济南城再现百泉齐涌的美丽景观。3年来，调入山东省的水量已累计约11亿立方米，年均增幅近100%，供水量逐年大幅提升。

然而，"南水"引来前，旱灾居山东省各种自然灾害的首位。南水北调东线山东干线公司副总经理高德刚回忆说，1999—2002年，山东连遭4年大旱，胶东半岛所有水库几乎不见一滴水，南四湖干涸见底，城乡供水全面告急。十年九旱，生态脆弱，年用水缺口约40亿立方米，是制约山东发展的最大"瓶颈"。为此，南水北调东线一期工程特向山东胶东半岛延长了704公里的输水线路。山东，也因此成为南水北调东线一期工程的重要受益者。

而南水北调东线一期工程的另一个受益地是江苏省，受益人口达4000多万人。南水北调东线江苏水源公司总经理助理李松柏介绍，江苏省水分布的特点是中国水分布的缩影，苏南水丰，苏北多旱灾。"南水"的引入加速了苏北的经济和社会发展。

南水北调东线工程的特点，是水往高处流。20 世纪 70 年代，江苏省就引长江水北上，初步建成了江水北调工程体系，来支援苏北。李松柏告诉记者，东线工程就是在江苏省已有的江水北调工程基础上，逐步扩大调水规模并延长输水线路。

南水北调东线工程规划总长 1467 公里，沿线海拔最高点是山东境内的东平湖。长江水经 13 级泵站逐级提水北上 65 米后，才能从东平湖开始，形成自流，实现向河北、天津地区和胶东半岛供水。

这一路上，大型提水泵站，中水截蓄导用工程，"T"形调水干线，南四湖整治疏浚，穿黄隧洞……多个节点工程，结合京杭大运河古航道，建起一条崭新的输水大动脉。

黄河，是南水北调的必经之河。一条黄河将向北的通道拦腰截断，南来之水，如何穿越黄河继续北上？"穿黄隧洞"顾名思义，就是要在黄河的河床下，打通一条贯通南北的输水通道，这一工程因此被誉为"东线咽喉"。

2010 年 3 月 25 日，随着一声轰鸣，穿黄隧洞成功实现南北贯通。在这里，北上的长江水与东去的黄河水，呈现出历史上第一次立体交叉。

其实，南水北调东线工程，需要穿越的不仅是黄河，小到各种管线、公路，大到一座城市，都需要在设计、施工时逐一研究，寻找最为科学合理的解决方案。济南，就是南水北调东线工程需要穿城而过的一座城市。往来于小清河两岸的人们或许并不清楚，在他们的脚下，隐藏着一条规模庞大的地下涵洞。

江水奔流北上，关键在提升水位的泵站群。位于苏、鲁两省边界的台儿庄泵站，是南水北调东线由江苏进入山东的首个工程项目，也是长江水进入山东的第一关。从东平湖开始，长江水顺地势自流，一路北行，穿越黄河后可以为鲁北、河北、天津和北京地区供水；一路向东，直抵胶东半岛的最东端——威海。这条南北长 487 公里，东西长 704 公里的"T"形输水大动脉，每年可调引长江水 13 亿立方米，山东 13 个地级市，68 个县、市、区直接受益。

重典治污　产业升级

深秋时节的南四湖，碧波荡漾，芦苇丛生，生态之美引人入胜。望着此景，很难想象这里曾经是鱼虾绝迹，污水横流的"死湖""酱油湖"。而让南四湖"起死回生"的10年漫漫治污路，也正是南水北调东线治污的一个缩影。

南水北调东线工程，成败关键在水质。如果水质不达标，一切都是白忙。

在工程建设之初，国务院就明确提出"三先三后"原则，即：先节水后调水，先治污后通水，先环保后用水。那么，长达上千公里的"清水廊道"能否建成？东线治污又为何被称为"世界第一难"？

南水北调东线总公司副总经理由国文向记者介绍，2002年东线工程启动时，调水沿线水质污染十分严重，甚至有人怀疑，南水北调会不会成为污水北调。专家学者一致认为，东线的成败在治污，关键在山东，重点在南四湖。

此话不无道理，南四湖是南水北调东线重要的输水通道和调蓄湖泊，涉及苏、鲁、豫、皖4省32县，流域面积3.17万平方公里。

然而，当时的南四湖流域内遍布着数百家污水排放企业。53条入湖河流鱼虾全部绝迹，湖区水质全面呈劣V类，局部湖区COD甚至高达每升上千毫克。"当时流域沿线的企业污水直接排放，水黑得可以直接当墨水，奇臭无比"，高德刚告诉记者，按照国家南水北调工程治污规划，通水之前必须将沿线污染治理好，使东线工程输水干线全线水质达到地表水Ⅲ类水质标准。

从劣V类水变Ⅲ类水质，这需要削减污染负荷80％以上，COD控制在每升20毫克以下，这一治污难度举世罕见，甚至被一些专家视为流域治污"世界第一难"。

治污，必经转型之痛。首先要解决的就是确保水质安全和当地经济发展的"矛盾"。要倒逼当地企业调整结构，避免不了转型升级的阵痛。

山东省济宁市环保局副局长刘云廷以山东造纸业为例，向记者介绍："10多年前，山东省内造纸厂700多家，排污量占全省排污总量的70％以上。一家造纸厂就能染黑一条河，是很大的环保困扰。对此，山东采取的办法是，制定远高于国家行业的排放标准，用标准去倒逼造纸行业转方式调结构。"

山东省制定了全国第一个流域性排污标准，其中 COD 排放标准最高严于当年国家行业标准 6 倍多，氨氮排放标准最高严于国家行业标准 7 倍，并且统一用流域性排放标准，取消了行业污染排放的"特权"。这一近乎苛刻的地方标准不仅逼停了许多污染严重的"小土"企业，也倒逼一家家大企业纷纷升级生产工艺，开始了壮士断腕般的环保治污自我革命。

经过改造，山东造纸业产能不降反升，变成低耗能、重环保的绿色产业，在国内处于领先水平。而在国家重点流域水污染防治规划考核中，山东连续九年排名第一。据当地有关部门测算，一系列治污措施推动产业结构升级提前了十几年。

作为十几年来东线治污的见证人，刘云廷对于结构调整对治污的贡献感慨颇多："经过治污，山东的造纸业没有被治垮，反而升级了，污染物也大大下降。山东兖州太阳纸业就是一个很好的例子，它不仅在全国的市场占有份额大大提升，还拥有了更先进的生产和减排技术。现在它已经走出国门，去美国建厂了。"

其实，东线治污难的不仅是南四湖。由于东线处于经济较发达的东部地区，又是主要利用现有的京杭运河输水和湖泊调蓄，因此各省的治污任务都很艰巨，也各具特色。

江苏的做法则是按照"清污分流"和"节水减排"的治污理念，规划实施了一批深化治污项目，主要包括尾水资源化利用及导流工程、断面水质自动监测站网建设等。"过去靠水吃水，沿途的散货小码头较多，油污和生活污水对水体污染严重。"江苏省南水北调办公室处长沈健介绍，江苏对航运污染进行综合治理，对危险品运输更是按照《南水北调工程供水条例》有关规定禁航，这是必须守住的红线。"为了治理面源污染，江苏还专门设立了水产品养殖禁养区、限养区和集中区，并对养殖区废污水进行专项治理。"

江苏、山东两省以壮士断腕的勇气，强力扼污，关停不合格企业，积极引导产业转型，决不让污染源死灰复燃。当地还推行环保问责制和一票否决制。"去年，江苏仅因为南水北调被一票否决的重大建设项目就有 17 个。"沈健告诉记者。

经过十多年坚持不懈的流域治污和生态保护，东线工程沿线流域水环境质量得到全面提升，输水干线水质达到地表水 III 类标准，昔日臭气熏天的臭水沟变成了清澈见底的生态廊道。

同饮一江水　共圆生态梦

南水北调东线除了输水，给沿线带来最大的变化是什么？毫无疑问，就是生态环境的改善。

通水之前，社会上对于"南水北调"的生态问题十分关注。记者在江苏、山东等地采访时了解到，近年来，随着沿线生态环境的改善，南水北调东线工程流域内的生物多样性显著增强。尤其是被称为"酱油湖"的南四湖，已经脱胎换骨，成功跻身全国水质优良湖泊行列。目前，在南四湖、东平湖栖息的鸟类就达 200 多种，曾经绝迹多年的小银鱼、鳜鱼、毛刀鱼等对水质要求比较高的鱼类也再度重现。

湿地，因其具有极强的污染降解功能，被誉为"地球之肾"。在修复生态和保护环境方面，湿地发挥着不可替代的作用。山东省南水北调建设管理局副局长罗辉说："湿地就像是纯天然的污水处理厂。山东所有企业的达标废水在进入南四湖之前，必须流经最后一道防线——湿地进行再净化。"

山东南水北调"治用保"的流域治污策略中，"保"就是生态修复与保护，而湿地是实施这一策略的最大功臣。通过在重点排污口下游、河流入湖口等地，修复自然湿地，建设人工湿地水质净化工程，形成沿河环湖大生态带，进一步增加环境容量，改善生态环境。

"十二五"以来，仅济宁市就建设和修复人工湿地 42 处 23 万亩，水质净化能力达到每天 50 万吨。刘云廷介绍说，河水污染物如果通过湿地再注入湖中，污染物含量会再衰减一半。"我们在湿地里种植一些沉水植物、浮水植物和挺水植物，对水体氮、磷的去除率达到 60% 以上，出水能够基本达到 III 类水质要求。"

来到济南卧虎山水库，一幅幅摄影作品展示着山水间的美景。"夕阳西下时，到湖面拍几张片子，就算是用手机拍，不用修图，每一张也都是美景大片"，卧虎山水库管理处副主任钱伯宁说。水库如今已经是济南城区居民休闲度假的好去处，秀美的风景也吸引了大批的摄影爱好者。

芦苇随风摇曳，白鹤等珍稀鸟类翩翩起舞，江苏宿迁市的 75 万亩洪泽湖湿地格外热闹。沈健说："渔民进一尺、湿地退一步，过度养殖曾一度严重危害洪泽湖湿地的生态环境。今天的生态环境是经历了多年的努力才得以实现。"

江苏扬州市江都区地处长江、淮河、京杭大运河交汇处，也是南水北调东线水源地，素有"源头"之称。当地政府花大力气开展清水活水工程、综合治水工程，擦亮了"源头水源地"这张名片。

一渠清水一路向北，大河两岸遍地生花。这一渠清水、这一路风景来之不易，背后是受水地和供水地数以万计人们的携手努力。

"南水北调工程，从来就不是一劳永逸的"，沈健在谈到目前东线已经取得的生态成果时说，要保证东线输水干线水质持续稳定达到地表水环境质量Ⅲ类标准，始终任重道远。

闫伟奇
原载 2016 年 11 月 15 日《经济日报》

世纪工程背后的脊梁

一渠清水，承载着甘与苦、泪与汗。南水北调这项世纪工程的背后，凝结着数以万计建设者的智慧心血和辛勤汗水。十余载建设，一个个世界级工程难题，摆在南水北调建设者们的面前，上演着一幕幕呕心沥血、攻坚克难的故事。

与传统的水利工程不同，南水北调工程是水利学科与多个边缘学科交叉的前沿领域。南水北上，一路要穿山越岭，大到一条黄河、一座城市，小到公路、河道、管线。这一路，南水北调攻破了数不胜数的重大技术难题，其规模及难度国内外均无先例，也创下多个世界之最。

穿黄隧洞工程是东线咽喉，"穿黄不通，千里无功"。国内外从无先例，怎么办？自己攻关、自己创新。"关键时刻冲得上，这就是使命！"正是这敢闯敢试的创新精神，才创造了史上第一个穿越黄河工程，才能让长江水滚滚北上。调研中工作人员说，中水五局东线穿黄隧洞工程项目部原经理王金庭是第一代"穿黄人"，早在 1984 年，就来到了穿黄隧洞的工程现场。而在 20

世纪 90 年代末，他的儿子王永胜水利学校毕业后，接过父亲手里的接力棒，也来到了穿黄隧洞的工程一线。在南水北调工程中，像这样的父子，还有很多。

新产品、新材料、新工艺……广大建设者勇于创新，敢闯敢试。全力开展技术攻关，蹚出一条突破常规的创新之路，展示出南水北调的自主创新能力。这离不开他们的矢志创新、昼夜奋战。

调研中遇到许多工程师都自称"南水北调的老人"，他们自开工之日起，就一直奋战在一线。说起这些，他们的语气中更多是自豪和担当："既然干这份工作，就容不得丝毫懈怠。对工程负责就是对国家、对百姓负责。"由于南水北调工程的泵站、库区大多在郊区，偌大的厂区内，常常只有运转的泵机陪伴。一线工作人员要实时监控参数，保证设备正常运行；要定期维护机器，随时查看厂区情况等。这是日复一日的责任，容不得任何差错。

一路走下来，最大的感受就是：没有广大建设者，就没有南水北调。而他们却说："这辈子能参与南水北调工程，值了！"呕心沥血，无怨无悔，南水北调工程铸就了中华民族的水利丰碑，而这丰碑的基石，正是千千万万的南水北调建设者们，是他们攻坚克难、甘于奉献的精神。

曦 棋

原载 2016 年 11 月 15 日《经济日报》

南水北调东线治污博弈：10 年攻坚
如何变成治污样本

秋冬之交的清晨，济南趵突泉景区内，泉眼水涌如注。其实就在 2016 年的 3—6 月，趵突泉水位还低于 27.60 米的水位警戒线。

南水北调东线山东干线有限责任公司副总经理高德刚向《财经国家周刊》记者介绍，南水北调东线工程有望让济南"一城山色半城湖"的美誉名副其实。

一期工程全程长 1467 公里的南水北调东线工程，使扬州的长江水沿京杭大运河及一条新渠道一路向北。长江水在江苏、山东经过 13 个梯级提水泵站提高 65 米，大约为一栋 24 层高居民楼高，然后汇入位于山东济宁市境内的南四湖，再经东平湖泵送到济南南部山区的卧虎山水库后调入济南市区。

2013 年 11 月 15 日，在历经十余年建设后，南水北调东线一期工程正式通水。至 2016 年 3 月 10 日向威海供水后，南水北调东线一期工程规划建设目标全部实现。目前累计向山东调水约 11 亿立方米，2016—2017 年度计划向山东调水 8.9 亿立方米，将达到规划调水量的 65%。

建设伊始就受到巨大环保压力的南水北调东线工程，也是中国规模最大的治污项目之一。历经 10 余年治污攻坚，它如今也成为环境与中国经济互动的典型样本。

最　难　治　理

南水北调东线一期工程关键问题是水质，直接关系到整个工程的成败。首要的工作就是解决工业企业、城市污水等点源污染问题。

2002 年东线工程启动时，调水沿线水质污染十分严重。根据原国家环保总局环境规划院、中国环境科学研究院等 5 家机构制定的《南水北调东线工程治污规划》显示，南水北调东线输水主干线骆马湖以南，以氨氮超标为主；骆马湖以北至东平湖水质多项超标，为 IV 类、V 类和劣 V 类；海河流域全部为超 V 类。全线 COD 入河量须削减 29 万吨，削减率为 82%；氨氮入河量须削减 2.8 万吨，削减率为 84%。

这被专家视为流域治污"世界第一难"，曾被认为是"不可能实现的目标"。

位于山东省济宁市的南四湖就是其中的典型。这个位于盆地内部的湖泊接收周边区域的工业污水、生活污水，湖水却不能往外排，一度被称为"酱油湖"。

在济宁市环保局已经工作 27 年的副局长刘云廷告诉《财经国家周刊》记者，要将这样一湖水治理达到地表 III 类水标准，"太难了！"

但国务院在南水北调东线规划之初即定下了通水三原则：先节水后调水，先治污后通水，先环保后用水。

就工业污染而言，南水北调东线实施前是典型的结构性污染案例，其治污难度可想而知。这种污染模式，也是今天雾霾的主要成因之一。

结构性污染与经济系统中的多种结构性因素相关。这些因素相互联系，并对结构性污染的形成造成直接或间接的影响。在中国，不合理的产业结构和能源结构是造成结构性污染的主要原因。

比如在山东，200多家中小造纸企业在产业占比不到20％。而自20世纪90年代中期以来，山东的造纸产业的主要经济指标一直位居全国第一，是财政收入和GDP的主要来源。然而，造纸产业也贡献了山东70％以上的排污。山东的每一条河流几乎都会受到造纸污水污染。

自2010年起山东省规定，排污标准为每升100毫克，远超每升450克的国家标准。环保成本也成为造纸行业升级转型的重要抓手。造纸也被确定为山东省第一个工业经济转型升级试点行业。

倒 逼 升 级

有些悲壮的产业升级最终以造纸企业集中度大大增加、造纸企业布局达到宏观调控目标而告终。

到2014年，通过多种方式，山东省分步骤强制关停了5万吨以下的草浆生产线。草浆生产企业由最多时的上百家减少至7家，彻底解决了结构性污染问题。

同时，为达到环保要求，大型企业主动淘汰相对落后的生产设备、化解过剩产能，为发展先进产能腾出发展空间。最终使整个山东造纸业提前两年完成了"十二五"规划中的相关目标。

造纸业只是一个缩影。在南四湖所在的济宁市，68家企业被列为重点治理对象。据不完全统计，"十一五"期间，山东省沿线9市共拒批和缓批高耗能、高污染企业510多家，涉及投资近190亿元。严控高耗能高污染项目上马，对不符合环保、节能条件的项目一律不予审批。

江苏省在南水北调东线沿线仅化工企业就累计关停800多家。大运河在江苏的最后一站徐州，也曾有100多家造纸企业，最终剩下不到10余家。

南水北调东线总公司副总经理由国文对《财经国家周刊》记者表示，东线一期工程目前在保障山东及苏北等受水区居民生活用水、修复和改善生态环境、应急抗旱排涝等，其经济、社会和生态效益正大幅提升。

面 源 治 理

虽然东线工程实现建设目标，但治污工作并未结束。

2016 年 8 月，济宁迎来了 6 场降雨量在 100 毫米以上的大雨。大量雨水冲刷农田后形成的径流直接注入了南四湖，氨氮指标是平时的 3～5 倍。而导致水源氨氮指标严重"超标"的罪魁后手就是农业用化肥农药。

刘云廷表示，工业生产造成的点源污染已经成为相对较容易处理的问题。"我们有一个杀手锏，工业企业不达标就关停，而且环境容量可以倒逼县级政府严格控制污染项目的上马，但面源污染则是个新课题。"

农业种植导致的面源污染始终是东线治污的重大挑战。山东省环保厅数据显示，在启动治理前，南四湖和附近东平湖的周围土地约 50 万亩，每年氮肥用量约 2.33 万吨，磷肥用量 1.17 万吨，每年进入湖体的总氮和总磷分别约 3500 吨和 140 吨。

面源污染必须进行深度治理。在济宁，其代表之一就是建设人工湿地。

济宁市太白湖新区环保局湿地办主任王宏春告诉《财经国家周刊》记者，湿地有复合潜流环节。它的底层是 1.2～1.5 米深的石子，石子上面铺有泥土，然后种上菖蒲、芦苇等植物，这些植物根系发达，可用于吸附污染物。水从这个小区域的一侧注入，再从另一侧流出，就经过了初步净化。

湿地净化已经成了东线治污的重要组成部分。山东济宁市南水北调工程建设管理局高级工程师张先军表示，COD 和氨氮削减都可以超过 50%。

湿地对于净化水质的作用正在东线沿线得到更加广泛的推广。截至目前，山东省已建成、恢复湿地总面积达 173.85 万公顷。"十二五"期间，江苏省完成各类湿地修复项目 130 余项，恢复湿地面积超过 266.66 公顷。

然而，更为根本性的解决办法是对化肥农药使用进行治理。刘云廷表示，其实 2015 年 4 月国务院印发的《国务院关于印发水污染防治行动计划》（俗称水十条）已经提出很好的解决方案，现在关键就是各司其职。

"水十条"提出，农业面源污染问题由农业部牵头负责，发展改革委、工业和信息化部、国土资源部、环境保护部、水利部、质检总局等协助处理，主要是大力推广低毒、低残留农药使用补助试点经验，开展农作物病虫害绿色防控和统防统治。实行测土配方施肥，推广精准施肥技术和机具。

在地方政府层面，刘云廷介绍，目前山东等12省市已开始试点的环保系统垂直管理，将更好地监督同级政府更好地承担属地责任。济宁市已经在各条河流建立了相关的断面监测站点，一旦监测站点水源指标超标将追溯所在地县级政府的责任，并督促当地政府做好污水治理工作。

肖隆平

原载 2016 年 11 月 17 日《财经国家周刊》

南水北调东线千里润鲁苏
"逆流而上"实现清水廊道

南水北调东线一期工程通水三周年之际，相关媒体随南水北调东线总公司前往沿线多地，对这项重大民生工程的建设和运营情况进行了实地调研。在东线的源头所在地扬州，南水北调东线总公司副总经理由国文指出，三年来南水北调东线一期工程累计抽引江水 187.66 亿立方米（含新增供水量），调入山东省水量约 11 亿立方米，有效提升了沿线城市的供水保证率。

在众多业内人士看来，南水北调东线工程不仅用"逆流而上"的实践体现着集中力量办大事的优势，而且蕴藏着沿线各地因地制宜、协力保障清水北上的智慧和能力。那么，南水北调东线一期工程由梦想变为现实的过程中，经过了怎样的攻坚克难？这项关系我国水资源整体优化配置的工程，又给受水地区带来了怎样的效益和改变？

2013 年 11 月 15 日，从扬州江都的"源头"起，一条干线总长 1467 千米的输水线路，把滚滚长江水由南至北引至苏北、山东半岛和鲁北地区。这一天，南水北调东线一期工程正式通水。三年时间过去了，"东线"如今不只是一条输水线路，对江苏和山东来说，它已成为盘活区域水资源、提升沿线经济社会发展质量的一条"活力之源"。

根据公开资料，南水北调东线一期工程从江苏省扬州市附近的长江干流引水，通过 13 级泵站逐级提水，利用京杭运河及其平行的河道输水，经洪泽湖、骆马湖、南四湖后到达山东。未来 4 个月内，将有 1 亿立方米的长江水输送到山东的胶东地区。

仅在 2016 年 1 月，南水北调工程已向南四湖和东平湖补水 1.6 亿立方米，此次调水就是将东平湖的部分长江水通过济平干渠等渠道引到引黄济青上节制闸，再接入山东的胶东调水工程，实现向潍坊供水 6000 万立方米、青岛 3000 万立方米、威海 1000 万立方米，主要用于当地生活和工农业用水。南水北调东线山东干线公司副总经理傅题善指出，南水北调东线工程自通水以来，已累计向山东调水 6.7 亿立方米，并向 8 个地市供水，惠及人口 4000 余万人。

与此同时，南水北调东线工程规划分三期实施，期工程设计抽江水量达 500 立方米每秒，年平均净增供水量 36.01 亿立方米。通水三年来，东线一期工程累计抽引江水 187.66 亿立方米（含新增供水量）。

"2016 年的水库水位是 129.9 米，达到了历史高值。"站在山东济南市卧虎山水库前，济南市南水北调局调度保护处处长姜鸿翠介绍说，这一成绩得益于南水北调工程，仅 2015—2016 年度东线入库水就有 2500 万立方米，让今年的济南城再现百泉齐涌的美丽景观。3 年来，调入山东省的水量已累计约 11 亿立方米，年均增幅近 100%，供水量逐年大幅提升。

南水北调东线一期工程的另一个受益地是江苏省，受益人口达 4000 多万人。南水北调东线江苏水源公司总经理助理李松柏介绍，江苏省水分布的特点是中国水分布的缩影，苏南水丰，苏北多旱灾。"南水"的引入加速了苏北的经济和社会发展。

而事实上，南水北调东线工程，成败关键在水质。如果水质不达标，一切都是白忙。首要的工作就是解决工业企业、城市污水等点源污染问题。这被专家视为流域治污"世界难"，曾被认为是"不可能实现的目标"。位于山东省济宁市的南四湖就是其中的典型。这个位于盆地内部的湖泊接收周边区域的工业污水、生活污水，湖水却不能往外排，一度被称为"酱油湖"。

但国务院在南水北调东线规划之初即定下了通水三原则：先节水后调水，先治污后通水，先环保后用水。以山东为例，自 2010 年起山东省规定，排污标准为 100 毫克每升，远超 450 克每升的国家标准。环保成本亦成为造纸行业升级转型的重要抓手。造纸也被确定为山东省首个工业经济转型升级试点行业。

一渠清水一路向北，大河两岸遍地生花。这一渠清水、这一路风景来之不易，背后是受水地和供水地数以万计人们的携手努力。"南水北调工程，从来就不是一劳永逸的"，江苏省南水北调办公室处长沈健在谈到目前东线已经取得的生态成果时说，要保证东线输水干线水质持续稳定达到地表水环境质量Ⅲ类标准，始终任重道远。

筱 阳

2016 年 11 月 26 日中国环保在线

南水北调东线通水 3 年
11 亿立方米长江水泽润苏鲁

1467 公里，长江水沿京杭大运河一路向北，泽润苏鲁。南水北调东线通水 3 年，累计调水 11 亿立方米，不仅是一条输水线，也成了一条发展线。

调水解渴，优化配置水资源

山东省济南市卧虎山水库，水位 129.9 米，达到了历史最高。"东线水入库 2500 万立方米，今年济南又现百泉齐涌的美景"，市南水北调局调度处处长姜鸿翠说。

北方干渴，急盼南水。东线山东干线公司副总经理高德刚回忆，1999—2002 年，山东连遭四年大旱，胶东半岛所有水库几乎不见一滴水，南四湖干涸见底，城乡供水全面告急。为此，南水北调东线向胶东半岛延长了 704 公里的输水线路。

"南水北调不仅是调水，更盘活了整个区域水资源"，山东南水北调建管局副局长罗辉说，"我们通过工程体系，把长江水、黄河水、当地地表水汇集到一块，构建起联合调度、优化配置的骨干水网，为干旱年份的供水提供了保障。"

2011 年大旱，江苏段利用已建工程开足马力，从江都到苏北旱区 400 多公里，抗旱调水 53 亿立方米，水量超过一个洪泽湖，每亩灌溉成本降低 10 元。2013 年开始，南四湖、东平湖启动了生态调水，保障了南四湖的生态安全。在济平干渠，通过水资源调度，让曾经脏乱差的小清河碧波重现，居住在河边的农民韩文强说："小黑河重新变成小清河，多亏了南水北调。"

罗辉说："长江水来了后，把原来因缺水造成损害的生态环境修复好，把占用农村的用水逐渐还回去，对地下水的压采进行限制回补，恢复我们的大生态。"

铁腕治污，生态理念入人心

深秋时节的南四湖，碧波荡漾，芦苇丛生，生态之美引人入胜。很难想象这里曾经是鱼虾绝迹，污水横流的"死湖""酱油湖"。这是南水北调东线治污的一个缩影。

铁腕治污，控高耗能高污染项目上马。山东关停了 5 万吨以下的草浆生产线，彻底解决了结构性污染问题。"十一五"期间，共拒批高耗能、高污染企业510 多家。江苏沿线仅化工企业就关停 800 多家，徐州市曾有 100 多家造纸企业，最终只剩下 10 余家。10 年治污，沿线 COD 入河量削减率 82%，氨氮削减率 84%。

农业面源污染是东线一大挑战。山东省环保厅数据显示，南四湖周围耕地 50 万亩，每年进入湖体的总氮和总磷分别达 3500 吨和 140 吨。深度治理，建设人工湿地，济宁市太白湖新区环保局王宏春说，湿地净化效果不错，COD 和氨氮削减都可以超过 50%。

根本性解决办法是减肥、调结构。南四湖边的晁庄村村民赵青春，将生态养殖与生态种植结合，利用沼渣、沼液种植绿色水稻，化肥农药少了，收入高了。

江苏对沿线设立水产品养殖禁养区、限养区和集中区，对养殖区废污水进行专项治理。

南水北调，让生态文明理念渐渐深入人心。

冯伯宁

原载 2016 年 11 月 27 日《人民日报》

2016 年江苏南水北调水质保护专题宣传一

道阻且长　行则将至

——记江苏南水北调水质保护工作

南水北调东线工程江苏段输水干线所处的淮河下游里下河地区和沂沭泗下游地区正处于工业化、城镇化快速发展期，既有流域治污的特点，又有线型工程保护的要求；既包括河流的治理，又涉及湖泊和湿地的保护。南水北调规划明确，南水北调输水水质必须达到地表Ⅲ类标准，江苏南水北调工程水质保护任务十分艰巨。

从工程规划论证开始，沿线水质及治污工作便备受关注，回溯到 2000年，时任国务院总理朱镕基在南水北调工程座谈会上提出，南水北调工程实施要坚持"先节水后调水，先治污后通水，先环保后用水"的"三先三后"指导方针，即要求节水、治污和生态环境保护与工程建设相协调，以水资源合理配置为主线，把节水、治污、生态环境保护与调水作为一个完整的系统来分析，开展总体规划。为落实党中央国务院关于南水北调东线工程治污决策部署，体现"先节水后调水，先治污后通水，先环保后用水"的"三先三后"原则，保证东线工程调水水质，2003 年，江苏省政府与国务院南水北调办签订了《南水北调东线工程治污目标责任书》。

十多年来，南水北调东线治污力度不断加大，取得了喜人的成绩，国务院南水北调专家委员会在调研南水北调东线治污时，用"壮士断腕"来形容南水北调东线工程的治污力度。身为东线源头的江苏在治污工作方面更是身先士卒，全面开展工作。为确保"一泓清水向北流"，按照"三先三后"的原则要求，江苏坚持把做好南水北调治污工作作为加快生态省建设的重要举措。针对南水北调东线工程水污染防治现状，认真制定并严格落实治污责任制，采取综合措施，实施产业结构调整和截污、禁排、清污分流，积极推行清洁生产，坚持生态保护与污染防治并重，削减污染负荷，确保实现地表水环境质量Ⅲ类水的水质标准。先后实施两批南水北调治污项目。第一批治污项目是根据《南水北调东线治污规划》（以下简称《治污规划》）及《南水北调东线江苏段 14 个控制单元治污实施方案》（以下简称《实施方案》）确定的 102项治污项目，投资 70.2 亿元。项目主要包括：工业点源治理项目 65 项、城镇污水处理工程项目 26 项、综合治理工程 6 项、截污导流工程 5 项。经过努力，2013 年江苏全面完成了《治污规划》和《实施方案》确定的目标任务，并通过了国务院南建委专家委组织的治污规划实施效果的总体评估。第二批治污项目是省政府为确保干线水质稳定达标，在第一批项目基本完成的基础上确定的 203 个新增治污项目，规划总投资 63 亿元。项目主要包括，新沂市、丰县沛县、睢宁县及宿迁市二期等 4 个尾水资源化利用及导流工程，丰县复新河、邳州张楼、高邮北澄子河等 3 个水质断面 158 个综合整治工程，27 个污水处理厂管网配套工程及沿线 14 个断面水质自动监测站等项目。目前，第二批治污项目已经基本完成，江苏南水北调治污工作进入了新的时期，在开拓创新、迎难而上的同时，也在不断总结着治污工作开展至今积累的成功经验，这是做好下一阶段工作的基础，也是江苏有信心进一步确保境内南水北调水质持续、稳定达标的源泉。

加强组织领导，严格落实治污责任。江苏省委、省政府多次召开专题会议研究部署，主要领导同志多次作出重要指示，分管副省长带队对南水北调沿线水质和治污情况进行现场检查，督促各地加大治污力度。省政府与沿线各市政府签订治污目标责任书，明确沿线地方政府主要领导为第一责任人，将南水北调治污工作作为重点考核内容，实行"一票否决"；省各有关部门通力协作，形成了发展改革、南水北调、环保、水利、住房城乡建设、交通运输、农业、经济和信息化等部门合力治污的工作机制，为实现治污目标奠定了工作基础。建立南水北调重要断面及沿线重要支流水质考核"断面长制"，由所在地党政负责同志任"断面长"，部分地区还实施了"河长制"；建立治污项目包干制，省辖市领导包干县级行政区域，县级领导包干具体项目，项目实施单位落实具体责任人。

加强工程手段，建设清水廊道。江苏输水沿线 4 市 17 县（市、区）建设截污（尾水）导流工程，将处理达标后的尾水，利用管道、渠道导入长江或入海，实现输水干线的"清污分流。截至目前，已先后完成了扬州、淮安、宿迁、徐州等截污导流工程和丰沛、新沂、睢宁尾水导流工程的建设任务。宿迁尾水导流工程前期工作进展顺利，预计年内开工。为保证兴建的尾水导流工程正常运行，充分发挥投资效益，江苏十分注重工程运行管理工作：一是大力推进工程运行管理单位落实，确保工程建成后有单位管理，避免出现重建轻管现象；二是加强工程运行管理监督检查，定期检查与不定期抽查相结合，提高工程运行管理人员的责任意识；三是建立健全管理制度，根据工程实际，制定尾水导流工程安全管理、责任网络等各项管理制度，编制尾水导流工程应急处置预案大纲并组织开展应急处置培训；四是加强运行管理人员的日常及专业培训，提高管理人员能力水平，保障工程顺利运行。

推进城镇污水处理设施和污水收集管网建设，2010 年，江苏编制了《江苏省建制镇污水处理规划》，突出南水北调沿线小城镇污水处理设施建设，同时，为提高污水处理厂管网配套能力，江苏省政府于 2011 年编制了《南水北调东线江苏省城镇污水管网建设实施方案》并按方案组织实施。目前，南水北调沿线地区建制镇污水处理设施基本覆盖；城镇污水管网目前实际建成 1000 余公里，超额完成建设任务，城镇污水处理厂平均运行负荷率超 90％。

多措并举，加大环境综合整治力度。坚持将南水北调沿线地区作为产业结构调整的重点区域，提高环保准入门槛，专项整治重污染行业，全面排查取缔装备水平低、环保设施差的"十小"企业，制订化工、印染、电镀等"十大"重点行业专项整治（清洁化改造）方案，落实"去产能"要求，制定实施落后产能淘汰方案，加大淘汰力度，敦促工业集聚区全部建成污水集中处理设施。坚持"在保护中开发，在开发中保护"。要求各类园区严格实施区域规划环境影响评价，依照产业定位和规划要求，加强区域环境准入管理，确保污染物实现集中治理、达标排放。开展环境综合整治，明确城市河道整治计划，通过实施截污、清淤、活水、保洁、生态修复等综合举措改善城市河道环境。渔业养殖管理部门控制渔业养殖规模，加强渔业养殖的综合治理，推进生态健康养殖、清洁生产、循环水养殖等，保护水域生态环境。农林部门在沿线地区积极发展生态农业，采用测土配方施肥等方式减少化肥使用量。交通部门认真实施内河船型标准化工作，对现有符合要求的运输船舶进行生活污水防污改造，共对南水北调沿线各市改造船舶 1000 余艘。

加强监测监控，严格沿线执法监管。严密监控断面水质。每月组织开展国控考核断面的水质监督检测，并通报沿线地方政府，调水期间开展加密监测，加强南水北调水质自动监测站运行管理和质量控制，动态监控沿线水质变化。开展环境执法专项检查。组织对南水北调沿线水污染防治项目运行情况、直接排入南水北调东线水系的工业企业和污水处理厂排放口及市政排污口、规模化畜禽养殖场、沿线船闸垃圾收集装置、控制断面水质等情况开展专项检查，发现的问题立即督促地方整改。

围绕南水北调东线工程水源区保护和调水沿线"清水走廊"建设的目标，江苏不断加大治污力度，经过十余年的治理，成效明显，创造了全国重点流域水污染治理工作的典范。2004 年以来，南水北调江苏段考核断面水质逐年改善，达标率逐年提高，2004—2006 年达标率呈明显上升趋势，2006—2009 年达标率稳定在 90% 左右，2010 年以来，断面年均值达标率稳定在 100%。2015 年，根据例行监测数据，南水北调东线江苏段 15 个控制断面年均水质全部达标。2015 年调水期间，根据环境保护部有关调水水质监测工作要求，江苏环境监测部门对调水沿线水质开展了加密监测。检测结果表明，从调水源头的长江三江营断面至出省的京杭运河蔺家坝等 10 个断面水质稳定达标。2016 年 1 月 8 日调水以来，出省蔺家坝断面水质稳定达到 Ⅲ 类标准要求。

可以说，江苏南水北调水质保护工作开展至今所取得的成绩是显著的。但是，南水北调治污工作是一项长期工作，南水北调建设管理者在加快完成规划治污项目并充分发挥已建工程的环境效益的同时，将不断建立和完善促进治污项目运行的配套政策，健全有利于治污项目发挥环境效益的配套机制，推动南水北调东线江苏段水质稳定保持地表水环境质量 Ⅲ 类水标准。

江苏省南水北调办公室
2016 年 12 月江苏省南水北调网

2016 年江苏南水北调水质保护专题宣传二

多举并措，着力打造清水源头

南水北调，这项党中央、国务院为解决北方水资源短缺问题而决策兴建的特大型基础设施工程，其东线源头便坐落在古城扬州。要想打造"清水廊道""清水源头"的意义不言而喻。

作为输水源头，扬州从工程伊始就庄严承诺："东线输出去的一定是放心水"。近年来，扬州市把保护东线源头水质作为一项庄严的政治使命，坚持治污、防污、截污、涵养多管齐下，着力打造南水北调清水源头，确保水质持续稳定达标。

治污：肯投入。扬州历届市委、市政府高度重视东线源头水质保护和生态环境建设。筹措资金建成南水北调各类治污项目 24 个、城市污水处理厂 7 座、涉农乡镇污水集中处理设施 71 个，输水沿线控源截污能力大幅提升。

防污：出重拳。扬州市在沿输水干线先后关闭了 11 家上规模的企业，累计关停小化工、小电镀企业 102 家，否决化工、炼油、电镀、造纸、印染等建设项目 35 个，涉及投资 35 亿元，有效控制了新污染源的产生。同时，着力加强农业面源污染防治，严格控制输水沿线化肥、农药的施用，对农业废弃物进行无害化处理；开展退渔还湖，水源地区域累计减少水产养殖面积 25 万亩，减幅达 20% 以上。

截污：严要求。扬州对输水沿线的所有排污口实施全面清理关闭，严控工业污水和各类生活污水排放。加强重点区域水质监测，对 8 个县级以上引用水源地、69 家重点污染源、4 家固定废弃物处理厂、1 家医疗固废处理企业、16 家乡镇污水处理厂实行 24 小时实时监控。高邮北澄子河是扬州境内入东线输水总干渠的一条重要支流，其水质一度因接纳工业污水、城市生活污水而污染严重，戴上了"酱油河"的帽子。经过多年综合治理，尤其是"十二五"以来，实施"一河一策"治污策略，搬企进（工业）园、建乡镇污水处理厂、健全配套管网、实施河道综合整治和清水引流工程，并辅之以强力监管，如今的北澄子河已是汩汩清流，不仅甩掉了"酱油河"的旧帽子，更是换上了秀丽的"新颜"，沿河两岸风光宜人，成为高邮市小有名气的风景观光带。

涵养：保长远。扬州市在下力气治污同时，强化源头生态涵养，编制及实施《南水北调东线水源地生态功能保护区规划》，把输水沿线周边地区 340 平方公里范围划定为核心保护区，大力实施植树造林和生态湿地恢复，相继建成邵伯湖湿地自然保护区和南水北调源头湿地保护区，总面积达 87117 公顷，输水骨干河道沿岸建成 10 多米的绿化隔离带，公共绿化面积达 12 万平方米。同时，大力推进输水沿线周边景观建设，先后划定宝应湖、凤凰岛、江都渌阳湖等 6 个省级以上湿地公园，陆续建设了江都水利枢纽风景区、邵伯湖旅游度假区、"七河八岛"等旅游景观，形成了独特的水上游览风景线。

达标：抓长效。南水北调东线一期工程建成通水后，输水干线水质良好，江苏省境内 14 个控制断面全部达到地表水Ⅲ类标准。为保障东线水质，实现可持续调水效益，建立完善南水北调东线水质保障长效机制尤为重要，近年来，扬州在水质保障长效机制建立方面进行了诸多探索：一是落实责任，齐抓共管，减控水源污染。以环保部门牵头，加强部门协调联动，建立水质保障工作协作机制，各部门认真按照职责分工，切实做好水质保障工作。二是建设配套工程，治理水体环境。疏浚整治河道、提高河网调蓄容量，提升自净能力；退田还水，增加水体容量，提升纳污能力；实施纳污导截流工程，减控污染源，有效提高水环境质量，维持水功能区纳污平衡。三是协调管理，保障调水安全。在市南水北调办的组织下，各职能部门相互协调，共同管理，做好调水安全的保障工作。

枕淮水，踏长江，抱运河，城内外水网纵横，水催生了扬州的数度繁华，涵养了扬州的美好生态，孕育了扬州的悠久文明，成就了扬州的名城地位，如今作为南水北调东线的源头，因水而兴的扬州又孕育了新的内涵。经过多年的努力，如今贯穿扬州的"清水走廊"，既给北方送去了安全放心的汩汩清流，也已然成为了全市生态文明最美的风景线。

扬州市水利局

2016 年 12 月江苏省南水北调网

2016 年江苏南水北调水质保护专题宣传三

强化生态理念　　建设清水廊道

淮安位于江苏省北部中心，淮河流域中下游，江淮水系交汇点，承接下泄淮河上中游 16.8 万平方公里来水，也承担着南水北调和江水北调重要的输配水任务。淮安境内河湖交错，水网纵横，水利工程众多，生态资源丰富，生态基础条件良好，文化底蕴深厚。经过多年的建设，已基本形成河湖相连、脉络相通、排蓄兼顾、调度灵活的防洪和水资源配置格局。淮安抢抓南水北调工程建设机遇，贯彻生态文明与绿色发展理念，把生态文明特别是清水廊道建设摆在重中之重的位置。坚持可持续发展的科学治水理念，着力开展以保障水安全、保护水资源、改善水环境、修复水生态、弘扬水文化为主要内容的水生态文明建设，取得初步成效，为保障南水北调东线清水廊道作出了积极贡献。

积极开展截污导流工程建设。针对影响最严重的城区段里运河水质问题，实施截污导流工程。工程围绕"一管两河"进行，"一管"是指污水收集管网，"两河"分别是指城区段里运河及清安河。对淮安市城区排入里运河、大运河的生活污水、工业废水实施截流，通过铺设的污水管道收集后送入污水处理厂集中处理，此为"一管"；清除里运河污染底泥、拆迁河两岸居民及赔建护岸，此为"一河"；疏浚清安河作为污水处理厂的尾水导流通道，并结合城区排涝，此为另一河。通过治理输水干线本身的污染源，截住进入输水干线的外来污染源，清安河尾水导流不进入输水干线等一系列综合整治措施，有效改善输水河道的水质及水环境，实现南水北调东线工程治污单元控制中关于大运河污水零排入的目标。工程的实施加快了淮安治污进程，极大地改善了水质状况，里运河作为调水保护区，水质呈逐年好转趋势，城区里运河水质达到Ⅲ类，城市整体水环境得到了较大改善。

全力打造南水北调东线淮安段清水廊道。淮安将南水北调工程建设与地方水环境整治紧密结合，把节水、治污、生态环境保护与调水工程建设有机结合，实施清水廊道工程，确保输水水质持续稳定达到地表水Ⅲ类标准。以南水北调东线输水干线里运河为例，淮安将里运河水环境整治与里运河文化长廊建设有机结合，投入近18亿元着力提升打造水清、岸绿、生态、靓丽的秀美水环境。一是防洪保安，在里运河堂子巷、北门桥兴建防洪控制工程，汛期御淮河洪水于主城区之外，降低城区里运河汛期水位；非汛期保证城区段里运河有一定的景观水位，使城市与水亲密结合，打造生态水韵城市。二是降堤造景，配合里运河文化长廊项目整体建设，将里运河堤顶高程降低，实施里运河景观提升、迎水面护岸、桥梁、中洲岛景观提升、清淤及生态提升等一系列工程，将南水北调输水线路打造为集生态、景观、人文为一体的清水廊道，为淮安里运河文化长廊景区建设创造了坚实的水利基础。三是活水贯通，先后实施里运河与钵池山公园活水贯通、生态新城水系调整、楚秀园补水活水、清晏园活水、石塔湖里运河贯通等工程，使里运河与公园周边水体融为一体，实现水少可补、水多可排、水脏可换的目标，为构筑生态水城提供优质水源保障。

积极探索湖泊生态治理新模式。淮安境内河湖众多，湖泊保护是水生态保护、建设清水廊道的重要内容之一。洪泽湖、白马湖等湖泊也是南水北调东线输水的重要调蓄湖泊。淮安以境内湖泊功能萎缩最严重的白马湖为突破口，相继启动实施了白马湖保护与开发、退渔还湖、退圩还湖、环湖基础设施与生态修复等工程，累计投入治理资金 30 多亿元，白马湖正常的蓄水面积增加了 1 倍，达到了 82.6 平方公里，排涝调蓄库容增加 3 倍达 8952 万立方米，防洪调蓄库容增加 1.6 倍达到 1.443 亿立方米；湖区水质得到极大改善，根据近几年监测，水质均能保持在 Ⅲ 类水标准，部分区域已接近 Ⅱ 类水标准。

持续美化优化城乡水环境。南水北调水质的保护不仅局限于输水干线本身，要由线扩展到带再面，需要整个区域面上水质的提升和保障。近年来，淮安围绕"绿水生态城市"发展定位，先后投入 25 亿余元，对主城区 26 座排涝泵站进行改扩建，排涝流量由原来的 57 立方米每秒扩大到 193.8 立方米每秒；对 41 条长 334 公里河道进行整治，保证整个城市排涝"主动脉"畅通，"毛细血管"发挥正常功能。围绕"水系的完整性、水体的流动性、水质的良好性、生物的多样性、文化的传承性"要求，加强城区河道水系沟通与轮浚，结合里运河防洪控制、黄河故道水利枢纽及水土保持、小盐河疏浚整治等工程，重点实施关城大沟及周边整治、宁淮高速南出入口下游河道整治、古黄河水利枢纽等一批城市水利工程，完善主城区水循环体系，提高区域河网连通能力，盘活水系，增加水体自净能力，着力建设活力绕城、清水润城的美好淮安。

南水北调水质保护工作的不断推进，促进了淮安治污工作进程，极大地改善了水质状况。根据淮安市重点水功能区各年的水质公报，里运河作为调水保护区，水质呈逐年好转趋势。工程实施前，2006 年所监测的断面处水质只有 11 月达标，其余皆不达标，为 Ⅴ 类至劣 Ⅴ 类；从 2010 年起，根据市环保局公布的环境状况公报，里运河水质开始达 Ⅲ 类，符合水质功能区划要求，总体水质状况良好，2010 年公报认为里运河水质明显改善的主要原因是截污导流工程实施逐步到位。目前，城区段里运河水体以及周边环境得到了极大改观，河边晨练、垂钓、休闲的人逐步增加，城市整体水环境得到了较大改善。

南水北调工程的实施，一方面改善了淮安水利基础设施，提高了引排水能力，减轻了地方防汛压力。另一方面，使得因缺水等原因受限的工业得以发展，同时城区截污干管建设工程及清安河尾水排放工程，极大降低了高耗水工业的发展对水污染的影响，恢复河道的基本功能，大大增加了淮安水环境的承载能力，也将进一步加快工业化、城市化发展进程，促进淮安经济社会的发展。

淮安市水利局

2016 年 12 月江苏省南水北调网

2016 年江苏南水北调水质保护专题宣传四

治理污染保水质，改善生态促发展

绿色，是宿迁的"基本色"，也是宿迁的"标志色"。建市以来，历届市委、市政府始终坚持"生态立市"的发展战略，不断做好污染治理、做优生态修复。

宿迁境内南水北调东线一期工程分中运河及徐洪河两条输水线路，共231.2 千米，其中中运河 111.2 千米，徐洪河 120 千米；沿线共设置 9 个水质控制断面，其中中运河 6 个，徐洪河 3 个；为改善南水北调输水干线中运河宿迁城区段水质及水环境，宿迁境内沿线实施了截污导流工程和尾水输送工程两部分。截污导流工程主要是封堵现有老城区 12 家工业企业向中运河的排污口，并沿运河铺设截污干管，将处理过的工业尾水收集至提升泵站；尾水输送工程主要是将尾水提升后通过管道输送至新沂河，经湿地处理后东排入海。

南水北调东线工程成败的关键在水质，宿迁拥用骆马湖、洪泽湖两大湖泊，京杭大运河、古黄河穿城而过，市内水网密布，河湖众多，是南水北调重要的输水廊道。南水北调东线工程成败的关键在水质，按照省政府提出的"工程率先建成通水，水质率先稳定达标"要求，近年来，宿迁市抓源头、重整治、建制度，重拳治理环境污染，围绕促进水质达标、改善生态环境、打造东线"清水走廊"，宿迁主要采取了以下措施。

一、"四措并举"推进断面水质达标治理

一是咬定目标、突出重点。制定并落实"一个断面、一个班子、一套方案、一个时间表和一个路线图"的工作要求，定领导、定部门、定时间、定标准、定奖惩，倒排工期，挂图作战，确保断面水质达标。二是查清源头、精准施策。组织开展断面涉及河流、支流沿线及汇水区域环境问题的全面排查，在此基础上，按照一河一策，制定水体达标整治技术方案，采取清淤、控源、截污、水系疏通、补水、生态修复等措施，综合施治，提高河流自净能力。三是创新机制、落实责任。建立联席会议制度，全面实施断面长制度；建立生态环境损害经济调节机制，全面推进地区间横向生态补偿机制；建立水环境质量分析会议制度，定期预判水环境变化趋势。四是加强督查、严格考核。健全完善督查考核办法，实施跟踪督查、动态督查，定期通报断面水质及重点工程进展情况，对导致水环境质量恶化、造成严重后果的，将严肃追究相关责任人责任；健全完善工作奖惩机制，考核结果作为领导班子、领导干部综合考核评价的重要依据。

二、工程为基础，全域清流

（1）实施中运河综合整治工程。宿迁境内的京杭大运河长约 112 千米，又称中运河。2002 年 5 月，宿迁市启动中运河城区段综合整治工程。在历时 5 年的整治中，共投入资金 5.5 亿元，整治岸线 16.5 千米，完成居民拆迁 3098 户，搬迁企业 78 家，填筑堤防 10.2 千米，新铺绿地 100 万平方米，建成集防洪、城建、环保、文化、旅游功能于一体的中运河风光带。

（2）提升城市污水处理水平。建市以来，水务建设累计投入 248 亿元，仅 2015 年全市水务投入达 43 亿元，污水处理设施建设投入达 3 亿元，全市 19 座城市污水处理厂全市建成 18 座城市污水处理厂（不含乡镇污水处理厂），总建设规模 69.25 万吨每天，污水收集率、处理率逐年攀升，尾水全部实现达标排放。

（3）严控污染物总量排放。大力实施水环境功能区划与产业结构调整，控制污染物排放总量，积极推行清洁生产，建立循环经济型企业，促进能源、原材料循环利用。大力发展低消耗、低污染、高利用率、高循环率的"两低两高"产业和产品，构成生态型的产业体系。同时，对污染比较严重而达不到污水处理要求的工厂或企业坚决予以取缔或关闭，高耗水、高污染的项目一律不能上马。作为南水北调输水廊道的大运河宿迁段基本上已经实现了"零排放"。

（4）启动中心城市水系沟通。当前宿迁正在启动实施新一轮的中心城市水系沟通工程，争取利用 3 年时间，通过实施中心城市引水与水系沟通、截污与疏浚整治、景观与旅游休闲三大工程，沟通水系、净化水质、美化水环境，把宿迁建设成为"沂淮共济、河清湖秀、生态宿迁、水韵家园"的水生态新城。

三、运管为保障，长效达标

南水北调宿迁市尾水导流工程服务整个宿迁中心城区，总尾水排放量为

68 万吨每天，回用量为 39.4 万吨每天，省批准导流总规模为 28.6 万吨每天，其中已建成的一期工程承担导流 7 万吨每天，二期工程新建项目新增导流 21.6 吨每天，尾水排放执行一级 A 标准。2007 年，宿迁市截污导流一期工程启动实施，2011 年年底正式建成并成功进行了联合试运行，目前正实施二期工程。为保障尾水导流工程运行维护工作，宿迁市编办于 2011 年批复成立宿迁市市区水务工程管理处，全面负责尾水导流工程运行养护工作，管理处出台了运行管护手册，明确各岗位职责，截污导流工程输送尾水实现了水质在线监测，确保水质排放达标。

自 2011 年 9 月 10 日截污导流工程正式开机试运行以来，总提升泵站实行 24 小时不间断运行，水泵单机平均流量约为 710 立方米每小时。截至目前累计输送尾水 4484.7304 万立方米，实现大运河宿迁城区段尾水零排放，充分发挥工程效益，为保持水质长效达标发挥了重要作用。

可以说，宿迁市南水北调水质保护工作的推进，不仅为工程提供了更加清洁的输水通道，也显著改善宿迁市水环境，提升水资源管理、开发、利用和保护水平，大大促进了宿迁"水生态新城"的建设步伐，从而带动宿迁经济社会快速发展，为实现更大突破奠定基础。

宿迁市水务局

2016 年 12 月江苏省南水北调网

2016 年江苏南水北调水质保护专题宣传五

狠抓治污措施　强化工程管理
力保出省水质持续稳定达标

地处苏鲁两省交界、南水北调东线重要节点的徐州，境内输水线路 192.5 千米，涉及 6 个水质控制断面、33 项治污工程，是江苏承担断面和治污项目最多、任务最重的城市，成为江苏省送出合格水的关键。

按照省政府提出的"工程率先建成通水，水质率先稳定达标"要求，徐州市精心组织，扎实推进，经过十多年的建设，境内工程全面建成通水，水质实现稳定达标。

综合治污篇：生态立市

徐州地处苏鲁边界，是国家南水北调东线工程水污染防治的重点区域，也是江苏送出合格水的关键地区。按照国务院提出的"先节水后调水，先治污后通水，先环保后用水"三先三后原则，近年来，徐州以"壮士断腕"的决心，治理环境污染，调整产业结构，尾水导流利用，转变发展方式，全力推进南水北调水污染防治。

深化治污工作措施。将南水北调治污同淮河流域水污染防治项目有机结合，进一步深化南水北调治污工作；推行河长制，对全市 14 条涉及国控断面的重点河流实行市、县（区）两级领导河长负责制；重点河流实行"一体化"管理制度，市区专门成立了"徐州市河道管理处"。通过调整产业结构，坚决淘汰了近 200 家涉水的"五小"企业，兴建亿吨大港，对中小港口进行整合，减少对运河水质污染。

重点抓好断面水质达标。规范重点工业企业环境管理，划定重点控制断面水质达标保护区，出台《徐州市重点控制断面水质达标保护区划分技术规范》，将境内南水北调东线 6 个控制断面上下游 3 千米，以及河道背水坡底脚以内水面和陆域划入保护区范围，保护区内禁止设置污水排放口，对已设置的污水排放口进行封堵。

建立水环境质量区域补偿机制。出台《徐州市南水北调水环境质量区域补偿实施方案》，将京杭运河（徐州段）、房亭河、复新河、沛沿河、徐沙河和奎河作为考核河流，将南水北调及淮河流域 8 个国控、省控断面作为补偿考核断面，所缴补偿资金由市财政纳入环境保护专项资金统一管理。

通过各项治污措施落实，南水北调徐州市境内 33 项治污工程全部完成，6 个断面水质基本实现稳定达标。

尾水导流工程篇

一、工程概述：保清水北调

打造南水北调清水廊道，徐州全力实施市级尾水导流和丰县、沛县、睢宁、新沂四县（市）尾水资源化利用及导流工程。

徐州市尾水导流工程将京杭运河不牢河段、中运河邳州段、房亭河等对南水北调东线工程有影响的区域尾水统筹考虑，实施尾水专线收集，与南水北调调水干线分流，保护南水北调东线徐州段输水干线达到地表水Ⅲ类水质标准。工程全长 170.28 千米，导流规模 41.09 万吨每天，途经铜山、贾汪、云龙、开发区、邳州和新沂等 6 个县（市区）。

为保证调水水质，提高水环境容量，在市级尾水导流工程建成通水基础上，徐州又实施了丰、沛、睢、新四县（市）尾水资源化利用及导流工程，进一步健全完善了尾水资源化利用及导流系统。工程全长 201 千米，导流规模 26.4 万吨每天。

目前，市级尾水导流工程已建成通水，并及时发挥效益，四县（市）尾水导流工程也已全面建成。工程的实施一方面有效促进了南水北调调水水质，另一方面也改善了地方水环境，促进了徐州经济的可持续发展。

二、工程建设：缔造精品工程

南水北调工程的成败在于治污，旨在保障江苏省南水北调调水水质稳定达标的治污工程，为确保其建成后效益得以充分发挥，工程的质量容不得丝毫马虎。在徐州各尾水导流工程建设过程中，建设者们始终以创建精品工程为目标，建立全方位的质量管理和安全控制体系，确保了工程建设的顺利实施。

抓方案优化。集中技术力量，着力做好设计优化工作，多次组织专家对丰沛尾水导流工程线路、建筑物、设备等设计进行专题研究，通过优化设计，使工程设计更加合理，并节约投资 2000 多万元。

抓质量安全。成立工程质量领导小组，实行工程质量包挂制和跟踪负责制，建立工程施工质量备案、存档制度，坚持严格推行"三检制"。成立安全生产领导小组，建立健全安全管理体系，工程建设实现安全生产零事故。

抓精品工程。注重工程内在质量和外部形象，丰沛尾水导流工程选取九个建筑物作为亮点工程重点实施。对已建成通水的徐州市尾水导流工程进行完善，提升了导流能力。南水北调丰沛尾水资源化利用及导流工程获得省南水北调文明工地称号。

抓资金管理。积极向省级部门汇报，强化与市、县部门协调，多渠道落实配套资金，保证工程建设需要；严格资金审批程序，及时审核支付工程款；

实行安全动态监控，加强资金监管，委托社会专职机构定期进行审计，及时整改资金隐患，确保资金安全。

抓廉政建设。践行"三严三实"，落实"两个责任"，党风廉政建设与业务工作同部署、同落实、同考核。联合市纪委开展在建工地廉政建设检查，设置廉政举报箱、公布举报电话和监督部门和责任人等措施，建立群众监督机制；积极开展廉政文化下工地和"廉政文化示范点"创建活动。工程实现廉政建设零腐败。

三、工程管理：追求卓越

一项宏大的系统工程，需要高效有序地运转。徐州市尾水导流工程在运行管理过程中，形成了一套领导有力、决策科学、运转高效、开拓创新的工作机制。

工程建成通水后，徐州成立尾水导流工程运行养护处专职运行养护机构，出台运行管护办法，积极探索市场化管护模式。不断完善水质控制措施，严格执行水质检测程序及标准，制定落实了水质突发事件应急预案。检测数据显示，导流尾水水质各项指标均满足《城镇污水处理厂排放标准》中一级 A 标准和农田灌溉用水标准。

为做好新增丰、沛、睢、新四县（市）尾水导流工程运行管理，徐州市出台了《丰、沛、睢、新尾水资源化利用及导流工程管理办法》，并积极推行市场化管护模式，不断完善水质控制措施，确保导流水质持续稳定达标。

工程运行以来，实现年导流尾水 1.35 亿吨，为沿线 20.37 万亩农田提供灌溉水资源 6477 万吨，企业回用中水 2971 万吨，取得了显著的经济和社会效益。

徐州市南水北调治污措施的落实和尾水导流工程的建成通水成效明显。它有力保证了南水北调调水水质，显著增强徐州工业化、城市化发展的环境容量，彻底改变徐州城市扩展和新增工业项目的尾水出路难题。同时，有效改善了徐州市饮用水现状，基本解决部分地区的涝渍灾害问题，明显改善农业生产和农民生活条件。

徐州市水务局

2016 年 12 月江苏省南水北调网

2016 年江苏南水北调水质保护专题宣传六

深化治污，强化监管，确保水质稳定达标

南水北调沿线是江苏省经济社会快速发展的地区，水质保护工作具有独特性、复杂性等因素。江苏省委省政府高度重视南水北调水质保障工作，省环境保护厅在省南水北调治污规划制定、治污工作的组织实施和监督管理、水质保障的监测与管理、"断面长制""河长制"落实等方面发挥了重要的职能作用。

加强组织领导，强化责任落实。南水北调输水工程的成败，核心在于水质安全。省委、省政府高度重视南水北调水质保护工作，多次召开专题会议研究部署，要求各地各部门把握时间节点，加快工程建设，加大治污力度，确保水质稳定达标。按照属地管理原则，将南水北调断面水质达标纳入地方政府治污目标责任书，明确沿线地方政府主要领导为第一责任人，把水污染防治工作纳入综合考核指标体系，实行"一票否决"。按照"党政同责、一岗双责"要求，在沿线 15 个断面建立水质达标"断面长制"，由市县两级政府负责同志担任"断面长"，落实断面达标责任。建立健全考核机制，坚持每月通报断面水质状况，定期现场督查。这些措施，都有力促进了南水北调治污工作的落实。

坚持多措并举，强化污染减排。坚持将南水北调沿线地区作为产业结构调整的重点区域，认真落实主体功能区规划，严守生态红线，引导和倒逼优化产业布局，淘汰一批产业层次低、资源消耗高、环境污染重、安全风险大的企业，推动重点行业转型升级。坚持"在保护中开发，在开发中保护"，依照产业定位和规划要求，加强区域环境准入管理，确保污染物实现集中治理、达标排放。狠抓控源截污，加快污水收集管网建设，加强污水处理厂运行监管，切实提高城镇污水处理率和达标率。制定断面整治方案，通过实施截污、清淤、活水、保洁、生态修复等综合措施，持续推进水环境环境改善。扎实推进农村环境整治，依托国家试点支持，重点开展农村生活垃圾转运系统和生活污水处理工程建设。全面推进秸秆禁烧和综合利用，开展大规模的秸秆清运和沟渠河塘秸秆"禁抛"大检查，确保不出现秸秆下河污染水体事件。

落实监测预警，强化环境监管。省环保厅坚持每年制定南水北调东线江苏段水质保障专项计划，加强南水北调水质自动监测站运行管理和质量控制，动态监控沿线水质变化，确保清水北送。深入开展环保大检查，积极推进违

规项目清理清查，扎实组织输水干线排污口关闭清理，加大对工业企业、污水处理厂、规模化畜禽养殖场等重点企业的执法力度，始终保持打击涉水环境违法行为高压态势，切实减少污染物排放负荷。

注重制度创新，强化长效管理。一是实施水环境区域补偿。按照"谁达标、谁受益，谁超标、谁补偿"的原则和"合理、公平、可行"的总体要求，制定《江苏省水环境区域补偿实施办法》，涵盖南水北调重点断面。二是为保护南水北调水质，省政府出台的《江苏省生态红线区域保护规划》中，明确将南水北调干线纳入清水通道维护区，实施生态空间保护和管控。三是加强跨区域联防联控机制，建立淮海经济区核心区 8 个城市环境保护联席会议制度，形成流域性环境整治定期会商和形势研判机制、区域环境信息共享与发布机制、区域环境监管与相互监督机制、跨界突发环境事件联合应急处置机制等，强化水污染区域联防联控。

南水北调东线调水水质问题一直是影响工程的重要因素之一，也是社会广泛关注的焦点，调水水质的好坏将直接影响到水资源的使用价值和沿线地区经济社会的发展，决定着调水工程的实际效益，对输水沿线水环境产生重要影响，调水的水质关系到工程成败的关键。为体现"三先三后"原则，实现调水水质保护目标，必须举全省之力，省各相关部门、沿线各地政府通力协作，采取综合措施，确保水质安全。近年来，省环保厅始终保持高压态势，不断强化监测监管，全力推进深化治污和环境综合整治工作，有力保障了江苏省南水北调沿线水质稳定达标，实现清水北送。

江苏省环保厅
2016 年 12 月江苏省南水北调网

2016 年江苏南水北调水质保护专题宣传七

服务南水北调　确保清水北送
强化城镇污水处理设施建设运营管理

南水北调是国家重要的战略工程，治污是保障南水北调工程的关键。"十二五"以来，省住房城乡建设厅按照省委、省政府统一部署，遵循南水北调工程"三先三后"原则，扎实推进南水北调东线城镇污水处理设施建设和运营管理工作，取得一定实效。

着力推进城镇污水处理设施建设。在全面完成国家《南水北调东线工程治污规划》确定的城镇污水处理设施建设任务后，省住建厅又按照《江苏省"十二五"城镇污水处理及再生利用设施建设规划》《通榆河沿线城镇生活污水处理规划》和《江苏省建制镇生活污水处理设施全覆盖规划》等规划，继续加快推进南水北调东线建制镇污水处理设施建设。每年制订年度实施计划，细化分解年度城镇污水处理工作任务，着力推进包括南水北调东线地区在内的苏中、苏北地区建制镇污水处理设施全覆盖。此外，还组织编制了《江苏省城镇污水处理"十三五"规划》，研究制定了通榆河沿线城镇污水处理工作方案（2015—2017年），科学指导下阶段包括南水北调东线地区在内的城镇生活污染治理工作。

加快配套污水收集管网。针对南水北调东线部分城镇污水处理厂存在的运行负荷不高、进水水质浓度较低的问题，省住建厅制定了《南水北调东线江苏省城镇污水管网建设实施方案》，督促指导沿线各地加快推进城镇污水处理厂配套管网建设。主动配合省财政部门积极争取和加大中央财政城镇污水处理设施配套管网资金支持力度，要求各地严格履行基本建设程序，建立健全财政资金安排与污水处理设施建设进度和质量相挂钩的制度，把贯彻项目法人制、招投标制、合同制和监理制作为省级财政资金补助的前提。同时，省住建厅联合省南水北调办建立了"项目建设进展季报制度"，督促沿线各地加快推进城镇污水处理厂配套管网建设。

不断提升设施运行管理水平。一是建立了城镇污水处理厂运营管理考核制度。在全国率先制定下发了《江苏省城镇污水处理厂运行管理考核标准》《江苏省城镇污水处理厂运行台账范本》，并定期组织专家现场考核指导，对考核中发现的问题进行通报，要求污水处理企业及时整改，努力提升设施运行管理水平。二是规范污水处理费征收使用管理。省住建厅会同省有关部门印发了《转发财政部、国家发展改革委、住房城乡建设部关于污水处理费征收使用管理办法的通知》，修订《江苏省城镇污水处理定价成本监审办法（试行）》，制定了《江苏省污水处理费征收使用管理实施办法》，全面开征建制镇污水处理费，强化自备水源用户污水处理费征收管理，进一步上调污水处理费征收标准。三是强化污水处理行业监管。定期联合省环保厅对沿线地区列入年度污染减排任务的部分污水处理设施运行管理进行督查；建立了污水处理设施建设和运行管理定期报告和季度通报制度，加快推进《江苏省乡镇污水处理厂运行管理工作考核标准》编制工作。同时，严格污水排入排水管网许可，强化源头控制，保障污水处理设施正常稳定运行。四是着力提高从业人员业务素质。定期举办污水处理厂技术管理人员、污水处理操作工、水质分析人员等关键岗位技术培训班。

截至 2015 年年底，江苏省南水北调东线城镇污水处理能力达 282.5 万立方米每天，累计建成污水收集管网约 9650 公里。随着江苏省城镇污水处理设施的建设和运营管理工作的不断推进，不仅有效保障了南水北调工程调水水质，对于沿线各地的城市水环境改善也起到了一定的积极作用。

省住建厅
2016 年 12 月江苏省南水北调网

2016 年江苏南水北调水质保护专题宣传八

强化监督检查　严格禁运管控
力保南水北调调水水质安全

南水北调东线工程是国家战略性工程，2014 年 2 月 16 日，国务院发布并施行了《南水北调工程供用水管理条例》（国务院 647 号令），明确规定运输危险废物、危险化学品的船舶，不得进入南水北调东线工程干线规划通航河道，有关船闸管理单位不得放行。

京杭运河苏北段是南水北调东线工程重要调水通道，同时也是长三角地区内河水运的主通道，是沿线地区港口、产业发展的重要载体，航运功能十分发达，在历次的调水运行中，省交通运输厅根据省领导批示和调水工作职责分工，在有关部门的协作配合下，切实做好危化品运输船舶的禁航和船舶防污染工作，有力保障了输水河道水质安全。

一、输水河道危化品船舶管理

加快双底双壳危化品船舶的推广应用。现已累计完成拆解改造单壳液货危险品船舶 359 艘（拆解单壳油船 153 艘、拆解单壳化学品船舶 175 艘，改造单壳油船 15 艘，改造单壳化学品船 16 艘），从强抓本质安全排除水质污染隐患。

实施相关船舶禁航。在南水北调工程调水期间，发布禁航通告，禁止以船体外板为液货舱周界（包括单舷单底、双舷单底、单舷双底）的化学品船（采用 2G 舱型的 3 型化学品船除外）、600 载重吨以上的油船进入输水航道等相关水域航行。

加强危化品运输企业安全管理。严格督促和监管沿线相关企业的安全设施配备和储运安全管理，严格管理企业防油污证书、防污染保险、适装证书、适航证书，强化标准化安全管理体系，完善环境风险评估、隐患排查、事故预警和应急处置工作机制。

二、船舶垃圾排放管理

一是积极开展南水北调东线京杭运河苏北段清洁船舶示范工程。印发《江苏省实施南水北调苏北运河船舶污染防治示范工程项目实施方案》，对苏北运河船舶污染防治示范工程工作进行了全面部署。二是加强船舶垃圾、油废水、生活污水污染防治工作。提请省政府下发了《关于进一步加强南水北调东线江苏段输水干线船舶污染防治工作的通告》，对苏北运河航行、停泊、作业的船舶垃圾、油废水、生活污水（粪便污水）的送交处理提出了具体的要求，明确了地方政府、各职能部门的责任。三是有序推进内河船舶应用 LNG 清洁能源示范工程。编制了《内河船舶应用 LNG 清洁能源示范工程行动实施方案》，确定了拟建设的加气站具体位置和拟改造的具体船舶以及责任单位，对资金筹集、技术保障等工作都提出了具体的实施措施，目前改造建设任务正在落实中。四是积极推进船舶生活污水防污改造工作。依托部、省政策，积极推进江苏省内河船舶生活污水改造工作，有条不紊地推进内河船舶生活污水防污改造工作，现已累计完成 3470 艘船舶改造任务，居全国第一，目前将进一步推进船舶生活污水的改造工作。

三、调水期间调水河段船舶监管

以 2016 年度调水为例，2016 年度分两阶段多时段实施调水，共计调水 6.02 亿立方米，两阶段四时段共计 76 天。调水管控管控期间，省交通厅共出动海事执法人员 9282 人次，海巡艇 3034 艘次，巡航里程 90586 公里，禁航危险品运输船舶 556 艘次，安全维护 123947 艘次船舶顺利通过，有效保障了南水北调期间辖区水上通航安全。

周密部署落实并加强宣传。布置海事、航道、港口、船闸等单位协作配合，落实监管工作责任，确保调水通道的畅通安全；在调水前及时发布调水航行通告，明确调水期间禁止一切运输危险废物和危险化学品的船舶进入调水通航河道；在调水通航河道沿线各船闸、港口、码头、待泊区等船舶集散地和显要位置张贴通告和宣传标语；通过门户网站、微信平台、QQ群、短信、电话及可变情报板等一切方式加大禁航工作宣传；利用海巡艇、航政艇、港政艇、展板、宣传栏等进行专题宣传；此外，超前将有关禁航的精神向辖区重点化工企业、航运公司进行上门沟通，第一时间上门宣传相关法律和政策，提醒相关企业合理安排运输计划，提前做好应对措施。

强化联防联控。会同环保、水利等多部门建立协调机制，进一步明晰了各部门的职责分工；在京杭运河六圩口门、盐邵河、北澄子河和宝应船闸4处设置远程管控点，对调水通道的船舶进行源头管控；在施桥船闸、邵伯船闸、盐邵船闸、北澄子河、宝应船闸5处设置了危化品船舶临时停泊区，为滞留危化品船舶提供安全的停靠水域；进一步细化了处置措施，明确危化品船舶发生碰撞、泄漏、火灾、爆炸等水上交通事故的应急处理方法，并规定了危化品船舶发生集体堵航等事件的处置要点；对禁航宣传、巡航检查、应急值班、联防联控、信息报送等方面提出了具体要求，有效推动了调水禁航区域共治模式的建立。

强化应急处置，探索长效机制。严格24小时值班值守，完善水上突发事件应急预案，合理部署应急艇力物力，确保快速反应，科学高效处置；探索运用联合执法机制，实施综合监管，禁航期间，海事机构对危化品船舶不签证、船闸不放行、港口不装卸；认真总结工作中好的做法和经验，及时固化工作机制和方法，针对治理中发现和存在的问题深入剖析，研究制定措施，逐步完善南水北调危化品船舶禁航常态化工作机制。

江苏境内南水北调新建工程建成以来，按照水利部年度调水计划和国务院南水北调办的部署要求，通过南水北调新老工程统一调度、联合运行，已连续4年保量完成调水出省任务，累计调水出省12亿立方米，省交通厅会同省有关部门及沿线地方政府，强化运河船舶污染物排放监督检查，严格危化品运输船舶禁运管控，有力保证了调水水质的持续稳定达标。

省交通厅
2016年12月江苏省南水北调网

南水北调工程通水两年：破水资源短缺瓶颈经济生态效益凸现

作为中国跨区域调配水资源、缓解北方水资源严重短缺现象的战略性设施，同样也是世界距离最长、规模最大的调水工程，自提出构想以来，南水北调工程数十年来一直备受全球关注。

"南水北调不仅是供水工程，更是保障水安全的战略选择，必将为经济社会可持续健康发展提供重要基础支撑。"国务院南水北调工程建设委员会办公室主任鄂竟平接受中新社记者采访时表示，南水北调东、中线一期通水运行的两年来，取得了社会、经济、生态等综合效益。

供 水 保 障 有 力

南水北调东、中线一期工程通水以来，受水区覆盖北京、天津 2 个直辖市，以及河北、河南、山东、江苏等省的 33 个地级市，为受水区开辟了新的水源，改变了供水格局，提高了供水保证率。

南水北调东线总公司总经理赵登峰介绍说："东线一期工程自通水以来，累计调入山东境内水量约 19.9 亿立方米，大大缓解了山东水资源短缺矛盾。"

"中线一期工程通水，使北京、天津、石家庄、郑州、新乡、保定等 18 座大中城市的供水保障能力得到有效改善。截至今年 5 月 31 日，中线一期工程累计调入干渠 78.7 亿立方米，累计分水量 74.7 亿立方米，惠及北京、天津、河北、河南四省市达 5300 万人。"南水北调中线建管局局长于合群告诉记者。

水 质 大 幅 改 善

"南水北调成败在水质。"鄂竟平表示，在工程建设的同时，加强水污染治理和生态环境建设是重中之重。

"十一五"和"十二五"期间，东线治污规划及实施方案确定的治污项目426个已全部建成，主要污染物入河总量比规划前减少85％以上，提前实现了输水干线水质全部达标的庄严承诺，并稳定达到了地表水Ⅲ类标准，沿线生态环境显著改善。

中线丹江口库区及上游环境保护和生态修复工作受到广泛关注。《丹江口库区及上游水污染防治和水土保持"十三五"规划》于2017年3月22日经国务院批准，并于5月27日印发实施。规划实施分区分类管控，估算总投资196亿元人民币，将支持水源区建设一大批水污染防治、水源涵养和生态建设、风险管控三大治理任务15类治理项目。

在受水区，水质改善则更为明显。北京市自来水集团的监测显示，使用南水北调水后自来水硬度由原来的380毫克每升，降至120～130毫克每升。

生 态 效 益 显 现

工程通水以来，北京、天津等受水区6省市加快了南水北调水对当地地下水水源的置换，已压减地下水开采量8亿立方米。北京市、河南省郑州市和许昌市城区以及山东省平原地区等超采区的地下水位已经开始回升。南水北调工程的生态效益不断显现。

山东省通过东线工程向东平湖、南四湖上级湖分别生态调水0.55亿立方米、1.45亿立方米，极大地改善了"两湖"的生产、生活和生态环境，有效防范了可能引发的东平湖、南四湖生态危机。

2014年，为保护南四湖下级湖的湖泊生态环境，江苏省利用南水北调工程进行应急生态补水累计达8069万立方米。通过东线水环境治理，提高了区域水环境容量和承载能力，使得工程沿线的城乡水环境得到极大改善。曾以脏乱差闻名的"煤都"徐州，也以碧湖、绿地、清水打造成为宜人居住的绿色之城。

经 济 效 益 显 著

鄂竟平告诉记者，东、中线一期工程通水后，由于沿线省市增加了水资源的供给，直接给城市人口供水，并兼顾重点区域的工农业供水，每年将产生巨大的经济效益。

与此同时，南水北调受水区是重要的工业经济发展聚集区、能源基地和粮食主产区，通过调水可以让这些地区破除水资源短缺的瓶颈，更加有利于这些地区发挥区位优势、资源优势，建立富有特色的主导产业，并促进关联产业的发展。

刘辰瑶

2017 年 6 月 6 日中国新闻网

江水润齐鲁系列报道之一

齐鲁水网初织成

"南水北调东线一期工程对山东省的最大贡献，是通过 1191 公里的工程，把山东省骨干水利工程与南水北调配套工程形成互联互通的水网，南北相通，东西互济，通过以南水北调骨干工程构建的水网体系，实现了长江水、黄河水、当地水的联合调度、优化配置。"山东省南水北调局局长刘建良在 6 月 12 日山东省政府新闻办举行的新闻发布会上向媒体记者介绍说。

构筑现代化水网

建成现代化水网一直是山东人民的夙愿和期盼。在 2002 年 12 月 27 日举行的南水北调工程开工典礼上，时任山东省委书记张高丽在讲话中就指出："以南水北调工程开工为契机，对全省水利建设进行全面规划，以南水北调东线、胶东输水干线为骨架，构筑山东水网，不断增加水资源量。"此后，历届省委、省政府都把山东水网建设列入议事议程。

经过 11 年的建设，2013 年 11 月，山东段南水北调工程基本完成建设任务，顺利实现干线工程全线通水目标。南水北调东线山东段已成功实施了工程试通水、试运行、正式运行，并完成了 2013—2017 年四个年度调水任务，累计调入山东水量 19.9 亿立方米。2016 年 3 月 10 日，调引长江水到达山东省最东端的威海市，标志着山东省南水北调一期工程 13 个设区市的规划供水范围目标全部实现。

构 建 T 形 输 水 动 脉

据介绍，南水北调东线一期工程在山东境内规划为南北和东西两条输水干线，全长 1191 公里，其中南北干线长 487 公里，东西干线长 704 公里，在山东构建起 T 形输水大动脉。在干线工程建设的基础上，山东南水北调配套工程（自干线分水口门至水厂）规划供水区分为鲁北片、胶东片、鲁南片。

一期工程供水区范围涉及山东 13 个市、61 个县（市、区），每年可调引 13.53 亿立方米长江水，从战略上调整了山东的水资源布局，实现长江水、黄河水和当地水的联合调度、优化配置，为保障山东经济社会可持续发展提供水资源支撑。

水资源保障水平提高

山东骨干水网的建成使胶东地区的水资源保证能力增强。对于 1997—2002 年胶东地区连续大旱，大家依然记忆犹新，那时的胶东半岛旱情尤为严重，地表蓄水接近枯竭，地下水位大幅度下降。烟台、威海两市缺水严重，给两市供水的门楼、米山、崮山等水库基本枯竭。造成农业减产、工矿企业停工停产、城乡供水危急。干旱灾害波及工业、农业、服务业和人民生活方方面面，对经济和社会发展产生了重大影响。通水后，同样是持续干旱，有了南水北调工程，胶东地区城市供水安全有了保障。南水北调工程与胶东调水工程首次联合调度运行，持续向胶东地区输送长江水、黄河水，自 2013 年以来，通过南水北调工程向胶东地区累计调水 9.7 亿立方米。

即墨市水资源管理中心主任张正洪告诉记者，"2011—2017 年，连年干旱，青岛地区借助南水北调工程，首先保证了居民正常用水。目前长江水是青岛各区市生活用水的主要水源，占到城区用水的 90% 以上。"

形 成 全 域 水 城 格 局

"长江水从聊城通过，我们既要保障畅通，还要留得住江水。"聊城市南水北调局局长程道敏告诉记者，"南水北调工程把聊城市纳入全国水资源体系，实现长江、黄河与境内水资源的统筹配置利用，化解聊城市水资源短缺的矛盾，保障聊城经济社会可持续发展。"聊城市还借助南水北调工程，启动了8个南水北调配套工程供水单元建设，新建8座平原水库和261.8公里输供水管道，水库总库容9700万立方米，年调蓄水量2.69亿立方米，是全省新建平原水库数量最多和中型水库数量最多的市。

借助南水北调工程，聊城也构筑了自己的水网，实现水资源"五横六纵""互连互通""库河同蓄""五水统筹"的全域水城格局。

告别喝高氟水历史

"现在不但结束了喝地下水的历史，县里还有了黄河水、长江水两个水库的水源保障，群众打心眼儿里满意。"德州市武城县鲁权屯镇西王屯村的张长山谈起几年来饮水的变化感慨颇多。德州市浅层地下水苦咸，深层地下水趋于淡化，但含氟量高，每升水的含氟量高达4～6毫克，属于高氟水。如果长期饮用，居民不仅普遍形成氟斑牙，而且可能会导致骨质疏松，造成氟骨症，会对神经系统、肾脏、内分泌、肌肉等造成损害，直接影响身体健康。武城县群众饮用水以深井水为主，村民世代喝着苦咸水。

2015年年底武城县将南水北调大屯水库的长江水引入自来水厂，不仅保障了供水量，同时大大改善了水质状况。目前全县居民的饮用水源已全部更换为长江水。

高德刚　王　贺　于颖莹

原载2017年8月1日《中国南水北调》报

江水润齐鲁系列报道之二

保泉补源显神功

济南又称泉城，泉水是济南的名片。济南人一直对泉水尤其是趵突泉的喷涌无比关注。1999 年 3 月 14 日，由于持续干旱，趵突泉停喷长达 926 天，停喷让每一个济南人看在眼里，急在心上。如何让泉水四季喷涌，不停喷，这是泉城人的期盼。

泉水不停喷南水功不可没

"泉水不停喷，南水北调功不可没。"济南市南水北调建设管理局建管处处长王强接受采访时表示。从 2003 年复喷至今，已经 14 年多没有停喷，尽管期间由于干旱接近了停喷的底线水位，但由于补源及时，又恢复了喷涌。据史料记载，这是近 70 年来喷涌时间最长的一次。"自 2013 年南水北调东线山东段工程建成通水以来，济南市利用南水北调工程向玉清湖水库、卧虎山水库、兴隆水库、小清河、兴济河和玉符河、大涧沟等重点渗漏带补水 1.7 亿立方米"，王强说道。

"广蓄水、储客水、保泉水"，济南市南水北调局局长张体伦向笔者介绍济南的治水新思路时如数家珍。水资源短缺，客水依赖程度高，水资源承载力已成为制约济南经济社会发展和人民生活水平提高的重要因素和关键短板。为解决济南市水资源禀赋先天不足、客水依赖程度高等问题，济南根据城市水资源配置规划和供水格局调整规划，将南水北调配套工程规划融入"六横连八纵，一环绕泉城"的大水网规划。

多水源联合调度作用显著

"六横"是指贯穿全市东西的黄河、小清河、徒骇河、德惠新河 4 条大型河流和南水北调输水干渠、东联供水工程。"八纵"是指北大沙河、玉符河、巨野河、绣江河、大寺河、商中河 6 条中型河流和田山、邢家渡引黄输水干渠。"一环绕泉城"是指围绕主城区的卧虎山、锦绣川、狼猫山、杜张 4 座山区水库和玉清湖、鹊山、东湖 3 座平原水库。通过向重点渗漏带补水，实现区域内长江水、黄河水、地表水、地下水多水源联合调度、统筹规划，改变了各水库单一水源的现状，提高了水库供水保障率，进一步满足了城市用水需求。

济南市南水北调配套工程实施了市区单元 5 项配套工程和章丘单元 1 项配套工程。其中，玉符河卧虎山水库调水工程自南水北调济平干渠贾庄分水闸引水，沿北大沙河、济菏高速、玉符河，穿过京沪铁路、京沪高铁等，铺设 29.6 公里输水管线，使南水北调的长江水和田山灌区的黄河水逆势而上调入卧虎山水库。工程新建长清、文山和龙门三座泵站，总扬程 178 米，工程日调水能力 30 万立方米，于 2015 年 11 月全线正式通水。结合卧虎山水库扩库增容等工程的实施，加强各水库调蓄库容的联合运用，互联互通，丰枯调剂，为城市供水、地下水置换、回灌补源及城区生态用水提供了可靠的水源保障。

依托南水北调形成生态水网

如何进行保泉补源呢？王强介绍说，在降水匮乏和水位急剧走低等情况下，通过水资源优化配置和联合调度向渗漏带进行补水，延缓地下水位下降趋势，有效顶托泉域地下水位。南水北调工程投入使用后，利用调水工程预设的分水口，在枯水期向城内河流强渗漏带补水，完成了补源水源由单一地表水向多水源补给，补水周期由短期阶段补源向全年常态补源的巨大转变，为保持市区泉群持续喷涌、彰显城市的特色、提升城市品质提供了重要的水源保障。

对济南市来讲，通过南水北调工程形成了一个调引长江黄河客水，联通市区南部多座水库，补给城区季节性河道，覆盖重点泉域强渗漏带的生态水网。在枯水期，生态水网通过水资源配置，可显著增加沿线水库蓄水量，保持水库高水位、大水面，有效改善库区生态气候。济南泉水的持续喷涌，提升了市民的幸福感，泉水景观带的各景点旅客接待量以每年 15％ 的速度递增。

长年在黑虎泉泉边跳舞的陈桂香老人说："外地游客都羡慕我们在这么美丽的地方生活，泉水不停喷让我们的生活充满阳光。"

高德刚　丁晓雪　王　贺
原载 2017 年 8 月 11 日《中国南水北调》报

江水润齐鲁系列报道之三

综 合 治 理 保 水 质

"通过多年努力治污，在南四湖绝迹多年的小银鱼、鳜鱼、毛刀鱼等一些对水质要求比较高的鱼类，如今又重新出现，南水北调输水干线水质稳定达到地表水Ⅲ类标准。"山东省济宁市环保局副局长孟青松接受采访时充满自豪。

"治、用、保"并举综合治理

孟青松介绍说，作为输水干线和重要调蓄湖泊的南四湖总面积达 1266 平方公里，但是近年来，有近 1/4 的湖泊湿地退化为台田和鱼塘，环境承载力严重退化。南四湖地势低洼，承接了江苏、山东、河南、安徽 4 省 32 个县（市、区）的客水，流域内常年汇水量是调水量的 2 倍以上，山东境内无入海通道。当时南四湖部分湖区，COD（化学需氧量）浓度高达几百甚至上千毫克每升，湖区水质全面呈劣Ⅴ类，甚至劣Ⅴ类以上。

"治、用、保"并举，是山东省针对全省小流域多的特点，在南水北调工程治污实践中逐步探索出的一条小流域污染综合治理技术策略。

"治"即污染治理。是包括结构调整、清洁生产、末端治理、环境基础设施建设、面源污染治理、清淤疏浚、环境管理等在内的全过程污染防治，要使流域内一切排污单位，按照山东省发布的严于国家的地方标准稳定达标排放。以调水沿线为例，重点保护区（距离调水干线 15 公里以内）排污单位 COD 排放浓度不大于 60 毫克每升，氨氮不大于 10 毫克每升；一般保护区（距离调水干线 15 公里以外）排污单位 COD 排放浓度不大于 100 毫克每升，氨氮不大于 15 毫克每升。

"用"是利用流域内季节性河道和闲置洼地，建设中水截、蓄、导、用设施。合理规划中水回用工程，最大限度地实现行政辖区内部水资源充分循环，减少废水排放量，同时发挥河库自净能力，使河流入湖口 COD 浓度不大于 40 毫克每升，氨氮不大于 2 毫克每升。

"保"是在保障防洪安全的前提下，综合采用河流入湖口人工湿地水质净化、河道走廊湿地修复、湖滨及湖区湿地修复等生态修复和保护措施。对流域的生态恢复过程进行强化，充分发挥环境的自净能力，削减面源污染，改善生态环境，促进农民增收，确保调水干线达到地表水Ⅲ类水质要求。

制定严格的水质标准

为确保调水水质，山东省发布实施了严于国家标准的《山东省南水北调工程沿线水污染物综合排放标准》，率先出台了全国首个针对南水北调治污的地方性法规《山东省南水北调沿线区域水污染防治条例》，建设了一大批污水处理厂、工业废水处理厂等。

在实施国家确定的治污方案项目基础上，山东省又有针对性地重点补充了部分治污项目，新上工业污染源深度治理及中水回用项目31个、城镇污水处理厂建设项目63个、人工湿地水质净化及流域综合治理项目39个、环境安全防控体系建设项目7个，总投资50.5亿元。可新增COD减排能力2.2万吨、氨氮减排能力1.1万吨，这些措施有力保障了南水北调水质达标。

截至2014年4月，治污方案确定的324个治污项目全部完成，山东省累计完成投资103.8亿元，在调水沿线建成85座污水处理厂、76座污水处理设施，总处理能力达443.5万吨每天，共处理城市污水13.2亿吨，削减COD 36.17万吨、氨氮3.26万吨，与2010年相比都削减了80%以上。在关闭所有年制浆能力在3.4万吨以下的化学制浆生产线和年生产能力在2万吨以下的黄板纸企业、1万吨以下的废纸造纸企业、1万吨以下的酒精生产线、1万吨以下的淀粉生产线的基础上，又相继关闭了流域内所有5万吨以下不能稳定达标排放的草浆企业以及酒精、淀粉企业29家，5万吨以上草浆企业（生产线）、2万吨以上废纸企业（生产线）3家。按照国家确定的高锰酸盐指数和氨氮指标评价，输水干线上的9个测点全部达到地表水Ⅲ类标准；入输水干线的20个支流断面，除3个断流外，其余17个断面水质达到治污规划要求的水质目标。

生态系统综合指数提高

历经十年的不懈努力，山东水环境质量持续改善。截至2010年年底，省控 59 条重点污染河流全部恢复鱼类生长，以水污染为代价的经济发展方式得到了明显转变。在国家重点流域考核中，山东省连续多年获得淮河和海河流域考核第 1 名。2011 年，国务院通报表扬"十一五"减排工作，山东列全国第一位，中国社科院发布的各省（自治区、直辖市）环境竞争力排名，山东居首。2012 年 11 月，南水北调东线工程全线实现了地表水Ⅲ类水质目标。

山东省环保厅流域处相福亮介绍，在水质好转的同时，南水北调工程沿线生态环境也得到持续改善，南四湖流域已建成人工湿地水质净化工程 23.9 万亩，修复自然湿地 22.6 万亩。生态调查结果显示，在南四湖栖息的鸟类达到 200 种，数量 15 万余只；绝迹多年的小银鱼、毛刀鱼等再现南四湖，其支流白马河也发现了素有"水中熊猫"之称的桃花水母。南四湖水生高等植物恢复到 78 种，鱼类恢复到 52 种，底栖动物恢复到 51 种，表征水生态系统健康程度的综合指数（EHCI）为 75，生态系统健康状态已达到较高水平。

高德刚　牛晓东
原载 2017 年 8 月 21 日《中国南水北调》报

江水润齐鲁系列报道之四

持 续 调 水 利 航 运

"南水北调工程通水延伸了通航里程，改善了航运条件。南四湖至东平湖段南水北调工程建设与航运相结合，打通了两湖段的水上通道，新增通航里程 62 公里，将东平湖与南四湖连为一体；南水北调通水后，京杭运河韩庄运河段航道已由三级航道提升到二级航道，大大提高了通航能力。近两年，南水北调持续调水稳定了航道水位，改善了通航条件，增加了货运吨位，提高了航运安全保障。"山东省南水北调局副局长罗辉接受采访时，对南水北调工程发挥的显著综合效益充满自豪。

建成通水的南水北调东线工程，利用京杭大运河作为长江水北送的主要渠道。清末由于海运技术的提高和铁路的建设，京杭大运河的航运作用相对减弱。后因黄河改道，向东夺大清河入海，将运河拦腰斩为两截，最终因水源问题无法解决，运河航运废弃。中华人民共和国成立后，对京杭大运河注重综合治理，济宁以南的京杭大运河保存基本完好，在重视发展航运的同时，注重排洪、防涝和农田灌溉，继续发挥重要作用，但济宁以北的通航问题一直没有解决。

负责南水北调南四湖至东平湖航运结合输水工程设计的山东省水利勘察设计院副总工程师赵培青介绍说，南水北调南四湖至东平湖航运结合输水工程的基本任务是将调至南四湖的江水输送到东平湖，将南四湖湖内航道延伸至东平湖，调水经东平湖水库调蓄后，输水至山东半岛和鲁北地区以及天津和河北的冀东地区，解决这些地区的水资源紧缺及济宁港至东平湖不通航的问题。具体工程方案是利用梁济运河和柳长河航运结合输水，从梁济运河入湖口至邓楼泵站站下段利用梁济运河输水长 57.515 公里，邓楼泵站至八里湾泵站段利用柳长河线路长 20.987 公里。全线设置长沟、邓楼、八里湾三级提水泵站枢纽工程。工程线路自梁济运河入湖口沿梁济运河北上至长沟，经长沟泵站后继续北上至邓楼泵站，经邓楼泵站提水进入东平湖新湖区，经柳长河至八里湾泵站，八里湾泵站提水进入东平湖老湖区，线路全长 78.502 公里。新建、改建各种建筑物 157 座，其中梁济运河 94 座，柳长河 63 座。

据港航部门负责人介绍，韩庄运河段是山东省的重要通航河道，沿河城镇依托运河优势，以产业链为纽带，以工业园区为载体，已初步形成了煤炭（工业）、煤化工、发电、造船、水泥、物流的运河产业带。韩庄运河段规划航道等级为Ⅱ级，航道由Ⅲ级变为Ⅱ级，航运作用明显，可极大地改善沿河的交通条件和投资环境，促进产业布局和资源开发，扩大就业。但遇到降水偏少的年份，运河水位偏低会致使航道限航，影响京杭运河腹地济宁市和枣庄市的货运量，使得货物滞留。干旱一直是困扰航道通航的大难题。

2014 年，由于降水持续偏少，南四湖流域平均降水量仅 240 毫米，比常年偏少 40%，骨干河道一直没有形成有效径流，南四湖无来水补充，湖区水位快速下降。南四湖 2014 年 7 月 15 日全面断航，内河航道受影响里程达 140 公里，12 万名渔民出行困难。京杭运河航道济宁至韩庄段水位已低于最低通航水位，航道底宽内水深不足，造成大量船舶搁浅、停航，每月造成的经济损失估计在 10 亿元以上。2014 年 8 月 5—24 日，南水北调工程调长江水为南四湖下级湖应急补水 8069 万立方米。调水后，南四湖下级湖蓄水 2.17 亿立方米，水位 31.24 米，高于生态水位（31.05 米）0.19 米。通过南水北调工程应急调水，有效缓解了南四湖的旱情。

调水沿线各市紧紧抓住南水北调通水机遇，其中枣庄市利用这一有利条件，在满足南水北调水质要求的前提下，建成了"一港四区"，新建泊位 115 个，形成港口年总吞吐能力 8190 万吨，其中新增吞吐能力 7973 万吨，成为枣庄市优化产业布局、发展"沿运"经济带、实施"以港兴市"战略的重要依托。

高德刚　欧钊元　王　贺
原载 2017 年 9 月 1 日《中国南水北调》报

江水润齐鲁系列报道之五

生 态 环 境 得 改 善

"实施生态补水，保障了区域水生态安全。2014 年、2015 年，利用南水北调工程向南四湖补水 9536 万立方米。2016 年旱情持续，南四湖、东平湖水位接近生态红线，调引长江水向两个湖泊补水 2 亿立方米，避免了因湖泊干涸导致的生态灾难。累计为小清河补源 2.4 亿立方米，有效维持河流生态健康，提升了经济社会发展环境。"谈起南水北调工程的生态效益，山东省南水北调局局长刘建良如是说。

在济宁采访时，济宁市南水北调管理局副局长孙逢立提起南水北调的生态效益，感慨万千："去年入汛以来至 7 月下旬，南四湖水位持续下降，中心湖底裸露，航运基本停止，近两万渔民生活受到影响，济宁市政府向山东省政府呈报了《关于补充南四湖生态用水的请示》，省委、省政府高度重视南四湖旱情，启动南水北调工程，调引长江水 8000 万立方米向南四湖下级湖补水，保证了南四湖的生态用水。"

在采访中了解到，济宁建设了水利与环保相结合的"截、蓄、导、用"工程，包括截污导流工程、蓄水区人工湿地水质净化工程、农业中水灌溉工程和工业中水回用工程。通过关闭排污口，截住污染源，将中水导入人工湿地净化蓄存，回用于工农业生产，将中水消化处理，不再排入调水干线，为城区中水找到了出路，有效解决了水污染治理问题。2015—2017 年度调水期间，白鸥、白鹭翔集二级坝泵站出水渠边，南四湖曾经绝迹多年的小银鱼、鳜鱼、毛刀鱼等对水质要求比较高的鱼类再度重现。

济宁市微山县欢城镇依托南水北调二级坝泵站枢纽工程、湖区湿地和二级坝溢洪道两侧自然景观，着力打造二级坝湿地风景区。主要包括二级坝水利枢纽工程及南水北调二级坝泵站枢纽工程观光、3.8 万亩原生态湿地保护、古运河复古改造、滨湖公园、沙滩游玩、水上冲浪、渔家风情小村、微山湖国际旅游度假岛等。项目建成后，二级坝湿地将成为集原生态湿地保护、湖区旅游观光、水利知识科普、渔家风情体验、水上冲浪游玩、户外垂钓休闲、沙滩篝火娱乐、养生保健为一体的综合性旅游度假区，营造内河湖泊休闲养生慢生活圈。二级坝湿地公园从 2014 年建设至今，已初步形成了湖光山色、水鸟融融的湖泊风光和水上旅游风景线。

枣庄市随着南水北调水置换超采地下水工作的推进，以及中水截蓄导用工程投运，通过对年均截蓄约 6000 万立方米中水的充分回用和地下水回补，地下水超采和工业挤占农业用水的现象逐步得到了改善。同时枣庄市结合南水北调中水截蓄导用工程实施，对微山湖红荷湿地进行总体规划，2010 年全面启动工程建设，经过几年建设，滕州微山湖湿地红荷总面积已达 90 平方公里（其中湖域面积 60 平方公里），拥有 55 公里的湖岸线、12 万亩的野生红荷、30 平方公里的芦苇荡，成为华东地区最美最大的湿地公园，国家 AAAA 级风景区、国家水利风景区、国家生态文明教育基地、全国环境教育示范基地、全国中老年旅游休闲养生基地、全国摄影家协会拍摄基地等，为滕州市增加旅游综合收入约 1.8 亿元。

南水北调工程除了满足生产、生活用水外，还利用水网加强水系生态治理、保护与修复，并在沿线建成河畅岸绿景美的生态水系，全面改善生态环境，实现人水和谐共处。山东省重点水土流失区和易灾地区水土流失得到有效遏制，形成了调水干线、骨干河流及沿海海堤生态保护带，河流、湖泊生态功能得到恢复，地下水漏斗区和海水入侵区面积显著减少。除了避免水土流失，大水网还能起到净化水质的作用，山东省主要湖泊和水库水功能区水质、城乡主要水源地水质、主要河流水质、骨干调水工程沿线水质达到规定标准，水生态环境得到了显著改善。

据了解，南水北调工程建成通水还发挥了重要的导向作用和倒逼机制，促进地下水生态环境不断改善。根据水资源公报统计，全省地下水的开发利用量，由 2010 年的 91.3 亿立方米下降至 2016 年的 82.3 亿立方米。2017 年 1 月 1 日，全省平原区地下水平均埋深为 6.34 米，地下水位较去年同期上升 0.18 米，南水北调受水区 9 市地下水埋深较去年同期全部上升，最大回升 0.68 米。全省平原区地下水主要漏斗面积较去年同期减少 270 平方公里。

南水北调工程不是一条简单的调水线，而是一条践行"节水优先"、诠释"生态文明"的发展线。

高德刚　王　贺
原载 2017 年 9 月 11 日《中国南水北调》报

10 余年治污攻坚　南水北调东线
水质达标率从 3% 到 100%

一渠清水永续北送

南水北调东线，长江水出扬州一路北上，润苏北，济胶东，2017 年年度调水工作启动。通水 4 年来，100 多亿立方米"南水北调水"成了生活的保障水、抗旱的救命水、河湖的生态水。可曾想到，汩汩清流背后的不易。

东线调水，成败在治污。15 年前，这是曾被质疑的目标：让一条条"酱油河"变清，劣 V 类水变成 III 类，COD（化学需氧量）浓度要降到 20 毫克每升。治理类似的水问题，一些发达国家花了几十年、上百年，南水北调用 10 年能实现吗？治污攻坚，东线成了流域治理的范例：2003—2013 年，COD 平均浓度下降 85% 以上，氨氮平均浓度下降 92%，水质达标率从 3% 到 100%。水清了，岸绿了，促进沿线各地经济发展和生态保护迈向双赢。

治污看决心：铁腕关停，绝不让污水进干线

东线治污有多难？调水必经的南四湖颇具代表性。"这里承接苏、鲁、

豫、皖 4 省 32 个县的来水，主要入湖河流 53 条，水系交叉，哪条河治不好，都会影响湖区水质。"山东省环保厅巡视员葛为砚说，20 世纪 90 年代，流域有水皆污，入湖河水基本是劣 V 类，南四湖成了鱼虾绝迹的"死湖"。

这样的水问题，正是现阶段集中凸显的发展难题。东线沿线，经历多年快速工业化、城镇化，水生态亮起红灯，水环境难以承载。有人担心，南水北调会不会成污水北调？

"治污关键看决心，必须要有壮士断腕的精神。党中央、国务院对此非常重视，明确提出南水北调'三先三后'原则，先节水后调水，先治污后通水，先环保后用水，绝不让污水北上。"国务院南水北调办主要负责同志说。

顶层设计。东线工程治污规划和补充规划相继实施，通过结构调整、污水处理、截污导流、生态修复等项目，建立一体化治污体系，保证一渠清水永续北送。

"确保Ⅲ类水质"成了各地政府的硬杠杠。江苏、山东沿线铁腕扼污，打响治污攻坚战。

"一家传统造纸厂，就能染黑一条河。"山东省济宁市环保局副局长刘云廷说，10 多年前，全省有造纸厂 700 多家，排污量占到总量的 70% 以上。对高污染造纸企业说"不"，山东制定了全国第一个流域性排污标准，其中 COD 排放标准严于国标 6 倍，氨氮排放严于国标 7 倍，取消行业排污"特权"，倒逼产业转型。

造纸业只是一个缩影。在济宁，68 家企业被列为重点治理对象。山东沿线 9 市共拒批和缓批高耗能、高污染企业 510 多家，涉及投资近 190 亿元。省政府挂牌督办的 378 个污水直排口全部整治完成。

在江苏，大力实施清污分流、节水减排，一批深化治污项目落地。推行环保问责、一票否决，沿线仅化工企业累计关停 800 多家。治理面源污染，设立水产品养殖禁养区、限养区和集中区。东线江苏水源公司总经理助理李松柏说："水质达标，这是必须守住的底线。"

一手截污，一手给污水找"出路"。调水沿线实现每县至少一座污水处理厂、一座垃圾处理厂。"十二五"以来，山东沿线新建污水处理厂 107 座，年处理能力达 15.5 亿吨。

东线治污持续推进，排污总量大幅下降，一条条河流涅槃重生。黑臭的南四湖"起死回生"，恢复到 20 世纪 80 年代初期水平，跻身全国水质优良湖泊行列。家住微山湖边的蒋集河南村村民崔修宝感触："现在小时候的河回来了，绝迹多年的小银鱼、毛刀鱼又出现了。"

治污看机制：压力层层传递，科学治污见实效

东线治污，不是权宜之计。水质稳定达标，要有长效机制保障。

谁来治污？2003 年，国务院南水北调办与苏、鲁两省签订责任书，沿线 14 地市与两省政府再签军令状，明确责任主体，压力层层传递。

在调水沿线，"河长制""断面长制"率先推行。河长上岗，守水尽责。江苏徐州变督企业为督政府，实现"党政同责、一岗双责、失职追责"，铜山区张集镇镇长许东坦言："有压力也有动力，'九龙'拧成一股绳，就能保护好母亲河。"在山东，治污目标与干部考核直接挂钩，南四湖、东平湖等重点湖库，省级领导担任河长，高位推动。

怎么治污？创新生态治理模式。山东提出"治用保"策略，各环节深度挖潜。"治"就是采取结构调整、清洁生产、末端治理等全过程污染防治；"用"就是再生水循环利用，全省年再生水利用量达 8 亿吨，相当于 8 个大型水库的水量；"保"就是生态保护和修复，构建沿河沿湖大生态带。

南四湖通过退耕还湿、退渔还湖，人工湿地达到 23 万亩，日净水能力 50 万吨。省南水北调建管局副局长罗辉说，湿地就像天然污水处理厂，企业达标排放的尾水，再经过湿地净化，污染物含量再削减一半，入湖水质达到 Ⅲ 类要求。

洪泽湖，75 万亩湿地绿意盎然，珍稀鸟类翩翩起舞。李松柏说："渔民进一尺，湿地退一步，过度养殖曾一度危及生态。多年退圩还湖、生态修复，才换来今天的人水和谐局面。"

探索生态补偿机制。2010 年起，江苏省在南水北调沿线实施区域补偿，"污染者付费，损害者补偿"，补偿资金专项用于水污染治理、生态修复和水环境监测能力建设。政府市场两手发力，山东探索以电养水、排污收费，引入了第三方治理，通过政府购买服务，获得最大效益。

机制保障，东线治污从工程治理转向综合治理，发挥出更大效益。2013 年南四湖湖底干裂，濒临危机，关键时刻，东线泵站开足马力，长江水飞奔 400 公里，让久旱的湖泊再现生机。应对 2009 年苏北旱情，从江都到旱区，抗旱调

水 53 亿立方米，水量超过一个洪泽湖，4500 多万亩农田有了灌溉保证。

治污看理念：主动转型，绿色发展入人心

东线治污，会不会影响发展？

实践证明，保护生态环境也是保护生产力。坚持绿色发展理念，打造强劲的绿色引擎，可以实现经济发展与生态改善的双赢。

以水定城，加快转型。老工业基地徐州，5 年来，对 1800 余家企业开展环保信用评价，对"黑色"企业差别水价，产业结构由重变轻，层次由低变高，打响"一城青山半城湖"的金名片。煤城济宁，走新型工业化道路，先进制造业超过煤电产业，高新技术产业占工业比重达 33％以上。

高门槛没有"卡"死企业。经历阵痛，山东造纸业实现绿色转身，企业数量减少 65％，产能却是原来的 3.5 倍，在国内处于领先水平。泉林纸业公司，不仅拿下了 180 多项国内国际专利，还把草浆造纸变成了高科技产业，依靠先进的减排技术在美国建起了分厂。

壮士断腕，腾出环境容量，换来发展空间。沿线各地抢抓机遇，率先转型，电子信息、新能源、新材料等一批新兴产业迅速崛起。初步统计，沿线经济增长年均增速 14.02％，工业增加值年均 20.55％，高于全省平均水平。

靠山吃山，靠水吃水。水质变好了，微山湖边的崔修宝吃起了生态饭。"现在什么鱼都有，开个渔家乐，每天都能赚一两百元。"他说，周边村子的村民搞起生态种养、生态旅游，年人均收入两万元以上。

"南水北调不只调来了水，更盘活了区域水资源。"罗辉说，长江水、黄河水、当地水汇到一起，在齐鲁大地编出 T 形大水网，实现了水资源优化配置，把原来长期的生态欠账补上，把占用的农业用水还回去，逐步恢复区域水生态。在济平干渠，通过水资源调度，让污水横流的小清河碧波重现，济南河边居民感叹："小黑河终于变回了小清河！"

南水北调东线不仅成为优化水资源配置的输水线，也成了践行生态文明的发展线。

赵永平

原载 2017 年 11 月 5 日《人民日报》

南水北调东线一期工程四年运行良好

南水北调东线一期工程自 2013 年 11 月 15 日正式通水以来，泵站运行平稳、安全可靠，状态良好，目前山东境内 7 级大型梯级泵站均达到设计流量并顺利实现联合调度运行。日前，在安全运行满四年之际，南水北调东线总公司、南水北调东线山东干线公司在德州组织"南水北调工程"开放日活动，向公众介绍相关情况。

南水北调东线一期工程山东段于 2012 年年底完成干线主体工程建设任务，自 2013 年以来，已顺利完成四个年度的调水工作，调水量分别为 1.7 亿立方米、3.28 亿立方米、6.02 亿立方米、8.89 亿立方米。2016—2017 年度调水计划完成后，针对胶东地区青岛、烟台、潍坊、威海四市降水量持续偏少局面，按照有关要求，利用南水北调胶东调水干线调引黄河水持续向胶东地区应急调水，以东平湖现有水量作为补充水源，全力保障胶东地区用水安全。截至 9 月 10 日应急调水工作结束，已累计向胶东四市供水 2.2 亿立方米。2017 年 10 月 19 日，南水北调东线一期工程 2017—2018 年度调水工作正式启动，计划向山东省完成 10.88 亿立方米年度供水任务，拟向枣庄、济宁、聊城、德州、济南、滨州、淄博、东营、潍坊、烟台、青岛、威海等 12 个受水城市供水，并对东平湖进行生态补水。

工程实际运行达到设计指标，运行状态总体良好

南水北调东线一期工程自 2013 年 11 月 15 日正式通水以来，山东境内 7 级大型梯级泵站均达到设计流量并顺利实现联合调度运行，泵站运行平稳、安全可靠，状态良好。2017 年，南水北调东线一期山东段工程济平干渠及济南以东段 242 公里渠道工程，持续达到设计流量 50 立方米每秒运行，渠道及其建筑物工程运行安全。水库、穿黄隧洞等重要建筑物工程运行安全，鲁北输水干线最大引水流量 30 立方米每秒，实现了聊城、德州各供水口门的同步分水，工程运行高效有序。

2017 年 5 月 15—20 日，国务院南水北调工程建设委员会专家组，对南水北调东线一期工程山东段运行管理情况进行全面检查，给予了较高的评价，认为：通水三年多来，南水北调东线一期工程山东段基本实现了由建设管理

向运行管理的平稳过渡，实现了受水市县的规划供水范围目标，工程运行状况良好，较好地发挥了综合效益。在工程运行安全方面，山东境内泵站、水库、穿黄隧洞等重要建筑物工程运行状况总体良好；运行管理规范化和标准化方面的建设基本满足运行需求。

优化了山东水资源配置，极大缓解了受水区缺水矛盾

人多地少水缺是山东长期面临的基本省情。南水北调东线一期工程山东段建成运行后，供水区范围涉及全省 13 个市、68 个县（市、区），具备每年为山东省增加净供水量 13.53 亿立方米的能力，缓解了水资源短缺矛盾。全省规划的 13 个受水市，已有 11 个市（东营、菏泽除外）配置了江水，真正实现了与黄河水和当地水的联合调度与优化配置。针对山东省胶东地区降雨偏少问题，为缓解青岛、烟台、威海、潍坊四市城市供水紧缺局面，自 2015 年开始，南水北调东线一期工程山东段通过向胶东地市优化配置输送长江水、黄河水，与当地水统筹共同确保了胶东地区的城市用水安全。

生态效益显著，充分发挥了提升环境和服务航运等综合功能

一是为南四湖、东平湖实施生态补水。2014 年 6 月，干旱侵袭了南四湖，湖区蓄水不足历年同期的 2 成，水位降至 2003 年以来最低，生态危机告急。虽然紧急调引了黄河水，但仍难以解决南四湖水位急剧下降的问题。8 月 5 日起通过南水北调东线一期工程从长江向南四湖实施生态应急调水，历时 20 天，入湖水量达到 8000 万立方米，南四湖水位回升，下级湖水位抬升至最低生态水位，湖面逐渐扩大，鸟类开始回归。2014 年、2015 年，先后通过南水北调东线一期工程山东段引长江水、引黄河水向南四湖补水 9536 万立方米。2016 年旱情持续，南四湖、东平湖水位接近生态红线，又调引江水向两个湖泊补水、存水 2 亿立方米，极大地改善了南四湖、东平湖的生产、生活、生态环境，避免了因湖泊干涸导致的生态灾难，从此因南水北调工程的通水彻底改变了南四湖、东平湖无法补源的历史。

二是保障济南市保泉补源。济南多年以来的平均水资源总量约为 17.5 亿立方米，其中可利用量只有 11.6 亿立方米，人均水资源占有量仅为 290 立方

米，不足全国的七分之一，是典型的资源型缺水城市，生态用水与生活、生产用水和保持泉水喷涌的矛盾尤为突出。自 2013 年南水北调东线一期工程正式竣工通水以来，每年可为济南市调引 1 亿立方米长江水，济南市利用调水工程预设的分水口，在枯水期向城内河流强渗漏带补水，完成了补源水源由单一地表水向多水源补给，补水周期由短期阶段补源向全年常态补源的巨大转变，为保持济南泉群持续喷涌、彰显城市特色、提升城市品质提供了重要的水源保障。截至目前，济南市利用南水北调配套工程分别向卧虎山水库、兴隆水库、小清河、兴济河和玉符河、大涧沟等重点渗漏带生态补水 13868 万立方米，有力地改善了水生态环境。

三是服务航运。历史上山东省京杭运河通航只能到达济宁以南，随着南水北调东线一期工程实施，通航已通达东平湖，增加里程 60.5 公里，且一直以来因南四湖干旱缺水造成断航事件时有发生，南水北调通水后大大改变了这一状况，由于调水输水维持了湖泊、河道水位稳定，给航运的发展提供了关键保障，有效避免了断航带来的损失。

促进了受水区环保治污产业升级，提升了沿线经济社会发展质量

在工程规划设计建设过程中，高度重视南水北调东线一期工程的综合带动效应，积极强化大型水利工程的为民服务职能，做到了"六个结合"。

一是 21 项中水截蓄导用工程与防洪除涝、灌溉、生态保护等结合实施，在有效发挥工程的水质保障功能的同时，还使山东省 7 个市的 30 个县（市、区）直接获益，每年可消化中水 2.06 亿吨，增加农田有效灌溉面积 200 万亩。二是南四湖至东平湖段工程调水与航运结合实施，使京杭运河通航从济宁市延伸到东平湖，为当地经济发展注入了新的活力。三是济南市区段工程与小清河综合治理工程结合实施，不仅避免交叉施工重新开挖的被动局面，而且节约了征迁资金，实现了城市建设与工程建设的"双赢"。四是台儿庄泵站等与沿线防洪除涝结合实施，促进了工程沿线经济社会发展。五是梁济运河出湖口段与济宁城市新区开发结合实施，取得了显著的综合效益，实现了地方发展与国家建设的有机统一。六是干线工程与灌区改造、地方补偿结合实施，维护了沿线人民群众的切身利益。

同时，严格的水污染物排放标准以及先节水后调水、先治污后通水、先

环保后用水的南水北调工程受水区"三先三后"原则贯彻实施，发挥了重要的导向作用和倒逼机制，促进了沿线用水方式转变和用水效率提高，促进了经济结构优化调整和发展方式转变。经过 12 年的治理，南水北调东线一期工程山东段沿线水污染防治工作取得了显著成效。

2014 年以来，胶东地区降水明显偏少，能够形成径流的降水更少。2016年烟台、威海、青岛和潍坊四市地表水资源量分别比多年平均值偏少90.5％、79.8％、73.3％和50.6％，今年夏季旱情更加严重，出现了严重的资源性水危机，城市和工业供水必须通过外调水解决。几年来，南水北调东线一期工程山东段发挥了调水骨干网络作用，沟通联结当地引黄灌区和水库等调蓄工程，形成了山东境内大水网格局，在最大限度调引长江水的同时，挖掘其他水源条件，真正意义上实现了长江水、黄河水、当地水等多水源联合调度配置，保障了供水安全。

李 慧

原载 2017 年 11 月 28 日《光明日报》

三年调水超百亿立方米
南水北调工程凸显综合效益

导读：南水北调工程通水以来，水质总体向好，东线工程水质稳定在规划的Ⅲ类标准，中线工程水质稳定在Ⅱ类标准及以上。

来自水利部长江水利委员会的公开消息称，截至 2017 年 10 月底，2016—2017 年度的调水任务已经超额完成，同时丹江口水库水质保持稳定，部分支流稳中趋好。3 年来，南水北调中线一期工程已累计向北方供水超过 100亿立方米，同时在保供水、保生态、促环保等方面也取得了实实在在的综合效益。

12 月 12 日，国务院南水北调办召开新闻发布会，介绍南水北调东、中线一期工程全面通水 3 年以来的总体情况。国务院南水北调办综合司司长、新闻发言人耿六成表示，南水北调东、中线一期工程全面通水 3 年来，在保障受水区居民生活用水、修复和改善生态环境、应急抗旱排涝等方面，取得了实实在在的社会、经济、生态等综合效益，是我国节约水资源、保护生态环境、促进经济发展方式转变的重大示范工程。据统计，3 年来南水北调东、中线一期工程受益人口超过 1 亿人。

南水北调工程从 2002 年 12 月 27 日开工，历经 12 年艰苦奋战，东、中线一期工程先后于 2013 年 11 月 15 日、2014 年 12 月 12 日通水，如期实现了党中央、国务院确定的建设目标。南水北调工程从根本上改变了受水区供水格局，提高了沿线 40 多座城市的供水保证率。工程通水以来，水质总体向好，东线工程水质稳定在规划的Ⅲ类标准，中线工程水质稳定在Ⅱ类标准及以上。北京、天津、河北、河南等中线受水区水质明显改善。

南水北调成败在水质。为了强化水质保护，国务院南水北调办积极协调有关部门和地方，严格落实各项规划和措施，如期实现东、中两线治污环保目标。国务院南水北调办环保司司长苏克敬说，"十一五""十二五"时期，国家通过实施丹江口库区及上游水污染防治和水土保持规划，投资 180 多亿元用于丹江口工业点源面源污染治理、城镇环境基础设施建设等项目。

开展北京、天津与水源区的对口协作，北京对口湖北、河南，天津对口陕西，截至 2017 年年底，北京、天津共支持水源区 30 多亿元 600 多个项目，形成南北共建、互利共赢的合作模式；中央建立了中线水源区生态补偿长效机制，加大中央财政转移支付力度；国家制定了丹江口库区及上游经济社会发展规划，明确了库区的功能定位，进一步促进水源区产业结构调整，发展特色产业，特别是绿色产业发展取得了明显效果。

南水北调工程通过实施调水和治污工程，在生态文明建设和保障生态安全中发挥了重要作用。据监测分析，2015—2016 年北京市平原区地下水位回升 0.5 米，实现了 16 年来回升。南来之水还为受水区水环境保障贡献力量。中线工程为北京市补充清水，保证了卢沟桥、颐和园和城区等重点区域的水质安全。

随着河南南阳、湖北十堰和陕西安康等地相继建立起一些治理水源污染的长效机制，"绿水青山就是金山银山"的理念在水源保护区已深入人心。目前，中线水源区生态环境得到了改善，经济社会发展呈现上升势头，"十二五"时期，水源区年均 GDP 增长 10.2%，实现了中线生态环境改善、水源保护与经济社会协调同步发展。

南水北调工程倒逼沿线产业结构调整和转型升级，开创了重点流域治污工作新模式。在工程建设期间，南水北调水源区和沿线地区加大治污环保力度，投资数百亿元进行水污染治理和生态环境建设，沿线地区在加大水污染治理的同时，加快产业结构调整步伐，关停并转了数千家污染严重的企业，严格环境准入，积极调整产业结构，培育发展了一批新型生态环保产业。

例如，在南水北调东线治污之初，山东省内造纸厂有 700 多家，排污量占了全省排污量的 70％。治污工作开展以来，通过实行严格的排放标准，对治污不达标企业坚决关停，投巨资加快清洁生产，700 多家企业后只剩下 10 家，到 2010 年造纸行业 COD 排放量比 2002 年减少了 62％，而产业规模却是原来的 3.5 倍，利税是原来的 4 倍，实现了经济与环保的双赢。

南水北调工程还促进了受水区产业结构转型升级。南水北调受水区是我国重要的工业经济发展聚集区、能源基地和粮食主产区，工程通水后，一方面，北京、天津、石家庄、济南等北方大中城市缓解了水资源紧缺的局面，为经济结构调整包括产业结构、地区结构调整创造机会和空间。经测算，每年将增加工农业产值近千亿元。另一方面，北京、天津、河北等受水区为了提高用水效率和效益，大力发展节水行业，淘汰限制高耗水、高污染行业的发展，促进节水型农业、工业、服务业发展。

耿六成说："南水北调工程之水，既是促进发展之水，又是促进改革之水。受水区通过对南水北调工程每一滴水的利用，促使经济结构调整和产业优化升级，为地区经济社会发展注入新的动力。"

刘 慧

2017 年 12 月 13 日中国经济网

弄潮技术服务广阔市场

——聚焦江苏水源公司宿迁分公司转型发展

近日，宿迁分公司技术服务队伍背起行囊全副武装地奔赴吉林省白城市，为当地的白沙滩泵站大修提供技术服务指导，这是他们自"出征"安徽芜湖广福泵站机电安装项目之行的又一次启程。

一年来，江苏水源公司宿迁分公司以习近平新时代中国特色社会主义思想为指引，全面贯彻绿色发展理念，立足实际，发挥特长，重点打造四大业务板块。截至 2017 年 12 月底，宿迁分公司基本完成公司下达的营业收入指标和利润指标，其中，技术服务项目做出了突出贡献。

南 征 北 战 占 市 场

在安徽芜湖广福泵站机电安装项目工地上，宿迁分公司 8 位员工组成的技术服务队伍承担着现场技术服务指导。一个雨后的中午，笔者在施工现场看到他们的午餐，一人两个馒头、一瓶矿泉水、半两咸菜，旁边一位员工趁着间隙席地而卧休息。项目经理、泗洪所副所长荐威解释道，因为要保证次日水泵中间层顺利浇筑，大家必须加班，完成预埋顶盖基础底脚螺栓预留孔。

在承接芜湖广福泵站机电安装项目的 7 个月时间里，像这样的事情有很多，大家攻坚克难，啃下了一块又一块硬骨头。在项目结束时，业主单位芜湖市镜湖区农水局的负责人向技术服务队员竖起了大拇指。

白沙滩泵站位于吉林省白城市，从芜湖项目来不及休整，他们又踏上了开往吉林的列车。从安徽芜湖到吉林白城，相距 2200 公里，这是宿迁分公司开展的技术服务战线最长的项目。目前，宿迁分公司的泵站技术服务业务遍地开花，捷报频传。

在首都北京，密云水库蓄水量达到 20 亿立方米，是 2000 年 3 月以来首次突破。这凝聚着北京溪翁庄泵站宿迁分公司代管项目部全体员工的汗水；在江苏省常州市金坛区，宿迁分公司派出的队员王志荣全程参与了龙山水利枢纽工程机组安装技术服务，直至机组成功试运行；在宿迁洋河，宿迁分公司技术服务队参与的西民便河代建项目 40 天就完成了 4 个月的河道土方开挖任务；在泗阳大涧河上，有宿迁分公司河道观测队伍劳作的身影；在徐州市铜山县崔贺庄水库，宿迁分公司达村创建的技术服务队伍加班加点……

俯 下 身 子 找 项 目

"别看现在技术服务业务遍地开花，刚开始的时候也是无头苍蝇，到处乱撞。"宿迁分公司分管经营工作的副总经理余春华说。万事开头难，最难的是如何从以往的甲方地位向乙方地位转变，放下架子、拉下面子、俯下身子去找项目。

对拿下徐州市铜山崔贺庄水库达标创建项目，宿迁分公司工管部副经理孙飞着实自豪。达标创建技术服务利润高，是一块诱人的蛋糕，面对三家技术实力都不容小觑的竞争单位，孙飞针对崔贺庄水库达标创建内容，带领员工加班加点，逐项制定详细的服务方案。面对业主单位负责人提出的各种各样的问题，孙飞一一记录下来，回去后逐一细化。

一周后，孙飞向对方呈上了更加完整的服务方案。这一次，孙飞从对方惊讶的眼神里读懂了赞许。经过5次反复修改，业主单位最终决定把项目交给宿迁分公司做，而宿迁分公司也交上了满意的答卷。

在拿下泗阳大涧河河道观测项目后，面临业务多、人手少的问题，宿迁分公司总经理沈宏平最终决定将项目交由28岁的年轻员工孔凡奇负责。河海大学水文水资源专业出身的孔凡奇业务能力熟练，但带队负责一个项目却是第一次，能否完成任务，孔凡奇心里也没有底。经过思考，孔凡奇两天时间内拿出了一套从任务分工到后勤保障的详细实施方案。由孔凡奇带领，6人组成的观测队伍最终比预计提前5天完成监测成果，用事实证明了青年干部的能力和闯劲。

培 养 锻 炼 队 伍

要让员工长期保持高昂的工作斗志，制度上的保障是重要一环。宿迁分公司专门出台了经营管理考核办法，根据项目的难易程度，将承接的项目分成三个等级，不同等级的项目员工拿的施工补助也不相同，避免了分配不均的问题。而对经营项目，实行费用包干和项目经理制，盈利越多，最后分配的奖励越多。对员工招商引来的项目，按比例给予奖励，鼓励大家充分调动自有资源，积极主动谋求技术服务项目。

两年来，宿迁分公司除了抓项目经济效益外，更看重为做大做强做精分公司积累经验，培育人才队伍。像芜湖机电安装项目，是针对大多数员工没有经历过机组大修，不了解泵站机组安装全过程而承接的项目；铜山崔贺庄水库达标创建项目，是锻炼大家更好地开展工程管理工作而承接的；大涧河河道观测项目则是为水文水质监测中心壮大发展进行的一次技术练兵；西民便河代建项目则是为了南水北调二期工程建设储备自有人才。

通过对外拓展多个技术服务项目，不仅为员工搭建了平台，还锻炼了技术队伍，使年轻技术人员快速成长，提升了员工的自信心和凝聚力，培育了各方面人才，为宿迁分公司实行真正意义上的企业化、市场化运作奠定了业绩和人才基础。

王山甫

原载 2017 年 12 月 13 日《中国南水北调》报

着眼国际水准　提升综合效益

——专访山东省南水北调局党委书记、局长马承新

初春时节，万象更新。正值山东南水北调工程建设管理局第一次党员代表大会胜利召开之际，来自机关和工程现场的百余位党员代表和列席职工济济一堂，共商大事，为奋力开创山东南水北调事业新局面建言献策。新当选的局党委书记马承新接受了记者的采访。

谈到山东南水北调各项工作取得的优异成绩时，马承新充满感情地说："山东省南水北调工程自开工建设以来，各项成绩显著，总体上可以概括为'管党治党全面从严、工程建设顺利推进、调水运行平稳安全'。"

他翻动着办公桌上厚厚的一摞文件资料和各类报表，如数家珍地说："多措并举，多管齐下，这几年我们取得的成效是显而易见的。在党的建设方面，通过全面加强思想政治建设、夯实党支部党建工作责任制、规范强化组织建设、落实细化党建各项制度规定、从严落实党风廉政建设责任等方式，全面履行从严治党主体责任和监督责任。在工程建设方面，通过压茬推进项目立项和设计工作、压缩工期大干快上赶进度、建立工程建设环境和征迁工作协调机制、建立加快配套工程建设的良性机制等，有效保证了工程建设顺利推进，质量安全总体可控。在调水运行方面，工程运行安全、水质稳定，良性运行保障机制逐渐成型，以基本水费财政体制结算为基础的水费收缴政策机制初步建立，工程运行全方位管理体系建立健全，调水运行平稳安全，工程效益逐步显现。现在我接过了'接力棒'，就要不负众望，跑好'接力赛'。"

谈到 2018 年的工作计划，马承新眼中有种掩饰不住的激动与兴奋，他指着正在起草的工作报告，颇有深意地说道："我们要深入贯彻落实中央各级会议精神特别是山东省南水北调指挥部全体成员会议提出的'三大目标''四大任务'，总结工作、梳理问题，明确任务、统一思想，改革创新、突破重点，以建设具有国际水准的现代化南水北调运营管理机制为目标，推动南水北调工程发挥更大效益，不断开创南水北调事业发展新局面。"2018 年起要

着力打好"三大战役"，实现"六大突破"，打造"南水北调文化"，推动南水北调事业发展迈上新台阶。

打好"三大战役"是为工程建设圆满收官奠定坚实基础。干线工程方面，要重点解决验收任务重、尾工未完成、桥梁需移交等问题；配套工程方面，重点解决个别单元尾工难度大、验收制约因素多等问题。要打好完成一期建设攻坚战、解决验收问题攻坚战和环境保障功能完善攻坚战。要实现"六大突破"，创建国际水准现代化运营管理机制。要在环境优美上实现突破、在技术先进上实现突破、在体制合理上实现突破、在机制科学上实现突破、在管理规范上实现突破、在运转高效上实现突破。要打造"南水北调文化"，凝聚精气神和干事创业的浓厚氛围。通过制订南水北调文化建设三年规划纲要、完善南水北调文化形象识别系统、深入挖掘南水北调文化内涵等方式，进一步营造南水北调文化环境建设氛围。

看着正在规划的宏伟蓝图，马承新不禁涌起一阵感慨："此时此刻，我深深感到重任在肩的使命感、主动担当的责任感和只争朝夕的紧迫感，我一直在认真思考，如何以勤勤恳恳的工作、实实在在的业绩，向全省南水北调系统的干部职工交出一份优异的答卷。"

"我们要以全面从严治党新成效保障各项措施落实落地，为南水北调事业发展提供政治保障。要始终以党的政治建设为统领，着力加强党风廉政建设，坚持依纪依规依序开展工作，加强督导考核促进责任落实。"

邓　妍

原载 2018 年 4 月 11 日《中国南水北调》报

于涛：干出点门道来

2017 年，来自南水北调东线山东干线公司双王城水库管理处的于涛被山东省总工会授予"山东省富民兴鲁劳动奖章"。但"山东省富民兴鲁劳动奖章"并不是他获得的唯一荣誉，2017 年 10 月，于涛代表山东省在第五届全国水利行业职业技能竞赛泵站运行工决赛中取得第 4 名。近年来，于涛在山东省举办的各种技能竞赛中数次取得好成绩，还多次被山东省水利厅、山东

省南水北调局及山东干线公司评为"先进个人"。

一名基层泵站运行人员能斩获此多项殊荣实属不易，这都得益于于涛从事南水北调工作 9 年来，始终一丝不苟地对待每一项工作，认真钻研每一个问题的精神。

冲破舒适圈，逼自己一把

2009 年，于涛走出校园来到南水北调双王城水库管理处。那时，双王城水库还没有开工建设，于涛和他的同事们要从头开始从事工程建设工作，这与他所学的电气自动化专业相去甚远。

于涛从设计、建设单位那里要来了双王城水库的初步设计报告、初设图纸，还有各种相关的规程规范。每天着了魔似的抱着这些资料，从早看到晚。一段时间过去，于涛对水库形成了清晰的概念，对双王城水库的构成有了比较深刻的认识。

正是如此，于涛被安排起草开工前期各项规章制度、施工技术要求的任务。一周，仅用了一周的时间，他编制了 25 份规章制度、施工技术要求，共计 4 万余字，每个字都是他一下一下用键盘敲出来的。这么高质、高效的成果拿到领导面前，也着实让领导吃了一惊，一个非专业、初出茅庐的小子竟然可以做得这么专业。这位领导在后来也说道："当时就觉得这小子如果能坚持下去，一定能干出点门道来！"

人，总有惰性，如果停留在自己的舒适圈会阻碍成长，只有突破舒适区，做没做过的事，勇于迎接挑战、克服困难，逼自己一把，才能遇见未知的自己，遇见更优秀的自己。

责任心是做好工作的基础

水库建设期间，于涛作为业主单位代表参与了工程验收工作。为了做好验收，他白天上班，晚上做功课，准备第 2 天验收标段的相关资料。坝体填筑的压实标准、填土厚度，防渗墙的开挖深度，为什么要开挖这个深度等数据，都熟记于心。

防渗墙施工期间，施工单位一直在强调因为土质原因，塌方严重，浇筑量大于设计量，要求进行设计变更。领导决定派人现场监督浇筑，确认是否超设计量。浇筑工作在晚上，冬天零下十几摄氏度，于涛披着军大衣在室外盯了整整一个晚上。施工方也感叹："这么冷的天，谁不想找个地方躲起来暖和暖和，这么认真负责的业主少见啊！"

运行期间，设备厂家维修调试设备时，总可以看到于涛紧跟着他们帮忙干活。这本不是他的工作，但他的责任心、求知欲促使他放弃节假日、放弃调休，甚至放弃睡眠时间，跟着厂家学习设备的构造和工作原理。

平时工作中，于涛始终保持良好的心态，用心学习、虚心请教。脏活累活从来都不抱怨，不是自己责任范围内的工作，也会主动协助完成。这种高度负责的工作学习态度，使他无形中积累了比其他人更多的业务知识，成就了后来取得的各项成绩。

多动脑筋没有解决不了的问题

2016 年，国务院南水北调办对双王城水库进行检查时提出主电机定子温度存在漂移问题，需要整改。针对这个问题，于涛先是联系了自动化厂家，又咨询了电机销售厂家，但销售厂家却以正式文件的形式回复，说这是正常现象，建议更换传感器设备。这与国务院南水北调办专家和厂家的说法完全是相悖的！

"一定有哪里不对！我就不信这个邪！"于涛调取了半年来该设备的记录数据进行反复试验校核。其间，还因为仪器封闭不好进行校核，他就同时用多个温度计测试相对值。最终根据试验数据，对仪器数据进行修改，问题终于得到了解决。

于涛的性格中深藏着一种"轴劲"，面对再复杂的难题，面对再权威的说法，只要出现了问题，他总是保持着不达目的不罢休的态度，不管路子再难找，过程多曲折，他坚信方法总比问题多，只要多动脑筋，没有解决不了的问题。

于涛说："在我们成长过程中，最重要的就是把自己的事情做好，把该掌握的知识掌握好，武装好自己，坚定自己的信念，明确自己的奋斗目标，做最好的自己就可以了。"

丁晓雪

原载 2018 年 5 月 1 日《中国南水北调》报

南水北调东线：供水线也是风景线

初夏，山东，南水北调东线的重要节点——台儿庄泵站正在满目葱茏的绿树环抱下，见证着生生不息的力量：一渠碧水从这里一路向北，源源不断地供给济南、青岛等地。

作为南水北调工程中最早通水的一条线路，南水北调东线通过江苏扬州江都水利枢纽从长江提水，沿京杭大运河及与其平行的河道逐级提水北送，并连通起调蓄作用的洪泽湖、骆马湖、南四湖、东平湖等，向黄淮海平原东部、胶东地区和天津等地供水。这条蜿蜒的供水线，自 2013 年年底通水以来，已"服役"近 5 个年头。

如今，汩汩北上的江水，水质如何？供水线如何成为生态补给线和风景线？日前，记者走访了南水北调东线沿线有关省市。

强力治污 确保一江清水向北流

江都水利枢纽站，一块刻有"源头"字样的石碑静静矗立。每年，有 150 亿立方米左右的长江水从这里踏上征程，输送至千里之外的华北地区。"源头"二字，对江都来说意味着荣光，更代表着责任，如果水质在这里不能得到保证，那此后 1467 公里沿线亿万人的用水安全更无从谈起。

按照水源地的环保要求，江都全境 1332 平方公里被分为 3 个区域，其中 202 平方公里被划为禁止开发的"红线区"，100 多家水泥厂、化工厂、化肥厂因为位置靠近送水通道相继关闭，涉及投资额 60 多亿元。

沿调水线向北，位于南四湖南端的徐州，是东线在江苏境内的最后一关。这座曾以水泥建材、电力、煤炭、化工为支柱产业的城市，为治理污水果断关闭了 100 多个散货码头，并着手建立亿吨大港，促进产业结构调整；综合整治、源头控污、清淤疏浚、综合开发，使主要河湖水质基本稳定在Ⅲ类；建立南水北调东线尾水导流专用工程体系，保障了南水北调输水水质安全。

江都和徐州都只是南水北调东线沿线强力治污的缩影。南水北调，成败在水质，事实上，北上南水所到之处，无不将保水质作为首要目标——为守护一江清水，江苏先后启动两轮治污工程，推行环保问责、一票否决，南水北调东线沿岸仅化工企业累计关停 800 多家；治理面源污染，设立水产品养殖禁养区、限养区和集中区，并对养殖区废污水进行专项治理；减少煤炭消费总量和减少落后化工产能，治理水环境、生活垃圾、黑臭水体、畜禽养殖污染、挥发性有机物污染和环境隐患。山东省实施工业污染治理"再提高工程"，对沿线城镇污水处理厂实施升级改造；实施环南四湖、东平湖人工湿地项目建设，加强水系生态建设，强化入湖水质治理……

目前，南水北调东线工程沿线流域水环境质量全面提升，输水干线水质达到地表水Ⅲ类标准，昔日污染严重、臭气熏天的臭水沟改头换面成为清澈见底、鱼鸟成群的生态廊道。

调水北上　发挥生态补给作用

不久前，济南长清湖水位大幅降低，裸露的大面积河滩牵动了不少市民的心。为了让长清湖尽快恢复容貌，长清区通过南水北调往卧虎山水库调水的主管道开出一条分支，调水输送给长清湖。

发挥生态补给作用，这是南水北调工程的使命。以泉城济南为例，济南人均水资源占有量仅为 290 立方米，不足全国的七分之一，是典型的资源型缺水城市。在这座城市，生态用水与生活、生产用水和保持泉水喷涌的矛盾尤为突出。连年"喊渴"的济南在南水北调东线工程通水后迎来改变：东线每年可为济南市调引 1 亿立方米长江水；工程在枯水期向城内河流强渗漏带补水，完成了补源水源由单一地表水向多水源补给，补水周期由短期阶段补源向全年常态补源的巨大转变，为保持济南泉群持续喷涌、彰显城市特色、提升城市品质提供了重要的水源保障。目前，济南市利用南水北调配套工程分别向卧虎山水库、兴隆水库、小清河、兴济河和玉符河、大涧沟等重点渗漏带生态补水 13868 万立方米，有力改善了当地的水生态环境。

地上的水资源变化被越来越多人感知到的同时，地下水生态环境也悄然发生着改变。工程通水后，供水区超采地下水设施逐渐关停，南水北调水源逐渐替换了超采的地下水资源，从根本上遏制了地下水超采的局面，持续改善着地下水生态环境。

南水北调的生态补给功能还改变了京杭大运河的航运条件。历史上，京杭大运河通航只能到达济宁以南。随着南水北调工程通水，这一状况得到明显改善，通航已通达山东济宁东平湖，增加里程 60.5 公里，为东平湖直接通航至长江创造了条件。

绿色发展　生态建设效益凸显

四面环水、站闸相连、佳木郁葱，园中园、明珠阁、源头纪念碑、江石溪碑亭等点缀其间，构成一幅人与自然和谐相处的美丽画卷——东线源头江都抽水站所在的江都水利枢纽，不仅是项水利工程，还是国家级水利旅游风景区。

"建一座泵站、竖一处景观"，这是南水北调江苏段在规划建设阶段就坚持的理念，把工程与水文化有机结合，对工程建设过程中的生态环境、人文景观、经济社会发展进行统筹考虑，结合每项泵站工程实际，打造独特的水利建筑。目前，南水北调洪泽站工程被评为国家 AA 级旅游景区，宝应站被评为省级水利风景区。

风景当然不止在泵站，供水沿线为保水质不懈努力，使得绿水长流的景致再现，城市面貌不断提升。

在江苏，南水北调工程逐渐成为当地重要景观和名片，带来显著的旅游效益——淮安市借力南水北调力推退圩还湖，整治白马湖；淮安和宿迁两市在洪泽湖周边岸滩整治堤坡，使洪泽湖风景区焕发新生机；"一城青山半城湖"则成为徐州的新名片……

山东段同样如此，为涵养水源、净化水质，济宁太白湖新区在老运河入湖口建设人工湿地净化工程，曾被称为"酱油湖"的太白湖重现诗情画意，170余种野生鸟类，东方白鹳、大天鹅、小天鹅、水雉、黑翅鸢等珍贵鸟类在湖区周边筑巢繁衍，老运河人工湿地成为山东重要的淡水水产基地和鸟类栖息地……生态环境的改善，使得太白湖景区于2013年晋升为国家AAAA级旅游景区。

是供水线也是风景线，自南北上，生生不息的南水北调东线犹如一条生命线，正不断为沿线地区的发展注入新的生机和活力。

陈　晨　农雅晴

原载2018年5月18日《光明日报》

山东：南水北调工程通水五年
保障胶东供水安全

中国山东网7月26日讯　26日，省政府新闻办召开新闻发布会，介绍了南水北调山东段通水5年来的有关情况。总体评价山东省南水北调工程，可概括为十二个字："覆盖广、功能多、靠得住、离不了"。

覆　盖　广

东线工程主要是缓解鲁南、山东半岛和鲁北地区缺水，并为向河北、天津应急供水创造条件。山东境内工程分为南北向、东西向两条输水干线（从苏鲁省界台儿庄泵站到德州大屯水库、从东平湖到威海米山水库），双线全长1191公里，其中南北干线长487公里、东西干线长704公里。除泰安、日照、莱芜、临沂外，工程范围覆盖全省13个设区市61市（县、区）。1191公里干线工程与省内配套工程和地方其他水利工程相连通，打通了调引长江水的通道，实现了长江水、黄河水、当地水联合调度、优化配置，形成了南北相通、东西互济的T形初级现代水网结构。五年来，济南、青岛、淄博、枣庄、烟台、潍坊、济宁、威海、德州、聊城、滨州等11个大中城市、50个市（县）

实际引用长江水。南水北调工程成为我省名副其实的"第一大水利工程"。

功 能 多

山东省南水北调工程是综合性多功能大型调水工程，集供水、防洪、灌溉、生态、景观等效益于一体。一是调水功能，这是南水北调最基本的功能。工程已经具备向省内年调引长江水 14.67 亿立方米的设计能力。二是防洪功能。梁济运河、柳长河、小运河、赵王河、周公河等河道的防洪排涝功能得到加强，台儿庄泵站等工程极大地提高了工程所在城市防洪排涝能力，东平湖洪涝北排、南排通道打通，济平干渠同时具备东平湖洪水东排能力。三是灌溉功能。通过中水截蓄导用工程，在有效发挥保障工程水质功能的同时，使全省 30 个市（县）增加农田灌溉面积 200 万亩。四是生态功能。2014 年、2015 年南四湖出现生态危机，2016 年南四湖、东平湖水位接近生态红线，南水北调工程先后生态补水 2.95 亿立方米。累计为小清河补源 2.45 亿立方米，为济南市保泉补源供水 1.65 亿立方米，确保泉水四季喷涌，彰显了济南泉城城市名片形象。长江水也为山东省地下水超采区综合整治提供了重要替代水源。五是航运功能。南四湖至东平湖段南水北调工程建设与航运相结合，打通了济宁港至东平湖段的水上通道，新增通航里程 62 公里，京杭运河韩庄运河段航道由三级航道提升到二级航道，大大提高了通航能力。六是景观功能。我省南水北调工程一渠江水东北流，两湖浩渺悠悠。南水北调工程不仅是供水生命线，也成为齐鲁大地上镶嵌的一条蓝色飘带，是全省最美丽、最柔和的风景长廊。

靠 得 住

工程通水五年来，累计调入山东省长江水量 30.76 亿立方米，相当于 2500 个大明湖的水量，受益人口达 3000 多万人。2017—2018 调水年度调入山东省长江水量 10.88 亿立方米，创历年之最。尤其是 2014 年以来胶东四市进入连续多年枯水期，降水持续偏少，未能形成有效径流，水库基本干涸见底，当地水源严重不足。为保障胶东四市城市供水安全，按照省委、省政府的部署安排，山东省统筹组织南水北调、引黄济青、胶东调水工程向胶东四市实施了 4 次抗旱应急调水，连续三年实施汛期调水，累计通过南水北调工程向胶东四市供水

13.57 亿立方米，其中长江水达 9.94 亿立方米，仅 2017 年就向胶东四市供长江水 6.35 亿立方米。其中，青岛市南水北调净供水量 3.84 亿立方米，已占到该市工业和城镇居民用水量的 60.2％；潍坊市南水北调净供水量 1.45 亿立方米，占到该市工业和城镇居民用水量的 28.8％。可以说，南水北调工程在山东省最需要的时候、最关键的时刻，起到了稳定民心、稳定发展作用。

离 不 了

众所周知，山东省水资源十分紧缺，人均水资源量仅为全国的六分之一，水资源短缺、水灾害威胁、水生态退化三大水问题十分突出，十年九旱、连丰连枯、丰枯交替，资源性缺水是山东省的基本省情。解决山东省水安全问题，必须积极调引长江水。五年来南水北调工程对山东省应对 2014—2017 连续枯水年，起到了巨大作用。特别是对青岛、烟台、威海、潍坊 4 市，南水北调工程成了救命工程，南水北调水成了救命水。南水北调工程的战略地位凸显。五年的运用实践表明，不仅现在的南水北调工程作为战略工程"离不了"，未来还要进一步完善山东省南水北调工程线路、优化水网结构。山东省政府 2017 年 12 月 23 日批复了《山东省水安全保障总体规划》。按照规划，山东省将研究论证南滨海调水工程，论证南水北调胶东续建工程，着力构建"四方联通、全省一体，双路引江、多口引黄、省内水源调剂"水资源调配工程体系，形成"一纵双环，库河水系连通"山东"百"字型骨干水网，在更高层次上实现山东水资源配置大格局。

王清华
2018 年 7 月 27 日中国山东网

逐梦十六载　征迁铸辉煌

——山东南水北调干线工程征迁安置省级验收全面完成纪实

2018 年 9 月 17 日，伴随着最后两个设计单元工程通过验收，山东南水北调干线工程涉及征迁任务的 29 个设计单元全部完成征迁安置省级完工验收。这是具有历史意义的时刻，标志着山东南水北调征迁工作历经 16 年的辛苦努力和拼搏攻坚，终于尘埃落定，画上了圆满的句号！

2002 年 12 月 27 日，山东南水北调第一个单项工程——济平干渠工程正式开工。时至今日，已近 16 年。

山东境内南水北调工程分为南北向、东西向两条输水干线，双线全长 1191 公里，其中南北干线长 487 公里，东西干线长 704 公里。山东段干线工程永久征地总面积 9 万亩，临时用地 5.2 万亩，搬迁安置人口 8785 人，生产安置人口 6.75 万人，拆迁房屋 42.1 万立方米，征迁总投资 84.8 亿元，涉及山东省的济南、淄博、枣庄、东营、潍坊、济宁、泰安、德州、聊城、滨州 10 个市 32 个县（市、区），征地移民工作任务十分繁重。

山东省因征地补偿测算时间较早，之后国家实行了粮食最低保护价政策，加之山东省粮食亩产量和经济作物种植比例均有了大幅度提高，原采用的征地补偿年亩产值标准已明显偏低。山东省发现此问题后即责成设计单位重新对有关地区年亩产值进行详细调研测算。根据测算成果积极向上级部门汇报，经过大力协调争取，国家批复同意了山东省征地补偿年亩产值在原来基础上提高了 15％～30％。

2009 年山东省实行征地区片综合地价补偿政策，此标准高于国家初设批复的 16 倍亩产值补偿标准，为保证征迁工作顺利实施，省政府研究决定之间的差价由省、市、县三级分级承担。仅此一项，就为被征迁群众增加补偿资金约 17 亿元。这极大地维护了被征地群众的利益，促进了征迁工作的顺利开展。

山东省南水北调工程建管局征迁处处长王显勇回忆济平干渠征迁工作时说，我们处里同事每周写工作总结，依靠这些实践中得出的经验，先后出版了《南水北调工程征地移民实施与管理》《南水北调工程征地移民政策与技术应用》等 5 本专著。

"这些书还成了老百姓用来同征迁处'讲理'的工具。"一次去聊城解决关于小运河集中搬迁的事，当时乡镇接待办一下子来了 40 多人，"有的百姓拿出了我们出的书当作蓝本，对补偿标准提出质疑，我们按照书上的政策一一进行了解答，当知道自己拿来'讲理'的书都是我们出的时候，村民相信了、放心了。我们走时，有的村民当场跪下了。"王显勇感慨地说，老百姓都是善良的，只是对政策不理解罢了。

山东省南水北调局与省国土资源厅、林业厅、文化厅、公安厅等有关部门，建立了南水北调工程建设用地和林地协调、文物保护、安全保卫等工作协调机制，督促各级南水北调办事机构会同现场建管机构、施工单位等建立起征地移民和建设环境协调联动机制。省政府将征迁工作纳入省政府督查范围，并建立了征迁工作情况通报制度，制定了征迁评比奖励办法。同时，对于征迁工作量集中或者难度很大的专项工作，山东省制定了专门的奖励政策。相继制定出台了 16 项征地移民实施管理办法，对永久征地界桩埋设、征地移民评比奖励、临时用地复垦、专项设施复建、征地移民实施管理，以及验收、合同、档案管理等工作进行了规范，形成了山东省南水北调工程征迁实施管理的制度体系。

移民安置工作从 2002 年正式启动，至 2013 年 4 月基本结束。其中，南水北调山东段济平干渠工程在济南市槐荫区段店镇征地中出现 4 个失地农民村，人均耕地不到 0.2 亩，这是南水北调工程开工以来首次遇到的农民失地问题。为切实解决失地农民问题，加快工程建设进度，最后决定省和市各调整一倍补偿资金拨付槐荫区政府，并且由省和济南市筹集 1000 万元，统筹用于解决失地农民问题，使得济平干渠槐荫区段失地农民问题得以妥善解决。

南水北调山东段工程征地范围内专项设施迁建工作已全部迁建到位，共完成管道、电力、通信等各类专项设施迁建 1500 余项，全部专项设施迁建没有出现任何质量问题，同时保证了南水北调工程建设的顺利进行。

在临时用地复垦方面，南水北调山东段干线工程沿线 10 市 32 个县（市、区）4.6 万亩临时用地已全部退还给群众，被征地群众对复垦补偿和复垦保障措施基本满意。

在征地组卷过程中，山东省南水北调局有关部门积极协调组织各市南水北调办事机构和国土、林业等相关部门，组建联合办公工作模式，密切部门配合，提升工作效率，这成为解决工作难题的又一剂良药。"今天又是一个不眠夜！""让你们为南水北调工程辛苦啦！"陪同加班的山东省南水北调局田光辉和阮同华感动地对省国土厅处长侯力萍和市县国土系统工作人员说。侯力萍虽然一脸倦容，但仍旧豁达开朗。为了加快组织建设用地报批，省南水北调局和国土系统采取了联合办公方式，各位同志发挥"五加二""白加黑"的精神，夜以继日苦战三个多月，终于按时完成了组卷任务。

从 2015 年 10 月至 2017 年 9 月期间，在征迁完工验收之前分四批对 29 个设计单元工程进行了征迁省级技术验收，既加快了征迁验收进度，也为财务决算的编制预留了充足的时间。从 2016 年 12 月至 2018 年 9 月，在完成征迁财务决算的基础上，又分四批开展了 29 个设计单元工程征迁安置完工验收。

黄国军　王其同

原载 2018 年 10 月 11 日《中国南水北调》报

南水北调东线工程开通五周年——

高质量"送水"的背后

2013 年 11 月 15 日，南水北调东线一期工程正式通水，长江水出扬州一路北上，润苏北、济齐鲁。如今，不仅提供了沿线居民生活保障水、河湖生态水，更盘活大水脉，打造出一条黄金水道。

南水北调东线工程通水五周年之际，记者随东线工程开放日暨通水五周年专家媒体考察团一行，揭开东线工程高质量"送水"背后的秘密。

技术调水：世界上最大的泵站群助力"水往高处流"

南水北调东线工程，从江苏省扬州附近的长江干流引水，利用京杭大运河以及与其平行的河道输水，连通洪泽湖、骆马湖、南四湖、东平湖，并作为调蓄水库，进入东平湖后，向东经新辟的胶东地区输水干线接引黄济青渠道，向胶东地区供水，一期工程输水干线长 1467 公里。

和南水北调中线利用地势落差调水不同的是，东线从长江下游的扬州起，自南至北地势逐渐升高，直至地势最高的东平湖，有 40 米以上的落差。

那么，南水北调东线工程是如何让"水往高处流"的呢？

秘密就在于：南水北调东线工程建立了世界上最大的泵站群——东线泵

站群工程。

据介绍，东线泵站群工程分为 13 个梯级泵站，34 座泵站，这些泵站集群协同提水，一级一级跃升，把低处的水逐步提到高处。根据地形和扬水（泵房抽水后向高处运输）高度要求不同，泵站的设计也有不同，但每一个泵站都由进水池、泵房、出水池这三部分组成，水从进水池进入，泵房提水后经由出水池送出。

地势的特殊也注定东线泵站与众不同。

据南水北调东线江苏水源公司副总经理冯旭松介绍，"南水北调东线工程开工前，国内类似泵站装置效率一般不足 65％，且对大型贯流泵站尚无成熟经验，大型贯流泵机组技术和设备主要依赖进口。"

"东线工程研究形成具有自主知识产权的大型灯泡贯流泵设计技术，泵的电能转换率达到了 81％，自主研发了 3 套大型贯流泵装置、4 副水泵叶轮模型，改变了国内贯流泵站设计被国外厂商左右的被动局面，研究成果已授权国内多家水泵企业生产使用，并广泛应用于国内重大水利工程，取得经济效益近 5 亿元。"冯旭松说。

可以说，东线工程的建设直接带动了国内泵站建设水平的整体提高，其中水泵水力模型以及水泵制造水平均达到国际先进水平。资料显示，东线工程质量评定优良率超过 80％。尤其是江苏省境内的宝应站、解台站、淮安四站等 5 项工程获得"中国水利优质工程大禹奖"。

智慧调水：5 年调出一个洪泽湖

先进的泵站设备保证水能调得出，但如何调得更高效？南水北调东线人则从创新管理手段入手。

江都水利枢纽地处长江、淮河与京杭大运河的交汇处，是东线调水的源头。这座由中国人自行设计、制造、安装和运行管理的第一座大型现代化泵站工程，代表了我国大型泵站的发展史，但同时更是南水北调东线泵站管理的一个缩影。

在江都水利枢纽，记者在空旷的泵站鲜有发现工作人员的身影，泵站靠什么来运行？

原来，东线工程智能水务也走在全国前列。"自工程转入运行以来，以实现'远程控制、少人值守'为目标，建设水量水质自动采集系统、泵站群远程实时监控及水量优化调度管理系统等，推进智能化管理体系构建，打造南水北调工程智能化管理江苏品牌。"冯旭松说。

不仅如此，智能水务还利用了精准的大数据分析。在执行国家 2017—2018 年调水任务中，通过强化流域水情预测分析，动态优化调整调度方案，充分利用淮河丰水和沂沭泗来水抽水北送，减少长江至洪泽湖三个梯级泵站的抽水运行。

"仅此一项，2013 年至今累计节约运行电费约 2 亿元，实现显著减本增效目标。"冯旭松说。

截至目前，江苏省境内工程完成了 5 个年度 11 次调水出省任务，通过江都水利工程枢纽，累计抽水 135.25 亿立方米，调水出省 30.69 亿立方米，相当于 1 个洪泽湖常年平均蓄水量。

生态调水：打造"黄金水道"

一江清水北上。自 2013 年通水以来，南水北调东线这个"黄金水道"也正在发挥着巨大效益。

"南水北调东线一期工程主要是缓解苏北、山东半岛和鲁北地区城市缺水问题，进一步增强了江苏省苏北的供水保障能力，提高了扬州、淮安、宿迁、徐州、泰州等 7 市 50 县（市、区）受水区共计 4500 多万亩农田的灌溉保证率。"南水北调东线总公司副总经理胡周汉告诉记者。

更让南水北调人津津乐道的是，东线治污挑战了"世界第一难"，沿线各地开展了持续多年壮士断腕般的治污攻坚战，将曾经的"一湖酱油汤"变成如今"一泓清水"，地表水水质达标率从 2003 年的 3％到了 2013 年的 100％。

如今，"南水北调水已成为山东不可或缺的供水水源，对有效缓解山东过度依赖黄河水和地下水的困境意义重大。"南水北调东线山东干线有限责任公司副总经理高德刚说。

资料显示，2014 年 6 月，干旱侵袭了南四湖，湖区蓄水不足历年同期的两成，水位降至 2003 年以来最低，生态危机告急。8 月 5 日起，通过南水北调东线工程从长江向南四湖实施生态应急调水，历时 20 天，入湖水量达到 8000 万立方米，南四湖水位回升，湖面逐渐扩大，鸟类开始回归。从此因南水北调工程的通水彻底改变了南四湖、东平湖无法跨流域补源的历史。

在济南，自从有了南水北调工程，"保泉补源"就成为了水务工作新常态。

高德刚介绍说，2015年至2016年7月，应济南市要求，南水北调山东干线公司利用南水北调工程引江、引黄，保泉补源5800万立方米，有力保障了济南泉水四季喷涌。

虽然东线已发挥出巨大的效益，但在专家看来，这还远远不够。

在东线工程开放日的座谈会上，胡周汉表示，"若东线后续工程建成，调水线路均向北延伸至京津冀地区，支撑京津冀协同发展和雄安新区发展等国家战略。届时，南水北调东线工程战略价值和生态效益将进一步凸现。"

王菡娟
原载 2018 年 11 月 11 日《人民政协报》

南水北调东线江苏段高质量完成调水任务

一渠清水向北流，"5 年 518 个玄武湖"

东线第一梯级江都水利枢纽工程（缪宜江 摄）

东线第七梯级刘山站泵房（缪宜江 摄）

南水北调工程是国家的战略性工程，江苏是东线源头地区，东线起点在扬州市江都区三江营，一路向北。这项巨大的工程，从开工建设到通水、调水，历时数载，凝聚了我省数以万计人的努力，尤其是在改善水环境、治污保清水的战役中，全省上下和沿线各地牢固树立政治意识和大局观念，砥砺奋进，负重前行。到 2018 年 11 月 15 日，东线调水已满五载，值此，谨向曾经和正在为调水努力付出、默默奉献的人们致以敬意。

兴水惠民铸辉煌，盛世治水谱华章

5 月 29 日 10 时，苏鲁两省交水区域的台儿庄泵站停机，标志着我省南水北调工程 2017—2018 年度向山东供水 10.88 亿立方米的任务顺利完成，前后历时 176 天。同时，这也为我省南水北调工程向省外调水 5 年交出了"完美答卷"。

根据水利部、原国务院南水北调办和江苏省委、省政府关于南水北调年度向省外调水工作的计划安排，我省南水北调工程按照南水北调新建工程和江水北调工程统一调度、联合运行的原则，自去年 11 月 15 日起正式启动向山东省调水，年度调水量首次突破 10 亿立方米，较上一年度增加 22％。环保部门监测数据表明，调水水质符合要求，顺利实现了调水水量与水质双达标。

自 2013 年我省南水北调一期工程正式通水至今年 5 月底，我省已累计圆满完成国家有关部门及省防汛防旱指挥部下达的 19 次调水任务，累计安全高效运行 15 万台时，调水出省 31 亿立方米，如果以南京市玄武湖 610 万立方米蓄水量计，大约相当于向山东省调了 518 个玄武湖的水量。

而据来自受水地的信息显示，南水北调调水以来，山东省的受益人口超过了 4000 万人，大大缓解了山东昔日"十年九旱"的缺水局面，让济南城重现百泉齐涌的美丽图画，保障了胶东青岛、烟台、威海等地的供水安全。

东线源头地区，江苏重任在身

1952 年，毛泽东主席在视察黄河时，提出"南方水多，北方水少，如有可能，借点水来也是可以的"，第一次战略性地提出了南水北调的宏伟设想。2002 年 12 月 23 日，国务院正式批复《南水北调总体规划》，根据规划，从长江上、中、下游分西线、中线、东线"三线"调水，形成长江与黄河、淮河和海河相互联通的"四横三纵"的南水北调工程总布局。2002 年 12 月 27 日，举世瞩目的南水北调工程建设正式拉开序幕。

我省是南水北调东线工程的源头地区，在国家南水北调总体格局中肩负着重大责任。东线工程从长江干流扬州市江都区三江营段取水，以京杭大运河为输水干线，新辟运西支线，结合利用既有江水北调泵站，逐级提水北上，并以洪泽湖、骆马湖、南四湖、东平湖作为沿线主要调蓄水库。东线输水干线总长 1156 公里，沿线共设 13 个梯级；我省境内输水干线 404 公里，共设 9 个梯级，包括利用江水北调 17 座大型泵站（其中改扩建 3 座、加固改造 4 座）和新建的 11 座大型泵站，装机总容量达 30.5 万千瓦。经过参建单位通力合作和数万名建设者的日夜奋战，我省南水北调一期工程于 2013 年 5 月建成并全线试通水。

齐心协力，调水工作有序开展

省委、省政府高度重视向省外调水工作，要求各级各有关部门认真组织好调水各项工作，确保年度向省外调水任务圆满完成。

各级各部门始终以大局为重，将调水作为年度重要工作安排部署，克服各种困难狠抓工作落实。主要包括六个方面：一是省政府统一领导。省政府领导十分重视南水北调工作，分管省长听取南水北调工作汇报，审定调水组织实施方案，并要求省水利厅、省南水北调办全力组织做好年度调水工作，为南水北调全局作贡献。二是原国务院南水北调办加强检查指导。调水期间，原国务院南水北调办领导和有关部门负责同志多次来我省检查指导调水运行情况，对工程安全运行、水质保障等工作提出具体要求。三是省水利厅统筹组织。省水利厅按照省政府统一部署，多次召开会议研究部署调水具体工作，要求系统内各级各单位认真按照调水组织实施方案抓好工作落实，共同确保调水有序开展。省南水北调办作为年度调水工作落实的牵头单位，强化调水运行的沟通协调、调水期间监督巡查、水质协调保障、突发事件应急处置等工作。四是省防汛防旱指挥部优化调度。省防汛防旱指挥部作为全省水资源统一调度的机构，密切关注水雨情动态，优化调水各类水利工程，统筹境内河湖库水源配置，做到省内用水和省外调水双兼顾。五是江苏水源公司和南水北调沿线工程管理单位抓新建工程运行管理。江苏水源公司认真履行新建工程运行主体责任，积极落实工程运行前各项准备，狠抓运行期安全生产，保障工程安全高效运行。六是省南水北调领导小组成员单位各司其职。省交通、环保、住建、海洋渔业、电力等部门根据职责分工，认真组织做好航运保障、危化品禁运监管、水质监督监测与保障、渔业养殖管理、电力供应保障等工作，共同确保调水顺利进行。

科学管理，把调水作为第一要务

在省水利厅、省南水北调办公室、省防汛防旱指挥部办公室等有关部门和沿线地方党委政府的关心支持下，作为承担调水任务的国有独资公司，江苏水源公司牢固树立政治意识，责任为先，始终把调水任务作为第一要务。公司成立至今，一直坚持以创新为驱动、向管理要效益，从顶层设计到每一个泵站无不遵循科学管理、创新为先。以本年度为例，为确保圆满实现向山东省调水目标，公司召开专题会议研究部署年度调水工作。面对调水量大、历时长等挑战，以及两省调水进程不匹配等困难，公司领导超前谋划，多次现场实地调研部署。针对当时我省河湖水情实际，会同省防汛防旱指挥部办公室、省南水北调办公室科学研判，加强风险分析，在保证洪泽湖、骆马湖防洪安全和确保不突破骆马湖控制水位的前提下，提前向骆马湖补水 1.94 亿立方米，为减轻调水对苏北经济社会的影响赢得了时间和空间。

为尽可能节约运行成本，公司积极落实市场化购电事宜，利用电力市场交易的契机，提前申请市场准入资格，科学申报用电计划，每度电节约电费 0.02 元。2013 年至今，累计节约运行电费约 2 亿元，实现"显著减本增效"目标。

责任和担当，传承南水北调精神

在南水北调工程建设和运行实践中，无数人艰苦奋斗，默默奉献，形成了以"负责、务实、求精、创新"为核心理念的南水北调精神。

泗洪站枢纽工程是南水北调东线一期第四级泵站之一，主要作用是将洪泽湖水通过徐洪河向骆马湖输水，方圆几里不见村庄。为了让一渠清水流入千家万户，泵站职工甘于寂寞，坚守在绿色生命线上，日复一日，年复一年，无论风雨。

作为一名基层员工，薛萍萍 2013 年调入金湖站工作，对南水北调精神的理解颇为真切："值班室，调水值班。每一分钟的坚守，是为了确保调度指令的顺利接收、保证主机组在规定时间内启闭、确保千里干渠的输水安全。深夜，明月照着渠水闪闪发光，水就那样安静地淌着。值班室的灯光却依然亮着，哪怕一晚没有一个电话、没有一份传真，依然坚守在自己的岗位上，虽默默无声，但却是对工作、对责任的最真诚告白。"而她，只是众多敬业爱岗、默默奉献的南水北调人中的普通一员。

郑福寿　周广立
原载 2018 年 11 月 15 日《新华日报》

问渠哪得清如许

江苏全力打造南水北调"清水源头"，确保输出"放心水"

秋日的骆马湖碧波荡漾、群鸥翻飞，这里是上万只鹭鸟的家。

东线调蓄湖泊洪泽湖大堤（缪宜江 摄）

东线调蓄湖泊骆马湖（缪宜江 摄）

骆马湖，江苏第四大湖泊，它既是徐州、宿迁两市的重要饮用水水源地，又是国家南水北调东线调水出省的"蓄水池"和输出走廊。骆马湖新沂窑湾水源地担负着为徐州城乡供水的功能，引用徐州市环保局水环境管理处处长黄利民的话说，骆马湖是徐州人名副其实的"大水缸"。

"南水北调调出省的水也是我们自己每天要喝的，水质怎么会差呢？肯定是放心水。"江苏水源公司一位职工的话，说出了一个治水人的真诚和背后南水北调东线江苏段无数人的不懈努力。

优化水环境，力保沿线水清岸绿

在南水北调工程建设之初，国务院就提出"先节水后调水、先治污后通水、先环保后用水"的"三先三后"原则。治污截污，恢复生态，退圩还湖，退渔还湿，产业转型，企业关停并转……为改善水环境，全省上下不遗余力。

据不完全统计，近年来，我省南水北调沿线已自筹133亿元资金，分两轮实施了305个治污项目，全面推进工业点源治理、城镇污水处理、农业面源整治、船舶污染防治、渔业养殖管控和尾水导流工程建设。围绕改善包括南水北调输水干线在内的水环境质量和南水北调输水水质达标，省委、省政府先后规划实施江淮生态大走廊建设，出台"263"专项行动方案、苏北苏中地区生态保护网建设实施方案、生态河湖行动计划。省水利厅强力打击河湖非法采砂，全力推进河湖"三乱"整治等。通过努力，南水北调东线江苏段输水水质持续稳定达到地表水Ⅲ类标准，沿线地区水环境焕然一新。

江淮生态大走廊，打造"清水源头"

扬州，因"州界多水，水扬波"而得名。南水北调东线从扬州江都三江营长江口取水，经夹江、芒稻河，通过京杭大运河，一渠清水向北。问渠哪得清如许，为有源头活水来。这里是南水北调东线的源头，源清流净。

围绕把南水北调东线输水廊道和淮河入江水道建成清水走廊、绿色走廊和安全走廊这一目标，扬州市启动了江淮生态大走廊规划建设，先期实施了江都水利枢纽环境综合整治、"七河八岛"生态中心、廖家沟饮用水源地保护等一批先导工程；开展京杭大运河沿线两侧 1 公里范围内 103 家化工企业的关停搬迁。

水环境治理要真正做到"最严格"，谈何容易？必须有壮士断腕的勇气，尤其是要对水乡传统的造船业、捕捞养殖业"下狠手"。

江都，长江、淮河、大运河交汇于此，是扬州江淮生态大走廊的"主战场"，也是历史上著名的水城。靠水吃水，历史上形成的造船厂、砂石码头、围网养殖遍布全境。如今，壮士断腕般不懈努力换来的是江都全境的水清岸绿，已建成的 20 多家主题公园遍布全区；渔民上岸住上了安置楼房，社保兜底。

雨后，漫步在江都源头公园，空气格外清新，这里是南水北调和江淮生态大走廊南部起点，占地约 615 亩，是目前江都最大的公园。而"三河六岸"生态中心，是江淮生态大走廊建设的出彩一笔。"三河六岸"指的是芒稻河、金湾河、新通扬运河 3 条河流及其两岸地区，这里是南水北调向北输水的咽喉要道。近 3 年以来，江都区累计投入 110 亿元进行生态环境综合整治，目前"三河六岸"主题公园和 6 个社区公园已"芳容"初露。"环境好了，这里的房价也上去了。"江都区环保局副局长周志刚说。

芒稻河，南水北调的输水河道，从以往的卫星地图上看，在滨江新城镇西村芒稻河的东岸，可以明显看到此地原来呈黄褐色。这里原有 11 家造船厂，绵延三四公里，最大的船厂可以制造 300 多米长的万吨大船。从去年开始，当地政府"忍痛割爱"斥资 3.5 亿元进行拆迁并用于生态恢复。

好环境保障了好水质，在江都西闸监测站，数据显示，这里的氨氮、化学需氧量 COD、溶解氧等主要指标均优于国家地表水 II 类水标准。

退渔还湿，洪泽湖水上牧场唱新致富歌

洪泽湖是我国第四大淡水湖，是国家南水北调东线调水的中转站，唐代始名洪泽湖，素有"日出斗金"的美誉。随着 2005 年《江苏省湖泊保护条例》和 2006 年《江苏省洪泽湖保护规划》的颁布施行，洪泽湖保护工作得到不断关注和重视。2013 年、2014 年，省水利厅会同沿湖各级党委政府，组织实施了两轮大规模的洪泽湖非法圈圩清除行动。至 2016 年年底，全湖共清除

非法圈圩 7.88 万亩，恢复调蓄库容约 1 亿立方米。

湿地，被誉为"地球之肾"。著名的洪泽湖国家级湿地自然保护区位于泗洪县境内，面积近 75 万亩，承载着气候调节、净化水体和保障南水北调水质的作用。保护区内有植物 534 种、浮游底栖动物 150 多种、鱼类 68 种、鸟类 190 多种，其中有国家一二级重点保护鸟类大鸨、东方白鹳等十余种。"过度养殖曾一度严重危害洪泽湖湿地的生态环境，今天的好环境是经历了多年努力才得以实现。"省南水北调办公室负责协调治污环保的负责人说。

洪泽湖 40% 的水域位于泗洪县境内。据泗洪县水务局局长刘晓永介绍，近年来，尤其是南水北调工程建设以来，泗洪境内加大了退圩还湖、退渔还湿的力度，目前已经退了 21 万亩。

为了让"淮水千里过洪泽，连天荷花施粉出"美景重现，当地政府利用还湖区域有计划地建设水上生态牧场，通过种植菱角、莲藕、芡实等水生植物和增加放养鱼、虾、蟹、螺等水生动物，努力恢复自然生态，目前面积已达 8 万多亩。刘晓永说，这些水上牧场亩均效益一年可达 1500 元以上，解决了原来渔民的出路问题，又能净化水质。此外，泗洪县在全境还实施了"绿水青山专项行动"，包括百河千渠环境整治工程、镇村污水处理设施建设和绿化造林等。

挂图作战，水上服务区变成整治指挥部

徐州，四省通衢，也是南水北调东线工程江苏段调水出省进入山东的最后阵地。近年来，徐州市通过不懈努力，实现了"一城煤灰半城土"向"一城青山半城湖"的转变。

京杭大运河苏北段全长 500 余公里，在邳州大王庙兵分两路，一路沿中运河邳州段向北经韩庄运河流出江苏，另一路为大运河不牢河段向西经解台闸流经徐州北郊，两段最后都连通省界南四湖。近年来，按照节能取近的原则，南水北调东线水基本上都是取道中运河向北出省。

邳州，古称邳国、下邳，东汉末年曾发生著名的下邳之战，枭雄曹操擒杀吕布。昔日的古战场，如今又成战场——这里打响了一场运河沿线治污防污、净化水源的生态环境的保护战。大运河邳州段属于中运河水系，途经邳州城区

和 7 个镇，全长 56.1 公里，这里可以说是南水北调东线江苏段调水出省通道的"最后一公里"。

长期以来，运河沿线码头林立、沙堆如山、网箱拥塞，为此，邳州市展开了史上最严厉的京杭运河邳州段环境综合整治行动，将昔日水上服务区直接变成了综合整治指挥部。会议室的墙上，张贴着 2451 项"任务清单"，大到几十亩的船厂码头，小到几平方米的茅屋猪舍，全部上墙，挂图作战。全市抽调了 40 余人集中办公，常务副市长任组长，4 位分管副市长为副组长，每天轮流前来现场督战。功夫不负有心人，整治工作自开展以来已拆除非法码头砂站 117 家、船厂饭店 68 家，拆解采砂船 200 余条，植树 50 余万棵。

72 岁的庄树庭老人，家住运河沿岸的张楼镇东村社区。他说，村上人原来在河岸开有十几家船厂和水上饭店，现在都拆了，"环境好了，水也清多了，老百姓都拥护。"

各方协同作战，努力打造"清水廊道"

清水北流，运河两岸生花，这也是全省各级各部门团结拼搏的结果。

江苏水系发达，沿线污染源控制和水质监管难度大，省环保、水利、交通、海洋渔业、南水北调办、江苏水源公司等通力合作，地方党委、政府共同努力，力保"一渠清水"。努力做好尾水导流工程运行管理，保证尾水不入输水河道。严格调水水质监测监管，采取日常监测、加密监测等方式，加强沿线水环境执法。省交通运输厅牵头加强航运监管，联合省南水北调办及时发布危化品禁运公告，加大禁航宣传力度，巡航里程达数万公里。原省海洋与渔业局组织做好渔业养殖隐患排查，强化养殖污染管控。

去年，扬州出台《扬州市水环境区域补偿工程方案（试行）》，将水环境区域补偿断面由 2016 年的 5 个扩大到 21 个，形成"谁超标、谁补偿，谁达标、谁受益"的水环境区域补偿政策框架，倒逼各地重视水环境治理工作。

淮安市着重突出"水"这一淮安的特色，把水污染防治作为生态文明建设的主要抓手，坚持水陆统筹、城乡统筹。排出 16 项湖泊流域生态环保治理项目，将洪泽湖、二河、三河、高邮湖和白马湖等重要生态功能承载区域设为禁止开发区域。开展南水北调沿线流域治理，组织实施截污导流，实施白马湖清淤和生态修复。

宿迁市聚焦断面达标、园区整治、湖区禁采等重点任务，确保南水北调供水安全。落实"限批、控源、减量"措施，强化执法监管，强化工业、城镇、农村等重点领域污染治理。分解工作任务，落实"党政同责、一岗双责"工作责任，印发《宿迁市水环境质量考核办法（试行）》，市水治办一月一报，明责加压。

按照国家和省"水十条"部署，徐州市制定了《水污染防治工作计划》和《水污染物减排计划》，实施治污和减排工程，进一步改善中运河水质。实施重点断面水环境质量区域补偿工作，利用经济杠杆强化地方政府治污责任。同时，将水污染防治重点目标任务列入年度各地污染防治攻坚战暨"263"行动计划的目标责任书中，纳入县市区重点经济工作目标考核指标体系。

2013年以来，我省南水北调输水干线 15 个控制断面均达到地表水 Ⅲ 类水标准，达标率为 100％。未来，随着全省新一轮的环境综合整治和防污治污工程的开展，南水北调调水沿线岸将更绿、水会更清。

张超峰

原载 2018 年 11 月 16 日《新华日报》

江苏水源：建现代水企，送一渠清水

南水北调东线第一梯级宝应站（缪宜江 摄）

调水管理智能发展、涉水业务多元发展、科技创新优先发展……近年来，南水北调江苏水源公司秉承"一渠清水向北送"理念，肩负着政治责任和历史使命，结合自身定位，解放思想，深化改革，努力打造成一个行业一流、生机勃勃的创新型现代水务企业。2017 年，公司实现营收超 10 亿元，比上年增长 17.78%，实现利润近亿元，比上年翻番。预计，今年营收和利润将继续保持较高增长。

肩负使命，保质保量完成调水任务

成立于 2005 年的南水北调江苏水源公司是国家和我省共同出资设立的国有独资企业，也是我省省属唯一涉水企业，注册资本 20 亿元。在南水北调工程建设期间承担着项目法人职责，负责南水北调东线江苏境内的工程建设管理；工程建成后，负责工程供水经营和相关水产品开发经营业务。东线工程从 2013 年 11 月全线通水以来，在省委、省政府和原国务院南水北调办领导下，在省水利厅、省南水北调办指导协调下，作为肩负着历史使命的"送水工"，5 年间，江苏水源公司已高质量实现调水出省 31 亿立方米，相当于一个洪泽湖年均蓄水量；省内抗旱排涝 45 亿立方米，生态补水 0.81 亿立方米，充分发挥了工程的社会效益、生态效益和经济效益。

经过多年来的不懈努力，南水北调东线江苏段共新建及改扩建泵站 18 座，新开挖及拓浚整治河道 100 多公里。建成亚洲最密集的泵站工程集聚群，工程质量评定优良率超过 80%，其中，南水北调宝应站、解台站、淮安四站等 8 项工程获得"中国水利优质工程大禹奖"。

重大科技创新成果是国之重器。目前，江苏水源公司已获得省部级科技进步奖 11 项，其中一等奖 7 项，获得多项国家发明专利，其中"南水北调工程大型高性能低扬程泵关键技术研究及推广应用"项目获 2017 年度省科学技术奖一等奖。现在又立足国内领先、国际先进，着手建设两个重点实验室。一是智慧泵站实验室，把传统泵站工程技术研究与现代智能技术发展嫁接，实现泵站技术的标准化、模块化、智能化；二是水土资源与生态修复实验室，形成具有自主知识产权的水环境综合治理核心技术。

未来，江苏水源公司仍将把完成国家调水任务和省防汛抗旱任务作为首要政治任务，并作为重中之重。进一步加强运营管理，优化调度方案，完善南水北调新老工程联合运行机制，优化"公司—分公司—现地管理机构"三级调度体系，实现工程全面提档升级。

抢抓先机，打造现代水务企业

2015年中共中央、国务院颁发了《关于深化国有企业改革的指导意见》，这是新时期指导和推进国企改革的纲领性文件。

不待扬鞭自奋蹄。公司提出把建立现代企业制度作为转型发展的核心任务，规范决策程序，并进行了大刀阔斧的改革。

按照集团公司标准化要求，制定了"用制度管人，按制度办事"的管理机制。对公司法人治理结构、组织管理构架、职责定位分工、内设机构设置等做了系统设计。按照做强做优做大做全产业链的思路，在保留二级全资子公司投资公司的基础上，近年来又相继成立了项目管理、泵站技术、智能水务、生态发展、水务发展5个二级全资子公司，沿省内调水主线成立了扬州、淮安、宿迁、徐州4个分公司。完善制度体系，制定了工程管理、财务审计管理等5大类100多项制度。完善并严格执行"三重一大"决策制度，现代企业制度粗具雏形。

改革分配机制是一个现代企业的必由之路。奖罚分明、少罚多奖成了水源公司全员考核的基本原则。从2016年起，崭新的考核机制使得水源公司员工的薪酬结构发生了明显变化，每人每年工资总额的50％纳入经营考核目标。"这种机制逼着你走向市场，千方百计地为公司挣钱，为公司挣钱也是为自己挣钱。"公司的一位员工深有感触。

调水管理智能化是江苏水源公司强化南水北调工程运行管理改革创新的大方向。公司以实现工程"远程控制、智能管理、少人值守"为目标，以调水运营安全高效为核心，依托物联网、大数据、云计算等现代智能技术，着力建设工程运行大数据分析及故障诊断预警系统、泵站群远程实时监控及水量优化调度管理系统等，打造南水北调工程智能化管理江苏品牌。目前，我省境内供水线路长达400多公里，公司管辖的14座泵站均实现了在线远程监控。

实现高质量发展，人才是关键

"制定员工职业规划，有步骤安排锻炼培训，优先选拔重用有一线和艰苦岗位工作经历的年轻同志",对人才培养的重要性和紧迫性,江苏水源公司上下早已达成共识。

企业发展靠人才。截至目前,公司已经搭建江苏省泵站工程技术中心、江苏省研究生工作站、江苏省博士后创新实践基地科技平台;成功申报获批博士后科研工作站,目前为省属企业(本部)唯一一家;培养江苏省"333工程"人才5名、双创人才1名和有突出贡献中青年专家2人。年初的公司党员大会提出,实施人才工程"12345"计划,通过3~4年时间,培养出10名左右优秀企业家、20名左右专业领军人才、30名左右团队领头人物、40名左右重点业务骨干和50名左右各类先进模范,目前实施计划和细则已经制订。

深化企业用人制度改革,方能激发企业活力。公司深入落实省委提出的鼓励激励、容错纠错和能上能下"三项机制"改革精神,制定了公司干部能上能下、人员能进能出、收入能多能少"三项制度"改革方案和具体办法,力求年内取得实质性突破。坚持从严治党,强化纪律,为公司高质量发展提供政治保证。

解放思想,谋求战略转型

2016年是江苏水源公司转型发展的分水岭。这一年,公司提出了新的指导思想:调水管理与经营拓展并重,明确"转型、起步、腾飞"三年奋斗目标,旗帜鲜明提出把涉水产业作为公司转型发展主业之一,全面推进水生态打造、水环境治理、水工程建设、水资源利用、水智能管理、水科技支撑、水投资开发等涉水业务。

经过两年的市场考验,公司职工思想观念、思维方式已逐步发生脱胎换骨式的转变。经营单位的企业价值导向逐步树立,主动到市场找项目,积极向市场要效益,市场开拓能力有了很大提升,涉水产业不断拓展,特别在"一带一路"、退圩还湖、工程咨询、技术创新等方面多有突破,战略转型实现良好开局。

2016年,公司中标承接了金坛龙山水利枢纽等4个水利工程建设管理业务,项目总投资超12亿元。探索通过PPP模式,介入地方水务市场。去年完成 7 个超亿元投资的外部水利建设管理项目，今年正在实施 8 个总投资近 30 亿元的水利工程建设管理项目。发挥技术优势，积极参与跟进"一带一路"，签订乌兹别克斯坦一水利工程泵站改造主机组安装项目，中标新疆克州水利投资 11 亿元的建设管理项目，并以克州项目为突破口，加快开拓水利市场。

水工程建设方面，在顺利推进南水北调一期工程建设扫尾任务的同时，积极争取承接后续工程建设及运营任务，积极争取省内重点水利工程建设管理项目，跟踪衔接省内外重大调水工程，延伸产业链，在工程总承包、水资源开发、技术咨询、标准化建设、运营维护等方面取得新业务。

在水环境综合治理方面，重点争取省内水环境整治项目和太湖及白洋淀等重点水域生态清淤项目，跟踪衔接性价比高的城乡水务一体化项目等，积极争取南水北调系统沿线地域与城市的水资源开发利用和水环境综合治理项目合作。

在水生态修复方面，开展南水北调工程岸线水土资源综合开发利用及生态修复，金宝地排泥场通过土地修复整理，实现近 2 亿元收益。拓展水土保持、园林绿化项目市场等，参与我省退圩还湖工程。响应中央提出的乡村振兴战略，适应城乡水环境综合治理新要求，学习特色小镇、田园综合体建设模式，力争通过 3 年左右努力，培育出国内一流水生态修复业务的核心竞争力。

在投资融资平台方面，积极对接省生态环保发展基金，着手设立江苏聿泉河湖生态环保产业基金，总规模 20 亿元。全资子公司控股的鸿基科技（872363）去年 11 月已在新三板挂牌，下一步将推动鸿基科技公司资质提升，打造主板上市公司。

在智能化业务方面，立足南水北调工程建设、调度和运行管理信息化、智能化提升，重点针对水资源科学调度、水环境监测、水工程运行"降本增效"等市场需求，进行相关智能技术研发，开发水利"云"服务市场，着力形成水工程从设计到运营全生命周期项目智能管理服务能力，培育独具特色的核心竞争力。

张超峰

原载 2018 年 11 月 17 日《新华日报》

水源：推动党建与经营发展深度融合

新建成的南水北调输水河道——三阳河工程（缪宜江 摄）

发展壮大国有企业，党的建设是关键。江苏水源公司党委深入学习党的十八大、十九大精神和习近平新时代中国特色社会主义思想，以及习近平总书记关于国企党建的重要论述。通过推进党建和经营相互融合，把党的政治优势转化为企业发展优势，让党建工作成为企业发展的内生动力。

公司党委成立于 2013 年 3 月，目前共有 7 个党总支、18 个党支部、1 个临时党小组；公司职工 314 人，党员 163 人。

夯实责任，强化党委领导核心作用

近年来，江苏水源公司认真履行政治责任，夯实党建工作主体责任，真正把主体责任放在心上、抓在手里，不断将党的建设工作引向深入。

强化国企政治方向。围绕"学懂弄通做实"，公司党委召开党委会和中心组专题学习会，对学习贯彻习近平新时代中国特色社会主义思想、党的十九大精神和中央、省委、省国资委党委重要会议精神进行交流研讨，确保中央、省委方针政策在公司贯彻落实到位。公司各级党组织分别通过中心组学习会、党支部（总支）组织生活会等形式，将学习活动引向深入。

修订公司党委会、董事会、总经理办公会议事规则，并对"三重一大"决策事项进一步细化，把党组织参与决策制度化。修订公司章程，组织开展分公司子公司章程修改，明确党组织在法人治理结构中的法定地位，进一步强化各级党组织在决策过程中的定向把关作用。

推进解放思想高质量发展。召开解放思想大讨论动员会暨高质量发展走在全国前列专题研讨会，明确公司高质量发展目标：加快实现"两个突破"（思想突破、业绩突破）、"三个前列"（科技创新走在前列、智能水务走在前列、生态修复走在前列）、"四个支撑"（人才支撑、技术支撑、业务支撑、管理支撑），推动转型发展、加快发展、高质量发展成为全公司上下的共识。

业务到哪里，组织生活就延伸到哪里

高标准推进企业党的建设。根据省委统一部署，江苏水源公司党委今年1月召开党员大会，选举产生公司新一届党委。重视提高公司基层党支部组织生活质量，细化规范"三会一课"、组织生活会、民主评议党员、谈心谈话、请示报告等7项制度，认真落实中央提出的"基层党组织统一活动日"制度，明确每月第一周的星期五为"党支部统一活动日"，每次活动时间不少于半天，落实好双重组织生活会制度。今年6月，公司3项党建工作创新案例获得省国资委表彰。

层层落实党建工作责任制，把全面从严治党要求做实做细。推动各级党组织牢固树立"抓好党建是本职，不抓党建是失职，抓不好党建不称职"的责任意识。建立基层党建述职报告制度。对党建责任落实不力的党组织，取消评优资格，并对相关党组织书记进行约谈。落实"四同步、四对接"要求，确保业务开展到哪里、党的组织生活就延伸到哪里。

"我省是水利大省，也是泵站大省，有很多代建代管项目，工程走在哪里，党支部就建在哪里。当时我们公司派人代管密云水库项目，地方很偏，年轻职工的思想比较活跃，流动的党支部发挥了很大作用——抓人心，除了做好几个年轻人的思想工作，还给他们生活和精神上的关心。"对此，扬州分公司党总支书记沈昌荣颇有心得。

紧紧围绕经营开展党建活动

党建工作与经营发展同步部署。每年年初，围绕并依据企业经营管理重心，把握公司经营管理重点、难点，找准党建工作的切入点，有针对性地确定年度党建工作总的思路和节点要点，使党的建设责任和企业经营发展责任相统一、相呼应，提高两者的契合度。党建工作与经营发展实行"五个一体化"，即目标任务一体化、推进实施一体化、考核评价一体化、奖惩处罚一体化、重要活动一体化。

党建活动与经营发展同步推进。以服务保障经营发展为根本衡量标准，紧紧围绕经营活动开展党建活动，先后开展"两抓两创"（抓党建促创新、抓基层促创业）、"支部红旗竞赛""学习年、效率年、纪律年"等系列活动，创新党建服务中心工作的理念、思路和活动，实现党建工作与生产经营同频共振、相互促进。

党建工作与企业文化同步推进。把思想政治工作与企业文化建设有机结合，以党建为引领，结合企业生产经营组织形式多样的文化活动，开展道德模范、身边好人、优秀共产党员评选表彰和"最美水源人"评比宣传活动，将党建和公司经营发展理念、核心价值观植入企业文化建设，增强员工的事业心、凝聚力和责任感。

强化规矩意识，营造良好政治生态

严肃纪律，营造经营发展良好政治生态。一是落实党风廉政建设"两个责任"，班子成员对职责范围内的党风廉政建设负领导责任。深化作风建设，抓好中央八项规定和省委实施办法落实，坚决清除"四风"滋生土壤。二是强化规矩意识，严格基层党组织生活制度，提高全体干部职工政治纪律和规矩意识。加强党性锻炼，今年分两批组织中层以上及新任党务干部开展"不忘初心，牢记使命——从延安再出发"主题培训。三是完善风险防控体系，严格执行"三重一大"决策制度，坚持集体研究决定。强化公司纪检监察和审计力量建设，提高监督能力。四是严肃执纪问责，制定《效能监察实施办法》，以"三重一大"重要领域、关键环节制度执行情况以及公司内部审计问题整改情况等为重点，开展定期或专项监督检查。

去年，十三届省委第三巡视组对江苏水源公司进行了巡视。针对反馈的意见，公司按照即知即改、立行立改的要求，将33个问题细化分解成107项任务清单，把每项整改措施细化为月度工作任务逐一销号落实。

开展文明创建，履行国企社会责任

近年来，江苏水源公司积极深入开展群众性精神文明创建活动，践行社会主义核心价值观，履行国有企业社会责任，圆满完成各年度目标任务。公司先后获得"全国工人先锋号""全国五一劳动奖状"等荣誉，1人获得"全国五一劳动奖章"，4人获得"江苏省五一劳动奖章"。去年，公司获得"全国文明单位"荣誉称号，南水北调江苏段工程荣获"国家水土保持生态文明工程"。

丰富精神文明创建活动内容。支持鼓励基层单位开展文明站所、文明班组、文明职工等创建活动，组织公司服务窗口以"立足岗位践行核心价值观"为主题，开展具有行业特色的教育实践活动，提升服务水平，树立行业新风。深入开展网络文明创建，引导干部职工提升网络文明素养。

不断丰富职工文体生活，通过积极有效的人文关怀，激发干事创业激情，维护公司良好形象。开展形式多样的工会和团委活动，通过组织参加省部属企业工会和省国资委举办的羽毛球比赛、篮球比赛、歌手比赛，组织新进年轻员工开展团队精神拓展训练，以及原创文化作品汇演等活动，凝聚人心力量。公司员工参加省部属企业职工演讲比赛获得银奖，并在交通控股、中烟公司等省部属企业开展巡回演讲。

履行国企社会责任，积极参加公益活动，向省扶贫"三会"扶贫助学"春蕾班""滴水筑梦"基金累计捐款140万元，专款帮扶贫困辍学儿童。开展精准扶贫，今年公司选派两名骨干分别赴泗洪县、淮阴区开展驻村扶贫，拨付扶贫资金，年内累计投入100万元用于村企精准脱贫攻坚，确保实现省委、省政府下达的脱贫攻坚目标。定期组织适龄健康员工无偿献血活动，在社会上展示了江苏水源公司员工良好的精神风貌。开展"清水廊道"志愿服务专题活动，近千名管理人员坚持开展常态化志愿服务活动和"学雷锋"活动，在南水北调系统产生了积极影响。

张超峰

原载2018年11月18日《新华日报》

一江碧水　北上奔流

——南水北调东线一期工程通水五周年综合效益显著

层林尽染，水波潋滟。

11月1日，随着济平干渠渠首闸缓缓开启，东平湖水以15立方米每秒的流量涌出，南水北调东线山东段正式启动2018—2019年度调水工作。作为南水北调东线山东省境内第一个开工、第一个通过国家验收、第一个通水发挥效益的工程，自运行以来，济平干渠从东平湖引水，向济南和胶东半岛输水已有五年了，支撑和保障了胶东地区青岛、烟台、威海、潍坊四市的经济发展。

济平干渠只是整个南水北调东线调水工程中的一环。自2013年东线工程正式通水至今，五年来，近31亿立方米长江水奔流北上，缓解了苏北、胶东等地区的缺水危机，满足沿线城市快速发展的要求，综合效益显著。

"在改善民生、促进社会进步方面，这是一项功德无量的工程；在促进工农业生产和经济可持续发展方面，这是一项绿色长青工程；从环境保护和生态文明建设方面来看，这是一个促进人与自然和谐相处、尊重顺应自然规律的一项生态保护工程。"在南水北调东线一期工程媒体开放日座谈会上，与会专家参观工程后，连连称赞。

不 可 或 缺 的 水 源

水清岸绿，风光旖旎。

在江苏省扬州市江都区境内的京杭大运河、新通扬运河和淮河入江尾闾芒稻河的交汇处，一座水利枢纽工程在这里矗立半个世纪之久，这便是南水北调东线的源头——江都水利枢纽。

一个洪泽湖、2500个大明湖常年平均蓄水量。五年来，长江水从这里开始，奔腾北上，从根本上解决了从苏北至齐鲁等华北地区缺水问题，成为受水地区不可或缺的水源。

"南水"引来前，旱灾居山东省各种自然灾害的首位。十年九旱，生态脆弱。"泉城"济南还曾一度遭遇无泉可涌的尴尬。南水北调山东干线公司副总经理高德刚介绍，2015 年 6 月 21 日，趵突泉水位降到了 2003 年泉水持续喷涌以来同期最低水位 27.16 米。

2015—2016 年，南水北调工程引长江水和其他水源，保泉补源 5800 万立方米，保障了济南泉水四季喷涌。

2014 年，胶东四市进入连续枯水期，降水持续偏少，当地水源严重不足。为保障胶东四市城市供水安全，山东省统筹组织南水北调、引黄济青、胶东调水工程向胶东四市实施了 4 次抗旱应急调水，连续 3 年实施汛期调水。截止到 2018 年 9 月 30 日，累计通过南水北调工程向胶东四市净供水 14.42 亿立方米，其中长江水 10.79 亿立方米。长江水已成为胶东地区重要供水水源，为保障胶东地区城市供水安全发挥了不可替代的作用。

"现在南水北调水已成为山东不可或缺的供水水源，对有效缓解山东过度依赖黄河水和地下水的困境意义重大。"高德刚说。

而南水北调东线一期工程的另一个受益地是江苏省。江苏省水分布的特点是中国水分布的缩影，苏南水丰，苏北多旱灾。"南水"的引入，较好解决了苏北 7 市 50 县（区、市）工业与农业生产、城乡生活、生态与环境用水问题，受益人口近 4000 万人，同时发挥了防汛、排涝、灌溉、航运等综合功能，加速了苏北的经济和社会发展。

"作为国家基础性战略民生工程，南水北调东线从长江取水，以缓解华北缺水危机、满足城市快速发展的需求。一期工程通水五年来，已经为受水地区提供了稳定的水源保障，未来，随着后续工程的推进，将把'南水'送入天津、河北、北京等华北地区。"南水北调东线总公司副总经理胡周汉说，"目前，东线后续工程补充规划正在紧张进行中，下一步将按程序审核报批。"

保 量 也 要 保 质

从 2013—2018 年，南水北调东线工程分别调水入山东 1.7 亿立方米、3.28 亿立方米、6.02 亿立方米、8.89 亿立方米、10.88 亿立方米，调水量逐年大幅度增加，这离不开背后统一高效的建设管理主体。

2014 年年底，为确保南水北调东线工程良性运行和效益发挥，由国务院批准成立了南水北调东线总公司，负责工程统一调度、联合运行的组织、协调、监督、保障等工作，江苏和山东分别由法人单位管理工程现场。南水北调企业化运营模式走在了水利行业的前头。

南水北调江苏水源公司冯旭松副总经理介绍，在水资源调度方面，南水北调执行国家的计划方针。由于调水量巨大，要会同有关部门对河道的航运调度进行精细化管理，通过优化调度节省调水成本。在调水运行中，强化安全督查、运行值班、实时监控，落实调水责任，多方协调，精准调度，初步建立"公司—分公司—现场管理机构"的三级调度体系，调水保障能力逐步提高。

南水北调东线工程不断总结经验，逐年优化调度方案，在执行国家2017—2018年度调水任务中，强化流域水情预测分析，动态优化调度方案，充分利用淮河丰水和沂沭泗来水抽水北送，减少长江至洪泽湖三个梯级泵站的抽水运行。2013年至今累计节约运行电费约2亿元，实现显著减本增效目标。

水不仅要"送到"，而且要高质量"送到"。这其中，最大的难题是治污。

为确保一江清水北送，江苏段在东线治污总体规划基础上，编制并实施了《南水北调东线工程江苏段控制单元治污实施方案》，通过治理沿线数千家工厂转型甚至关停，并重点实施了尾水导用工程。

南水北调工程管理单位与环保厅、交通厅等部门协同建立了调水运行水质监督监测与预警、干线航运保障与监管、水质数据共享与发布等水质保障机制，为调水水质达标提供了保障。

10月31日，记者一行来到骆马湖考察东线调蓄湖泊的水质情况，只见湖水清波粼粼，曾经生态遭受严重破坏的骆马湖恢复了往日的清澈碧颜。

据了解，骆马湖曾因过度采砂，生态系统遭到严重破坏，加之污水滥排、围湖养殖等，水质严重下降。为改善骆马湖水质，宿迁市对其开展系统治理，通过全面禁采、开展沿湖截污导用，加强保护区岸线垃圾收集与清运、实施退渔还湖等措施，修复湖泊生态环境；同时建立长效机制，定期清理麦黄草，加强监测监控，防范潜在风险。在系统治理与保护下，骆马湖水质不断提升，从过去不稳达标的地表Ⅲ类水，到目前稳定在Ⅱ～Ⅲ类水。

胡周汉介绍，在南水北调东线建设过程中，沿线各地连续多年开展"治污攻坚战"，地表水水质达到国家规定的地表水Ⅲ类标准，达标率从2003年的3%提升到正式通水前的100%。

一江碧水　两岸青山

"它改变了南四湖、东平湖无法有效获得长江水补充的历史，避免了湖泊干涸导致的生态灾难。"除了输水，东线调水工程给沿线带来最大的变化是生态环境的改善。

南四湖、东平湖是山东地区的重要水源地，2014年6月，南四湖遭遇干旱危机，湖区蓄水不足历年同期的两成，水位降至2003年以来最低，生态危机告急。南水北调东线工程紧急补水，历时20天入湖水量达到8000万立方米，南四湖水位回升。2016年旱情再现，南四湖、东平湖水位接近生态红线，东线工程调引长江水向两个湖泊补水2亿立方米，避免了因湖泊干涸导致的生态灾难。

据统计，通水五年来，源源不断的"南水"，修复了南四湖、东平湖、微山湖等自然生态景观数十个，重新塑造台儿庄古城、济南趵突泉等人文景观十余个……

"这些地方就是缺水干旱地区，气候一旦恶化，可能会使得干旱和恶劣极端气候加剧。现在我们把水补上去，森林覆盖率也会提高，这就能多吸收二氧化碳，对于改善局部气候条件、应对气候变化大有好处。"同行的专家分析着南水北调对环境气候带来的有益影响。

一江碧水，北上奔流。五年时间，南水北调东线工程积极发挥综合效益，不仅保障百姓生活用水，还增加了生态用水、改善了河流生态环境，成为支撑苏鲁大地经济社会发展的生命之源。

马晓媛
原载2018年11月21日《中国水利报》

东线江苏段三泵站获水利工程大禹奖

1月7日，从中国水利协会了解到，南水北调东线江苏段金湖站、邳州站、刘老涧二站三项工程荣获2017—2018年度中国水利工程优质（大禹）奖。

中国水利工程优质（大禹）奖是水利行业优质工程的最高奖。自 2013 年以来，南水北调江苏段先后已有宝应站、淮安四站、江都站改造、解台站、淮阴三站、金湖站、邳州站、刘老涧二站 8 个工程获奖。

金湖站、邳州站、刘老涧二站工程以大型灯泡贯流泵关键技术研究与应用、大型竖井贯流泵装置研究与应用、大型调水工程泵装置理论及关键技术研究与应用等科技创新为支撑，积极组织技术攻关，工程实体质量优良，泵站装置效率优于同类泵站水平，多项研究成果获得国家专利，达到国际先进水平。

王　晨　王晓森

原载 2019 年 1 月 9 日《中国南水北调》报

南水北调中线
优秀新闻作品

NEW

风 雪 大 坝 守 夜 人

风卷大雪在车灯前飞舞，越野车沿着曲曲弯弯的冰雪道路吃力地向坝顶爬升。

昨晚8时，记者来到丹江口水利枢纽工程探访。经扩建后的大坝"长胖长高"了，锁住一库清水，南水北调中线调水未来可一路向北自流。

夜幕中，市区灯火远远映照，大坝巍然屹立，瑞雪披裹，更显雄伟静穆，气势夺人。经过几道岗哨，我们终于来到了176.6米坝顶。

又一哨卡，两个身影伫立在风雪中。

"我是大坝的4号岗哨，汉江集团保卫中心职工张德明。"

打过招呼，张德明和他的值勤同事、丹江口保安公司的李照明连忙把我们迎进哨位旁的值班室。

"工作快30年了，陪大坝过了5个年。"张德明豪爽地说，"我爸也是一辈子服务丹江口水利枢纽，如今退休了！"

李照明告诉我们，坝顶这两天才清静下来。"三四天前，还有葛洲坝集团和中国水电三局100多人在施工。"为了清水顺利进京，丹江口枢纽建设进入了紧张扫尾阶段。大坝从162～176.6米"穿衣戴帽"扩建主体工程完成后，各项配套工程也紧锣密鼓地展开。"大年初四、初五恢复施工，到时坝顶又会热闹起来。"张德明说。

坝顶风大，夹板围成的值班室四面透风。电暖器开着，但热量大多被风吹走，只有双手靠近才能感受得到。五六平方米的地方，有一个床不像床、凳不像凳的长台子，上面放着一床铺盖。一台电视机，卫星天线坏了，接收不到信号，正等着天亮后，公司派人来修，不然就误了看春晚。

"吃饭怎么办？家人会叫苦吗？"

"值班前从家里带上来。"张德明打开一个塑料袋，里面还有他晚餐没吃完的卤猪蹄。他又打开一包："这是公司领导送来的水果和瓜子，你们也吃点呀！"

"守护大坝责任太大，我们俩只能轮流卷着铺盖打个盹。要确保一个人高度警惕值勤。"李照明说，"风大雪大，也算不得苦。守大坝也好，建大坝也好，全国像我们这样上岗守夜的人多了去了。"

告别4号岗哨，下游丹江口市区灯火灿烂。静寂的大坝上，两个身影仍在朝我们不停挥手。

蔡华东　陈剑文

原载 2012 年 1 月 22 日《湖北日报》

兴隆水利枢纽工程施工现场

5 月 15 日，南水北调兴隆水利枢纽工程电站厂房 1 号机组管型座吊装施工现场，工人正在紧张地对管型座内锥进行调整加固，抢在汉江主汛期到来之前完成设备安装。该机组有望年底实现并网发电。兴隆水利枢纽工程自 2009 年 2 月 26 日正式开工建设以来，累计完成投资 22.01 亿元，占总投资的 72.19％。

陈　奇

原载 2012 年 5 月 18 日《湖北日报》

郭有明调研南水北调工程要求
保质量　保进度　保安全

本报讯　近日，副省长郭有明赴潜江市调研兴隆水利枢纽和引江济汉工程。

郭有明察看了高石碑枢纽施工现场，听取了省南水北调办（局）关于工程建设情况的汇报。郭有明指出，兴隆水利枢纽和引江济汉工程投资大、作用广，一定要把工程建设好、管理好，依法、科学地进行水资源统一管理、调度，充分发挥其综合效益。

郭有明强调，工程建设要保质量、保进度、保安全，当务之急是确保工程安全度汛。要做到建管并重，及早研究运行管理长效机制，做到机构建设规范，运行管理精简高效。

龚富华　陈华贵　陈　奇

原载 2013 年 3 月 1 日《湖北日报》

新乐非法穿越案件追问：

南水北调工程安全如何保护

7月3日，被雨洗过的天空格外湛蓝，南水北调中线京石段渠道与新乐管理处新办公楼相隔百十来米，白色的渠堤嵌在绿色的田野里，清晰可见。

管理处门前是一大片工地，管理处工作人员告诉记者，一所学校和一条城区主干道不久后都将在附近建成。而这只是这座距石家庄38公里的县级市加快城市化的一个缩影，市区边缘住宅小区的建设档次，已接近省会城市。

城市化离不开基础配套建设，南北走向的京石段干渠成了部分基础建设绕不过去的障碍。而发生在 2012 年 9 月 28 日的非法穿越案件，则是工程沿线城市化建设与南水北调工程间的一次碰撞。

■**案件回放**

2012 年 9 月 28 日，安保人员刘国增如往常一样行走在巡线的路上，他所属的石家庄市聚源水利服务有限公司承担着新乐境内的渠道安保任务。上午10点，他行至西名村东公路桥，发现桥头有白色 PVC 管线，疑似穿越渠道施工。

接到刘国增的报告，新乐管理处副处长李书合匆匆赶到现场，经查看确认有管线穿越渠道，可并没有发现施工人员和机械。他立即带领人员查看渠道，发现渠底多块衬砌板隆起、裂缝，并有泥浆渗出。事态的严重，让他容不得耽搁，一面向中线建管局河北直管建管部报告，另一面向公安机关报案。

谁是肇事者？必须要在第一时间找出这个答案。作为土生土长的本地人，李书合一连串的电话后，得到了一条线索，河北盛坤非开挖工程有限公司正在附近进行通信线路施工，具有重大嫌疑。

随着线索的不断充实，谜底很快被揭开了。当日下午，公安机关在距案发现场约1公里处，将正在施工的王玉东、翟兴泰等人抓获，并扣押了部分施工设备。王玉东、翟兴泰等人受雇于河北盛坤非开挖工程有限公司，对违法施工、造成主干渠地基严重破坏的事实供认不讳。2012年9月29日凌晨，2人被新乐市公安局刑事拘留。

据被拘留人员口供交代及公安部门查明的事实，河北盛坤非开挖工程有限公司受河北永吉通信发展有限公司委托，于2012年9月23—27日晚间，在没有相关资质，未依据南水北调运行管理规范向中线建管局提交申请的情况下，于夜间对南水北调中线总干渠进行非法穿越施工，造成总干渠损毁，严重影响了供水安全。

■ 诉讼波折

一起非法穿越南水北调渠道并造成破坏的案件，清晰地呈现在人们面前。但案情的清晰，并不意味着诉讼的顺利。

依照《中华人民共和国刑法》，直接损失金额超出50万元，犯罪嫌疑人涉嫌犯有重大责任事故罪。可见，损失大小是整个案件的关键，既关系到能否维护南水北调工程的合法权益，又关系到犯罪嫌疑人是否承担刑事责任。

2012年10月29日，新乐市人民法院以民事案件立案。当事人及河北盛坤非开挖工程有限公司对于破坏南水北调工程的事实供认不讳，对于侵权行为并无争议，理应承担民事责任，但对于侵权后果即损失大小的确认却存有争议。

对于被告的反应，中线建管局有所预料和准备。在律师团队的指导下，新乐管理处重视证据的搜集，在案发时就及时拍照、摄像取证，修复施工中也保留了充分的证据。同时，还委托事故发生渠段的设计单位水利部河北水利水电勘测设计研究院，出具《渠道破坏处理及恢复设计报告》，作为损失赔偿的依据。证据的完整翔实，让新乐市法院的法官颇感惊叹。

在大量事实面前，为了逃避刑事责任，河北盛坤非开挖工程有限公司矢口否认顶管施工是造成干渠损毁的直接原因。该公司一面主动致歉新乐管理处，想通过和解赔钱了事；一面否认应承担渠道修复的全部责任，认为损毁修复的范围远远大于受损部分。庭审期间，该公司向法院提交鉴定申请，要求法院委托司法鉴定机构对盛坤非公司施工行为与渠道损害的因果关系、受损渠道修复的合理费用进行鉴定。

由于当地尚无工程损失的专业司法鉴定机构，鉴定过程几经波折。多方慎重考量，新乐市公安局聘请水利部河北水利水电勘测设计研究院出具《南水北调中线京石段（河北段）应急供水工程新乐市西名村东公路桥附近渠道破坏处理及恢复设计报告》。新乐市物价监督局以此报告为参考，评估认定干渠直接损失金额超出 50 万元。

2013 年 1 月 28 日，河北新乐光缆穿越主干渠刑事案件开庭审理。河北省新乐市人民检察院指控被告人王玉东、翟兴泰的行为触犯了刑法第 137 条的规定，应以工程重大责任事故罪追究刑事责任。

2013 年 5 月 6 日，河北省新乐市人民法院宣判，被告人王玉东、翟兴泰犯重大安全事故罪，分别判处有期徒刑六个月缓刑一年，并处罚金 18000 元。

■ 现实的困惑

新乐非法穿越案件结案距今近 2 个月了，但李书合的心情似乎还没从案件中缓和过来，周围的工作人员有半年没见过他的笑模样了。

"自我检讨，痛定思痛。"年过 50 的他，说出这话耐人寻味。他告诉记者，他本人以及整个管理处都以此事为戒，认真吸取教训。为了避免此类事件发生，管理处在渠线外、跨渠桥梁附近加设了警示牌，加派人员重点巡视。同时，加强对安保单位的管理，将围网外、保护区范围内作为巡逻重点。

沿线社会经济发展速度飞快，各类管线穿越施工难以避免，处置不当易引起地方矛盾。他认为，在加强治理打击非法穿越施工的同时，应疏堵结合，根据穿越工程难易程度及对干渠安全影响程度进行分级管理。

尽管对渠道安全加强了管控，但是李书合仍然不敢掉以轻心，各种潜在的隐患让管理处防不胜防。工程穿越的上下游河道，非法采砂现象严重。沙河北倒虹吸穿越的沙河河道内，盗采留下的深坑触目惊心。虽然管理处在工程沿线树立警示标志，禁止在工程上游 2 公里、下游 3 公里内采砂，但是在利益的驱使下，盗采现象仍然存在。在汛期，非法采砂造成的深坑，对工程造成了巨大安全隐患。面对这种情况，管理处由于没有执法权，只能依靠当地相关行政部门，打击力度不够，治理效果十分有限。

渠道两岸的村民，为了方便灌溉，从跨渠桥上铺设水管，违反了南水北调运行管理条例，管理处去制止，但依据难以让人信服。面对违规行为，没有明确的法规作为依据，基层管理人员总感觉有理说不出。

面对这些情况，基层管理处应对手段也十分有限，没有明确的保护法规，更没有执法队伍，面对渠线外的干扰，只能依靠当地行政单位。

工程运行 5 年来，有很多现实的问题，让李书合感到困惑。作为运行管理机构的基层单位，除了负责通水期间的运行管理外，还要负责所辖渠段的工程安全、水质安全、人身安全，而这 3 个安全责任让他这个基层管理处的负责人，始终感到肩上的担子沉甸甸的。

朱文君　秦　昊

原载 2013 年 7 月 12 日《中国南水北调》报

久 旱 遇 甘 露

——中线总干渠抗旱应急调水解平顶山饮水之困综述

丹江水从陶岔渠首流入中线总干渠，支援平顶山应急抗旱

澎河退水闸缓缓提起，丹江水奔腾驶向平顶山解渴

"提闸！"

2014 年 8 月 17 日 18 时整，南水北调中线总干渠澎河退水闸缓缓升起，清澈的丹江水从总干渠奔腾而出，涌入平顶山旱区。那一刻，无论是平顶山旱区的受益者，现场的建管、运管、施工、监理、设计单位人员，还是前来见证这一伟大历史时刻的见证者们，大家都难掩激动的心情。他们相拥、相握，喜笑颜开，多年的艰辛困苦此时此刻变得虚无，化成了一股巨大的力量，凝聚在一起。

丹江水流入平顶山市的那一刻，提前实现了南水北调中线工程从长江流域到淮河流域的跨流域调水。同时，也标志着中线干线工程河南段提前发挥抗旱效益。

临危受命　勇挑应急调水重任

2014 年入汛以来，河南遭遇 63 年来最严重夏旱，省内高温少雨干旱天气持续发生，部分城市出现供水困难，特别是平顶山市，主要水源地白龟山水库蓄水偏少，目前已低于死水位（97.5 米），供水水源不足，已严重影响到城市供水安全，百万市区人口面临用水危机。针对旱情，7 月 30 日，国家防总与国务院南水北调办等单位应急会商，讨论形成了《2014 年从丹江口水库向平顶山市应急调水方案》。随后，国务院南水北调办主任鄂竟平在《关于落实向平顶山市应急调水相关事宜的通知》上批示：请南水北调中线建管局务必全力以赴，克服困难，做好应急调水工作。

应急调水是在南水北调中线工程河南段还未完成充水试验的前提下进行的，困难重重。但他们没有畏惧，当面对百万同胞的饮水之困时，抗旱救灾之心时刻推动着他们勇往直前。

中线建管局紧急部署，制订了详细的应急调水方案和应急预案。要求现场各管理机构对调水沿线工程进行拉网式排查，排除各类安全隐患，确保已进入渠道内作业人员安全撤出。组织对参与调水的各闸站和退水闸等相关机电金结设备进行检查，确保设备正常使用。各级调度机构及各闸站保持 24 小时电话和传真畅通，确保信息畅通。组织各级调度机构调度人员及时到位，实施 24 小时值班，确保调水期间按时收集、汇总、上报水情数据，及时传达各类调度指令和指示。组织各闸站调度人员及时到位，实施 24 小时值班，并按照要求分频次进行水情数据的采集和上报，以及闸门调度指令的执行和反馈。调水过程中，组织现场相关人员跟踪水头，记录水头到达渠道建筑物进、出口的时间，并及时上报。

全力以赴　护送一渠清水入鹰城

平顶山市百万同胞的饮水之困牵动着每一个人的心弦，而此次应急调水是为旱区人民送去的救命水啊！身为南水北调工程的建设者们，他们肩负重担，义不容辞。

高度重视，一线蹲守。此次应急调水，国务院南水北调办主任鄂竟平高度重视，于 8 月 14 日深入工程一线检查指导。在南阳 6 标张苏庄生产桥附近，鄂竟平看到渠道巡视人员和工程内保、外保人员整齐的着装，感受到大家不畏烈日、严谨负责的工作态度时，他欣慰地笑了，语重心长地说："本次应急调水事关大局，我们必须高度重视。特别是当前应急调水的渠段是首次通水，任务十分艰巨，大家要格外认真，一丝不苟地加强安全巡视。大家务必全力以赴，克服困难，在保证工程安全、人身安全、供水安全的前提下，确保一渠清水支援灾区。"

中线建管局党组全力以赴，调水抗旱。分管运行调度的副局长刘宪亮第一时间蹲守一线，自 8 月 7 日 8 时，陶岔渠首枢纽开闸放水的那一刻起，他便一路跟踪水头，沿渠查看水头位置、了解水情，并检查各闸站运行调度情况，现场指挥，不分昼夜。邓州管理处金涛告诉记者，7 日晚上 11 时他正在湍河渡槽运管值班，刘宪亮一行夜查湍河渡槽进口底坎。"他一边询问我水头位置和值班人员情况，一边在手电光下认真检查工作记录本。在详细询问了运行调度、工程巡查、安全保卫等情况后，他嘱咐我，一定要做好水情上报、机电设备检查、沿线巡查和安保工作，确保抗旱调水安全顺利。随后，他先后拨通了中线建管局总调度中心和河南分调度中心的值班电话，了解并检查值班人员工作情况。"

风雨无阻，日夜兼程。中线建管局总调度中心、河南分调度中心和陶岔、邓州、镇平、南阳、方城、叶县、鲁山 7 个管理处以及各个现场闸站在调水期间都配有运行调度人员 24 小时值班。各司其职，各负其责，总调度中心发布调令，分调度中心上传下达，各管理处、闸站现场操作具体实施。

正值夏季炎热高温，现场运管人员脚踩胶鞋跟踪水头，每小时测量一次渠道水深情况，向管理处运行调度值班人员反馈信息，由运行调度值班人员将水头信息核对后报出，以确保信息及时和准确无误。由于长时间泡在水里，再加上天气炎热，运管人员穿着胶鞋的脚都泡肿了，像发面馒头一样，可为了通水，他们丝毫不觉得艰苦。

记者在草墩河节制闸处看到，启闭机室的机械设备和闸墩上分别标有"1号闸、2号闸、手动阀和自动阀"等清晰的标示。河南分调度中心工作人员鞠向楠告诉记者，这些都是现场管理处为了让运行调度人员更加准确地操作机械设备提前做好的准备工作。

多措并举，确保安全。为加强调水期间的安保工作，渠道巡视和安保人员身穿整齐的工作服，佩戴统一的渠道出入证，每日徒步对工程开展全天候巡视，并认真登记出入渠道人员和车辆。各管理处还积极与地方政府、南水北调办协调，由当地政府向附近的学校发通知、给学生发《致家长的一封信》等加强对沿线群众的宣传教育。沿渠的每个闸站操作室内都挂着醒目的《闸站值班制度》《闸站交接班制度》《闸站规范管理检查制度》等。闸站外的墙壁上和每个跨渠桥梁上都挂有醒目的安全宣传横幅，绳索、救生衣、救生圈等救生物资沿渠随处可见。

喜笑颜开　水乳交融责任的延续

清甜的甘露带着灾区人民的希望，沿着南水北调中线总干渠一路狂奔，在历时 10 天零 10 小时后，流入鹰城，与平顶山市澎河胜利会师。

水头交接现场人声鼎沸，"感谢"之声弥漫了整个天空。正在河南督导的党的群众路线教育实践活动中央第一巡回督导组组长周声涛赶赴现场，并对此次应急调水工作给予高度肯定。

平顶山市市委书记陈建生激动不已，他说："南水北调工程是党中央、国务院为解决北方地区水资源短缺问题做出的英明决策。在南水北调中线干渠尚未全线通水的情况下，提前利用南水北调中线干渠引丹江口水库水源进入我市，解决群众饮水困难。应急调水的顺利实施，是各级各有关部门团结协作、顾全大局、攻坚克难的结果。这项工程是目前最有效、最直接、安全系数最有保障的一项工程，此次成功引水将有效缓解市区饮用水源紧张局面。"

河南省水利厅厅长、省南水北调办主任王小平深有感触地说："从国家防总、水利部、国务院南水北调办、长江水利委员会，到省内各级各部门，都饱含为民情怀，全力以赴实施应急调水工程，一场调水'战役'也成为党的群众路线教育实践活动的生动课堂。"

平顶山市一名姓周的老人在接受采访时，紧紧握住记者的手，激动地流下了泪水，老人哽咽着说："感谢国家！感谢南水北调！今天，我们成为了第一个享用南水的城市！幸亏有南水北调中线工程，这是及时给我们送来了救命水啊！"激动的泪水抑制不住地顺着面颊流淌。

这是受灾地区人民的期盼，更是我们南水北调人的责任与使命。现场交接的不仅仅是水头，更是大家身上背负的责任。

230 公里的输水线路上，汇聚了无数的力量；2400 万立方米的调水规模，还将持续数日。接下来的日子里，巡视、监测、安保、运行调度……助推一泓碧水源源不断勇往干涸之城，任重道远！

地上天河，挽起长江流域和淮河流域，创造奇迹；地上天河，送去救命甘露和赤诚之心，温暖八方。

见证与铭记！

李　萌

原载 2014 年 8 月 22 日《中国南水北调》报

且持梦笔书奇景

——引江济汉工程建设纪实

新中国的历史，将永远铭记这一天——2014 年 8 月 8 日，自西向东亘古流淌的长江，在中游荆江段一个叫龙洲垸的地方，顺着南水北调引江济汉宽阔的渠道，毅然向北奔涌，长驱直入 67.23 公里，汇入汉江下游潜江高石碑河段，滋润着 600 多万亩干渴的农田，为 800 多万盼水的群众送去甘泉。

汉江自古入长江，如今长江济汉江。这是大自然的奇观，更是中国共产党人谋划、推进国家水资源平衡的精彩画面。

滚滚江水涌汉江，一江河水一江情。湖北人民舍小局保大局、举全省之力投入南水北调中线工程建设，多少牺牲，多少奉献，都汇入这澎湃激流之中。

南北双赢　南北两利

南水北调中线工程，首期从汉江年调水 95 亿立方米，对人类繁衍生息的汉江流域，意味着什么？

人们从百年间水文记载分析，汉江上游年均入江径流量为 388 亿立方米，首期调水之后，汉江上游和中游划分处丹江口水库，每年将减少近四分之一的下泄流量。千百年来，汉江形成的生态平衡，受到严峻挑战。

党中央高度关注中线工程引水后汉江中下游的发展，安排了引江济汉、兴隆水利枢纽等相关工程建设。这是确保南水北调中线工程南北两利、南北双赢的关键举措。

祖国南方和北方，中华大地血肉相连。党和国家毅然决定，尊重汉江生态平衡规律，在汉江中下游兴建四项补偿工程：引江济汉——年引 31 亿立方米长江水，为汉江下游补水；兴隆枢纽——筑坝形成回水 76.4 公里，缓解调水影响；整治汉江局部航道，通畅区间航运；改造汉江部分闸站，保障农田灌溉。

与中线工程向北引水建设同步，汉江中下游治理工程，秣马厉兵，紧锣密鼓，次第开工。其中，投资 80 多亿元的引江济汉工程，格外引人注目。

时代期许　举国关注

2010年3月26日，引江济汉工程正式开工。

作为南水北调中线工程的重要组成部分，引江济汉工程是有利于湖北经济社会发展的关键工程。工程开工建设，标志着南水北调湖北省内工程已实现全面启动，标志着南水北调工程朝着实现南北双赢的目标又迈出了关键一步。

开工庆典上，国家有关部门负责人和省委、省政府主要负责人，发表了热情洋溢的讲话，饱含着党和国家对湖北人民的殷切希望，对工程建设者的热情勉励。

时任国务院南水北调办主任张基尧讲话："加快引江济汉工程建设尽早发挥工程效益，对于推进汉江中下游综合治理开发，促进湖北省经济社会可持续发展，具有重大的战略意义和现实意义。"

省委书记、时任省长李鸿忠讲话："这项工程的开工建设标志南水北调工程朝着南北双赢，南北两利的战略目标又迈出了重要的一步。标志着我省南水北调工作迎来了一个新的建设高峰，这是湖北经济社会发展中的一件大事。"

自这一天开始，引汉济汉工程迎来了一个又一个机关领导现场调研、现场办公的身影。他们中间，有国家南水北调办公室各位主任、副主任，省委、省政府多位领导，工程建设所在地荆州、荆门、仙桃、潜江市市委书记、市长，省委、省政府多个职能部门负责人。

一切服从引江济汉，一切为着引江济汉。党和政府的坚强领导，成为工程建设顺利推进的政治保障。

合乎民意　深得民心

工程未动，搬迁先行。各级地方政府被确定为征地拆迁安置工作主体，国土部门被赋予永久征地责任，设立奖项奖励先进市县和行动积极的农户，政府征收的工程占用税优先用于征地拆迁安置。

有了责任主体，有了推动办法，有了资金保障，有了激励措施，各项相关政策不折不扣落实到位，征地拆迁安置得到了群众的大力支持。

荆州李埠镇天鹅村 44 户农民，半个月里率先全部拆迁到位，为工程进水闸地段施工腾出位置。引江济汉百里长渠途经之地，拆迁农民按照规定时间，全部搬迁到位。他们住进新建的住宅，欢声笑语，安居乐业。

实际上，在引江济汉工程正式动工之前，征地拆迁安置工作就已启动。按照与省政府签订的责任状，到 2011 年年底，各县市用 3 年的时间，完成了干渠沿线农户的征地拆迁安置工作。

国家南水北调办公室副主任蒋旭光称，汉江中下游四项治理工程征地拆迁安置工作过程中积累的好经验、好做法，值得在全国南水北调系统认真总结和推广。

百年大计　质量第一

亿万年沧海桑田，冲积而来的江汉平原，河湖交叉，水网密布，地质情况异常复杂。屈指数来，引江济汉 40 多个工程标段，施工难题个个不同。

南水北调工程湖北质量监督站站长吴庆说："开工之初，我们就在全体参建单位中开展质量工作大讨论，形成创精品工程的共识。作为南水北调东、中线 7 省市唯一设立的质量监管站，我们切实担负起自己的责任，对工程全部标段实施跟踪监管，凡影响工程质量的隐患立即督促整改，在质量面前没有任何讨价还价的余地。与此同时，我们鼓励积极探索，大胆采用新技术、新工艺、新材料，解决施工难题，确保工程质量。"

在沙洋后港镇，葛洲坝集团基础工程公司以一定比例的水泥拌和膨胀土回填，有效防止 3.6 公里渠段遇水膨胀、失水收缩的地质灾害。公司项目经理称，这样的地质状况，他们还是第一次遇到。为了保证工程质量，他们成立了技术攻关小组进行多次试验，终于找到了办法。

在沙洋李市镇，中铁十一局调集 40 多台大型泥浆泵和水泵，稀释、抽排泥浆，保证 5 公里淤泥流沙渠段施工快速推进。

风云际会，群英荟萃。湖北水利水电公司，葛洲坝集团，中水七局、八局、十一局、十三局，湖北大禹水电公司，众多实力雄厚、技术拔尖的施工单位，中标汇聚在引江济汉工地，精心施工，一展身手。

湖北省组织相关专家，现场检视引江济汉工程，单元工程优良率超过了90％。8 月 8 日应急调水，9 月 26 日正式建成通水通航，引江济汉工程经受了考验，渠道过水通畅，各项控制性工程运转正常，有力地证明工程设计是合理的，建设质量是过硬的。

与时俱进　技术创新

起始于荆江北岸，引江济汉渠首工程穿越荆江大堤，左右分设引水渠和通航渠，共用的一座防洪闸，为目前国内最大的防洪闸门之一。

飞越荆江大堤，引江济汉干渠沿东北方向，如蛟龙卧波，穿越长湖而过，渠中水面高于两侧湖面近 3 米，展现着一幅国内罕见的"湖上渠"美景。

沙洋境内的拾桥河枢纽，平面立交相结合，外水不入引江济汉干渠，兼通航、防洪、灌溉综合功能，有着国内独具一格的"水上立交桥"风采。

屈指数来，引江济汉全线已建成 54 座公路桥，主跨在 70～130 米之间，平均一公里就有一座造型新颖、线条流畅的现代风格之桥，这样的密度全国仅见。

凝聚着智慧与创新，引江济汉工程书写了南水北调建设史上的多个第一。

勇于探索　科学管理

江汉平原，沃野平畴，开掘一条人工大河，头绪纷繁，管理艰难。

2010 年 5 月，引江济汉工程建设管理处成立，成为现场建设管理"前敌指挥部"，负责引江济汉工程进口段、大中型枢纽工程和出口段建筑物建设管理，全体人员常驻工地，靠前指挥，分片包干督办，排查薄弱环节，完善激励方式，保障施工质量和进度。引江济汉干渠横贯几个县市，建设管理空间巨大。省南水北调局在引水渠沿线设立荆州段、潜江段、仙桃段、沙洋段引江济汉工程建设管理办公室，负责分管区域渠道工程建设。

引江济汉工程由国家和省投资逾 80 多亿元。省南水北调局探索设立建管、施工与银行签订资金三方监管协议，共用一本台账，相互监管使用，保证投资安全。三方监管，相互制约，有事就有钱，办事就有钱。与此同时，实行信用卡结算，避免大额资金支出，有力地堵塞了相关漏洞。

依照改革发展要求，引江济汉工程施工采用了合同管理。为了防止假合同，省南水北调局制定专项合同审查措施，及时发现问题，废止了一个大项施工合同，避免了一起重大损失。

省南水北调局局长郭志高说："明确的责任主体，务实的现场管理，相关的配套措施，引江济汉施工管理被省内外专家公认为，全方位突破了既往水利建设一系列传统模式。"

运筹有度　实施得当

"非常之事，当有非常之举。"郭志高和省南水北调局领导班子成员，与参与引江济汉工程建设的全体人员共勉，"运筹无度，实施失当，我们无法向党和人民交账。"

于是，严格招投标，所有中标单位，无不从"公开公平公正"大道走来。

于是，严格控制工期，严禁工程转包和违法分包，确保工程建设进度和质量。

于是，严格技术要求，严控施工进展，业主强化管理，监理严格监督，施工单位保证进度、质量和安全，环环相扣，一丝不苟。

于是，严格施工安全隐患整改，将安全事故消除在萌芽状态，施工全程"零事故"，业内誉为奇迹。

于是，严格工程监理，组织各标段监理单位交叉检查，两名施工、监理人员被清退出场。

郭志高说："没有规矩无以成方圆，没有严格就会功亏一篑。正所谓，千里之堤溃于蚁穴。什么叫严格？就是统一标准、统一号令、统一目标。如何才严格？领导班子同唱一个调，同吹一管号，同走一局棋。"

人造运河　壮美神奇

滚滚运河之水，在荆江北岸挥手作别母亲，精神抖擞四次穿越长湖，精彩绽放于拾桥河枢纽，一路豪放奔向高土碑汉江河段，满怀激情澎湃向东，何等矫健，何等飘逸。

这是一条造福人民的河，以一腔碧绿，满怀党和国家的期待，省委、省政府的关怀，滋润着汉江下游广袤的农田和千百万辛劳的民众。

引江济汉工程，每年将向汉江兴隆以下河段补水 31 亿立方米，相当于 31 个武昌东湖的水量，可明显改善汉江下游河段生态、灌溉、供水和航运条件。

引江济汉工程在南水北调中线工程通水之前，建成投入使用，发挥巨大的工程效益。人们在欣赏这个宏伟工程的时候，当会珍惜建设者留下的精神财富，汲取他们昂扬向上的精神力量。

千吨级船舶可通过这条捷径往来于荆州、襄阳之间。即便是枯水期，仍可畅通无阻。由于不必绕道武汉汉江交汇处，往返荆州和武汉的航程缩短了200多公里，往返荆州与襄阳的航程缩短了600多公里。

引江济汉渠道宽约百米，长 67.23 公里，相当于在江汉平原增加了一座面积 7 平方公里的湖泊。从此，荆楚大地江汉相通，湖渠相连，碧波泛舟，平原赏景，将吸引国内外众多游客。

从 2010 年 3 月 26 日开始激情挥动，到 2014 年 9 月 26 日工程全面投入运行，4 年半里，工程建管者敏于思、勤于行，在荆楚大地涂抹上一条永久的天河。这是楚山汉水耀人眼目的一个新地标，这是湖北人民奔向民族富强中国梦的一条新航道。

曾祥惠　龚富华

原载 2014 年 8 月 20 日《湖北日报》

"救命水"来啦！

昨日 12 时，仙桃徐鸳泵站进口水位 24.18 米。"救命水来啦！"看着滚滚江水涌入引水渠同兴渠，泵站管理局局长黄华好高兴！

7 月下旬以来，汉江中下游水位太低，仙桃沿江泵站无水可引。"救命水"来了，郑场、毛嘴、剅河、九合垸、陈场、通海口、郭河、张沟、沔城、彭场等地解了燃眉之急。

3 日，省委书记李鸿忠来到徐鸳泵站察看，现场和省水利厅、省财政厅、省农业厅负责人研究抗旱措施，还专门与省南水北调局负责同志通电话，叮嘱加快引江济汉，缓解汉江中下游旱情。

6 日，引江济汉工程应急调水紧急协调会在荆州召开。

8 日上午，应急调水启动。与此同时，长江防办调度丹江口水库加大出库流量，以利汉江中下游引水抗旱。

9 日凌晨零时许，处于仙桃汉江水源末端的剅河镇西岭村，干了 16 天的红旗渠终于盼来丹江口水库的"救命水"。早早得知消息的村民罗勋武和大伙一起架起水管，开动水泵，往稻田抽水。"水再晚来几天，这一季的中稻可能就要绝收了。这可真是'救命水'。"罗勋武动情地说。

张卫华

原载 2014 年 8 月 10 日 《湖北日报》

沙上筑坝补汉江

离开潜江，我们在雨中继续向西北方向进发，下一站是兴隆水利枢纽大坝。

"看，那就是汉江！"同行的湖北日报记者黄中朝指着车窗外的一条大河兴奋地说。循着手指望去，一条长河气势磅礴，蜿蜒东去。

汉江，古称沔水，是长江最大支流，自丹江口以下，折向东南，经襄阳、宜城、天门、仙桃、汉川等县市，在武汉汉口龙王庙汇入长江。它蜿蜒的身姿、秀美的岸景，出现在历代文人骚客的诗画之中。

在丹江口大坝截水北送之后，汉江的水流量势必会减少。汉江中下游 600 多公里，沿线是著名的鱼米之乡，水少了，怎么办？这问题一直萦绕在人们心间。

路一转弯，眼前赫然出现了一座庞然大物：站在东首，怎么也望不见西尾。

"这就是兴隆水利枢纽大坝。"接待我们的是兴隆水利枢纽建管局书记何裕森。年过六旬，到了退休年纪，他却舍不得离开南水北调工程，一直坚守在工地。

"这里就是为了缓解南水北调对汉江中下游的影响，保护生态平衡的四大补偿工程之一。"老人家健步前行，引着我们登上大坝顶。"大坝全长 2830 余米，比三峡大坝还要长。开挖土方量达 1150 万立方米。坝长，坝下的河面也宽，足有数百米。这个工程还创造了我国水利史上的多项纪录：闸坝施工难度第一、防渗墙单月施工强度第一、内河土方日开挖量第一……"说起大坝，何裕森如数家珍，充满自豪。

骄傲的背后，是工程人员的艰辛、克难。

"想在这条河里建座大坝，可不容易咧！"老人指着坝底说，河水下面是粉细沙层，也就是流沙，沙上筑坝，难于上青天，根本没法打地基。围堰防渗工程量和处理难度都超过三峡工程。按照规划，兴隆工程要比南水北调中线工程通水早1年建成。再加上汉江水利施工受洪水影响大，施工季节性强，难度更大。

"经过反复论证，决定打桩！"何裕森告诉我们，"为提高沙层承载力，施工方计划为主体建筑物打下牢固的基础，泄水闸、电站、船闸三个标段都先进行深层搅拌桩施工"。

谁知，一台台搅拌桩矗立起来，钻头打下去，却频频出现钻进难、断桩、废桩的问题，专家和工程人员反复试验、改进工艺，最终攻克难关。"单桩要挖12～15米深的坑，总共安装了62万延米的桩！"

九层之台，起于累土，攻克了地基处理难关后，硬仗还在后面。从底板基础垫层浇筑开始，一仓仓混凝土、一排排钢筋、一层层模板，每个细节都必须到位。"刮风下雨，酷暑寒冬，场内施工道路上的运料车辆始终首尾相连，大型门机和塔吊伸长巨臂不停抓拾材料，工人们在密匝匝的脚手架中没日没夜地赶工。那场面真壮观！"老何感叹着。

"2011年秋天，汉江出现20年一遇的特大洪水，上游围堰出现崩塌，如不及时护堰，洪水一旦涌进基坑，设备和人员将全部被水淹没。"在危机关头，600余名工作人员、90余台套机械设备在围堰上与冷雨、狂风、洪水作战，经历40多个小时鏖战，在抛投了三万余吨块石后，终于抵挡了洪水侵袭。

去年，汉江二期截流，兴隆枢纽水库开始下闸蓄水，把汛期的水存下来。汉江兴隆段水位由31.55米上涨至35.57米，蓄水4亿多立方米，回水达到78公里，抗旱用水达18亿立方米，基本解决了该段280万亩耕地抗旱用水。

脚下，兴隆枢纽工程56孔泄水闸如蛟龙出水横跨汉江，上游碧波荡漾，下游激流翻滚，电站傲然挺立，船闸狭长逶迤。闸下还专设鱼道，供当地特产石头鱼往返上下游繁衍生息。

辞别大坝，我们继续前行。车行至一条大河停了下来。"这是南水北调湖北段的另一补偿工程：引江济汉。"黄中朝说道。引江济汉，就是从长江荆江河段引水至汉江高石碑镇兴隆河段，渠道全长约 67 公里，年平均输水 37 亿立方米，补水汉江 31 亿立方米，弥补了因南水北调中线工程调水而减少的水量。

"上个月，引江济汉工程通水，比原定的通水时间早了 51 天，汉江中下游 600 多万亩农田因此受益。"

据了解，除了兴隆枢纽、引江济汉，湖北段还有改建部分闸站和整治局部航道工程等，前后共四项补偿工程，以保在南水北调后，汉江中下游生态环境用水、河道外灌溉、供水及航运的用水需求。

细雨中，西去的人工大运河格外恢弘，滋润着荆楚大地……

祁梦竹

原载 2014 年 9 月 14 日《北京日报》

一 泓 清 水 的 温 情

9 月 19 日，由天津市水务局组织的饮水思源·南水北调中线行采访活动在陕西宁强正式启动，3 家中央媒体驻津记者和 8 家天津市媒体记者将全程深入采访南水北调中线工程。

当天上午，在宁强马家河村的汉江水源地记者看到，一泓澄澈透亮的清水，正沿着山河谷地顺势而下，它们即将开始一段奇妙的旅行。

如果说，一滴水能折射出太阳的光辉，那么透过这一泓清泉，折射出来的则是宁强人民与天津人民的浓情厚意。

在 "5·12" 汶川地震中，宁强县受灾严重。作为对口援建城市，在灾后重建中，天津市在宁强县教育和医疗等公共服务设施重建方面给予了大力支持。经过援建，宁强县教育、医疗基础设施相对落后的状况有了较大改善，不仅提升了该县的教育、医疗等公共服务水平，而且还在一定程度上推动了该县在城乡、区域之间公共服务的均衡发展。

清冽的溪水，穿越崇山峻岭，在丹江口水库汇集后，它们将择期通过输水管网，流向京津等城市的千家万户。这股水流，那穿山破石、势如破竹的力量，如同宁强人民同天津人民之间的深情厚谊一般，无坚不摧。

"天津人民是我们的亲人，当年要是没有他们无私援助，就没有我们宁强的今天！"在聊起天津与宁强县之间的情谊时，汉源镇的镇长王波深情地说道。

据王波介绍，经由天津市援建的宁强县特殊教育学校，不仅解决了山区特殊孩子的上学难的问题，还帮助解决了许多残疾孩子的就业难问题。

滴水之恩，涌泉相报。

在采访中，宁强县发展和改革局负责同志表示，自南水北调中线工程实施以来，为确保"一江清水供京津"，宁强县始终坚持保护和开发并重，投入巨大的人力、物力和财力，采取了一系列的切实可行的生态环境保护措施，有效地保障了南水北调上游水源汉江水质和水量安全。

南水北调工程是我国跨流域特大型水利工程，共分东线、中线、西线三条调水线。中线工程从长江支流汉江中游的丹江口水库引水，调水总干渠起自丹江口水库陶岔枢纽，在郑州西穿过黄河，之后基本沿太行山东麓和京广铁路西侧北上。到河北省徐水县西黑山村分为两支，一支向北至北京，另一支向东至天津称为天津干线，沿线经过河南、河北、北京、天津四省（直辖市），总长 1432 公里。其中陶岔渠首至天津干线出口闸 1275 公里、至北京团城湖 1277 公里，全线自流到天津、北京。

据了解，天津干线采用 3 排地下钢筋混凝土箱涵输水。工程分两期实施，总调水规模 140 亿立方米。一期工程调水规模 95 亿立方米，天津市分水量 10.15 亿立方米（陶岔渠首枢纽计量），可收水 8.6 亿立方米。南水北调中线工程于 2003 年 12 月 30 日开工建设，目前一期工程已具备通水条件，预计今年 10 月汛后通水。南水北调工程将成为继引滦入津工程之后，天津市又一条输水生命线，将有效缓解天津市水资源紧缺状况，大大提高城市供水安全保障率。

张华迎

2014 年 9 月 20 日新华社

南水北调引江济汉工程正式通水通航

昨日，经过 4 年多紧张建设的南水北调引江济汉工程正式通水。国务院南水北调办党组书记、主任鄂竟平，省委书记李鸿忠，省长王国生等出席通水通航活动。

上午9时26分，位于荆州市荆州区龙洲垸的引江济汉工程进水闸旁，鄂竟平下达通水令，宣布南水北调引江济汉工程正式通水。

随后，鄂竟平、李鸿忠、王国生共同启动闸门按钮。随着闸门缓缓开启，滚滚长江水涌入运河。作为长江最大支流的汉江从此将汇入长江之水，千百年来"汉水归江"的历史重新改写。

引江济汉工程是我国现代最大的人工运河和我省最大的水资源配置工程。工程连通长江和汉江，穿越长湖，成为湖中之渠。工程进水口位于荆州市荆州区李埠镇，出水口位于潜江市高石碑镇，渠道全长67.23公里。主要任务是用长江水"增援"汉江，向汉江兴隆以下河段（含东荆河）补充因南水北调中线调水而减少的水量，改善该河段的生态、灌溉、供水和航运条件，可缩短长江荆州段至汉江潜江段航程600多公里，对促进我省经济社会可持续发展和汉江中下游地区的生态环境修复和改善具有重要意义。

引江济汉工程于2010年3月26日开工，今年8月底主体工程全部完成，并于9月12日通过通水验收。干渠通水后，年平均输水31亿立方米，其中补汉江水量25亿立方米，补东荆河水量6亿立方米，相当于在江汉平原增加了一座面积近7平方公里的湖泊，可缓解南水北调中线工程对汉江下游生态环境的影响，减少水华现象。汉江下游7个人口密集的城区和6个灌区直接受益，惠及645万亩耕地和889万人口。

鄂竟平、李鸿忠、王国生一行还在荆州、潜江现场考察了引江济汉工程进口段泵站节制闸、出水闸和兴隆水利枢纽，看望慰问工程建设、管理人员。鄂竟平代表国务院南水北调办感谢湖北省委省政府、沿线各级党委政府和全体参建者为南水北调工程和引江济汉工程做出的重大贡献。李鸿忠、王国生希望省、市有关部门，抢抓汉江流域生态经济带开放开发重大机遇，进一步创新体制机制，科学调度管理，加强生态保护，充分发挥这项民生工程、生态工程的综合效益，造福沿线群众，不负中央的关怀与重托。

省领导傅德辉、王玲、梁惠玲、郑心穗，省政府秘书长王祥喜等出席活动。

张 进 黄中朝

原载2014年9月27日《湖北日报》

北京市南水北调办主任孙国升：
水价调节是节约用水的重要手段

南水北调中线工程即将通水，通水后水价问题受到广泛关注。北京市南水北调办公室主任孙国升认为，水价调节将有助于发挥市场机制和价格杠杆在水资源配置方面的作用，是提高用水效率、促进节约用水的重要手段之一。

孙国升接受新华社记者专访时表示，北京是水资源严重匮乏的特大城市。南水北调来水后虽能缓解北京水资源压力，但"光靠调水短时期还不能彻底解决北京缺水问题"。

"多年来北京的水价一直偏低。"孙国升认为，"适当的水价调节是引导全社会节约用水的重要手段，有利于督促各行业'拧紧水龙头'，惩罚滥用水等违规行为，抑制高耗水行业，缓解北京缺水局面。"

据他介绍，南水北调中线通水后的水价调整将考虑居民和城市承受能力等综合因素。江水进京后，水价不会大幅上涨，预计未进北京配套管网之前的成本价，每吨不会超过3元。

水务部门资料显示，近年来北京每年形成的水资源量平均仅21亿立方米，而年用水总量达36亿立方米。巨大的用水缺口只能通过外省调水和超采地下水来缓解。

从2014年5月起，北京市对居民水价、非居民水价、特殊行业进行水价调整，以水价改革促进节水。其中，对洗车、洗浴、纯净水、高尔夫、滑雪场等高耗水行业实行特殊水价，调整到每立方米160元。

为缓解北方缺水问题，南水北调中线工程自2003年起开建，南起丹江口水库，经河南、河北，自流至北京。一期工程主要向京津冀豫供水，重点解决沿线20多座大中城市的缺水问题，年均调水95亿立方米，其中北京年均受水10.5亿立方米。

魏梦佳　熊　琳

2014年10月26日新华网

津 门 热 盼 江 水 来

南水北调中线工程，江水从丹江口水库千里迢迢一路北上，在河北省徐水县告别，一支北上北京，一支东奔天津称为天津干线。

在这段155公里的干线一端，1400多万天津人正翘首以盼那一渠清水如约而至。

缺水——"盼水妈"盼水来

天津，这座渤海之滨的特大城市，近半个世纪来饱受水资源短缺的困扰。人均水资源占有量只有247立方米，远低于世界公认的人均1000立方米的缺水警戒线。

地表水、地下水、再生水、淡化海水……尽管想尽办法四处找水，但飞速发展的社会经济，日益增长的生产生活用水供需矛盾，却使天津一直处于"干渴"状态。

在三岔河口岸上，高高伫立着一座纪念碑，碑顶雕像是一个怀抱婴儿的母亲，天津人称她为"盼水妈"，是为纪念引滦入津工程而建。

天津市水务局宣传中心主任何睦介绍，1983年引来的滦河水结束了天津人喝苦咸水的历史，有效缓解了水资源供需矛盾。

但这条天津人的"生命线"还承载着上游地区的工农业生产，近十几年来引滦上游来水日趋衰减，不得不先后7次引黄济津应急调水，才保证了全市的供水安全。

"盼水妈"的眼神里，依然流露着天津人对水的企盼。

而今，在多年的盼望与等待之后，天津的第二条"生命线"——南水北调中线工程就要通水了。

天津市南水北调办公室副主任张文波介绍，通水后，天津市年均新增可供水量8.6亿立方米，预测2020年，城市生产生活可供水量将达到15.51亿立方米，今后一个时期的城市生产生活用水需求基本能够满足。天津中心城区、滨海新区等经济发展核心区将实现引滦、引江双水源保障，有效化解"依赖性、单一性、脆弱性"的矛盾，使城市供水更加安全、可靠。

引水——一渠清水入城

天津外环河西侧，方方正正的箱涵深藏地下，南来的引江水将从子牙河下交叉而过，进入西河原水枢纽泵站，再从这里通过管网送到芥园、新开河、凌庄三大水厂，最终从千家万户的水龙头里流出。

在西河原水枢纽泵站，站在10米多高的坝顶，可以看到可容纳46万立方米水的调节池已经有一池较浅的清水，不久前这里已经进行了输水试运行。

参观途中，该站计划合同部负责人王舜介绍，泵站规模不小，占地面积182.6亩，包括引黄取水口、调节池、进水泵房、变电站、加氯加药间、出水管道及相应的附属建筑物等，主体工程已经完工。

在进水泵房，记者见到了泵站的核心——体积庞大的10台水泵机组。它们承担着向三大水厂泵水的功能，7台常用、3台备用，单机配套电机功率分别为1250千瓦和630千瓦，设计流量达225万立方米每天。

记者从天津市南水北调办公室综合处得知，加上西河原水枢纽泵站、中心城区、滨海新区、尔王庄水库至津滨水厂供水工程等，与南水北调中线一期工程通水直接相关的5套配套工程已经全部具备通水条件。

引江水来之不易，仅在天津就穿越9条铁路、30多条公路，永久征地79.6亩，临时占地6580亩，还有部分房屋拆迁、人口搬迁。

为保证天津人喝到安全、健康的引江水，沿途不受污染，天津干线采用的是全箱涵式输水，室内配套工程也全部采用管涵输水，彻底杜绝了污染源；工程建设中，除制定箱涵工程施工技术规范、PCCP管制造安装质量评定标准等12项专用技术规定外，还充分考虑到了海水腐蚀、冻土结冰等对箱涵、管涵的影响，采取了多种先进技术手段；引江水在送入水厂前，泵站将24小时对水质进行全天候检测，通过计算机控制的加氯加药间对水进行预处理。

用水——科学、文明、节约

天津节水的名气比缺水还大。统计显示，10年来，天津的GDP年均增速15.5%，而用水量年均仅增长1.5%，年用水量稳定在23亿～25亿立方米。从全国最严重的缺水城市之一，到全国节水示范城市，天津万元 GDP 用水量 18 立方米，仅为全国平均水平的 1/7；万元工业增加值取水量 8.3 亿立方米，为全国平均水平的 1/8，两项节水指标居全国第一。

因为缺水，天津人对水倍加珍惜。很多人家里都有几个大盆，用来储存循环用水，并总结出了一套用洗菜水拖地板，用洗衣水、洗碗水冲厕所的循环用水经验。天津市政府出台了全国最硬的 26 条节水措施，对工业用水实行年计划、月考核。工业用水重复利用率在 75％以上，达到先进国家水平，近海企业利用海水作为冷却循环水，年用海水量为 17.5 亿立方米。

如今引江水即将入津，天津是不是不用再为水而忧？

天津市水务局相关工作人员表示，"先节水、再调水"，天津今后一个时期的城市生产生活用水有所改观，但农业和生态用水依然缺乏。节水的工作不能减慢，还要加快，力争到 2020 年基本建成节水型社会。

在全国最大的科普教育基地——天津市节水科技馆，通过讲解员的讲述，市民们对节水又有了新的理解：节水不单是节约用水，是要彻底转变用水管理模式和观念，建立一个科学用水、文明用水、节约用水的良好环境，实现水资源的合理配置和高效利用。

从永乐桥上跨河而建的摩天轮"天津之眼"望去，方圆数十公里的景致、海河风貌尽收眼底。透过这只眼，记者似乎看到了天津"九河下梢"的过去，引江水入津的未来。相信随着南水北调中线工程通水，天津将重现往日"北方水城"的壮美风貌。

武元晋　杨海鹏　李恩航
原载 2014 年 11 月 3 日《解放军报》网稿

京 津 冀 新 水 局

在中国工程院院士王浩看来，在水资源方面，京津冀是"三个穷兄弟"。

自身潜力已经挖掘得差不多了，从河北应急调水也不是长久之计，如今，北京翘首以盼的就是南水北调中线工程的来水。

连旱 14 年，一般人很难想象，这对一个人口迅速膨胀的大都市意味着什么。缺水，成为悬在北京上方的达摩克利斯之剑，让这座城市的管理者绷紧神经。多年来，找水一直是北京市政府的头等大事。

盼着这一湾清水的并不只是北京，天津、河北也开始了通水倒计时。

快了，快了，今年10月通水的消息已经传出，作为最主要的受水地，南来的江水会为这里的水资源带来什么变局？为此，在通水前夕，《民生周刊》记者探访了三地。

"三 个 穷 兄 弟"

北京市水务局供水处处长胡波至今记得今年的5月30日，紧张的调度让他心有余悸。根据多年做供水工作的经验，他知道一旦气温连续三天超过35℃，用水量就会创新高。那段时间已经持续高温了，而5月30日最高气温达41℃。但恰好从河北调水的京石段水渠检修，当日北京市区的供水能力因此从318万立方米下降到298万立方米。

胡波告诉记者，"如果那天的用水量超过298万立方米，管网的压力就会下降，降压之后，原来能供到五楼的水，可能到五楼就没有了。"

事实上，今年夏天，河南、山东的一些城市就出现过降压供水。"但北京无论如何不能出现那种状况。北京如果出现大面积停水，其影响是世界性的。"胡波强调。

幸运的是，在建的郭公庄水厂，按照工期安排有一个清水池已经完工，储存了13万立方米水，用于调蓄供水。5月30日下午3点多，丰台科技园区域自来水管网出现了压力下降，北京的供水部门决定开始把清水池的水往管网里打。反向供水导致管网压力不均衡，要靠不同水厂同时配合。"当时我们在市自来水集团的调度室里一会开这个厂，一会关那个水。"胡波回忆。

那天用水量达306.5万立方米，但北京市民并不知道，所有的供水工作人员度过了如此紧张的一天。

据北京市水务局统计，今年夏季以来，北京的日用水量连续7次创新高。北京市区每天最高供水能力是322万立方米，但用水量常常逼近供水极限。如7月28日，用水量便达到310.4万立方米。

"资源型重度缺水特大城市。"在描述水资源现状时，北京被如此界定。

数据显示，1999 年以来，北京年均降雨量 480 毫米，密云水库年均来水 2.7 亿立方米，为多年平均的 28％，官厅水库年均来水 1.3 亿立方米，为多年平均的 14％，年均形成水资源量约 21 亿立方米。

北京的年均用水量为 36 亿立方米左右，其中一半以上为地下水。以 2013 年为例，北京全市总用水量 36.4 亿立方米，其中利用已建成的南水北调京石段工程从河北调水 3.5 亿立方米，北京市地表水供水 3.9 亿立方米，地下水及应急水源地供水 21 亿立方米，再生水利用 8 亿立方米。

1980—1998 年，北京人均水资源量 320 立方米，但现在人均水资源量已下降到 100 立方米左右。

毗邻的天津、河北的情况也好不了多少。目前天津的人均水资源为 120 立方米，河北是人均 300 立方米左右。而按照国际标准，人均水资源 500 立方米以下就是极度缺水地区。

在中国工程院院士王浩看来，在水资源方面，京津冀是"三个穷兄弟"。多年来，三地因水产生了不少矛盾。

据中国科学院水资源研究中心副主任贾绍凤回忆，密云水库原来是给河北、北京、天津三地供水的。但是 20 世纪 80 年代发生了一次大旱，密云水库就停止给河北、天津供水了。此后，因为密云水库上游来水越来越少，北京与河北政府部门又多次协商，水库上游由种水稻改为种玉米，北京给予一定的补贴。

2008 年以来，北京通过南水北调京石段工程累计从河北岗南、黄壁庄、王快、安格庄四座水库调水 16 亿立方米，一定程度上缓解了用水紧缺状况。

自 1983 年引滦入津工程建成通水至今，天津累计从河北滦河流域调水 200 多亿立方米。据天津市水科院总工程师周潮洪透露，引滦水自 1999 年以来，来水量明显衰减，潘家口水库蓄水严重不足。2000 年以来，天津已被迫 10 次实施引黄济津应急调水，才保证了城市用水。为引滦水的问题，近年河北天津两省市也经常谈不拢。"谈不拢时，水利部、环保部、财政部、海河水利委员会就来协调，协调完了也没执行"。

"三地协调，矛盾很明显，一个是价格问题，一个是都缺水。"北京一位资深的水务人士告诉《民生周刊》记者。

优 化 供 水 格 局

干渴的京津冀都在盼着南水北调的这一湾清水。

为了迎接江水，北京已经布局了 10 年之久。2003 年 12 月 30 日，南水北调中线京石段应急供水工程开工建设，2008 年 5 月具备通水条件。配套工程"三厂一线"（自来水九厂、田村山水厂、自来水三厂、团城湖至自来水九厂联络线）也同步完工。

目前，包括 6 项输水工程、3 项调蓄工程、11 项水厂工程及智能化管理系统的配套工程也即将竣工，沿着北五环、西四环、南五环、东五环形成了一条供水环路，多条辐射状分水支线与各个水厂相通。

根据《北京市南水北调配套工程总体规划》，至 2020 年，北京将实现密云水库、地下水源与外调水源"三水联调"，形成"26213"供水格局。

"通过建设南水北调配套工程，优化完善了城市供水格局。"北京市南水北调办公室主任孙国升告诉《民生周刊》记者。

原来北京城区主力水厂主要分布在东、西、北三个方向，城南地区没有大型水厂，导致城南地区供水压力不足，水质较硬。郭公庄水厂落户丰台区后，这种现象将得到根本的改善。

密云水库一直以来被视为北京的生命之水、精神支柱，但多年来一直入不敷出。南水北调来水到达团城湖后，将经过 9 级泵站加压，"倒流"到密云水库。"我们既要发挥原有水利设施又要激活它。如果把密云水库的水逐步地蓄起来了，就可以做到多年调节了。"孙国升说。

南水北调中线工程通水后，北京主要自来水厂将实现双水源供水，新增水厂供水规模 261 万吨/日，城市供水保证率由 75% 提高到 95% 以上。

进京江水将为中心城和新城 20 座自来水厂提供水源，与北京市现有城市供水系统联网后，供水范围将达到 6000 平方公里，基本覆盖北京市平原地区，涉及除延庆以外的 15 个区县。南水北调来水占城市生活、工业新水比例将达到 50% 以上，成为北京的主力水源。

地下水的开采量将大幅度减少。据北京市水务局统计，2012 年，北京市共有城镇自备井 13000 眼，其中城六区有 6550 眼。胡波表示，目前水务局已经着手在市区开展置换工作，正在制定置换名单。

"未来，不仅要回补地下水，还要建立起地下水储备制度，逐步恢复河湖生态。"孙国升表示。

天津、河北也于今年形成了地下水压采方案，在引入江水后，逐步压采、回补地下水。

天津市水务局水资源处工程师赵岩告诉记者，南水北调中线通水之后，天津的供水格局在城市会有一个重大改变，地下水将只作为备用水源，引江水和引滦水联合保障城市，淡化水和再生水以特殊的用途继续发展。农村生活也将减少深层地下水的开采，由城市的管网延伸或新建一些集中的供水工程。在天津南水北调配套工程全部建成后，将形成以一横（滨海新区供水工程）、一纵（现有的引滦工程）为骨干的水资源配置工程网络。

8月14日，天津市政府正式批复了《天津市地下水压采方案》。到2015年，天津市深层地下水年开采量控制在2.02亿立方米以内；到2020年，在巩固城区地下水压采成果的基础上，将地下水压采工作重点从城区转移到非城区，使深层地下水年开采量控制在0.89亿立方米以内。

据河北省水利厅透露，《河北省地下水超采综合治理方案》已初步完成编制，今年在4个市开展试点。根据方案，到2017年河北省将建成引江、引黄等地下水压采替代水源工程，地下水超采量减少38亿立方米以上，压采率达到74%。

统 筹 发 展

"南水北调越重要，北京越不安全。"在即将通水之际，孙国升却有着让人意外的冷静。"你全靠着南水北调，出一点非正常现象全城就大瘫痪了。"

据他分析，天津有四条外调水线路，海水淡化也纳入了国家战略，河北有三条外调水，而北京目前只有南水北调中线。

"南水北调东线应该通到北京，作为北京一个战略保障。都已经到河北和天津了，怎么就不能到北京呢？"孙国升建议。

目前的配套规划是根据1992年国务院批准的供水规划做的，并与北京市的总体规划相衔接。2005年颁布的《北京城市总体规划》显示，2020年，北京市总人口规模规划控制在1800万人左右，但2013年北京常住人口便已超过2100万。

"各类指标都变了，城市发展太快了。我们按照92版的总体规划要的水，吃大亏了。"孙国升感叹。

为此，北京市南水北调办正在做后续规划，明确到2030年的工程建设任务。据孙国升介绍，后续规划以北京城市供水的安全保障为核心。还会考虑两个方面：一是北京的用水红线（国家已批准到2030年北京的年用水总量是52亿立方米）；二是京津冀水资源的统筹。

在后续规划中，北京应实现外调水多源保障，利用现有水利工程和河湖水系特点实现东西南北四个方向均有调水工程。"除了南部中线线路之外，东线和西线需要国家领导，北线需要京津冀统筹。重点还应努力让干涸多年的永定河湿润起来，打造晋冀京津四省市生态通道。"孙国升说。

"京津冀三地的水资源分配不应该是掠夺式的，应该视作一个区域，共同享有，共同利用。"河北省水利科学研究院水资源所所长潘增辉向《民生周刊》记者强调。

他认为，在京津冀协同发展战略执行之初，就必须在战略和规划的层面对整体水资源进行充分的论证。要体现水资源的刚性约束，要纳入制度管理，以水定城、定人。

他强调，目前仍有一些地区，在规划很多工业园区、开发区时还是像以前一样"画个圈"，只考虑怎么招商引资，不考虑水资源和水环境的承载能力。他担心，南水北调水来了之后，如果没有进行合理利用，将产生更多的水污染问题。

9月11日，水利部在新闻通气会上宣布，《京津冀协同发展水利专项规划》（以下简称《规划》）正在编制过程中，目前初稿已完成。据参与《规划》编制的水利水电规划设计总院副院长李原园透露，随着规划的制定和实施，三地在水利基础设施建设、水资源调控、水环境监管等方面的标准将逐渐趋同。

按照《规划》，京津冀将构建水资源统一调配管理平台，实行水量联合调度。到2020年区域水资源超载局面得到基本控制，地下水基本实现采补平衡。

周潮洪对《规划》十分期待，"如果提到京津冀协同发展的层面去协商，相信很多事情落实起来会更容易些。"

罗　燕　陈沙沙
原载2014年第20期《民生周刊》

一渠清水向北送　鹤城喜迎丹江水

——写在南水北调中线一期工程正式通水之际

历经多年的建设，我们终于迎来了南水北调中线一期工程正式通水的日子！

南水北调是党中央、国务院为实现水资源可持续利用与经济社会和生态环境协调发展作出的重大战略决策，南水北调中线工程是我国一项重大战略性基础设施。

199 亿立方米丹江水惠及人口近 1 亿

南水北调中线一期工程从丹江口水库引水，沿线开挖渠道，自流输水，总长 1432 公里，犹如一条蓝色长龙，一端连着丹江口水库的碧水，另一端连着首都北京。

碧水蓝天的映衬中，高 176.6 米、宽约 100 米的中线渠首枢纽工程坝矗立两山之间，雄伟壮丽，蓄水总量达 199 亿立方米。丹江口水库水质常年保持在国家 II 类水质以上，"双封闭"渠道设计确保沿途水质安全。

通水后，丹江口水库每年可向北方输送 95 亿立方米的水量，相当于 1/6 条黄河，基本缓解北方严重缺水局面。北京、天津、河北、河南 4 个省市沿线约 6000 万人将直接喝上水质优良的丹江水，间接惠及人口近 1 亿。

1.64 亿立方米丹江水让我市长期受益

南水北调中线工程于 2003 年开工，今年 9 月 29 日通过了全线通水验收，受水区供水配套工程涉及我省 11 个城市，鹤壁市是受水城市之一，年均分配水量 1.64 亿立方米。

南水北调中线一期工程通水后，我市水资源短缺和水的供需矛盾将得到有效缓解，可实现水资源的优化配置，提高城市工业和生活用水保证率。届时，我市居民生活用水水质将得到进一步改善，饮水安全得到进一步保障，生态环境进一步改善。

丹江水的到来，对加快鹤壁的城市化进程将起到积极作用，可为我市经济社会可持续发展提供强有力的水资源保证，对我市建设生态之城、活力之城、幸福之城具有重要的战略意义和现实意义。我们相信，南水北调工程将为我市带来巨大的社会效益、经济效益、环境效益和生态效益。

30 公里鹤壁段总干渠超额完成计划投资

南水北调中线工程鹤壁段南起沧河倒虹吸出口末端，终点接汤阴段起点，全长 30 公里，涉及淇县、淇滨区、鹤壁国家经济技术开发区 3 个县（区）、9 个乡（镇、办事处）、36 个行政村。

自开工以来，南水北调中线工程鹤壁段总干渠开挖土石 2067 万立方米，为合同额的 107％；填筑土石 884 万立方米，为合同额的 127％；浇筑混凝土 64 万立方米，为合同额的 120％；钢筋制安 2.6 万吨，为合同额的 114％；完成工程投资 16.7 亿元，为合同额的 154％，超额完成了计划投资。

60 公里配套工程建设进度居全省前列

鹤壁市南水北调配套工程管线工程总长 60 公里，概算总投资 11.8 亿元，设置 3 座分水口，向 6 座水厂供水。

鹤壁市南水北调配套工程向我市年平均分配水量 1.64 亿立方米，其中淇滨区 6940 万立方米、金山工业区 1500 万立方米、淇县 4600 万立方米、浚县 3360 万立方米。同时，35 号分水口门还向濮阳市年平均供水量 1.19 亿立方米，向滑县年平均供水量 5080 万立方米。

鹤壁市南水北调配套工程鹤壁段于 2012 年 11 月 28 日开工，经过上下共同努力，我市配套工程建设快速推进，总体进展位于全省受水市前列。目前，我市完成投资 8.65 亿元，铺设管道 60 公里，4710 个单元评定合格率为 100％，优良率达 87％，工程质量和安全都处于受控状态。

我市南水北调工程建设多次受到国家、省、市表彰

（1）2010 年国务院南水北调办授予鹤壁市干线征迁工作先进集体称号。

（2）2010 年、2011 年省政府授予鹤壁市南水北调中线工程干线征迁工作

先进单位称号。

（3）2012 年省政府移民办授予鹤壁市南水北调办公室南水北调总干渠征迁工作先进单位称号。

（4）2013 年鹤壁市南水北调办公室被省南水北调办公室授予河南省南水北调宣传工作先进集体称号，鹤壁市南水北调办被省南水北调办表彰为南水北调配套工程先进单位。

（5）2014 年鹤壁市南水北调办公室（鹤壁市南水北调工程建管局）被表彰为河南省南水北调配套工程先进单位，获得一等奖第一名。鹤壁市南水北调工程建管局被省总工会、省发改委表彰为河南省重点工程建设竞赛先进单位。

（6）2014 年鹤壁市南水北调办公室被鹤壁市委、鹤壁市人民政府表彰为2013 年度重点项目建设先进单位、信访工作先进单位。

汪丽娜

原载 2014 年 12 月 13 日《鹤壁日报》

一 个 关 于 水 的 梦 想

——写在新乡市南水北调总干渠即将通水之际

人身体的 60% 是水，大脑的 70% 是水，血液的 90% 是水，上善若水，水脉即血脉；水关系着国计民生，古今中外，概莫能外，水脉即国运。1952 年 10 月 30 日，毛泽东主席提出："南方水多，北方水少，如有可能，借点水来也是可以的。"伟人就是伟人，短短一句话气吞万里如虎，规划乾坤、要变山河；50 年后的 2002 年，国务院通过《南水北调工程总体规划》。又过了 12 年，南水终于北来。

南水北调是目前为止世界最大的水利工程，通过东、中、西三条调水线路将长江、黄河、淮河和海河四大江河联系起来，构成"四横三纵"的网状布局，以利于实现中国水资源南北调配、东西互济的合理配置。这是中华民族伟大复兴梦想的重要内容，这是一项创下诸多纪录的"超级工程"：世界距离最长的调水工程，世界水利史上规模最大的移民搬迁……沿线省市百余县市的经济发展、居民生活、风土人情，随之发生潜移默化的改变。用怎样的词汇来描述南水北调工程对中国的影响都不为过。2014 年 11 月 1 日，站在辉县市吴村镇土高村干渠大堤上，极目南望，天地之间，大渠逶迤而来，雄伟壮阔。试想，一股清水，顺渠奔涌，从南到北 1400 多公里，该是何等的瑰丽壮观，一渠活水天际来、滋养华夏地半边，一个民族关于水的世纪梦想，即将圆了。

我 们 的 南 水 北 调

远古的牧野大地林木茂盛、雨水丰沛。沧海桑田，如今的新乡却属于中国北方极度缺水的城市之一。新乡属于南水北调工程的受水区、受益区。总干渠从辉县市吴村镇土高村南进入我市，大约沿太行山前 100 米等高线自西向东，先后经过辉县市的吴村、薄壁、冀屯、洪州、赵固、高庄、百泉、城关、孟庄、常村，凤泉区的潞王坟和卫辉市的唐庄、太公泉、安都等 14 个乡镇，从卫辉市北部穿过沧河后进入鹤壁市。我市境内全长 77.7 公里，其中辉县市 49 公里，凤泉区 7.5 公里，卫辉市 21.2 公里。渠线永久占地面积 1.54 万亩，施工临时占地 2.46 万亩，占压各类房屋 16.57 万平方米，需安置人口 12243 人，其中搬迁人口 1891 人。总干渠在我市境内设计流量 260 立方米每秒，加大流量 310 立方米每秒，平均水深 7 米，河口平均宽度 60 米，最大宽度约 200 米，设计水面海拔高程约 103～97 米。新乡段工程初步设计概算 61.55 亿元。

新乡市南水北调总干渠主体工程已于 2013 年年底完工。事实上，目前我市南水北调干渠里面已经有活水流淌，平均有 5 米多深，干渠坡面为水泥所覆盖，又陡又滑，人畜进去，不借助外力绝难出来。所以为了防止污染和保证安全，干渠沿线实行封闭式管理，设有铁丝网、绿化带、隔离带、缓冲带和保护带等禁止入内的警示标志。在此提醒沿线广大群众，千万不要私自进入渠内，以免发生意外。

南水北调中线工程水源地的丹江口水库是亚洲第一大人工淡水湖，水质可达到国家Ⅰ类、Ⅱ类标准，高于国家饮用水源Ⅲ类标准。南水北调干渠通水，意味着丹江水已经来到了我们家门口。而要想喝上丹江水，还需要配套的辅助工程。据新乡市南水北调办公室建管科孟科长介绍，中线总干渠在我市的配套工程设立有 4 个分水口门，每年向获嘉县、辉县市、新乡市区（含凤泉区）、卫辉市的 9 座受水水厂供水，年供水量 3.916 亿立方米。整个输水管线全长 73.65 公里，概算投资 12.93 亿元。其中向获嘉县供水的是 30 号口门，22.94 公里全封闭式供水线路业已大体完工，12 月中旬可以具备通水条件；向辉县市供水的是 31 号口门，1.01 公里全封闭式供水线路，由于征迁问题延后，预计年底可以具备通水条件；向卫辉市供水的是 33 号口门，线路已经具备通水条件；最重要的是向凤泉区、新乡市区、新乡县供水的 32 号口门，线路全长 29.3 公里，由于规划变更等诸多原因，目前正在紧张施工中，预计 2015 年 5 月试通水，2015 年 6 月新乡市民可以吃上丹江水。

水是生命之源，在我国北方更是是稀缺资源和战略资源。我市拥有 8169 平方公里土地和近 600 万人口，城市用水主要来自黄河水和地下水。黄河水含沙量较大、水质差，并且黄河主河床正在逐年缩窄，水量没有保证；地下水的形成过程是非常漫长的，大概需要 1 万年，而我市由于过量开采地下水，地下水位正以每年 1 米的惊人速度逐年下降。南水北调中线工程通水后，特别是配套工程启用后，我市每年可获得约 4 亿立方米优质水，相当于我市当地水资源量的 24％。按《南水北调工程新乡市水资源规划》测算，2020 年以前，我市用水将有富余。换句话说，因为南水北调，很长一段时间内，新乡不会因为水而影响可持续发展。

地下巨龙（配套工程）渐生成

4 亿立方米优质的丹江水要流入新乡，流入千家万户，需要完备的配套工程。10 月 23 日上午，记者来到位于凤泉区宝山路大黄屯村的南水北调受水区新乡供水配套设施工程第五标段施工现场，也就是主要向市区供水的 32 线路施工现场，这里距离 32 线路口门凤泉区老道井村大概有四五公里。首先映入眼帘的是一排排四五米长、两三米高的管道，高大威武，看上去蔚为壮观。负责项目工程的杜经理告诉记者，这是工程专用的地下管线——PCCP 管（预应力钢筒混凝土管），每个重达 40 多吨，它们具有良好的防水、抗压性能；最外层是防腐环氧煤沥青，中间是 2 厘米的砂浆保护层，最里面是 20 厘米的预应力缠丝混凝土，总厚度达 28 厘米。就是这种管线，在地下无缝连接起来，组成"地下巨龙"，从主干渠的分水口门，将丹江水送到各个水厂，再分流到千家万户。

配套工程里面包含了相当繁杂的工程技术。在巨龙似的 PCCP 管线旁边，一条六七米深的沟里，满是泥泞，施工人员正在进行管线对接、打压。"管线的对接、打压听起来简单，实际操作中非常繁重复杂。"负责项目的张监理介绍说："首先要用履带吊车将事先放置好的 PCCP 管吊入沟中，然后施工人员通过会站仪测量管线的高度、走线，保证偏差在规定范围内的情况下，使用张拉机进行张拉就位，保证管缝宽度符合要求；之后再进行复测，合格后使用打压机进行第一次打压，使其达到设计压力 0.8 兆帕。同时，要对之前的管道进行压力检测。"

在市西环路的施工现场，同样的挖掘、同样的深沟、同样的吊装、同样的向外排水、同样的沟底夯实，机械轰鸣，一派繁忙景象。只见一台挖掘机，四周仅剩下履带下面是土方，犹如站在悬崖绝壁之上，还在不停地向前、向下探出长长的机械臂，将沟底的土方"捞"上来，"扔"到工作面之外已隐隐成型的土方"长城"上，围观的人们在为挖掘机驾驶员的安全捏一把汗的同时，更为他的娴熟技术而赞叹。市南水北调办公室建管科科长孟凡勇说："这里就是 32 号输水线路进入市区的关键施工现场，目前施工中遭遇的最大困难是汛期之后，地下水位上升造成降排水量大增，预定工期因此受到些影响。"目前，施工已经深入市区，各种意想不到的困难纷至沓来，主要有如下几个方面：①因为 32 号线路变更，两年的工作量要在 5 个月集中完成，且在汛期后施工，可以说时间紧、任务重；②征迁工作涉及城乡接合部及市区，补偿标准较低，群众较难接受，需要做大量工作；③工程涉及各种专项线路及设施可谓是"天罗地网"密集交叉，涉及面广、利益关系复杂、补偿标准低、攸关方思想活跃；④市区车流量大、人员密集，施工安全隐患多；⑤前段在主汛期，降雨较频繁，对施工影响较大。若不采取必要措施，工期控制存在很大风险。

32 号线"走向"新区的工程，将华兰大道部分路面从中间"剖开"，两面仅人行道可以通行。华兰大道、和平大道交叉口向西 30 多米，路北有一家名叫"李氏酒家"的饭店，是家老店，老板姓黄，四川宜宾人。她告诉记者，自从南水北调工程来到门前，交通几乎断绝，饭店的生意一下差了很多，对面、两边的饭店、宾馆大都关了门，由于是"老店"，有些老客户，"李氏酒家"才撑了下来；考虑到"南水北调"事关市民用水，是百年大计，她坚决支持，盼望工程又好又快地结束。

市南水北调办公室位于新乡市政府大楼东邻的一座写字楼的 7 层北头，这里没有明显的建筑、装饰标志，普普通通的几间办公室，不仔细找很难发现。不过，一进到这个地方，你就会发现这里的工作人员步履匆匆、节奏紧张。新乡市南水北调办公室主任邵长征告诉记者，我市既是总干渠工程的所在地，也是将来的受水区、受益地。工程建成后，优质的丹江水将成为我市重要的饮用水源，将大大改善我市缺水的现状，切实改善沿线群众生产、生活用水质量。同时，南水北调总干渠在我市绵延近 80 公里，就是一条生态长廊，将大大改善我市的生态环境和区域气候环境。因此，切实抓好南水北调工程各项建设不仅是为国家作贡献，也是在为我们新乡自身谋福利，对于我市今后发展意义重大。现在的状况是"打通最后一公里"的工作，工程期紧、量大，地下管网复杂，需要攻克一个个技术难关；城区部分路段，因施工影响了市民正常的出行和生活，在此表示歉意，并为广大市民的理解而真诚感谢。

初冬时节，万物潜藏，却是配套工程施工最紧张的时候。所有涉及单位，不管是发扬"5＋2"（周内工作 7 日）、"白＋黑"（不分昼夜）工作作风的市南水北调办公室的工作人员，还是工程设计单位、监理单位、施工单位人员乃至工地上的民工等，都如上紧了的发条，铆足劲在作最后的冲刺。2015 年 6 月流入我市千家万户的丹江水里，有他们的汗水。

不 能 忘 却 的 那 些

通过梳理相关资料，记者发现，在我市总干渠动工前，就有两个棘手复杂的问题——如何处理膨胀岩（土）和干渠流经之地的征迁。2007 年 6 月 29 日上午，随着时任河南省委副书记陈全国的一声令下，位于新乡市凤泉区的潞王坟膨胀岩（土）试验段动土建设。南水北调工程正式在牧野大地拉开建设序幕。

膨胀岩（土）是一种具有特殊性质的岩（土）。南水北调中线一期工程总干渠明渠段全长约 1105 公里，其中穿越膨胀岩（土）的渠段有 340 公里，其处理技术难度、处理工程量和投资都比较大，是南水北调中线工程面临的主要技术问题之一。选取有代表性的渠段作为试验段，对于指导和优化膨胀岩（土）段渠道的设计和施工十分必要。潞王坟试验段工程肩负着为整个工程膨胀岩（土）渠坡处理优化设计提供依据的使命，是国家"十一五"科技支撑研究项目。为了加快进度，所有参与施工人员都成了"拼命三郎"。在此截取一个画面：2008 年 5 月 30 日 23 时，潞王坟试验段渠道两侧灯火通明，高亮度的碘钨灯将整个工地照得宛如白昼，4辆混凝土搅拌运输车穿梭往来，车辆马达声高亢嘹亮；渠道内人头攒动，机械轰鸣。深夜里，头戴红色安全帽的建管人员、蓝色安全帽的监理人员、黄色安全帽的施工人员以及白色安全帽的设代人员忙碌在工地上，在灯光的烘托下各种颜色的安全帽交织在一起，映衬在磅礴的工程现场，这一切仿佛刹那间变成了一幅浓墨重彩的水墨油画。

征迁工作最复杂，这是共识。2009年5月，大规模的征迁活动正式开始。2009年10月18日，星期日，大风紧、土飞扬。刚过中午，市委常委王晓然来到拆迁任务最重的辉县市的赵雷村、杨庄村和南陈马村，研究解决问题的办法。风中，王晓然步履匆匆，言辞切切、教导谆谆。

乡镇干部的知难而上。南水北调征迁工作涉及百泉镇8个村，全长10.039公里，在整个辉县段不仅线路长，而且房屋拆迁面积最大。镇里召集所有征迁户开动员会，印发《告征迁群众的一封信》，向广大征迁群众讲明南水北调的重大意义和有关政策，从党员群众入手，摸清率先愿意接受征迁群众的具体数量，发动他们发挥示范带头作用，促进征迁工作的快速推进。镇、村干部分组包户，耐心细致地做群众的思想工作，思想工作做通后，干部及时为群众找来汽车帮助搬家。对个别思想不通的群众，除了讲明政策、南水北调的意义等之外，还要动员其亲朋好友配合做工作。分组包户的镇、村干部把自己所包征迁户的名单悬挂在镇政府大院的墙上，每做通一户的工作，便在名字下作一个标记，每天3次向镇征迁指挥部汇报工作进度。分包干部之间也进行着一种比赛，不仅是进度的比赛，也是思想工作水平和能力的一场大比赛。当时主抓南水北调拆迁工作的副镇长焦献青，现在回忆起那段不平凡日子，还感慨不已、唏嘘不已、骄傲不已。

有努力工作的各级干部，更有深明大义的老百姓。南水北调总干渠把卫辉市唐庄镇西山生态园一分为二后，国家考虑到今后的游人方便，总干渠施工时还将在这里修建一座横跨总干渠的桥梁。修这座桥需要拆除唐庄镇山庄村6户农民的房屋。这是他们刚刚建起的新房，有的才入住不久，有一处新房是一对恋人的新居。看着这6座刚盖好的两层新楼房要拆除，房主别提多心疼了。但在国家工程面前，6户农民没有提出任何额外的要求。

还有顾全大局的企业。卫辉陈召煤矿是一个十分困难的企业，职工工资都难正常发放，征迁中涉及他们的两条供电线路，迁建共花费44万元，可国家批复的补偿资金只有11万元，陈召煤矿没有一点怨言，自己筹集资金按时进行了线路迁建。

南水北调新乡段干渠建设，究竟有多少施工人员为此付出了心血，究竟有多少干部群众为此牺牲了利益，究竟有多少企事业单位为此舍小家、为大家，没人能讲得清楚。壮阔的大渠无言，巍峨的太行山无语，历史在这里定格。曾经的火热建设岁月，只有到深邃的时空去寻找了，只有到流淌的丹江水里去感受了，只有在牧野大地因水而更具灵性、更具活力的快速发展中去体味了。向所有参与南水北调新乡段建设的劳动者，致以崇高的敬意。

刘先明
原载 2014 年 11 月 19 日《新乡日报》

见 证

12 月 12 日，丹江口水库碧波荡漾。丹江口水库水位高程已达 160 米，库区蓄水量达 200 亿立方米。

在陶岔渠首调度屏幕上，可清晰见到各种设备显示正常，调度人员全部各就各位。

14 时 32 分，陶岔渠首 1、3 号闸门开启。霎时间，清澈的丹江水喷涌而出，满载着陕西、湖北、河南人民的深情，一路向北，奔向京津，为北方人民送去甘甜的幸福水。

"太激动，太激动了！奋斗 11 年，终于盼到南水北调中线一期工程正式通水了，4015 个日夜终成正果。"开启闸门的李春根泪水夺眶而出，喃喃地说："我要告诉家人，我们圆了调水梦！"

中线建管局河南直管局副局长蔡建平一个劲儿地用手机拍照，"我要把这精彩的瞬间，发给那些老专家们，让他们看看南水北调这'水上长城'跃动的欢笑。"

蔡建平告诉记者，"水上长城"是科技智慧的结晶，广大工程技术人员攻克了膨胀土、穿黄隧洞、高填方、大型渡槽、PCCP 管道、渠道机械化衬砌等一道道难关，完成了专用技术标准 13 项，申请并获得国内专利数十项。这些研究成果全面提升了我国在水利工程设计、施工、机械设备、管理等多方面的技术水平，填补了多项国内空白。

在渠道外的街路上，安全保卫宣传车不停地在村庄之间来回播放："大家注意了，南水北调渠宽水深，禁止入内。"

记者与运管人员一起追着水头，一路上看到安全管理人员沿渠巡视，便上前询问："一天巡视几次啊？"陶岔管理处运管员高义答道："我们两人一组从早上8点到夜里，不间断巡视。要看水位和运行情况，还要注意桥梁、渠道深挖方段和高填方段以及膨胀土等重点部位巡查，确保工程安全。对出现的新情况、新问题，要做到早发现、早报方案、早处理。"

14时52分，水头抵达刁河渡槽，记者在调度值班室的墙上看到，水情数据表、全线通信录、电话指令表、运行日志、运行日报、巡查日报等各类运行管理台账一应俱全。值班员王山立正忙着做记录："流量42立方米每秒，闸前水位145.5米。"

水质应急监测车也在渠道右侧跟踪水头水质变化情况，定时检测水质。中线水质中心负责人告诉记者，车内配有多种便携式水质检测仪器，可定性定量分析水中多项指标。沿线13个水质自动监测站24小时实施不间断水质自动监测，监测数据通过局域网传送到南水北调中线建管局总调度中心，对引水水质实现实时连续监测和远程同步监控。

针对总干渠及两侧保护区范围广、人口密度大、经济发展快、污染企业多的实际情况，南水北调中线建管局利用遥感技术等宏观监测手段，可快速、准确对沿线风险源进行监测，及时发现污染源，确保一渠清水北送。

记者跟着丹江水一路奔跑，见证着南水北调人的自豪与荣耀。

张存有

原载 2014 年 12 月 12 日《中国南水北调》报

探访邢台南水北调中线工程
看长江水如何影响北方一座城

南水北调中线河北段工程今天正式通水，清澈的长江水将顺着南水北调中线总干渠一路北上抵达北京。日前，记者探访了邢台市南水北调中线工程，零距离感受长江水对邢台这座北方城市的影响。

干渴百泉盼出露，南水北调可缓解地下水超采

"顺德府邢台县，离城八里是百泉。百泉东有龙王庙，六科杨树八块圃。庙东庙西都是水，庙南还有个好泉眼。"这是邢台百泉村 79 岁的徐光景老人自小就会唱的一首歌谣，歌谣里唱的是他记忆里儿时的家乡，是一个不缺水的"泉城"邢台。但如今，百泉村的年轻人已经没人知道这首歌谣，村东龙王庙的位置，只剩一个干涸的大坑。听说南水北调工程把长江水引到了邢台，徐光景盼着村里的泉眼能再涌出水来，百泉村的后代子孙们，能再看到歌谣里唱的景象。

"以前拿铁锹在地上挖一二尺就能挖出水来，现在喝水要打三四百米的深井。"徐光景口中的这一对比，体现出百泉村所在区域地下水水位的变化。20 世纪 80 年代开始，百泉村的泉眼逐渐停喷，这更是邢台水生态环境受到破坏的直接反映。

据了解，百泉主要补给为自然降水，自 20 世纪 80 年代以来，整个北方地区总体上处于枯水期，年降水量呈逐年减少趋势。而随着邢台经济社会的快速发展，工业生产、居民生活等用水量不断增加，相关区域地下水总开采量均超过补给量，导致水位持续下降。值得期待的是，南水北调中线工程正式通水，将为邢台的地下水涵养与水生态保护带来新的变化。

邢台属全国极度缺水地区，水资源人均 220 立方米，仅为全国的十分之一，全市水资源总量 14.6 亿立方米，而每年用水量为 19 亿立方米，超采地下水引发了一系列环境问题。邢台市水务局副局长高军明介绍，南水北调中线工程年均分配邢台用水量达 3.3 亿立方米，邢台所有县城以及重点城镇和工业区等 23 个供水目标将因此受益，地下水超采问题也能得到一定程度的缓解。水生态环境的修复非一日之功，但南水北调无疑对其有着积极作用，这回百泉有望出露。

活水、绿篱、景观桥，南水北调为城市添新景

12 月 8 日，天气清冷，邢台市泉北大街景观桥上，陈金蕾和新婚妻子却

只穿着单薄的西装、长裙，小两口正在拍婚纱照。

"我参与了这座桥的施工，那时忙，她经常来工地看我。"陈金蕾有些不好意思地说。泉北大街景观桥见证了两人的爱情，计划结婚时，两人不约而同想到了这座大桥。"这座桥是单塔双索面单斜拉桥，外观像一把巨大的竖琴，再加上桥下流过的清水，拍进我们的婚纱照，一定很漂亮。"

泉北大街景观桥是邢台境内 101 座南水北调跨渠桥梁之一，包括其在内的市区 6 座各具特色的景观桥和桥下流过的一渠活水，两岸相伴的绿化长廊，已经成为邢台一道独特的城市风景。景观桥不仅拓宽了原有道路，成为连接邢台市区与西部山区的重要交通通道，也体现出桥梁集技术、美学、文化功能于一体的地标意义，成为邢台人茶余饭后休闲漫步的好出去。

除了新添的景观桥，穿城而过的古老的七里河也因南水北调工程焕发了新面貌。

"南水北调一来，最受益的就是七里河了。"漫步在七里河岸边，邢台市七里河管委会副主任孙春晖笑着解释说，"正式通水前总干渠退水，南水北调向七里河生态补水 700 万立方米，如果没有这些水，七里河现在就是干枯的。"

孙春晖介绍说，南水北调总干渠 700 万立方米退水，可满足七里河下游半年内的用水需要。"等到开春暖和了，河岸边就会热闹起来了，市民们可以来钓鱼、骑行、欣赏花草。夏天我们还会开放免费的浴场，供市民亲水，这可是邢台近些年都没有过的。"

水碱、水锈说再见，南水北调带来优质饮用水

依托南水北调中线邯石段、邢清干渠，长江水将在经过 22 座水厂处理后，流入邢台千家万户。威县南水北调配套水厂是邢清干渠上最大的一座地表水厂，覆盖威县县城 13 万人口，目前，该水厂已具备供水条件。

"南水北调分配威县用水量每年 829 万立方米，平均每天 2 万多立方米，而现在威县每天的用水量约为 1.2 万立方米，是完全能够满足需求的。正式通水后，县城现有的 13 眼自备井将全部关停，每年能节省地下水 500 多万立方米。"威县水务局局长林金颖介绍，威县人现在喝的水，是 600 米深的地下水，水碱、水锈多，水质差，相比之下，南水北调引江水口感好、水质优。"威县水厂的设计、供水能力都是一流的，而且我们还引进了先进的检测设

备，保证水质。"

配合水厂建设，威县水务部门对县城配套管网进行了重新规划、更换、整修，不仅保证水质安全，供水中存在的水压不足等问题也将随之解决。

离水厂不远，是威县境内另一处南水北调重要节点工程——邢清干渠调压井，这是一处径流控制设施。目前，邢清干渠调压井主体工程已完工，并能正常使用，现正在进行外部装修等工作。

58岁的胡梅生是邢清干渠调压井施工方负责人，生长在湖北，祖籍张家口，在威县工地已经一年半，他说："在河北老家参与工程，把一个故乡的水引到另一个故乡，感觉很亲切，很有意义。"

胡梅生的父亲也是水利人，他曾听老水利人讲起20世纪60年代开挖陶岔总干渠时的故事。令他印象深刻的是，不像现在大型机械运用普遍，当年开挖8公里的干渠，渠中沙土全靠人们肩扛手提。"可以说，南水北调这样一个几代水利人跨世纪的构想，现在得以实现，是天时地利人和的结果。"提到南水北调工程通水，胡梅生除了激动自豪之外，还有另一种思绪，"不干水利的人，看到家里水龙头打开有水，意识不到缺水，但我知道每一滴水的宝贵和来之不易。南水北调工程通水了，希望受水区人民能珍惜、节约每一滴水。"

常方圆　贾　恒　邵玉恩
2014年12月18日河北新闻网

千里长渠欢声涌　情动南水北调人

——中国文联文艺志愿者小分队赴南水北调中线工程沿线慰问侧记

碧波滚滚，长渠蜿蜒，奔流千里，向北向北。

甲午初冬，在南水北调中线工程全线通水的胜利时刻，中国文联组织文艺志愿者小分队的艺术家们，以其特有的方式，融情聚爱，情暖长渠，为沿线建设者送上了喜悦，点燃了欢乐。

在陶岔渠首、沙河渡槽、穿黄工程、漕河渡槽，艺术家们一次次被巍峨挺拔的工程所震撼，被伟大而平凡的建设者所折服。在移民新村，面对质朴的移民群众，艺术家们又被他们的善良淳朴，牺牲奉献，舍小家顾大家的精神所深深打动，动情之处，热泪夺眶。

刘全利、刘全和两位艺术家，是小分队的开心果，走到哪里就将欢乐和笑声带到哪里。他们的滑稽小品《打乒乓》《坐火车》《摄影爱好者》凭借逼真的口技，形象夸张的动作，幽默诙谐，逗得建设者捧腹大笑。几天来，他俩表演小品不重样，给建设者带来了丰富多彩的文化大餐。

表演艺术家温玉娟，有着一颗善良纯净的心，所到之处，总能将关爱带给大家。她的诗朗诵《放歌南水北调》道出了数十万建设者的心声。她不顾脚伤，在工地的寒风中一站就是两三个小时，表演饱含感情。在移民新村，她一瘸一拐地小跑着，拿出早已准备好的礼物，分发给小移民。

快板表演艺术家张志宽年逾70高龄，可激情不减，打快板、说相声，样样精彩。不论舞台大小，走到哪里，就表演到哪里，把欢乐带给了沿线建设者。在刁河渡槽闸站值班室，他为仅有的3名现场值班人员献上了精彩的演出。

任真、吕薇两位艺术家，一位热情如火，一位柔情似水，好似红白玫瑰，绽放在水脉两岸。任真一曲《五星红旗飘起来》激情澎湃，将现场的气氛迅速升温，点燃了建设者无比豪迈的激情。吕薇一曲《茉莉花》含情脉脉，动人心弦，温柔的歌声抚慰了建设者疲惫的身心。在新郑市新蛮子营移民新村，任真被朴实的移民深深打动，情难自禁，与移民相拥而泣。

几天来，艺术家们起早贪黑，不顾天寒地冻、旅途疲劳，连续奔波在工程沿线。中国摄影家协会副主席解海龙为建设者耐心讲授摄影知识，直至深夜。建设者们看在眼里，疼在心里，恳请他们取消部分场次的演出，可艺术家们却婉言谢绝，坚持在寒风中给建设者送去精彩的文艺节目。

寒风凛冽，吹不灭艺术家们高涨的艺术热情。南来之水甘甜清澈，艺术家们的感情真切温热。张志宽、温玉娟等艺术家们纷纷表示，建设者们艰苦奋斗的精神感染了他们，今后要为建设者提供更多的服务，创作出更多接地气的文艺作品，多与建设者面对面。

朱文君

原载 2014 年 12 月 24 日《中国南水北调》报

天津：一横一纵织水网　引来江水润津门

素有"九河下梢""北方水城"之称的天津，从 2006 年 6 月，在南水北调工程沿线各省市中率先启动配套工程建设，到 2014 年 11 月初，与南水北调中线通水直接相关的 5 个重点输配水单项工程全部具备通水条件，8 年奋斗终成"正果"。

天津地处海河流域最下游，河网密布，水系众多。2013 年召开的天津市委十届三次全会，作出了《中共天津市委关于深入贯彻落实习近平总书记在津考察重要讲话精神加快建设美丽天津的决定》，提出到 2020 年，把天津建设成为经济更繁荣、社会更文明、科教更发达、设施更完善、环境更优美的国际港口城市、北方经济中心和生态城市的新任务。南水北调工程是从长远上解决全市用水问题，改善水生态环境，提高人民群众生活质量的民心工程，是继引滦入津工程之后的又一条输水生命线，意义重大，影响深远。

生命线　三大效益惠民生

水是生命之源、生产之要、生态之基。20 世纪 70 年代开始，天津严重缺水，于 1983 年建成了引滦入津工程，进入 21 世纪又先后实施 7 次引黄济津应急调水，虽缓解了水资源供需矛盾，但伴随经济社会快速发展，水资源短缺的短板一直与供水安全的危机如影相随。水是国民经济和社会发展的重要战略资源，没有可靠的水资源作保障，发展无从谈起。作为国家补充北方地区水资源、促进北方地区节水治污重要举措的南水北调工程，构成了天津继引滦入津工程之后的又一条输水"生命线"。

地处南水北调中线工程"末梢"的天津，紧紧抓住千载难逢的大好机遇，在南水北调工程沿线各省市中率先启动了配套工程建设。按照《天津市南水北调中线市内配套工程总体规划》，天津南水北调配套工程主要包括城市输配水工程、自来水供水配套工程、自来水厂及以下管网新扩建工程三大部分。配套工程建成后，南水北调来水将与原有的引滦入津之水形成一横一纵、覆盖天津全市的水资源配置网络，实现南水北调中线水、引滦水和当地地表水、地下水的联合调度，使天津市供水安全得到有效保障。

"一横"是指南水北调市内配套滨海新区供水工程，从天津西部入境，由西向东布置；"一纵"是指现有的引滦入津工程，从天津北部入境，总体走向自北向南，引滦工程和引江工程各自的供水侧重区域不同，但互为备用。天津市南水北调办公室总工程师赵考生说："实现引滦、引江双水源保障，将有效化解供水'依赖性、单一性、脆弱性'等矛盾，如果不尽快开辟第二水源，天津的发展无从谈起。"

南水北调工程建成通水后，引江水可为天津年均新增可供水量 8.6 亿立方米，这一新增的水量稳定、水质优良的外调水源，可使中心城区和滨海新区的主要供水范围内，超过 1400 万人直接或间接受益。业已形成的引滦水、引江水、地下水、淡化海水、再生水等多水源联合供水格局，将从根本上改变水资源短缺局面，为建设美丽天津提供可靠水资源保障。

天津市水务局局长、天津市南水北调办公室主任朱芳清欣喜地说："南水北调中线通水后，将解决天津面临的三大水问题：首先是大大缓解天津水资源短缺矛盾，按年均新增可供水量 8 亿立方米计算，基本能够满足 2020 年的城市用水需求；其次是将大大提高天津的城市供水保证率，天津中心城区、滨海新区等经济发展核心区将实现引滦、引江双水源保障，城市供水'依赖性、单一性、脆弱性'的矛盾将得到有效化解；最后可有效促进天津的水生态环境，引江、引滦供城市生产生活用水，可替换出部分本地自产水，供应农业和生态环境，还可替换目前超采的深层地下水，逐步实现地下水采补基本平衡。"

强管理　全力推进保通水

南水北调中线天津干线工程全长 155 公里，采用 3 排地下钢筋混凝土箱涵输水，设计流量 50 立方米每秒，加大流量 60 立方米每秒。2008 年 11 月 17 日，天津干线本市内工程正式开工，2011 年基本完工，2013 年 8 月顺利通过通水验收。配套工程主要包括中心城区供水工程、滨海新区供水工程、王庆坨水库工程、北塘水库完善工程、引滦供水管线扩建工程、工程管理设施及自动化调度系统等，自来水供水配套工程主要包括西河原水枢纽泵站和西河原水枢纽泵站至宜兴埠泵站原水管线联通工程。自来水厂及以下管网新扩建工程主要包括新建、扩建自来水厂（合计规模 230 万吨每日），改造供水管网 1750 公里等。

市南水北调办公室专职副主任张文波说："在市委、市政府和国务院南水北调办公室的正确领导下，市南水北调办公室精心组织，市有关部门、有关区县大力支持，各参建单位积极有序地全力推进，由天津市负责承建的天津干线天津市 1 段工程单元工程一次验收合格率达到 100%、优良率达到92.3%；配套工程单元工程一次验收合格率达到 100%、优良率达到 93%以上，实现了安全生产零死亡目标，在国务院南水北调办公室 2013 年南水北调配套工程建设考核中被评为优秀等级。所有工程通水验收均一次性通过。"

建设成果来之不易，征地拆迁工作首立奇功。为健全组织机构和完善规章制度，市南水北调建委会印发了《天津市南水北调工程征迁管理办法》，将征迁工作任务分解到沿线各区政府，由市南水北调办与各区政府签定征迁补偿投资包干协议，并成立南水北调工程征迁管理中心，专门负责征迁的组织协调和资金管理等工作。在征迁实施之前，本着能少拆迁则少拆迁的原则，尽量优化占地范围，对搬迁户相对集中的采取集中安置，编制出操作性较强的征迁实施方案。市南水北调办还与市国土房管局联合成立了南水北调工程征迁协调组，加快了工程建设用地审批步伐。同时，加强部门间的协调联动，建立了南水北调工程安全保卫和维护建设环境联席会议制度，市公安局在工程现场指挥部设立了南水北调警务室，常驻工程现场，从源头上控制各类矛盾纠纷的发生，为工程顺利推进创造良好的前提条件。

建设成果来之不易，打造精品工程成为重中之重。开工以来，在工程规划、可行性研究、初步设计等勘测设计各个阶段，天津始终把质量作为首要工作目标，积极创新，科学论证，精心设计。为建立健全南水北调工程管理制度体系，印发实施《天津市南水北调配套工程建设管理办法》和 17 个配套具体规定。针对天津配套工程箱涵多、PCCP 管多的特点，制定了 12 项专用技术规定，其中 4 项被列入天津市地方标准，其中《南水北调中线天津干线箱涵工程施工质量评定验收标准》由国务院南水北调办公室发布实施，指导全线验收工作。为加强现场质量控制，组织技术人员驻厂监造管材生产过程，组织监理人员对施工安装前的管材全部进行检测，组织生产厂家在施工现场进行产品质量评比，确保管材达到优质水平。为保持质量监管高压态势，建立健全质量管理体系，明确各参建单位的质量管理责任，逐级、逐岗落实责任人。行政管理部门、质量监督机构、质量检测单位定期组织质量安全联合巡查检测，规范质量评定工作，不断加强工程建设各个环节的质量监管和责任追究，受理群众举报，监督整改落实，这些完善的质量管理制度，有效地把工程质量纳入规范化管理的轨道。

建设成果来之不易，进度安全协调推进。配套工程任务重、时间紧，按照年内完成主体工程的总目标，他们采取的"以小目标推动大目标，以阶段性目标促进总体目标"的办法行之有效。实施中，项目法人、建设管理、设计、监理、施工等单位严格按照《天津市南水北调工程项目建设管理体系实施导则》中进度管理体系的有关要求，完善实施进度计划、供图计划、控制性进度计划和施工进度计划，采取了以日保周、以周保月、以月保年的方法，排出工程关键线路和关键节点，制定实现关键线路和关键节点建设目标的保证措施，适时进行调控，把关键线路和关键节点工程进度纳入考核中。为严格考评，兑现奖惩，项目法人重点加强对进度滞后标段的管理，实事求是地组织处理好合同变更索赔，加快履行变更程序，调动施工企业加快工程进度的积极性。对在 11 月底前屡次未完成月进度计划且年底前不能完成建设目标的施工单位，项目法人要及时调整施工队伍，并全线通报。朱芳清说："由于认真落实安全生产责任制和保障措施，定期组织项目法人、建管、监理等参建单位开展以工程实体和外观质量为重点的质量安全大检查，确保了工程质量安全满足设计和规范要求。多年来，在天津干线工程和配套工程建设中，在确保工程进度的同时，始终保持了安全生产无亡人的记录。"

抓关键　做好"三用"大文章

顶层设计，未雨绸缪。天津市市长黄兴国说："南水北调是党中央、国务院作出的一项公益性、基础性、战略性的重大决策，是继引滦入津工程之后我市的又一项重大民生工程。在党中央、国务院的坚强领导下，通过沿线各省市和全市各有关方面的无私奉献和通力协作，一库清水千里迢迢，即将进入千家万户。通水后，虽然我市水资源紧张局面将得到有效缓解，但从长远发展来看，天津的水资源总量仍不充裕，决不能'开怀畅饮'，一定要把每一滴珍贵的水用在加快发展上、用在改善民生上。我认为，关键是在'用'字上做文章。"

"用好"——加强水资源管理，坚持以水定城、以水定地、以水定人、以水定产。落实最严格的水资源管理制度，严守用水总量控制、用水效率控制和限制纳污三条"红线"；在沿线省、市中率先划定了南水北调中线工程水源保护区，确保引江输水"生命线"的安全。为加紧工程运行管理机构筹备工作，天津市编委下发《关于成立我市南水北调工程管理机构的批复》，同意成立4个工程管理单位，负责天津市南水北调工程运行管理工作。目前，市水务局正加紧组建各管理机构并落实人员。编制完成了引江引滦联合调度工作方案和水源切换方案。同时，市配套工程项目法人——水务投资集团已委托具备资质的水利工程管理单位负责配套工程运行管理，被委托单位已进驻现场，管理人员已进入通水前的备战状态，确保顺利平稳接收引江水。

"用活"——强化水生态保护，坚持控源、截污在先，治污、修河、调水、开源多措并举，大力实施"清水河道"行动，构筑与美丽天津要求相适应的水环境体系。实施河湖湿地保护修复工程，加强水生态管理，建立产权清晰、权责明确的水生态保护体制机制，有序实现河湖休养生息，还河湖湿地健康生命，重现"七十二沽春水活、午鸡声里野桃开"的美景。

"用足"——坚持高效用水、科学用水、文明用水，转变用水方式，坚定不移地走节水优先之路，把节水纳入政绩考核，像抓节能减排一样抓好节水。开展以清洁生产、工业水循环利用、废污水回用与减排为重点的节水改造，充分挖掘各行业和企业的节水潜力；进一步降低农业高耗水作物的种植比例，加快建设高效节水灌溉工程；加快城镇供水管网更新改造，有效降低供水管网漏损率。同时，还要大力宣传节水观念，让爱护水、节约水成为天津整个城市的良好风尚和全体市民的自觉行动。

目前，水利部已批准天津市的调水计划，天津已完成2014—2015年度供水协议签订工作，《天津市引江引滦联合调度方案》业已完成审批，各工程管理单位和运行人员均已上岗到位；各供水部门已完成引江水供应自来水的工艺和配比研究，并进行了设备调试，只待引江水到来。

天津，把握南水北调中线工程建成通水的历史机遇，发扬"引滦"精神，续写"江水引用"新篇章，"九河安澜、清水畅流、人水和谐"的美好愿景指日可待。

苏冠群　董树龙　李志杰
原载2014年12月26日《中国水利报》

南水北调中线长江水抵达天津

南水北调中线一期工程通水后，长江水一路北上，于 27 日上午正式抵达天津，按照规划，至 2015 年春节前后，天津中心城区广大市民都将喝上期盼已久的长江水。

今天上午 9 点 30 分，经过十几天的奔流，来自南水北调中线的长江水终于抵达天津的曹庄泵站，这里是南水北调中线工程天津干线的终点，同时也是其向天津城区及滨海新区供水的起点，随着泵站闸门的打开，泵站巨大的调节池内逐渐蓄满了 3 米多深的水量，在这里经过增压后，长江水将进入各大水厂。天津水务局防汛抗旱管理处水调科科长刘战友表示，引江水进入天津后，为保障各水厂切换平稳过渡，将按照逐个水厂分阶段、分步骤地实施水源切换。首先切换的是滨海新区的津滨水厂，这意味着津滨水厂供水范围覆盖的东丽区、津南区及滨海新区部分区域市民将首先喝上长江水。"第一部分先供的是滨海新区的津滨水厂，从 1 月初南水北调的水进入中心城区芥园、凌庄子、新开河水厂，到 1 月底 2 月初基本上中心城区的老百姓全部能喝上引江水，"刘战友说。

为让居民喝上安全的长江水，天津市采取了多项保障措施。如从南水北调中线西黑山分水口到天津的天津干线全部采用地下箱涵的方式供水，这样就最大程度保证了水质安全。在曹庄泵站调节池，这里专门设置有一处取水设施，工作人员说，自动检测设备每 6 小时就对水质进行检测，并将检测数据实时上传。自动监测站设置有一个报警预警值，如果超过了这个预警值之后，监测设备将自动报警，并且将这个数据实时传到北京。目前从各项数据看，引江水的水质完全符合 Ⅱ 类水的标准。

据介绍，2014－2015 年度，天津计划调水 3.88 亿立方米，以后将逐步扩大。长期以来，天津是一个资源型严重缺水的地区，居民饮水主要靠引自滦河的水解决，水资源短缺、单一、脆弱问题始终是经济社会发展的制约性因素。天津水务局防汛抗旱管理处水调科科长刘战友表示，南水北调中线工程建成通水后，天津将逐渐形成引滦、引江双水源保障的城市供水新格局，有效缓解天津水资源短缺局面。"中心城区的六区加上环城四区的部分地区，以及滨海新区的一部分地区以长江水为主，其他区域还是以引滦水为主，随着长江水供水范围的扩大，引滦水用量将会逐步的减少，因此从规划上来说，咱是永定新河以南地区是要用长江水，永定新河以北地区是要用引滦水"。

陈庆滨

2014 年 12 月 27 日央广网天津

"南水北调失败"？院士回应"流速过慢" "泥沙沉积""半道结冰"三大质疑

历经 15 天水程、1000 多公里北上跋涉，汉江之水于 27 日终于抵达南水北调中线工程的终端北京，首次实现"南水进京"。然而，一篇题为《南水北调通水即失败》的文章却因其"脑洞大开"而在网上疯传，也让不少人开始对这项经过 50 年研究论证和 12 年建设的工程表示担忧。

为此，中国工程院院士、中国水利水电科学研究院水资源所名誉所长王浩日前接受新华社"中国网事"记者专访，对网文中提及的"流速过慢""泥沙沉积""半道结冰"等三大质疑作出解答。

水速太慢，调水目标难实现？结论"不科学、不准确"

这篇网文称，根据本月 12 日南水北调中线工程通水当天电视新闻中"大黄鸭"的漂流速度，推算出"通水时的平均水流速度为 0.1 米每秒，输水量为 22.4 立方米每秒"。由此文章推断，南水北调真实水流量远远达不到设计指标，工程设计的"每年平均输水量"95 亿立方米无法完成，并得出结论——"水流非常缓慢，证实工程完全失败了"。

王浩表示，靠"大黄鸭"运动轨迹推算水流速度"不可靠"，其结论"不科学、不准确"。

他说，南水北调中线工程输水基本上是自流输水，主要依靠重力。中线干渠渠首陶岔到输水终点北京团城湖之前落差约为 100 米。江水在输送过程中要经过大量节制闸、分水口门、退水口门、倒虹吸和渡槽等水利设施。这些都会增加输水的阻力，使输水水流慢下来。

"根据我们的计算，南水北调的水面线有几毫米的误差，就会减少3～4个流量，这里面有一套非常复杂的控制系统，但总体来说输水正常流速应是1米每秒到1.5米每秒。"

王浩认为，根据"大黄鸭"运动轨迹推算流速"不可靠"，因为不管水流流速多少，任何一个渠道断面的流速分布都是一个"子弹头"的抛物线状，水面和水底的流速会慢一点，而渠道中心流速最快，"不能仅根据水面轨迹来推算流速，而要精确的水利计算"，否则就是"以偏概全"。

此外，95亿立方米是"多年平均调水量"，并不是每年必须调水95亿立方米。在最丰水年，中线工程可调水120多亿立方米；而在枯水年份，须优先保证汉江中下游用水，调水量会根据来水有所下降。

泥沙沉积，已彻底毁掉工程？

"泥沙沉淀将毁了南水北调中线工程。"该网文称，丹江口水库的水来自汉江上游的陕西，"水流湍急，泥沙极大"，汛期之后丹江口的水因携带大量泥沙很浑浊，不能马上放水进入南水北调干渠，需要几个月在水库里沉淀干净，再放清水入干渠，但遗憾的是，南水北调工程指挥者马上放水入干渠，使得渠道淤满污泥，"这个错误的决策，不幸已经彻底毁了整个南水北调中线。"

对此，王浩回应：丹江口水库及南水北调中线输水干渠不存在"泥沙问题"。

王浩表示，说南水北调中线工程有"泥沙问题"是"无稽之谈"。他解释说，长江本来含沙量就很低，每立方米约为1千克。汉江又是长江最大支流，比长江的含沙量还低。特别是近年来，陕西安康、商洛、汉中等地大力推进水土保持，使得汉江含沙量再次减少。

"汉江汇入丹江口水库后泥沙会进一步沉淀，再加上中线工程取水口是从水库表层取水，而输水渠道都是混凝土衬砌，最后进入水渠中的泥沙可以说'极其少'，水很清澈，根本不存在泥沙淤积的问题。"

据了解，2006年以来，我国先后投入100多亿元用于丹江口库区及上游水污染防治和水土保持。"十一五"期间完成了1.4万平方公里的水土流失治理，使得库区生态环境得到很大改善。

而南水北调中线干渠全线也采用全封闭立交设计，不与沿线河流、沟渠等发生关系。总干渠两侧还划定了水源保护区并进行生态建设，在保证渠道水质的同时，也确保沿线河道泥沙不进入总干渠。

半道结冰，影响南水北送？

　　南水北调中线总干渠全长1000多公里，沿途气候差别很大。冬季往寒冷的北方送水，是否会"半路结冰"影响江水北送？该网文推断，在0.1米每秒的水流速度下，输水渠道将降温到冰点，接触空气的水面会首先结冰，使水无法流至北京。"整个渠道的水基本停止流动，冰冻成一块，胀坏渠道、涵洞、渡槽，彻底破坏工程。"

　　王浩表示，国家已充分考虑冰期输水问题并制定应急预案。他说，冰期输水是南水北调建设中要解决的重要水力学问题之一。"国家在'十一五'科技支撑计划时就专门研究了冰期输水的问题，针对结冰期、冰封期、化冰期三个阶段输水都做了详细论证和充分预案。"

　　"比如在结冰期我们会适当加大水的流量，让水位高一点，冰盖在上面，而下面则有足够空间走水，有很详细的措施，专门经过国家论证并验收通过。对冰坝、冰塞等紧急情况也都做了应急预案，比如通过拦冰索等除冰设施，保障沿途水流通畅。"王浩解释说。

　　对此，北京市南水北调办表示，南水北调中线工程冬季也能输水运行，只是会受到河南安阳以北明渠段水流表面结冰影响，输水能力会降低到正常情况的60％，但不会因结冰而影响南水北送。

魏梦佳

2014年12月27日新华社

六大水厂每日接70万立方米"南水"

　　本报讯　2014年12月27日，南水北调水源正式进京。北京如何用好来之不易的"南水"？北京现有的地表水水厂制水工艺能否将"南水"处理成符合国家 106 项生活饮用水卫生标准的自来水？接纳"南水"的 6 个水厂运行情况如何？这些都成了"南水"进京后，市民关注的焦点。目前，市自来水集团一一揭晓了答案，从水厂工艺运行、供水调度、水质监测等方面制订了一系列严密的供水保障方案，确保用好来之不易的"南水"。

北京市自来水集团提供的数据显示，自 2014 年 12 月 27 日上午 10 时"南水"正式进京后，截至 2015 年 1 月 3 日 24 时，市自来水集团所属的郭公庄水厂、第三水厂、第九水厂、田村山净水厂、门头沟城子水厂、长辛店水厂 6 个水厂共接纳"南水"550 多万立方米。其中，郭公庄水厂接纳"南水"150 多万立方米。经检测，各水厂生产的自来水全部符合国家 106 项生活饮用水卫生标准，供水管网运行平稳。

据了解，市自来水集团采用"由外到内、分时段、分区域、逐渐加量"为原则的供水调度方式，所属 6 个水厂（郭公庄水厂、第三水厂、第九水厂、田村山净水厂、门头沟城子水厂、长辛店水厂）首批接纳南水北调丹江口水库水源，日接纳"南水"水量约 70 万立方米。从供水区域范围看，市自来水集团所属的城区及门头沟城子地区的大部分市民都能喝上"南水"；由于城区主供水管线向通州、大兴及昌平部分地区输水，这些区域的市民也能喝上"南水"。

目前，根据水厂接水能力，市自来水集团进行科学合理调度，具体分 3 种方式接纳"南水"。一是郭公庄水厂、门头沟城子水厂全部使用"南水"，郭公庄水厂每日取用"南水"20 万立方米，门头沟城子水厂每日取用"南水"4.3 万立方米；二是田村山净水厂、长辛店水厂以"南水"为主要水源，按照"南水"与本地水源 1：1 的配水比例供水，田村山净水厂每日取用"南水"量为 15 万～20 万立方米，长辛店水厂每日取用"南水"量为 2 万立方米；三是第九水厂、第三水厂按照"南水"与本地水源 1：4 的配水比例供水，根据需水量变化，第九水厂每日取用"南水"24 万～27 万立方米，第三水厂每日取用"南水"6 万立方米。

此后，市自来水集团将根据用水需求、水厂运行情况，逐步增加"南水"取水量，预计到 2015 年 5 月底，夏季供水高峰前，每日取用"南水"量将达 170 余万立方米。

记者获悉，为迎接"南水"进京，市自来水集团加强对供水管网水质的动态监测，成立由 200 人组成的水质监测队伍，对重点区域供水管网实时监测水质变化，并可随时启动应急预案，强化从源头到龙头的水质监测体系，确保让广大市民喝上安全水、放心水。

夏　晖

原载 2014 年 12 月 27 日《首都建设报》

12 年时间，4300 多个日夜，南水北调东中线一期工程
全面建成通水——

南 水 从 此 润 北 方

南水北调中线干线渠道

2014 年 12 月 12 日，对南水北调而言是一个标注历史的时刻。

中线源头，随着陶岔渠首闸门打开，一渠清澈的长江水一路奔流向北，滋润干渴的华北平原。至此，南水北调东中线一期工程实现全面建成通水。这也意味着几代中国人的调水夙愿，今朝梦圆！

盛世兴水。从 2002 年 12 月 27 日工程开工，到今天，南水北调走过了整整 12 年时间。4300 多个日夜，这一举世瞩目的世纪工程经历了多少艰辛，汩汩清水流淌着几多不易？今天我们饮水思源，应该铭记。

盼水——中线主要城市缺水达 128 亿方，
不能再与生态争水、与子孙争水

水、水、水！长期以来，干渴的北方大地遍布对水的期盼。

北京缺水。国际公认的缺水警戒线为人均 1000 立方米，而北京仅为 100 立方米。这是个什么概念？"简直是少得不能再少了。"水资源专家、中国工程院院士王浩说，北京年均水资源不足 21 亿立方米，却要维持 36 亿立方米的用水需求。从 1999 年以后，北京进入连续枯水期，水资源量衰减 42%。为保障用水安全，北京已经连续 10 年启用了 4 个应急水源地。更严峻的是，随着城市快速发展，"人多水少"矛盾日益突出，缺水成了制约北京可持续发展的突出瓶颈。

河北缺水。石家庄被誉为"火车拉来的城市"，由于水资源匮乏，常年超采地下水，漏斗区面积不断扩大。在河北水利专家魏智敏的记忆里，20 世纪 50 年代的石家庄，地下水很浅，拿扁担就能从井里打水。然而，现在要用工业深井泵，百八十米深才能抽到水。"如今有河皆干，有水皆污，人人盼水。"魏智敏感叹。

河南缺水。郑州市随着近年城市框架拉大，人口急剧增多，缺水给郑州人蒙上了阴影，夏季用水高峰，一些居民经常会遇到自来水"断流"，不得不拎着水桶到楼下提水。作为中原城市群的"龙头"，郑州未来的发展蓝图宏伟壮丽。但若不能打破水资源短缺的瓶颈，大郑州发展艰难。

黄淮海流域是我国经济社会发展的重要区域，水资源量只有全国的1/14。据测算，到 2030 年南水北调中线受水区主要城市缺水达 128 亿立方米。

缺水，为何许多人看不见？"北方许多地方主要靠地下水维持。"水利部水利水电规划设计总院副院长李原园介绍，京津冀地区年均供水量为 278 亿立方米，其中地下水占到 70%。这意味着今天在用明天的水，我们正与生态争水、与子孙争水。

水资源短缺频频亮起红灯。1999—2000 年，北方发生严重干旱，海河的主要河流多数断流，中小水库干涸。今年夏天一场大旱，河南平顶山市唯一的大水缸白龟山水库见底，打井、找水，这座百万人的城市供水告急。同样的旱情，苏鲁交界的南四湖湖底干裂，生态濒临危机。

节水、挖潜还是缺水，怎么办？跨流域调水是万不得已的选择。按照总体规划，南水北调工程将通过东、中、西三条调水线路，与长江、淮河、黄河、海河相互连接，构建起中国水资源"南北调配、东西互济"的新水网。

"南水北调规划最终调水规模448亿立方米，相当于一条黄河的水量！"国务院南水北调办公室主任鄂竟平说，按照规划，东中线一期工程年均调水183亿立方米，将有效缓解北方水资源短缺的严峻局面。

治水——重拳减排，用生态文明理念推动发展转型，治污不再是权宜之计

南水北调，成败在水质。

调水之初，质疑声音不断：会不会成为"污水北调"？

质疑并非没有道理。治污到底有多难，东线南四湖最具代表性：入湖大小河流53条，哪条河治不好，都会影响水质。而要把一条条"酱油河"变成清流，化学需氧量浓度从几百上千降到20毫克/升，被称为"流域治污第一难"。

鄂竟平说，南水北调始终坚持"先治污后通水，先环保后用水"，把确保水质安全作为"调水底线"，着力推进生态文明建设，打造千里"绿色长廊"。

南水北调打响了一场治污攻坚战——制度顶层设计

国务院实施了南水北调东线工程治污规划和补充规划，多措并举，建立治污机制，推动水质达标。实施了《丹江口库区及上游水污染防治和水土保持》两个五年规划，累计安排190亿元，将水源区43个县全部纳入规划，使污水处理厂实现全覆盖。同时，国务院六部门建立起协调机制，将中线源头水质列入地方考核。

在东线，"水质达标"成了考验沿线各地的硬指标。江苏融节水、治污、生态保护为一体，重拳减排，"十一五"以来，累计关停沿线化工企业800多家，绝不让污水进入调水干线。山东提出"治—用—保"理念，系统推进流域治污，在全国率先实施严于国家标准的地方性标准，取消行业污染排放"特权"。

创新思路，东线治污向综合治理转变：给污水找"出路"，调水沿线实现了一个县至少一座污水处理厂、一座垃圾处理厂；自2010年起，江苏在调水

沿线实施区域补偿；创新生态治理，山东在南四湖实施退耕还湿、退渔还湖，湿地面积达到 15 万亩。

在中线，水源地各地"壮士断腕"。"黄姜之乡"湖北十堰，为杜绝污染，对 106 家黄姜加工企业强制性关闭，70 余万姜农转产；丹江口市关停"五小"企业 100 多家，所有新上项目，一律先过环保关；渠首所在地河南淅川县，10 年关停污染企业 350 家，否决大型项目 40 多个，取缔 4 万余箱网箱养殖。初步统计，中线水源区河南、湖北、陕西各地累计关停污染企业 1000 多家。

生态文明渐成自觉，加快转方式，治污不再是权宜之计。老工业基地徐州，全市 162 家企业五年来开展了清洁生产，直接经济效益 11.66 亿元，产业结构由重变轻，层次由低变高。煤城济宁，先进制造业超过煤电产业，高新技术产业占工业比重达 33％以上。

12 年治污攻坚，南水北调实现了"不可能的任务"。最新监测显示，东线沿线河流化学需氧量平均浓度下降 85％以上，干线水质全部达到Ⅲ类水标准。中线丹江口水库水质连续 7 年保持在Ⅱ类以上。

一渠清水向北流，南水北调工程成了治污环保的样本，为重点工程践行生态文明提供了借鉴。

调水——可使 1.1 亿人直接受益，每年新增工农业产值近 1000 亿元

南水北调是世界规模最大的调水工程，许多难题也都是世界级的。没有经验可循，没有参照对比，只能摸着石头过河，靠创新突破一道道难关、一项项成果，填补了国内空白。

中线工程全长 1432 公里，只有 100 米的落差，为了让南水一路自流，可谓逢山开路、遇水架桥，要越过 705 条河道、1300 多条道路、近 60 次横穿铁路，其难度可想而知。

说难度，中线穿黄工程可见一斑。穿黄工程运行管理处副处长梁单禹说，在黄河下面 35 米深处，挖两条三层楼高的隧洞，盾构、始发、掘进每一步都是拦路虎。1166 吨重的盾构机要任人摆布，3450 米的直隧道只允许有 1‰的倾斜度，真不容易。为抵消 35 米水土压力，开挖区内要充满高压空气，检修工在里面呼吸都困难，干半小时就感觉筋疲力尽。在这样艰苦的环境中，3 个月里，检修人员更换了 148 把刀具。

东线工程，利用京杭大运河及与其平行的河道逐级提水北送，长江水如何往高处流？13 级梯级泵站抽水 65 米，构成世界最大规模现代化泵站群。为了降低调水成本，沿线泵站基本选用节能泵，经过自主研发，沿线泵站装置运行效率达到 80％以上。在济平干渠，科技人员反复比选、实验，研究出 7 种衬砌结构型式，减少渗漏 96％左右。

截至目前，南水北调共取得新产品、新材料、新工艺等 63 项成果，申请国内专利 110 项，展示出南水北调工程的"中国智慧"。

一条调水线就是一条生命线！今夏大旱，正在充水试验的南水北调中线应急调水，丹江水 400 公里驰援，解了平顶山市的燃眉之急。在东线，全线泵站开足马力，长江水飞奔 800 公里，终于让久旱的南四湖再现生机。

一条调水线也是一条发展线！饱受地下水漏斗区困扰的河北衡水深感南水的不易，市水务局负责人说："有了地表水，严控地下水，衡水有望 4 年摆脱地下水超采窘境""不节水没有出路"。天津市 10 年压采，灌溉机井从高峰期的 5 万多眼降到 3.2 万眼。

千里调水正发挥出巨大的综合效益——社会效益

东中线一期工程可为 253 个县级以上城市供水，使 1.1 亿人直接受益，可使 700 万人彻底告别苦咸水的历史。

经济效益：通过增加供水，每年将新增工农业产值近 1000 亿元；合理水价机制，优化产业结构调整，促进可持续发展。

生态效益：通过优化配置，北方每年减少超采地下水 36 亿立方米，逐步返还挤占的生态水和农业用水，改善恢复不堪重负的水生态环境。

航运效益：东线一期工程使千年古运河重新焕发青春，新增港口吞吐能力 1350 万吨，新增运力相当于新建一条水上"京沪铁路"，成为中国仅次于长江的第二条"黄金水道"。

南水北调，圆了跨越半个多世纪的调水梦，正在给北方大地带来新的生机！

赵永平

原载 2014 年 12 月 28 日《人民日报》

江水进京半月送来 8 个昆明湖

昨日（1 月 12 日），北京晨报记者从大宁调蓄水库了解到，自去年 12 月 27 日江水北调通水以来，截至昨日上午 8 点，半个月的时间，江水北调进京水量已达到 1744 万立方米，这相当于 8 个昆明湖的水量。这些水主要流入郭公庄等全市的 6 个水厂。目前，北京城区的大部分市民都喝上了长江水。

江水进京水库运行平稳

昨日一早，记者来到大宁调蓄水库，虽然水面已有部分结冰，但丝毫不影响成群的野鸭在水面上闲适游动。据大宁调蓄水库管理所副所长胡晓斌介绍，自江水进京半月以来，大宁调蓄水库加大了管理力度，整体运行平稳。

位于卢沟桥南侧的江水北调大宁调压池，是江水北调中线江水进京后第一个见到水面的地方，直径 81 米的圆形调压池水面上泛着来水引起的细小水花。工作人员介绍，在 1744 万立方米来水中，进入大宁调蓄水库的水量为 293 万立方米，其余水量进入城市水厂，主要包括郭公庄水厂、三厂、九厂、田村水厂、门城水厂和长辛店水厂。

在调压池下游，均匀持续的流水声通过 5 孔闸门流出。据介绍，江水进入大宁调压池调压后，1、2 孔闸门的来水穿永定河，沿西四环北上团城湖；3、4 孔闸门的来水向东进入南干渠郭公庄水厂和五环沿线的其他水厂；5 孔闸门的水流向大宁调蓄水库。

大宁调蓄水库水位上涨 1 米

沿着 1276 公里漫漫长渠，长江水将一路北上奔流进京。进入北京城区后的第一站就在大宁调压池。随着江水进京，调压池旁闲置了 20 多年的大宁水库，此次变身大宁调蓄水库，继续肩负永定河泄洪功能的同时，还担负起江水"多时蓄水、少时供水"的重任。京城供水格局再添一调蓄水库。

"大宁调蓄水库的作用主要是当下游受水部门出现故障或突然减少需水量时，将上游多余来水退至水库，蓄水量能维持北京城区半个月的用水量。"昨日，大宁管理处相关负责人介绍，目前大宁调蓄水库库容为 1114 万立方米，水位高程 49 米，较江水来之前的 48 米上升了 1 米。

生态改善引来野鸭栖息

相比大宁调蓄水库水面，大宁调压池丝毫没有结冰迹象。相关负责人介绍，为了防止调压池的水被冻住，大宁调压池设置了 2 台吹冰泵。这 2 台吹冰泵根据气温高低调节运行时间，以保证调压池池水不被冻住。

记者还了解到，为了保证调压池的水面清洁和安全，调压池设置专门工作人员 24 小时不间断监控值守。对于大宁调蓄水库，工作人员加大了检查力度，每天都有相关人员在水库周边进行安保巡查，并严格执行调度指令，水库的生态环境进一步提升了，这也吸引了大量禽鸟在水中栖息。记者在现场看到，现在大批的野鸭在此栖息，这里已经成了它们越冬的天堂。

徐晶晶

原载 2015 年 1 月 13 日《北京晨报》

"后调水时代"，"南水"如何解北"渴"？

2014 年 12 月 12 日，南水北调中线一期工程全线通水，这意味着南水北调工作翻开了崭新的一页。在东、中线一期工程全面运行元年，今年的工程重点也将由建设管理进入运行管理。有人称南水北调工程已经进入"后调水时代"，那么在"后调水时代"，"南水"如何解渴北方大地？为此，记者采访了国务院南水北调办主任鄂竟平。

记者：中线一期工程通水至今已一个月有余，您能否简单介绍一下目前工程的运行情况？

鄂竟平：截至 1 月 14 日早上 8 点，中线一期工程自陶岔渠首共进水 1.44 亿立方米，沿线各省共接水 9400 万立方米。目前，中线一期京石段工程已进入冰期运行，北易水节制闸至北拒马河节制闸已形成稳定冰盖，厚度 2～7 厘米，长度约 40 公里；古运河节制闸至北易水节制闸段有浮冰、岸冰，长度约 187 公里。通水以来，全线水位平稳，设备设施运行正常，工况良好，水质保持 Ⅱ 类以上。东线一期工程通水以来，累计抽江水 47.93 亿立方米，调水到山东 2.57 亿立方米，圆满完成了年度调水任务、南四湖应急补水和江苏省应急抗旱工作。工程运行平稳、工况良好，输水水质稳定，全部达到供水水质标准。

记者：南水北调工程由建设管理转入运行管理，请您介绍一下接下来的运行管理工作如何推进？

鄂竟平：接下来工作的重中之重就是确保足量供水、水质达标。工程安全方面，要抓紧组建运行管理机构，建立较为系统完备的运行管理制度体系，加强对工程的监测、检查、巡查、维修、养护和对运行情况的监测评估，完善突发情况应急预案，提高自动化调度水平，依据水量调度计划，确保科学、有序调度。水质安全方面，一是加快实施中线不达标河流"一河一策"和东线治污补充方案；二是完善监测网络体系，加强水质监测与考核，加大监督和检查力度，及时掌握输水水质状况；三是强化沿线污染源、桥面污染物流入渠道的风险防控和水污染应急处置能力。

要特别强调的是工程在管理设施的建设上非常注意监控系统建设，中线一期工程沿线双岸 500 米左右、单岸 1 公里左右均安设电子眼，重点区域挂有电子围栏，重点区域占整个区域的 50% 左右。一旦发生意外，会启动闸门调度系统，几分钟就可以计算出全部闸门调度控制的方案，所有闸门可自动按照指令进行开关操作，保证损失最小。此外，工程运行管理阶段还要落实水费收缴机制。

记者：您刚才提到水费收缴机制，水价问题也是受水区多数人比较关心的问题，能透露一下相关情况吗？

鄂竟平：国家发展改革委日前发布了南水北调中线一期工程运行初期的供水价格政策，工程在运行初期供水价格实行成本水价，并按规定计征营业税及其附加。其中河南、河北两省暂实行运行还贷水价，以后分步到位。中线水源工程综合水价为 0.13 元每立方米（含税），干线工程河南省南阳段、河南省黄河南段、河南省黄河北段、河北省、天津市、北京市各口门综合水价分别为 0.18 元每立方米、0.34 元每立方米、0.58 元每立方米、0.97 元每立方米、2.16 元每立方米、2.33 元每立方米。通水 3 年后，根据工程实际运行情况对供水价格进行评估、校核。当然，这个价格并非实际对用户征收的水价，一些地区可能会将"南水"和原有的本地水混合后选择一个定价，因此用户缴纳水费情况要看各地具体如何调整，水费即使有所上涨但涨幅也不会过大，毕竟水质好了，处理水的成本会有所降低。

记者：虽然南水北调东、中线一期工程已经通水，但仍有人质疑工程的效益问题，那么效益方面的情况您能介绍一下吗？

鄂竟平：根据总体规划，东、中、西三条线总调水规模 448 亿立方米，占长江年径流量的 4.6%，大约相当于一条黄河的水量，东、中线一期工程间接受益人口超过 2 亿人。具体来讲，南水北调工程的效益体现在以下四个方面：

第一，保障了沿线城市群的用水。东、中线一期工程实施以后，直接给沿线的 253 个县级以上城市供水，大大提高了这些城市的供水保证率。此外，工程取用水质优良的水，改善了沿线水质，还可以使北方 700 多万人结束长期饮用高氟水、苦咸水的历史。

第二，有效控制地下水超采。北方地区地下水位下降、地面沉降等生态环境问题可逐步得到遏制。据统计，目前南水北调供水区每年超采地下水 76 亿立方米，已累计超采 1200 亿立方米。南水北调工程实施以后，通过严格控制地下水开采，北方地区每年能够减少超采地下水 50 亿立方米左右，其中北京市可以从根本上杜绝超采问题。这是南水北调在生态文明建设中最突出的作用。此外，还促使沿线省份尤其中线水源区加快了水污染防治，新增了两条绿色生态景观，改善了沿线地区的人居环境。

第三，提高了我国的粮食生产能力。东、中线一期工程调水有 16% 向农业供水，涉及灌溉面积 3000 多万亩，提高了灌溉保证率，同时增加排涝面积 260 多万亩。中线工程还可在南方丰水、北方干旱时，向北方地区的农业应急供水。

第四，促进资源节约型社会建设。南水北调工程为了保障工程永续利用，将实行成本核算，合理确定水价，工程将实施两部制水价。通过水价的杠杆作用，势必增强受水区民众的节水意识，带动受水区高效节水行业的发展。南水北调来之不易，各地通过宣传，让受水区人民充分理解调水的艰辛，增强节约的自觉意识，会更有利于促进国家资源节约型社会建设。

陈　晨

原载 2015 年 1 月 15 日《光明日报》

三大水厂水源切换完成
中心城区全部喝上长江水

日前，本市中心城区芥园、凌庄子、新开河三大水厂相继完成引江水源切换工作，预计今天中心城区居民全部喝上长江水。目前，本市引江供水系统运行稳定，供水水质良好，供水管理部门将在春节期间加大水源保护和水质检测力度，确保本市供水水质安全稳定。图为对长江水进行检测。

2014 年 12 月 12 日，南水北调中线工程正式通水，长江水一路北上；2014 年 12 月 27 日 9 点 30 分，长江水跨越 1000 多座桥梁，穿越 200 多条河流抵达本市配套工程第一站——曹庄泵站，"南水"正式进津；2014 年 12 月 27 日下午，位于东丽区的津滨水厂率先开始切换水源，次日，东丽区、津南区、滨海新区的部分市民率先喝上长江水；2015 年 1 月 8 日开始，中心城区三大水厂——芥园水厂、凌庄子水厂、新开河水厂开始分阶段进行引江、引滦水的切换工作。昨天，中心城区三大水厂的水源切换工作正式完成，长江水顺着管线从津滨水厂、芥园水厂、凌庄子水厂、新开河水厂流向千家万户。预计从今天开始，继滨海新区、东丽区、津南区三区之后，中心城区市民全部喝上长江水了。

仨 水 厂 切 换 水 源

从 2014 年 12 月 27 日，"南水"正式进津开始算起，长江水已经来到津城 49 天。津滨水厂作为南水北调中线长江水进入天津市区后进行水源切换的第一站，已经率先运行了一个多月。津滨水厂供水范围——东丽区、津南区和滨海新区的部分市民已经先于中心城区喝上长江水。

经过津滨水厂一段时间平稳的试运行后，从 1 月 8 日开始，中心城区三大水厂也相继开始进行引江水和引滦水的水源切换工作。据了解，芥园水厂和凌庄子水厂的设计日产水量均为 50 万吨，新开河水厂的设计日产水量最多，有 100 万吨。因为三大水厂切换水源时间不一，且原有的引滦水需要一段时间消耗，所以近日，三大水厂在一段时间的引江水、引滦水混合供给后，预计今天，中心城区市民将全部喝上长江水。

水质优于滦河水

家住红桥区民畅园 5 号楼的居民何女士是率先用上长江水的家庭之一。昨天，何女士为记者从水龙头接了一杯清澈的"长江水"，"你们不说，我都没发现用的自来水不一样了，一直都挺好的。"何女士笑言，"不过年前能喝上长江水感觉挺高兴，这水来之不易，一定要好好珍惜。"

记者昨日来到芥园水厂，运营部部长姜建伟说："长江水的原水绝大多数能达到 I 类水体，滦河水的原水则因季节的不同在 II、III 类水体间徘徊，总体而言长江水的水质要优于滦河水。"

占全市用水量三分之一

"水源正式切换完毕后，未来一年，将调用长江水 3.88 亿立方米，约占全市城市用水量的三分之一。到 2020 年，全市供水量将达到 15.5 亿立方米，基本能满足今后一个时期城市生产生活用水需求。"水务局防汛抗旱处调水科科长刘战友表示，南水北调中线工程正式通水后，天津有了引江、引滦双水源保障。"根据规划，未来天津永定新河以南会使用长江水，永定新河以北使用引滦水。"

程 婷 王伊芳 张 瑜
原载 2015 年 2 月 14 日《城市快报》

保水质拆网箱 只为清水北上

8 日，初春的阳光洒在丹江口水库湖面上，波光粼粼。早上 7 点，一阵船桨打水的声音划破了湖面的平静。在水面的一片网箱上，负责看护的狗听到声响，兴奋地在网箱上来回走动，用叫声迎接他的主人。这片用来养鱼的网箱属于丹江口市习家店镇行陡坡村村民孙丙林。每天的这个时候，他都会从镇上赶来喂鱼。

将饵料投入网箱后。孙丙林拎着两瓶酒到附近的表亲蔡兴尚家坐坐，顺道商量一下今后的出路。

2014年12月，南水北调中线工程实现通水。为保护水源地水质，当地政府于2014年7月启动网箱取缔，计划在2015年完成。因为网箱取缔，年前水库里的翘嘴鲌大批量集中上市，拉低了市场的价格，孙丙林还剩有不少成鱼没卖出去。

和孙丙林一样，50岁的蔡兴尚也是渔民，下河养鱼已有20年，网箱边并着的船，就是他和妻子黄少云生活的地方。蔡兴尚表示，保护水源区的水质，清理网箱上岸，大家都能理解，也支持。同时，地方政府也在通过多种渠道帮助渔民销售。但他放不下的，是网箱里的鱼苗。一条翘嘴鲌从鱼苗养到成鱼需要五六年时间，而他最后投资的22箱翘嘴鲌鱼苗才养了不到3年，远没达到出售的斤两。继续养，没有时间；放弃，多年的投资和心血将付之一炬。

吃饭间隙，蔡兴尚跟相熟的鱼贩打了个电话，得到的回复是，刚过完年，鲜鱼的需求不大，1斤3两左右的翘嘴鲌，收购价格也并不理想。而蔡兴尚网箱里的鱼苗长到1斤还得两年时间。

风里来，雨里去，养鱼的苦和累，丹江口的渔民们深有体会。但一口网箱，往往就是一家人的生活来源。看着水里的鱼儿一天天长大，渔民们乐在其中，随着网箱的逐步拆除，这种苦乐并存的生活即将结束，渔民们的心里都有着太多的不舍。

倪　娜　张建波

原载2015年3月13日《湖北日报》

北京南水北调配套工程东干渠将全线封闭

4月17日上午，记者从北京市南水北调工程建设管理中心获悉，南水北调的一项重要市内配套工程——东干渠工程即将全线封闭，肩负起向京城东北部和东部供水的重任。预计今年 6 月底，该工程可贯通通水。

通州居民将能喝上长江水

南水北调的东干渠工程是沿着北五环、东五环而建的输水隧洞，全长 44.7 公里。该工程是北京市迄今为止线路最长、单项投资最大的地下输水工程，建成后将与南水北调中线干线工程、团城湖至第九水厂输水工程、南干渠工程一起，形成一条基本沿北五环、东五环、南五环及西四环形成的输水环路。

据该工程施工方负责人介绍，该工程通水后，北京市不仅为中心城和新城的主要水厂具备了双水源，还为南水北调水、密云水库、地下水之间实现联合调度。今年 6 月底，北京新城区的第八地表水厂、第十水厂、通州水厂、亦庄水厂和永乐水厂以及首都新机场，均能接收来自长江的水，当地居民也能喝上长江水。

盾构工法隧道填补北京空白

该工程于 2012 年 6 月 8 日正式开工建设，2014 年 10 月 10 日二衬全部贯通，预计今年将在 4 月底、5 月初完成隧洞工程静水压试验，具备通水条件。该工程施工克服了地质情况复杂、地下水位高等难题。全长 44.7 公里的输水隧洞在施工期间安全穿越了 4 条铁路、9 条轨道交通、9 条高速公路、77 座单体桥、31 条等级公路、18 条河流以及 600 多条地下管线。其中，特级风险源就有 37 处。

2013 年 6 月初，该工程安全穿越地铁 15 号线，这也是北京地区第一次完成盾构工法隧道穿越已运营盾构隧道的成功范例，填补了北京市盾构工法的空白。输水隧洞顶距离上面行驶中的地铁轨道仅 5 米，沉降值控制在 3 毫米以内。

中线一期工程顺利运行 100 天

自从 2014 年 12 月 27 日南水北调中线一期工程正式通水以来，北京市南水北调工程已经顺利运行超过 100 天，累计接收南水北调水 14000 万立方米，向自来水厂输送超过 1 亿立方米，并向大宁调蓄水库、城市河湖补水，通水效果初现。

除了 80 公里的南水北调中线干线工程外，北京市首批参与接水的南干渠工程上段、大宁调蓄水库、团城湖调节池，及配套水厂等配套工程也发挥了重要作用，而且各项工程运行安全平稳。

于振华

2015 年 4 月 17 日千龙网

中线水源公司加强汛期大坝安全监测工作

本站讯 丹江口水利枢纽已于 6 月 20 日进入主汛期，为确保大坝安全运行，中线水源公司采取多种措施加强丹江口水利枢纽的安全监测工作。

在 2015 年 6 月 18 日召开的大坝安全监测工作协调会上，公司要求参建各方严格按照大坝加高工程蓄水安全监测技术要求开展安全监测工作，并要求参建各方加强汛期巡视检查工作，发现问题及时上报，确保安全监测工作万无一失。

待水库水位超过去年最高水位后，公司将视水库来水情况建立安全监测周报和旬报制度。另鉴于丹江口安全监测系统现状，公司建立了汛期安全监测工作例会制度，定期汇总各方监测成果后，进行系统性分析，为大坝的安全运行保驾护航。

周 蓉

2015 年 6 月 24 日长江水利网

南水北调：资源配置的实践

——鄂竟平在中央和国家机关"强素质 作表率"读书活动
主题讲坛 2015 年第八讲（总第七十六讲）上的演讲

一、南水北调到底是什么样的工程

2002 年，国务院批复《南水北调工程总体规划》，指出："南水北调工程是缓解我国北方水资源严重短缺局面的重大战略性基础设施。"这句话里的要点或者关键词有两个：一个是战略，一个是基础。

为什么说南水北调工程具有战略性？国务院 2002 年批准南水北调规划的时候已经很明确，南水北调工程由三部分组成，也就是三条线。第一条线是东线。东线就是从江苏江都引长江的水一路北上经过江苏、山东、河北，最后到天津，全长 1857 公里、13 级泵站提水、扬程 65 米，把水送到北方，为江苏、安徽、山东、河北、天津供水 148 亿立方米。第二条线是中线。中线是在湖北十堰市丹江口水库这个地方引长江支流汉江的水，一路北上，总共 1432 公里，自流至北京，这条线为河南、河北、天津、北京供水 130 亿立方米。第三条线是西线。西线就是在长江的上游，把长江上游的水直接引到黄河，全长 508 公里，这条线主要是为四川、青海、甘肃、宁夏、内蒙古、山西、陕西、河南、山东供水，年调水量为 170 亿立方米。

南水北调工程是给我国 15 个省市供水，通过人造的新的中华大水网（三条线连通了长江、淮河、黄河、海河，即"四横三纵"）使中国的水资源南北调配、东西互济，可以支撑 15 个省市的经济社会发展，这肯定是一个全局性的大事。此外，南水北调的水不是单一的供某一个领域，而是经济社会所有的领域，涉及给工业供水、农业供水、生活供水，也给生态供水。因此，也应该是一项战略性工程。

为什么说南水北调工程具有基础性？水是生命之源、生产之要、生态之基。地球上所有生物都离不开水，人体内的水分大约占体重的 65％，人不喝水最多活 7 天；工农业生产都需要水，世界上 70％左右的淡水资源用于农业灌溉；万物生长都离不开水。

目前，东、中线一期工程已建成通水，近 5000 万人喝上长江水。

综上所述，南水北调工程是缓解我国北方水资源严重短缺局面的重大战略性基础设施。

二、为什么一定要修建南水北调工程

为什么要修建南水北调工程？很简单，因为有需要水、有缺水的地方。谁缺水？北方缺水。世界公认人均拥有水资源量少于 1000 立方米就是缺水，现在世界人均拥有水资源量是 8800 立方米，我国人均水资源量为 2200 立方米左右，只有世界人均水平的 1/4，且时空分布不均。尤其是黄淮海地区，水资源最为匮乏，人均 462 立方米，仅为世界人均水平的 1/20。其中，缺水严重的是北京，人均还不足 200 立方米，仅为世界人均水平的 1/45。有的同志会有疑问，北京缺水为什么我们一点感觉也没有？其实，北京地区的供水之所以能维持到现在，就是靠着超采地下水。一位院士说：把全世界缺水的报道集中起来，都不足以描述北京的水危机！可以说，北京的缺水、华北的缺水、北方的缺水已经非常严重，要想保障黄淮海地区经济社会发展，就必须尽快提供新的、足量的、稳定的水源，调水是必然的。因此，党中央、国务院决定建设南水北调工程是非常英明的。

有人认为不调水也可以，提出了解决缺水问题的三种办法：海水淡化、节约用水、中水回用。先说海水淡化，我认为不可行，成本太高，每淡化 1 立方米水需要 5～8 元的造价成本，很难承受；耗能太大，生产过程大量消能，1 立方米水至少要用 4.5～5 千瓦时，并造成空气污染；污染海洋，海水淡化会盐化海域，影响海洋生态；不利健康，海水淡化后的水，长期饮用对人的身体有一定影响。节水是一条应该长期坚持的国策，是革命性的措施，应遵照习近平总书记作出的"节水优先"重要指示，把节水放在首位。同时要看到，节水是有代价的，节水投入越来越大；节水是有条件的，节约到一定程度，再节约就很难了；节水是有限度的。因此，节水是渐进的过程，要大力优先推进，努力实现充分节水，但从北方地区的现实看，节水不能从根本上解决资源性缺水问题。关于中水回用，更不现实。水质标准低，污水处理后，相当于地表水 V 类，生活不能用，所以用途、用量很有限，只能是农业用一点，城市绿化、个别工业用一点。同时还需要独立建网，投资巨大。

综上所述，解决北方缺水问题，只能从多水的河流调水。因此，实施南水北调工程是必要的，党中央、国务院决策兴建南水北调工程是完全正确的。

三、南水北调工程是怎么修建的

（一）决策是不是科学

1952 年 10 月，毛泽东主席视察黄河，提出了"南方水多，北方水少，如有可能，借点水来也是可以的"这一宏伟设想。从毛主席提出南水北调的伟大设想，到 2002 年工程开工，经历了 50 年充分民主论证，50 多个方案科学比选，24 个国家科研设计单位、沿线 44 个地方跨学科、跨部门、跨地区联合研究，近百次国家层面会议，110 多名院士献计献策，专家 6000 多人次参加论证。可以说，实施南水北调是经过充分论证、权衡利弊、慎重决策的结果。

（二）工程是不是可靠

东、中线一期工程全长 2899 公里，与数百条河流、50 多条铁路和 1800 多条公路交叉。建筑物众多，施工难度大，面临许多世界级技术难题。通过视频资料，介绍了丹江口大坝加高、膨胀土施工、大型渡槽施工、穿黄工程隧洞等技术难题的攻克情况。为保质量，出重拳、下狠手、零容忍，建立"三位一体"的监管体系，实施"三查一举"（飞检、专项稽查、站点监督和有奖举报），及时发现质量问题，对各类质量问题进行严肃追责。经过通水检验，南水北调工程的质量是完全可靠的。

（三）水质是不是达标

建设之初，东线水污染一度被认为是不可能解决的问题，中线水质保护形势也异常严峻。南水北调工程开工后，国家在水源地和工程沿线投入数百亿元，修建污水处理厂 356 座，垃圾填埋场每县至少 1 座；关停 3500 多家污染企业；在东中线水源区和输水沿线限制新建污染企业，并且划定了水源保护区。经过努力，从 2012 年年底开始，东线 36 个断面水质全部达标，中线水源区水质一直平稳达标，并且有所改善。

（四）移民是不是稳定

移民是"天下第一难"。南水北调工程总移民 43.5 万人，最多一年移民近 20 万，移民强度创历史之最。搬迁过程和谐、平安、有序，做到了"不伤、不亡、不漏、不掉"一人，做到了移民满意、地方满意、中央满意。之所以做到三个满意，一是政策好，对移民的补偿、安置充满人性化；二是人努力，南水北调移民之所以这么成功，是湖北、河南等省委、政府高度重视，移民干部无私奉献，移民群众识大体、顾大局的结果，其中，有很多动人、精彩、令人十分感动的故事。

（五）投资是不是超概

鄂竟平主任强调，投资没超，也不可能超。国家批复概算 3082 亿元，目前已完成投资 2835 亿元，还剩 247 亿元，并且已经建成通水这么长时间了，投资不会超概，这得益于严格监管。

四、三点启示

（一）修建调水工程是必然选择

我国水资源方面最突出的两大问题：一是水资源时空分布与经济社会布

局不相适应。时间分布上，降水年际变化大，冬春少雨、夏秋多雨；空间分布上，南方占 81%，北方仅占 19%。但南方国土占 40%，人口占 42%，GDP 占 43%；北方国土占 60%，人口占 58%，GDP 占 57%。黄淮海流域更加不匹配。二是水资源配置与经济社会发展需求不相适应。北方土地、矿产、气候等条件适合人居住发展，但水少，生产生活需要均衡平稳地得到水资源支撑，但我国降水主要在夏季。解决的办法是：水资源时间分布不均的靠修水库；水资源空间分布不均的只能靠调水。因此，中国修建调水工程是必然选择。

（二）客观对待南水北调利与弊

我们要客观对待工程利弊。弊有哪些？比如永久占地、大量移民、影响生产、影响生活、影响生态。这五个问题肯定存在，关键要看我们所要的利是不是势在必得、是不是利大于弊、是不是弊可承受。以南水北调中线为例，占用耕地 83 万亩，移民征迁 41.2 万人，汉江下游的水位有 20～50 厘米左右的变化，对当地的生活、生产和生态造成负面影响。但北方缺水已到了非解决不可的程度；中线调水所产生的巨大的经济、社会和生态效益，远远大于对汉江下游及长远的损失。同时，国家又在这一江段实施了四项治理工程：从以万计流量的长江开岔引水补偿汉江；修建兴隆水利枢纽进行调蓄；疏浚汉江航道；改造引水闸门。这四项工程一修，可以明显地减少调水影响，使得"弊可承受"。

（三）修建调水工程需超前决策

修建调水工程为什么需要超前决策？一是现在北方缺水已经很严重。全国缺水 500 多亿立方米，绝大多数在北方；世界公认的河流开发利用警戒线为 40%，黄淮海已远超过，尤其是海河流域开发利用率已超过 100%，超采地下水相当严重，已经造成严重后果，如地面沉降等，再不调水问题会越来越大。二是今后用水量还呈增加趋势。经济社会还要发展，用水量只增不减。三是调水工程一般建设工期长。调水工程一般都线路长、自然地理社会等环境均复杂，建设需较长的工期。所以，修建调水工程应超前决策，为实现"两个一百年"大目标提供坚强支撑。

鄂竟平

原载 2015 年 8 月 26 日《中国南水北调》报

汉江兴隆水利枢纽工程运行一周年
灌溉航运发电效益均达设计要求

　　昨日，南水北调汉江兴隆水利枢纽正式运行一周年，工程管理局局长刘隆斌告诉记者，通过一年运行，工程灌溉、航运、发电三大效益均达到设计要求。

　　兴隆水利枢纽工程是南水北调汉江中下游四项治理工程之一，以灌溉、航运为主，兼顾发电，设计灌溉面积327.6万亩，改善上游航道，通行千吨级船舶，电站装机4万千瓦。

　　2014年9月26日，工程由建设转入运行管理，工程管理方制定完善75项管理制度，加强岗位培训，注重生产调度，狠抓安全管理。工程正式运行一年来，库区农田灌溉面积由过去的169万亩增加到327.6万亩，灌区保证率达到95％以上，改善上游70公里航道的通航条件，船闸投入运行至今通行船只超过14500艘，完成发电量3.3亿千瓦时；区域生态环境改善，吸引了省内外游客前来观光，促进了区域旅游文化产业发展。

黄中朝　马　云
原载 2015 年 9 月 27 日《湖北日报》

供水航运生态，一个都不少
——写在引江济汉工程通水通航一周年之际

　　今天是引江济汉工程通水通航一周年的日子。工程运行一年来，效益如何？22日，记者深入实地采访。

首 要 功 能 是 供 水

　　2014年9月26日，南水北调中线一期工程通水之前，引江济汉工程通水通航，为中线工程通水创造了条件。"引江济汉工程首要功能是供水。"引江济汉工程管理局局长周文明说。

去年 8 月 8 日，汉江下游大旱，引江济汉工程实施应急供水，为汉江下游潜江、仙桃和汉川 800 万人民、600 多万亩田地送来甘泉。

今年 8 月初，荆州长湖水位下降，长湖灌区农田受旱严重。8 月 11 日，省南水北调工程管理局接到请求后连夜调度，为长湖补水 2 亿立方米，解除了长湖灌区沿岸 175 万亩农田干旱和人畜饮水困难。"引江济汉工程主要在荆州，荆州受益最大。"原荆州区南水北调办主任郝本良介绍，今年荆州承办省运会期间，引江济汉工程向荆州市护城河供水 6000 万立方米，让护城河的死水变成活水。近日，省南水北调管理局与荆州市政府签订"美化荆州城，净化护城河"战略合作协议，确保为荆州护城河引水 10 立方米每秒的流量。

按引江济汉工程调度方案，当汉江潜江高石碑段流量小于 600 立方米每秒、水位低于 29 米（黄海高程）时，就要启动引江济汉工程。9 月 7 日起，引江济汉工程每天向汉江补水 1300 万立方米，保证了汉江下游人民群众的生产生活和通航、生态流量的需要。

通水一年来，引江济汉工程已供水 7.1 亿立方米，做到了有备无患、随要随调。

运 河 行 船 日 渐 多

上午 10 时，记者来到运河进口船闸处，正遇"民福 9 号"货船满载卵石过闸，从进口到出口，仅半个小时。

引江济汉工程沟通长江中部、汉江中部航道，缩短船舶绕道武汉水运里程 680 公里。但去年通航时，最初人们不知道，通航 5 天，没行一只船。去年 10 月，省交通部门召开推介会，行船逐渐增加。去年 11 月通过 40 艘，12 月 185 艘，今年 1 月 266 艘。"运河行船随到随过，通行免费。"运河航道管理处运行科长杨洪波介绍，通航一周年，行船 1500 多艘，平均每月 150 艘左右。

22 日，记者目睹了 8 艘船在运河通行。杨洪波说："这里不似江浙水乡经济发达，沿线无大工业，大宗商品有限，达到通航设计要求还需一个过程。"

即便如此，航运对当地经济发展功不可没。运河通行标准 1000 吨级船舶。1000 吨货物，汽车运输要用 50 辆 20 吨的载重车。运河开通以来，运送的大宗商品主要有矿石、化肥等。如荆州的黄沙、卵石运到潜江、天门和仙桃，宜城、钟祥的磷矿石运往岳阳、株洲，沙洋的石膏粉运往常州，走的是这条线路。

打 造 生 态 风 景 线

67.23 公里的渠道，一条美丽的风景线。

渠道顶部，一边是限制性二级公路，水泥路面，另一边是沙石路。水泥路面每公里造价 200 万元，由省交通厅和南水北调管理局各出一半，以满足渠道工程维修和方便两岸百姓出行。年底，公路将全线竣工。

两岸是各 50 米宽的绿化带，绿色防护栏已完成 80%。一年来建成了渠道进口段、拾河桥、西荆河及高石碑段四个现场管理用房，3 个已经投入办公，场区水、电、路及绿化等配套设施建设也进入收尾阶段。

周文明说："他们按照打造引江济汉景观带要求，在荆州进口段和潜江高石碑出口段种植观赏林木，沙洋段种植林果等经济林，拾桥河管理所和西荆河管理所结合整个枢纽美化、亮化工程，发展休闲、观光、垂钓于一体的农家乐旅游业。"

省南水北调管理局副局长李静告诉记者，引江济汉水质好、景观好，省人大代表提出建设江汉运河生态旅游带的建议已被采纳，目前正组织规划实施。不久的将来，一条集供水和水陆运输于一体的绿色生态旅游经济带将在江汉平原呼之欲出。

黄中朝　马　云

原载 2015 年 9 月 26 日《湖北日报》

丹 江 口 水 源 地

——"五变"炼出中国好水

"自从用上丹江水，水垢不留电热壶底。"北京一位同行更新微信个性签名时写道。

2014 年 11 月，南水北调中线工程试通水以来，丹江口水库已向北方累计供水超 10 亿立方米，水质始终保持在 II 类以上标准，其中七成以上天数符合 I 类水质标准。

主动"五变"，只为保一库清水永续北送。十堰获"全国最佳生态保护城市"，丹江口水源地入选首批"中国好水"水源地。

治污技术之变：博采众长

节前，记者沿着神定河河道行走，河水清澈……但在河道地势较高拐角处，河水经拦水坝拦截后，却突然不见了踪影。河水怎么会神秘"消失"？

十堰市环保局高级工程师畅军庆指着河对面一片场地介绍，河水并未消失，而是被拦截到对面水质净化工程进行深度处理。

神定河水质一期净化工程占地 50 多亩，投资 5000 多万元，采取"高密度沉淀＋人工快渗技术"，日处理污水 5 万吨，整个污水处理系统靠自然落差，无需用电。这个项目由深港产学研集团负责实施。

目前，全国五大知名治污公司驻扎十堰，汇聚各路专家 200 多人。

"CASS 工艺、STCC 技术、A2/O 工艺、I－BL 技术、红菌技术……十堰治污可谓是万国技术博览会！"畅军庆说，五大治污企业与重点区域项目对接，各显神通。

运营方式之变：全部托管

2013 年 6 月，因雨污分流不到位，十堰市最大的污水处理厂——神定河污水处理厂污水外溢被曝光。

彻查发现，该厂还存在运营技术人员水平不高、运营主管和监管同为政府部门等问题。

经多方研讨，十堰决定以神定河污水处理厂为试点，采取第三方托管方式运营。

去年 4 月，十堰市与北京一家公司签订该厂委托运营协议，运营期 8 年。此举开启该市污水处理厂市场化运营之路，政府专职裁判而不再兼任运动员。

随后，十堰又将城区另两家污水处理厂与一家垃圾填埋场渗滤液处理移交第三方运营，实现城区污水与垃圾渗滤液处理托管运营全覆盖。

目前，十堰正有序将境内 95 个污水处理厂全部过渡实现第三方运营。

执法力度之变：严字当头

十堰市环保局最近召开新闻发布会，集中对新《环境保护法》实施后查处的 10 起环境违法典型案例予以通报。

开展清水行动、向三大污染宣战等专项执法，该市近年先后关闭不达标企业 31 家，对 500 多家企业下达整改通知书，处罚金额 600 多万元。

今年，该市环保系统共对 36 起违法行为进行立案调查，对 27 家企业下达停产决定，对 3 人实施行政拘留，震慑作用明显。

体制机制之变：一票否决

去年 4 月，十堰率先实施环保"一票否决"制度：分各县（市、区）政府、市直部门、企事业单位三类，涉及故意直排或偷排污染物、未完成年度减排目标任务等 12 种情形。

一年来，该市已对两个县实施"一票否决"预警，对 3 个县（市、区）予以环保约谈，对 7 个县（市、区）下达整改通知，推动解决了一大批环保欠账问题。

市环保局局长冯安龙介绍，该市出台《十堰市主要污染物总量减排联席会议制度》等规范性文件，成立食药环侦查大队、环境资源保护审判庭等，大环保工作格局逐步形成。

强化生态文明建设考核指标，由原来 5 项 5 分增至现在的 9 项 23～28 分；把空气质量、地表水质量纳入城市管理工作考核中，每月予以通报、奖惩。

能力建设之变：招兵买马

两年前，十堰水质监测能力只有 29 项；现在，达到 109 项全分析能力。

市委书记周霁、市长张维国表态："我们要把环保能力武装到牙齿！"

近两年，该市累计投入 5000 多万元配齐了水质全分析设备，添置两台环境应急监测车，新建 3 个水质自动监测站等，择录 10 名相关专业研究生并送到北京对口培训半年以上。

十堰还先后成立了机动车排气污染监管中心、环境应急与事故调查中心等机构。据统计，两年来，全市环保系统新增编制 80 个，人才队伍得到进一步充实。

饶扬灿　叶相成
原载 2015 年 10 月 6 日《湖北日报》

鄂竟平：希望全社会都来呵护这个伟大工程

国务院南水北调办主任鄂竟平出现在京津市民座谈会上时，很多人都感到意外，但也不足为奇。多年来，鄂竟平就一直保持着这样的行踪方式：悄悄地来了，又悄悄地走了。这种神秘被称为"飞检"，一种由南水北调工程首创的工程管理方式，即出其不意地出现在各个工地突击检查质量。也正是因为"飞检"，鄂竟平才敢拍着胸脯说："这绝对是一个经得起时代检验的工程。"

南水北调中线工程通水即将一周年之际，鄂竟平再一次"空降"南阳，除了到工程检查之外，他说他这个工程的"生产商"想和"消费者"来谈谈心。

"历史将会证明南水北调是一个伟大的工程。"鄂竟平说。

之所以有如此的底气，鄂竟平有充足的理由。

"中线工程全线通水，不仅解决了沿线省市经济社会发展最根本的需求，也改变了中国江河的布局，从此一江春水可以向北流，同时京津冀协调发展也有了更为坚实的支撑。"鄂竟平说。

作为南水北调工程的亲历者，鄂竟平还讲起了工程从论证到开工，再到建设直至最后通水的种种艰辛。

"南水北调工程论证了整整 50 年，吵得非常激烈，一年也没闲着。主要围绕技术、投资、移民、治污四个方面。"当年还是水利行业"小兵"的鄂竟平也参与了多次"吵架"会议，"有 6000 人参与争论，仅国家层面组织的会议就有 100 余次，会上是真吵啊，我当时被惊得目瞪口呆。这种局面一直到 2002 年才有了统一的认识，你们想这得有多难。"

作为世界上最大的调水工程，南水北调工程的建设任务更是超出一般人的想象。

"我们面临着众多世界级技术难题，比如穿黄工程、沙河渡槽，没有经验可供参考、借鉴，唯一能做的就是试。我们要处理的土石方是三峡的十倍。"鄂竟平说。

尽管建设任务艰巨，但并不意味着可以对工程质量"网开一面"。为了保证工程质量，鄂竟平和他的飞检大队多年来共开除了 150 余人，将 40 多家建设单位作为不可信单位挂在政府网上。

"现在想想也觉得这招过于苛刻了，一旦被作为不可信单位上了政府网，也就意味着他们在很长一段时间内招不到任何工程。没办法，质量就是工程的生命，必须严格。"鄂竟平说。

在南水北调系统内部，一直让工作人员津津乐道的是：在某个工地，突然来了位老者，拿着锤子四处查看，这敲敲、那打打。工人见其气质不凡，也不敢上前询问，待其走后向负责人汇报，问清相貌后负责人才"后知后觉"，原来是鄂主任来过了。

提起中线的一系列治污工程，鄂竟平说"这个过程太艰涩。"

"你们想啊，为了保水质，沿线关停了无数家工厂，给当地造成了巨大的经济损失。"

"还有我们 34 万多远离故土的移民、40 多万工程建设者们，都为这个伟大的工程做出了巨大的牺牲。"鄂竟平说他任何时候都感谢这些"最可爱的人"。

正是因为这伟大的工程来之不易，鄂竟平希望南水北调工程能受到全社会的精心呵护，能用好这江清水、保护好水质、管理好工程、发展好移民，共同维护南水北调的形象。

"当然维护好南水北调的形象并不是要大家都唱赞歌，说好话，我们要如实评价南水北调工程，同时也要做好南水北调工程对长江下游的影响评估，使南水北调工程能永续利用下去。"鄂竟平说。

在国务院南水北调办制作的《图解南水北调中线》的小册子上，也写着这样一段话：一千多公里的南水北调中线，就像一条细细的血管，穿山越岭，铺展在现代文明的腹地。过无数的城市村庄，与无数的铁路、公路及工矿企业交叉。保持一渠清水永续北送，长久润泽北方经济生活蓬勃发展，需要大家的精心呵护！

王菡娟

原载 2015 年 10 月 22 日《人民政协报》

丹江口水库遭遇特枯年份
全力保障南水北调中线供水

南水北调中线一期工程通水近一年，丹江水润泽着京津冀豫四省十余个大中城市。然而，丹江口水库作为水源区，今年进入 7 月后，实际来水急转直下，属特枯年份。面对水库来水不足，长江委和长江防总多举措，在满足汉江中下游需求的前提下，全力保障南水北调中线供水。

2015 年汛前，气象水文部门预测长江中下游来水偏多，可能发生较严重洪涝灾害，长江防总密切监视水雨情变化，滚动预报，在丹江口水库来水呈现前期偏多、后期特枯的情况下，适时调整方案，科学调度丹江口水库。

进入 7 月后，汉江流域降雨与前期预测存在较大偏差，丹江口水库实际来水急转直下，主汛期 7 月、8 月偏少 4 成和 8 成，后汛期 9 月、10 月偏少 7 成和 9 成，7—10 月偏少近 7 成，来水保证率 92％，属特枯年份。

长江委新闻发言人、长江委办公室主任徐德毅介绍，为此，长江防总及时协调电力调度部门调整发电计划，果断将水库下泄流量从 7 月初的 1800 立方米每秒减少到 7 月底的 1200 立方米每秒和 8 月底的 700 立方米每秒，9 月、10 月进一步减少到 500 立方米每秒和 450 立方米每秒，已经低于规划的汉江中下游生态流量 490 立方米每秒的要求，尽最大可能基本维持了丹江口水库的蓄水。

同时，汉江集团在水库来水不足的形势下，不惜牺牲企业利益，果断采取措施，大幅压减用电负荷，有效减少下泄流量，全力保障南水北调中线供水。

不过，长江委副主任、总工程师马建华介绍表示，水库的调度和运行管理方面要保障水源地和受水区双赢，要先满足水源地需求的前提下，再进行北方调度。

据悉，根据丹江口水库目前蓄水情况、后期来水预测和北方调水需求，长江委及时编制完成的南水北调中线一期工程 2015—2016 年度水量调度计划已经被水利部批准，为新一年度的南水北调中线工程向北调水提供了保障。"预计 2015 年 11 月至 2016 年 3 月供水形势可能趋紧，但丹江口水库能满足南水北调中线工程供水要求，不会出现无水可调的情况。"

周 雯
2015 年 12 月 8 日人民网

丹江口水源地荣获"中国好水"

由环保部华南环境科学研究所调查评估的"中国好水"报告于 12 月 12 日在丹江口市发布，报告详细阐述了丹江口水库等五处中国好水源地的调查评估技术方法和各处水源地的优势和不足，并提出具有针对性的完善建议。

据环保部华南环境研究所副所长刘晓文介绍，湖北省丹江口水库、吉林省靖宇县水源地、江苏省沛县水源地、浙江省淳安县水源地、广东省东源县水源地等地之所以获得"中国好水"称号，在于水源地保护、水资源、生态环境、环境管理、区域发展五个控制层、具体 20 多项指标上具有优势。

据了解，12 日是我国南水北调中线工程正式通水一周年，经过环保部门监测，作为工程核心水源地的丹江口水库水质常年保持在 II 类饮用水标准。据介绍，为了保证"一库清水向北流"，当地严把红线关，牢固"源头控制"，在库区核心水源保护区，已连续多年实现对水体污染项目零审批。

刘晓文说，本次调查评估以优质水源地问题导向为基础，形成优质水源地的生态保护与管理的办法和策略，为优质水源地可持续发展提供技术支撑。

饶扬灿 叶相成
原载 2015 年 12 月 12 日《湖北日报》

经略江汉南北双赢

——南水北调中线通水一年间

【导　　读】

今天，南水北调中线一期工程正式通水一周年。

一年来，这项工程调了多少水？效益怎样？水质如何？对下游带来多大影响？

本报记者走库区、探渠首、询专家，就读者关心的问题进行了深入采访。

1. 南水北送 21 亿立方米，惠及 3800 万居民

2014 年 12 月 12 日 14 时 32 分，举世瞩目的南水北调中线一期工程正式通水。

这项工程运行得怎么样？10 日，国务院南水北调办公室给本报记者发来书面回复：通水以来，工程质量可靠，设备运转安全，运行调度有序，工程运行平稳，水质稳定达标，水量供应充足，社会、经济和生态效益显著。

截至本月 4 日，南水北调中线一期工程累计分水 21.7 亿立方米。其中，向北京市输水 8.22 亿立方米，向天津市输水 3.73 亿立方米，向河北省输水 1.25 亿立方米，向河南省输水 8.47 亿立方米。

一年来，随着干渠沿线地方配套工程和水厂逐步建成投运，中线工程的供水量不断增大，北京、天津等 10 余座大中城市供水有效改善，直接受益人口超过 3800 万，调水效益日益凸显。

目前，向北京市日供水量已达 344 万立方米，北京主城区 70％以上的自来水供水为南水，中心城区供水安全系数由 1.0 提升至 1.2。河湖生态环境明显改善，地下水储量增加 8000 余万立方米，实现 16 年来地下水位首次回升（升高 26.5 厘米）。南水成了北京城区饮用水的主力，令密云水库"如释重负"。今年初至今，该水库出库量比去年同期减少了 3.02 亿立方米。

在满足自来水厂"喝足"的前提下，北京还将富余的南水储存起来，保障首都供水长远安全。截至目前，共通过大宁调蓄水库、密云水库、怀柔水

库等库湖存蓄南水 2.5 亿立方米。

中线工程向天津城区日供水 110 万立方米，占城区用水量的 50% 以上，成为天津市新的供水"生命线"。

中线工程向河南省 10 个地市供水，郑州市区自来水已全部替换为南水。许昌市利用中线通水之机，连通十多条河道并形成水面，初步打造成为水网密布的绿色生态城市。

中线工程向河北省石家庄市等 7 个地市供水，邢台市正在规划借南水北调供水之机恢复城市地下水系。

2. 计划调水 40 亿立方米，为何只调了 21 亿立方米？

南水北调中线一期工程首个调水年度，原计划调水 40 多亿立方米，但实际只调了 21 多亿立方米。9 日上午，我们抵达位于河南省淅川县境内的陶岔渠首，一探究竟。

听说湖北记者来访，淮河委陶岔渠首建管局局长宁勇热情迎接，打开平素紧闭的院门，引领我们到渠首坝顶参观。

渠首建在两山之间，离丹江口水库库岸线约 4.4 公里。坝底碧水翻涌，发出阵阵鸣响。宁勇介绍，渠首有 3 孔 6.5 米×7 米的闸门，今天开启了两扇门，开孔高 0.9 米，流量为 105 立方米/秒，比前一天增加了 5 个流量。"送水一年，流量最小的是 40，最大的是 125。渠首的设计流量为 350。只要水头高，压力大，很容易达到设计流量。加上两台发电机组的流量，可达到 500，一年供水 130 亿立方米都没问题。去年供水量偏少，主要原因是河南、河北等受水区配套工程建设没跟上。"

对此，长江委副主任、总工马建华有类似的解释：一是主观原因，受水区将计划报多了；二是部分配套工程建设滞后，除北京、天津外，其他受水区的配套工程还在建设之中。总体看，首年度调水，基本满足了北方用水需求。2015—2016 年度调水计划是 38 亿立方米，按配套工程进度看，这个计划调水量可以完成。

按照南水北调工程总体规划，中线一期工程调水规模为 95 亿立方米/年。马建华解释，这是一个设计调水规模，待受水区各项配套工程完工后，才会达到。

3. 通水即遇枯水年，明年还有水调吗？

今年汉江无秋汛。进入 7 月份后，汉江流域降雨与前期预测存在较大偏差，丹江口水库实际来水急转直下，7—10 月来水较常年偏少近 7 成，来水属特枯年份。

本月 8 日 8 时，丹江口水库水位为 152.89 米（注：150 米为调水死水位）。

这种情况下，还能满足北方 38 亿立方米的用水需求吗？7 日下午，长江委举行的新闻发布会上，专家持乐观态度。

长江委副主任、总工马建华介绍，长江委和长江防总高度重视丹江口水库的调度和运行管理，统筹协调各方用水需求，妥善处理防洪与蓄水、供水与发电、中下游用水及北方调水等关系，精心调度丹江口水库。汉江集团（中线水源公司）在水库来水不足的形势下，不惜大幅压减用电负荷，有效减少下泄流量，全力保障南水北调中线供水。水库下泄流量从 7 月初的 1800 立方米/秒，减少到 7 月底的 1200 立方米/秒、8 月底的 700 立方米/秒，到 10 月份减少到 450 立方米/秒，尽最大可能维持蓄水。

根据水利部批复的调度计划，2015—2016 年度丹江口水库陶岔可调水量约 58 亿立方米，计划调水量约 38 亿立方米。预计明年 3 月前供水形势可能趋紧，但丹江口水库能满足供水要求，不会出现无水可调情况。

但中线工程设计调水规模是年 95 亿立方米，遇枯水年如何实现？专家解释，95 亿立方米是多年平均调水量，在枯水年份会实行"枯水年少调"的原则。如果遇丹江口水库来水特枯年份，在满足汉江中下游最低用水需求的前提下，将北调水量减少到 62 亿立方米；如遇连续枯水年，则进一步减少。

对受水区而言，应实施当地水与北调水的联合调度，提高受水区的供水保证程度。中线工程受水区及周边地区，已建有众多蓄水工程，其中大中型水库近 20 座，总的调蓄库容约 67 亿立方米。这些水库大多具有向城市供水的任务；部分水库地理位置较低，该类水库在调节当地径流后，富余库容在丹江口水库丰水时段可多充蓄北调水，在北调水不足时加大供水。

以 1997 年为例，该年份汉江遭遇特枯水年，同时北京市遭遇枯水年。对中线工程进行长系列模拟供水结果为：丹江口水库调水约 72 亿立方米，北京市在中线水与当地水库联合调度供水下，生活、工业、其他用水均得到满足。

此外，相关部门正谋划增加江汉水源，如实施南水北调中线工程补充规划，从三峡水库调水补充汉江上游水源，以更好地应对汉江来水偏枯问题。

4. 下游补偿平衡，弥补调水不利影响

8日上午8时，丹江口水库上游来水357立方米/秒，下泄量也是357立方米/秒，尽最大可能基本维持了丹江口水库的蓄水。目前，除丹江大坝下泄量外，还有清泉沟一支流量，为65立方米/秒，这些水到达襄阳后汇入汉江。两者相加，基本满足汉江中下游生态用水需求。

任何事物都有正反两面性，南水北调工程也是有利有弊，国务院南水北调办公室认为，总体来看是利大于弊。

中线一期工程年均调水量相当于丹江口水库入库径流量的24%。为了减小对丹江口水库下游的影响，南水北调工程同步实施了引江济汉、兴隆水利枢纽、改（扩）建闸站、整治局部航道四项补偿工程，批复投资达110亿元。

通过兴建引江济汉工程，从长江向汉江兴隆枢纽下游补水，设计流量为350立方米/秒，最大引水500立方米/秒，而中线一期陶岔渠首调水的设计流量为350立方米/秒，基本可以平衡因调水引起汉江兴隆枢纽以下流量减小的影响。加上加高后的丹江口大坝和新建兴隆枢纽的调节作用，兴隆枢纽下游的多年平均水位不仅没有降低，而且还将抬高0.15~0.30米，供水和航运也均有改善和提高。

四项治理工程的实施，基本能弥补从丹江口调出水以后汉江下游水量减少的问题。将来还可通过科学的调度，控制流量和水位，进一步减小对下游的影响。

从实际情况看，四项补偿工程建成后，为我省的经济社会发展作出了积极贡献。

兴隆枢纽2013年下闸蓄水后，壅高水位超过4米，回水达到78公里。每年提供抗旱用水超过20亿立方米，有效解决了约1866.7平方公里耕地抗旱用水问题，沙洋、天门、潜江沿线居民和社会用水充足。随着工程逐步达效，灌溉面积将达2184平方公里。

2014年9月26日引江济汉工程正式通水，截至今年12月1日，已累计调水17.3亿立方米，润泽汉江下游4000多平方公里农田和800多万人口。

除向汉江补水外，还分别向荆州城区与长湖补水。如今年 8 月，荆州长湖水位下降，灌区农田受旱严重，引江济汉工程及时补水 6172.2 万立方米，满足 160 万亩农田灌溉用水需求；10 月 15 日至 11 月 1 日，再次向长湖补水 1.097 亿立方米，有效地满足了灌溉和养殖需要，优化了长湖生态。

引江济汉工程正式建成，还缩短了长江、汉江之间的绕道航程近 700 公里。通航一年多，行船近 2000 艘。荆州至潜江、天门、仙桃运送黄沙、卵石，宜城、钟祥至岳阳、株洲运送磷矿石，沙洋至常州运送石膏粉等货物往来，均取道于此，极大地节约了运输成本。

5. 库区铁腕治污，水质稳定达标

据省环境监测中心站发布的数据，今年以来，丹江口水库湖北库区水质各项指标均达到或优于 Ⅱ 类标准。

回想中线工程开工之初，丹江口库区水环境堪忧。当时水源区 3 省 8 市 43 个县（市、区）以及 600 多个乡镇，仅有十堰市神定河、东风汽车公司、汉中市江北、安康市江南、西峡县城的 5 个污水处理厂和 1 座垃圾处理场，其他城区、县城、集镇均没有污水、垃圾处理设施，大量城镇生活污水排入河道，垃圾沿河岸堆放并随暴雨洪水冲入河道，对丹江口水库水质安全构成巨大威胁。

近年来，三省水源区采取铁腕措施治污保水质。

"12 月 8 日，出水 COD19.4mg/L，氨氮 0.9mg/L，总磷 0.29mg/L，悬浮物 6.7mg/L，pH 值 7.11，排放物达标。"来到丹江口市污水处理厂，门口的电子屏滚动着前一日污水处理后的排放指标。

这是位于丹江口大坝下游汉江左岸的一座大型污水处理厂，日处理污水 4.5 万吨，主要收集处理丹江口市城区 20 万居民生活用水和工厂废弃水。

从十堰全市看，新建的 94 个污水处理项目，已完工试运行 72 个，38 个乡镇垃圾处理项目已完工 27 个。全市城镇污水集中处理率达到 90%，垃圾无害化处理率 96.5%，实现了城镇乡村污水治理设施化、垃圾处理全域化。

十堰市南水北调办党组书记、主任王治安介绍，十堰市毅然叫停培育了 20 多年的黄姜支柱产业，严格限制矿产开发，对所有重点排放企业进行实时监控。先后拒批 120 个有环境风险的重大项目，关闭转产规模以上企业 560

家，永久性减少税收 22 亿元。

在国家尚无项目投资情况下，十堰自筹资金实施神定河等五河治理工程。建立河长负责制，编制了"一河一策"实施方案。责令 200 多家企业停产整顿，关闭污水处理不达标企业 35 家。目前，五河主要污染物指标持续下降 50%。

为确保一库清水永续北送，十堰市高举"生态立市"大旗。

驱车进入库区北部，深入丹江口市石鼓、嵩坪等乡镇，沿途山清水秀，树茂林密，与 10 多年前冬天看到的景象，完全是天壤之别。经过石鼓镇著名的火焰山，只见原来的荒山秃岭戴起了"绿帽子"。我们停车登岭，目之所触大半皆绿。随行的丹江口市水务局副局长张茂学指着柏树根前的石块介绍，为了治理这座荒山，老百姓扛来石块垒树窝，固定砂石，防止水土流失，同时撒种小叶榆、刺槐等种子，经过十多年的努力，才有了现在的模样。

张爱虎

原载 2015 年 12 月 12 日《湖北日报》

中线工程通水一年效益显现

水资源南北调配新格局形成 惠及 4 省（直辖市）3800 万人

2015 年 12 月 12 日，南水北调中线一期工程通水一周年。截至 12 月 11 日，累计分水水量 22.2 亿立方米，惠及沿线北京、天津、河北、河南四省市，3800 万人口，工程效益 5 大亮点显现。

亮点一　提高城市供水保证率

效益的发挥，得益于工程平稳安全运行。"我们按月汇总沿线省市实际水量需求计划，科学制定月度水量调度方案并科学组织实施，保证了中线工程安全平稳运行。"中线建管局局长张忠义说。

南水北调来水让北京、天津两座特大城市告别了单一水源的困境，大大提高了城市的供水保证率。在北京，南水北调来水约 70% 的水量供给自来水厂，用于城市生活用水。供水范围基本覆盖了中心城区，丰台河西地区及大兴、门头沟等新城，最大限度地实现了"喝"的用水目标。中心城区城市供水安全系数由 1.0 提升至 1.2。

在天津，南水北调来水给天津市城市供水格局带来了变化，由原单一引滦水源变为引江引滦双水源，形成一横一纵、双水源保障的供水格局。天津市中心城区、环城四区以及滨海新区和静海县部分区域居民全部用上引江水，面积达 1200 平方公里，超过常住人口数量一半的天津居民从中受益，满足了城市生产生活用水需求。

在河南省，南水目前已涵盖南阳、漯河、平顶山等 9 个省辖市及邓州市，受益人口达 1400 余万人，农业有效灌溉面积 115.4 万亩，供水效益不断扩大。

河北省基本建成了南水北调配套工程水厂以上输水工程 2056 公里线路，在冀中南大地形成一条绿色水网，沿线市县陆续用上南水。

亮点二　有效补给城市生活水源

北京市主力水厂逐步使用江水置换密云水库水，密云水库调蓄工程也已发挥效益。南水调入密云水库调蓄，使得密云水库水位和库存下降趋势得到遏制，水库蓄水量稳定维持在 10 亿立方米左右。同时，保证了水库的自净能力，水库水质保持为 Ⅱ 类水体标准。

天津市利用南水北调来水，使城市生产生活用水水源得到有效补给，从而替换出一部分引滦外调水和本地自产水。一年来，引滦外调水和自产水累计向河道补水 3.93 亿立方米，有效补充了农业和生态环境用水。

亮点三　遏制地下水下降趋势

中线工程通水以来，北京向运行中的地下水水源地补充南水，重点回补了多年来超采严重的密云、怀柔、顺义水源地，遏制了地下水水位下降趋势，16 年来地下水水位首次出现回升。

天津市重新划定地下水禁采区和限采区区域范围，加快滨海新区、环城四区地下水水源转换工作，共有 80 余户用水单位完成水源转换，吊销许可证 73 套，减少地下水许可水量 1010 万立方米，回填机井 110 余眼。

河南省新野二水厂、舞阳水厂、漯河二水厂等 15 座水厂所在地区水源将地下水置换为南水北调水，邓州市、南阳市新野县、漯河市市区等 14 座城市地下水水源得到涵养，地下水位得到不同程度提升。

亮点四　明显改善城市水环境

南水北调配套工程大宁水库、团城湖调节池、亦庄调节池实现蓄水，增加水面面积约 550 公顷。北京还向河湖补充清水，每天向河湖补水 17 万～26 万立方米，与现有的再生水联合调度，增强了水体的稀释自净能力，改善了河湖水质。

天津创新环境用水调度机制，变应急补水为常态化补水，扩大了水系循环范围，促进了水生态环境的改善。

中线工程先后两次向石家庄市滹沱河、邢台市七里河生态补水 1560 万立方米，使该区域缺水状况得到了有效缓解，河道重现波光粼粼的场面，提升了生态景观效果。

河南省利用南水北调来水向郑州市西流湖、鹤壁市淇河生态补水，总计补水 2700 万立方米，促进了淇河生态建设，缓解了灌区旱情。

亮点五　改善水源区及受水区水质

水质是普通百姓最为关心的话题。今年，《丹江口库区及上游水污染防治和水土保持"十二五"规划》考核结果表明，丹江口水库陶岔取水口、汉江干流水质达到 II 类，主要入库支流水质符合水功能区要求。

"我们每月对全线 29 个固定监测断面的 24 个基本项目，以及集中式生活饮用水地表水源地补充项目的硫酸盐，开展常规监测。结果显示，正式通水以来，各断面监测结果均达到或优于地表水 II 类水质标准，水质稳定达标，满足供水要求。"南水北调中线建管局水质中心相关负责人对输水水质给出了专业应答。

河北省沧州市市民用上了优质的南水，告别了祖祖辈辈饮用苦咸水、高氟水的历史。据了解，南水北调来水可进一步改善河北省 66 个县市约 450 万人饮水水质。

朱文君

原载 2015 年 12 月 12 日《中国南水北调》报

南水北调，调来了什么

——写在南水北调中线一期工程通水一周年之际

浩浩汤汤，奔涌北上。

2014 年 12 月 12 日 14 时 32 分，南阳陶岔渠首大闸缓缓开启，蓄势已久的"南水"沿渠向北，穿行 1432 公里，流经河南、河北、天津、北京，一路润泽着北方干渴的大地。

一年后，已有 22.3 亿立方米的汩汩清流北上至千家万户，解渴豫冀津京 10 余个大中城市，惠及 3800 万人。一年来，南水北调中线一期工程这条蜿蜒一千余公里的"人间天河"，其社会、经济、生态效益已日益凸显。

调来优质用水：4 省市 3800 万人享用安全好水

"以前的水有味儿，烧开的水只有沏茶喝才能把味道压下去。现在这水，不仅没怪味，连水碱都没有。"说起用水变化，家住北京市郭公庄幸福家园小区的王艳香语气里充满幸福感。

距王艳香所在的小区仅一街之隔，坐落着拥有亚洲最先进制水工艺的郭公庄水厂，王艳香家如今"没有怪味，没有水碱"的自来水就来自这里。作为专为接收"南水"而建的新水厂，郭公庄水厂日取水量达 40 万立方米，覆盖 400 万人口。

郭公庄水厂只是北京使用"南水"的一个缩影。据了解，北京市南水北调来水约 70% 的水量供给自来水厂，用于城市生活用水，惠及人口约 1100 万人，使北京告别单一水源的困境，大大提高了供水保证率。

用水变化不仅仅在北京得到体现。中途沿线河南省一年的累计调水量占中线累计调水总量的 40% 左右，受益人口达 1400 余万人，农业有效灌溉面积 115.4 万亩，供水效益逐步扩大；河北省受水区含 7 个地市，受益人口约 500 万人；天津市一年新增城市供水量 3.8 亿立方米，超过常住人口数量一半的天津居民从中受益。

调来生态安全：北京地下水位 16 年来首次回升

"南水进京后，要'喝'好，也要'存'好、'补'好。"北京市南水北调办主任孙国升表示。

为何要"存"要"补"？这源于北京地下水超采严重的残酷现实：北京市人均水资源量为 100 立方米，仅为全国人均水资源量的 1/20。长期以来，北京以年均 21 亿立方米的水资源量支撑着年均 36 亿立方米的用水需求，为解决水资源严重短缺的问题，只能超采地下水。从 1999 年起，北京年均超采地下水 5 亿立方米左右，导致地下水位连续 15 年平均每年下降近一米。

长期超采形成的地下大"漏斗"已严重威胁北京的生态安全。

而今，这样的生态欠账在"南水"进京后得到改观。据了解，"南水"已累计向密云水库、十三陵水库等存水超 1.2 亿立方米，为北京增加水面面积约 550 公顷，向城市河湖及潮白河水源地试验补水约 1.5 亿立方米。地下水水位出现回升迹象，今年 7 月 31 日，北京市水务局对全市 885 个地下水位监测点数据显示，北京市地下水埋深为 26.55 米，较 6 月 30 日的 26.7 米回升了 15 厘米，地下水储量增加 8000 多万立方米，这是 1999 年以来北京市地下水位的首次回升。

南水北调，不仅调来了用水，更调来了生态安全。

调来节水理念：饮水思源让用水不再"任性"

11 日，北京市民张峻峰自发组织 20 多位北京市民来到南阳渠首考察水质，这已是张峻峰第二次前往渠首，在 10 月中旬由国务院南水北调办组织的"金秋走中线，饮水话感恩"活动中，他就曾作为北京市民代表对南水北调中线沿线进行参观考察。"这次我组织这个活动，是想让更多北京市民感受南水北调的不容易，珍惜南来之水。"张峻峰说。

"南水"来了，尽管水源得到补充，但沿线省市水资源紧张的现状仍然存在，用水仍不能"任性"。《南水北调工程供水管理条例》明确，节水优先是受水区的用水前提。"先节水，后调水。不然，调多少水都不够用。"国务院南水北调办主任鄂竟平强调。

在节水理念的指导下，北京市自来水集团借助"分区调度、区域控压、小区计量"三大管网精细化管理，每年可节水 3600 万立方米；天津市精打细算，把水细分为地表水、地下水、外调水、再生水和淡化海水，11 次调整水价，实现差别定价、优水优用，工业用水重复利用率达到 92.14%。

饮水思源，相隔一千多公里，却能共饮一江水，来之不易的"南水"唤醒了更多人的节水意识。

陈　晨

原载 2015 年 12 月 13 日《光明日报》

十载铸精品　而今从头越

在陶岔渠首，一股清流从闸门喷涌而出，带着 35 万库区移民的无私奉献，带着水源工程数千名建设者款款深情，沿着"人间天河"，一路向北，如甘泉般地滋润着干渴的中原和华北大地。这就是举世瞩目的南水北调中线工程。护佑着一库清水北上的就是承担中线水源工程建设和运行管理的南水北调中线水源有限责任公司。

成立于 2004 年 8 月的南水北调中线水源有限责任公司（以下简称中线水源公司），在圆满完成了丹江口大坝加高、35 万库区移民搬迁安置工作后，迅速开始从建设管理向运行管理的转变，这支一直致力于工程建设的水源铁军迎来了工程运行时代的种种挑战。

2015 年 2 月 5 日，进入运行管理元年的公司召开工作会，董事长、党委书记胡甲均要求公司全体员工要"统一思想，凝聚共识，做好转型的思想准备；要理顺机制，规范运作，制定转型的工作方案；要加强学习，扩充知识，提升转型的综合素质"。总经理吴志广向全体员工发出了"抓验收、保供水、促转型"的号召。一年来，公司全体员工在这一目标引领下，迎难而上，发扬在工程建设期形成的优良传统和作风，上下一条心、拧成一股绳，主动出击，精准落子，下好转型发展"先手棋"。

认识与决心
以"清零"的心态迎接转型

2015年春节前夕，一场罕见的大雪降临在南水北调中线工程水源地——丹江口。在中线水源公司会议室，一群人围坐在桌前，热火朝天地讨论着。尽管室外的温度已经零下，但每个人的额头都微微渗出了汗。

"公司的人员不足""机构设置无法满足供水管理的要求"……在这场别开生面的座谈会上，公司管理层与实施层促膝长谈，大家结合自己的职责，直面工作中的困难和不足，毫无保留地谈出自己工作的思路和建议。总经理吴志广仔细记下大家的发言，结合工作态度、工作方法、工作思路等方面，有针对性地提出了具体要求。

随后，新一轮座谈在公司展开，公司总经理、分管副总经理与各部门人员交流沟通，互相倾听，逐步在认识上达成共识，在工程建设管理向运行管理转变的思路上迈出重要的一步。

思想的解放，给公司注入了新的朝气，各项工作呈现新的气象。尽管中线工程的管理体制尚未明确，但为了公司转型需要，保证各项工作任务合理分工、有效衔接，公司将各部门现阶段承担的主要职能进行了明确划分，做到"人人有事干，事事有人干"。目前，资产管理与维护、供水计量、水质监测、水费结算、消落地管理等诸多职能和事权正在逐步得到落实；机构组建、岗位设置、人员配备等"内功的修炼"都在有条不紊的进行中。

事业兴旺，唯在用人。过去十多年一直专注于工程建设的水源人，亟需增强对工程运行管理的知识储备，熟悉供水运行管理的政策法规，岗位适应性培训任务繁重。为此，中线水源公司举办了中线水源工程运行管理培训班、丹江口大坝加高工程完工财务决算培训班、通讯员培训班等，解答大家在运行管理工作中遇到的困惑和难题。同时公司适时启动了运行期薪酬制度及配套体系和南水北调中线水源工程运行管理调研工作，为公司

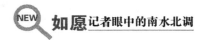

转型发展筑牢了坚实的基础。

使命与担当
让北方人喝上清冽汉江水

2015 年 10 月 31 日，南水北调中线工程首个调水年度完成，调水量定格在 21.67 亿立方米，这是一个载入史册的数字，它记录着中线工程第一个调水年度的累积供水量。

从 2014 年 11 月 1 日开始试验通水，12 月 12 日正式通水，中线水源公司和汉江集团圆满完成首个调水年度的供水任务，通过陶岔渠首枢纽向北方累计供水 21.67 亿立方米，清澈、甘洌的汉江水，惠及京、津、冀、豫四省市沿线 3800 万人口。供水水质均符合或优于 II 类水质标准，其中符合 I 类水质标准的天数超过五成，水质总体保持稳定。

水清味甜的背后，离不开中线水源公司、汉江集团的忠实履职和默默付出。供水之初，中线水源公司、汉江集团在长江委的指导下，完善了供水管理的组织机构，成立了南水北调中线水源供水管理领导小组，负责供水管理领导协调工作。

"开展供水管理的首要目标就是保证水量"，中线水源公司副总经理汤元昌介绍到，2013 年 8 月大坝加高工程通过蓄水验收后，在长江防总科学调度和汉江集团支持下，枢纽按保中下游生态基准流量的标准控制出库流量，调减发电负荷，减缓库水位消落速度，2014 年汛后，库水位达到 160.72 米，具备向北方送水的条件。

为了保证供水，中线水源公司、汉江集团与中线干线管理局签订了《2014—2015 年度供水协议》，明确了供水方与受水方的关系。组织编制了丹江口水库水量调度方案和水库调度运行管理维护方案。加强与中线干线局、汉江集团等单位的沟通联络，协商供水调度流程。抓好加高蓄水隐患的安全排查和汛期大坝安全加密监测工作，确保丹江口水利枢纽正常运行和安全度汛。

良好水质是保供水的前提，"将采来的水样注入这部原子吸收分光光度计中，按下加热按钮，只需 30 秒就可以鉴定里面的重金属成分。"在丹江口大坝之畔的水质监测中心实验室我们看到，技术人员们正在对一台台新进的仪器进行调试。据介绍，该水质监测中心按照省级水环境监测中心标准建设，能实现库区断面定期监测、比对监测以及突然性污染事故的应急监测等。目前公司水质监测体系建设正在抓紧，7 个自动站、1 个实验室、监测车、船等建成投入运行后，可及时掌握供水水量及水库水质情况，开展监督检查，确保输水水质。

愿景与展望
砥砺十年筑清水梦想

初冬时节，登临丹江口大坝，坝面上、坝区内正悄然发生着变化：栽种着各类绿色植被的环形绿化带在坝面延展开来；原有的临时栏杆更换成"水利蓝"的杆体，在干净整齐的大理石台阶衬托下，伟岸而不奢华。坝区内树木高低错落，绿草如茵，色彩斑斓，与碧水蓝天交相辉映，构成一幅人水和谐的美丽画卷；在大坝右坝头，一位来自河北的旅游者正在兴奋地拍照留念。他说，没想到钢筋水泥的大坝也会这么漂亮，我一定要把这里的美丽景色发给朋友，告诉他们水源地人们的付出和努力，让他们更加珍惜来之不易的水资源。

大坝加高工程基本完建后，中线水源公司、汉江集团就充分履行枢纽管理职能，提出了"建设美丽坝区、漂亮大坝"的总体设想，着力构造水源地生态屏障。经过一年的建设，当初的设想正逐步由一张张图纸变成现实。

尾工项目虽然工作量不大，技术难度也不高，但是种类繁杂。中线水源公司的管理人员就像对待自家的装修一样，精益求精，从施工方案的确定，到材料采购，到施工管理都严格要求，科学管理，保证了工程施工正常进行。目前，大坝管理码头基本完工，武警营房正在进行装修装饰施工，视频监控项目和安全防护围栏正在抓紧实施。公司还积极推动单位工程验收和合同验收工作，公司主要领导亲自担任验收领导小组组长、副组长，制订了验收工作计划，明确每月的验收工作任务，目前单位工程验收已经基本完成，合同的验收工作全面开始。

库区征地移民搬迁安置工作是中线水源公司承担的重要任务之一，从2008 年起，在水源公司与湖北、河南两省合力之下，"四年任务、两年完成"，创造了我国水库移民迁安的奇迹，实现了平安搬迁、顺利搬迁、和谐搬迁。按照国调办征地移民总体验收的安排，中线水源公司配合两省移民机构及非地方项目主管单位做好了总体验收前的准备工作，完成了地质灾害监测与防治项目的验收及高切坡项目的预验收，正在着手移民档案验收准备。

"当前，移民工作重心转移，帮助移民群众安稳致富是当务之急。"中线水源公司副总经理齐耀华表示，中线水源公司将一如既往地做好后续工作，配合做好移民后期发展、稳定相关事宜；提前做好水库蓄水诱发地震、地灾等应对措施，确保库周人民生命财产安全和水库蓄水安全；同时，开展移民经济研究等工作，为水库移民政策的制定提供理论依据。

"长风破浪会有时，直挂云帆济沧海"，公司全体员工正以一种强烈的成就感和自豪感，以前所未有的责任担当精神，以更加奋发有为的精神状态，克难攻坚，奋发进取，为全面完成中线水源工程的各项建设任务，优质、足量地完成供水目标，实现由工程建设管理向运行管理转变而努力工作。

王　凡　周　瑾　班静东
原载 2015 年 12 月 14 日《人民长江报》

"南水"进京一年：水都去哪了？

2014 年 12 月 27 日，南水北调中线工程的"南水"正式进京。记者从北京市南水北调建设工程办公室（简称北京南水北调办）获悉，截至 27 日，已有 8.7 亿立方米的"南水"流入京城，上千万市民受益。一年来，北京是如何使用这些宝贵"南水"的？

饮水："南水"占城区供水总量六成

南水北调中线工程调水，主要是引丹江口水库的汉江之水到缺水严重的京津冀豫地区，保障沿线城市的生活用水，提高其用水保障率。北京市自来水集团最新数据显示，汉江的"南水"进京一年来，已通过供水管网为北京城区供水 5.5 亿立方米，占城区供水总量的 64%。

目前，北京已有 7 座水厂每天取用"南水"200 万立方米，"南水"已占北京城区日供水量的 7 成以上，供水范围基本覆盖中心城区，丰台河西地区及大兴、门头沟等新城。正是有了"南水"的保障，北京城区日供水能力增至 370 万立方米。

北京南部新建的大型水厂郭公庄水厂，一年来全部使用"南水"，截至目前接纳"南水"已超过 1 亿立方米，对缓解南部城区供水压力、均衡城区管网压力起到重要作用。

"由于南水北调来水注入，一年来，北京的缺水压力得到有效缓解，1100 多万市民喝上了南来江水。"北京南水北调办主任孙国升说，目前北京中心城区的供水安全系数已由 1.0 提升至 1.2。

存水：水资源储备增加逾 1 亿立方米

长期以来，北京最大地表水水源地——密云水库担负着北京城市生活和工农业生产用水的重要任务，被誉为首都"大水缸"。但由于北京地区降水偏少等原因，近年来水库来水一直偏少。充沛的"南水"入京后，除了保障城市供水外，还通过为北京本地水库补水，使首都水资源战略储备增加。

一年来，北京主力水厂逐步用"南水"置换一直使用的密云水库水，减少密云水库出库水量。目前，密云水库蓄水量已超过 10 亿立方米，其中"南水"每天入库近 100 万立方米，水库库存下降趋势得到有效遏制。

北京南水北调办相关负责人介绍，2015 年 7 月起，南水北调来水调入密云水库调蓄工程开始发挥效益，至今已累计向密云水库、大宁调蓄水库、十三陵水库、怀柔水库等水库蓄水 1.2 亿立方米。此外，通过北京南水北调配套工程实现蓄水，还为北京市增加水面面积约 550 公顷。

补水：地下水"休养生息"下降速率减缓

近 10 年来，北京水资源总量呈逐年下降趋势，供水总量每年却以平均 0.58 亿立方米递增，水资源总量入不敷出。为弥补巨大的用水缺口，维持经济社会发展，北京多年来被迫严重超采地下水，付出了沉重的生态代价。

记者从多部门了解到，随着"南水"进京，北京地下水开采量逐步减少，局部地区地下水下降速率得到缓解。借助"南水"，北京重点回补了多年超采严重的密云、怀柔、顺义水源地，还利用"南水"向城市河湖及水源地补水1.7亿立方米，城市生态环境得到改善。

同时，由于"南水"补充，北京地下水得以"休养生息"。据北京市自来水集团统计，2015年1—11月，北京地下水取水量为2.59亿立方米，比去年同期减少了约6000万立方米。

综合措施下，今年7—9月，北京地下水实现了1999年以来首次回升。北京市南水北调办的监测数据表明，"南水"进京以来，有效减缓了北京局部地区地下水下降速率。北京平原区地下水位由过去年均下降1.0米减为下降0.46米，密怀顺水源地地下水位由年均下降3.7米减为下降2.1米。

此外，通过补充清水，"南水"还保证了卢沟桥、颐和园等重点区域的水质安全，为田径世锦赛、APEC、抗战胜利70周年阅兵等重大活动的水环境安全提供保障。

魏梦佳

2015 年 12 月 27 日新华社

南水北调：第二条输水"生命线"
助美丽天津建设

津滨水厂工作人员对引江水质提前检测

西河原水枢纽泵站管理人员正在调试泵站控制机柜

引江水进入津滨水厂预沉池

2014 年 12 月 12 日，南水北调中线工程正式通水，12 月 27 日，引江水正式进入天津市。通水一年来，天津引江供水系统整体运行平稳、水质良好，累计收水 3.96 亿立方米、供水 3.76 亿立方米，水质常规监测 24 项指标一直保持在地表水 Ⅱ 类标准及以上，中心城区、环城四区、静海区以及滨海新区部分区域居民用上引江水，全市形成一横一纵、引滦引江双水源保障的供水格局，水资源保障能力实现战略性突破、达到新水平。南水北调工程真正成为继引滦入津工程之后天津第二条输水"生命线"。

南水北调工程缓解了天津水资源短缺的问题。本市是资源型缺水的特大城市，属重度缺水地区。引江通水前，城市生产生活主要靠引滦调水解决，农业和生态环境用水要靠天吃饭，地表水利用率接近 70%，远远超出水资源承载能力，水资源供需矛盾十分突出。引江通水一年来，本市新增城市供水量 3.9 亿立方米，供水区域覆盖中心城区、环城四区、静海区和滨海新区部分地区，面积达 1200 平方公里，超过常住人口数量一半的天津居民从中受益，较好地满足了城市生产生活用水需求，本市水资源保障能力实现战略性突破。

南水北调工程提高了天津城市供水保证率。引江通水前，作为一个特大城市，本市城市生产生活主要依靠引滦单一水源，有很大的风险性。引江通水后，本市在引滦工程的基础上，又拥有了一个充足、稳定的外调水源，中心城区、滨海新区等经济发展核心区实现了引滦、引江双水源保障，城市供水"依赖性、单一性、脆弱性"的矛盾将得到有效化解，城市供水安全得到了更加可靠的保障。

南水北调工程构架了天津城乡供水新格局。引江通水前，本市的供水格局为城市以引滦为主，地下水作补充，辅以再生水和海水淡化水，引黄济津作应急；农村农业生产以当地地表水、入境水为主，地下水作补充，农村生活以地下水为主。引江通水后，根据《天津市城市供水规划》，本市已构架出一横一纵、引滦引江双水源保障新的城市供水格局，即永定新河以北区域及滨海新区部分地区由引滦水源供给，永定新河以南的中心城区、静海区以及东丽区、津南区、滨海新区的部分区域由引江水源供给，形成了引江、引滦相互连接、联合调度、互为补充、优化配置、统筹运用的城市供水体系。

南水北调工程促进了天津水环境改善。由于水资源短缺，生态用水长期得不到补给，引江通水前，本市河道大多断流、河湖水域面积萎缩，河道水质难以保证。本市从 2008 年开始，实施了两轮六年水环境治理，正在实施的清水河道行动是第三轮治理。虽然水环境质量有所好转，但由于环境用水长期得不到补充，水环境无法得到根本的转变。引江通水后，城市生产生活用水水源得到有效补给，替换出一部分引滦外调水和本地自产水，有效补充农业和生态环境用水，同时，促进了环境用水调度机制的创新，变应急补水为常态化补水，扩大了水系循环范围，促进了水生态环境的改善。一年来，累计向景观河道补水 3.93 亿立方米，创历年环境补水量之最，极大地改善了城市水环境，为"美丽天津"建设提供了有力支撑。

南水北调工程促使天津地下水压采加快进程。天津是重度资源型缺水城市，地下水曾是本市最为可靠的供水水源之一，历史上开采量最高曾达到 10 亿立方米。近年来，随着我们不断加大地下水保护力度，有效控制地下水超采势头，开采量持续下降，但由于多年超采，地下水仍处于超采状态。作为南水北调中线受水区，2014 年 8 月 1 日，市政府批复了《天津市地下水压采方案》，要求到 2015 年年底，全市深层地下水年开采量控制在 2.1 亿立方米以内；到 2020 年年底，全市深层地下水年开采量控制在 0.9 亿立方米以内。市政府办公厅也印发通知，重新划定地下水禁采区和限采区区域范围，要求引江通水后更加严格管理地下水。一年多来，我们加快了滨海新区、环城四区地下水水源转换工作，共有 80 余户用水单位完成水源转换，吊销许可证 73 套，减少地下水许可水量 1010 万立方米，回填机井 110 余眼。由于本市深层地下水多年超采，引江通水时日尚短，据目前观测，仍不足以引起地下水位的明显回升。但随着引江供水的常态化和调水量的持续增加，地下水压采目标逐步实现，假以时日，本市地下水位一定会出现较为明显的回升状态。

南水北调工程丰富壮大了天津水务工程体系。为配合南水北调工程输配水要求，按照《天津市南水北调中线市内配套工程总体规划》，本市新建了一批南水北调配套工程，中心城区供水工程，滨海新区供水一期、二期工程，西河原水枢纽泵站工程，西河原水枢纽泵站至宜兴埠泵站原水管线联通工程以及尔王庄水库至津滨水厂供水工程均已建成投入使用，单元工程质量合格率达到 100%，优良率保持在 93% 以上，安全生产始终受控；王庆坨水库工程、北塘水库完善工程即将开工；武清供水工程、宁汉供水工程前期工作正在积极推进；管理设施项目正在按计划有序开展。为切实管好用好引江水，本市成立了南水北调调水运行管理中心、王庆坨管理处、曹庄管理处、北塘管理处四家运行管理单位，专职负责南水北调工程运行管理工作。借鉴引滦入津工程的先进管理经验，结合南水北调工程的特点，在制度设计上、管理方法上积极创新，在岗位设置上"少而精"，人员选择上"能而专"。充分利用政府购买服务的政策，将西河泵站、曹庄泵站委托给具有丰富运行管理经验的单位代管，努力降低工程运行成本，实现了安全经济运行的目标。同时，制定了一系列工程管理办法和预案，采取了卫星定位、信息化管理等先进管理手段，实现了系统化管理、移动化巡检和规范化操作。这些工程实体、组织机构、管理模式和技术都大大丰富壮大了现有的本市水务工程体系，推进本市水务工程管理水平再上新水平。

南水北调工程进一步激发了社会公众的节水热情。由于水资源严重短缺，天津节水工作始终走在全国前列。2005 年，本市被命名为国家节水型城市；2010 年，本市荣膺"全国节水型社会建设示范市"称号，成功建成全国首个省级节水型社会试点。"十二五"期间，本市顺利通过了节水型城市复查，水资源利用效率和效益有了显著提升，各项节水指标在全国名列前茅，实现了以有限的水资源支撑全市经济社会又好又快发展的目标。截至 2014 年年底，本市万元 GDP 取水量为 16.7 立方米，节水型企业（单位）和居民小区覆盖率分别提升至 41.15％ 和 13.75％，全部 16 个区县全部达到了节水型区县标准；在工业用水方面，万元工业增加值取水量降到了 7.57 立方米，工业用水重复利用率（不含电厂）达到了 92.14％。引江通水后，本市今后一个时期的城市生产生活用水将有所改观，但农业和生态用水依然缺乏，水资源状况仍不容乐观，节水工作不但不会停下来，还将继续实行最严格的水资源管理制度。一年多来，我们先后组织了南水北调中线行、市民代表看中线等多次宣传活动，通过媒体的报道和市民代表的转述，南水北调、节约用水再次成为公众舆论热点，人们的节水热情进一步激发，更加深刻地认识到了引江水来之不易和节约用水的必要性，进一步增强了节约用水的自觉性和节水宣传的自发性，为建立科学用水、文明用水、节约用水的良好环境奠定了舆论基础。

何会文

原载 2015 年 12 月 28 日《天津日报》

南水北调中线冰期正常输水
9 亿方长江水输入北京

本报北京 1 月 7 日电 南水北调冬季调水会不会"半路结冰"影响调水？记者从南水北调中线建管局获悉：通过采取有效运行措施，加上今年气温偏高，到目前为止，中线总干渠还未出现明显冰情。中线工程冬季输水以来运行平稳，今冬共向北京输水 1.75 亿立方米。全线正式通水以来累计向北京输水超过 9 亿立方米。

中线建管局相关负责人介绍，从 2008 年南水北调京石段工程通水以来，中线工程已经历了 6 次冰期输水，运行状况正常。主要是通过严格控制水位的变幅，一旦冰盖形成后，确保冰盖下稳定输水。在节制闸门处设置了防冰冻设施，安装了闸门门槽加热设备，防止冰期运行时闸门冻结，保障沿线节制闸的正常运行。

据悉，今年南水北调进入冰期运行后，在北京段北拒马河节制闸前，以及各退水闸前等处设置增氧扰动设备，通过扰动水流，防止附近水体结冰。同时，根据现场实际，配备人工捞冰和破冰机械设备，以备应急使用。为满足北京用水需求，今年冰期中线工程向北京输水加大流量，入京流量约为 30 立方米每秒，冰期输水流量突破了历年冬季输水最大流量。

赵永平
原载 2016 年 1 月 7 日《人民日报》

汉水润京华　荆楚铸丰碑

"十二五"是省南水北调管理局最辉煌的五年。五年里，南水北调的跨世纪梦想照进现实，碧绿甘甜汉水，向北自流三千里，润泽京华；自古汉江入长江，如今长江济汉江，改写江河关系历史。巨手擘画，经略江汉，南北双赢。荆楚大地，留下座座丰碑。

抓项目　保库区水源地水质

南水北调，成败在水质。作为南水北调中线工程核心水源区、重要贡献区和主要影响区，我省始终坚持讲政治、讲规矩、讲大局，不断强化政治担当，全面落实"建成支点、走在前列"新要求，实施"生态立省"战略和"五个湖北"建设，把汉江流域水生态和调水水质保护当成天大的事来抓。

通过上下齐心、不懈努力、奋勇拼搏、埋头实干，库区生态保护工作取得显著成绩，库区水质一直稳定保持在Ⅱ类，神定河、泗河等五条河流水质明显改善，基本达到"水清、河畅、岸绿、景美"的目标。近期丹江口水库水源地成功当选为全国首批"中国好水"，汉江中下游水质也基本处于可控状态，生态保护效益逐步得到显现。

大力推进丹江口库区及上游水污染防治和水土保持项目建设。为了有效维护丹江口库区生态环境，保护中线调水水质，"十一五"期间，我省积极作为，建成污水处理厂11座、垃圾处理场6座，治理小流域234条、4639平方公里。"十二五"时期，国务院又批复安排我省36.15亿元实施287个项目，确保通水前主要入库河流水质符合水功能区目标要求。我省与国务院南水北调办签订规划实施目标责任书，制定规划实施考核办法，建立规划实施通报制度，省领导多次现场督办、指导，省直部门与库区紧密合作，稳步推进项目建设。截至2015年11月底，已完成项目253个、投资33.06亿元，完工率88.2%、完成投资率91.5%。这些项目的建成，有力夯实了库区生态环保基础设施，有效提高了库区防污减污治污能力，有序推进了库区生态改善和汉江水质稳定达标。

全力实施五河综合治理。由于历史原因，库区神定河、泗河、犟河、剑河、官山河水体污染严重。从2012年起，我省上下齐心、攻坚克难，按照"一河一策"和"九先九后"原则，全面打响五河治理攻坚战，整治排污口590个，建成清污分流管网1258公里，清理污泥垃圾562万立方米，关闭24家不达标企业，整治60个村庄环境，完成神定河污水处理厂双达标升级改造，累计完成投资 17.4 亿元。目前官山河水质已经基本稳定在 II 类，神定河、泗河、犟河、剑河水质明显好转，实现"不黑不臭，水质明显改善"的阶段性目标。

划定水源保护区。根据国务院南水北调办、环保部和水利部的要求，我省组织开展了南水北调中线工程丹江口水库饮用水水源保护区（湖北辖区）划分工作，编制了湖北辖区内的保护区划定方案。2015 年 1 月，省政府先于其他省份正式对外发布水源保护区划定方案，有力推动了库区水质保护工作的开展。

强治理　呵护汉江流域生态

严格汉江流域水环境执法监管。

——启动三大环保专项行动。2014 年 6 月 5 日，我省启动了"向污染宣战，实施饮用水源保护、空气质量改善、环境违法零容忍"三大环保行动，对饮用水源地开展全覆盖排查、全方位整治、全过程监测。

——开展零点行动。2014 年 7 月 1 日零时，我省开展贯彻落实《湖北省水污染防治条例》环保执法零点行动，将影响饮用水水源水质、超标排放水污染物等 9 个方面作为突击检查的重点。

——开展"清水行动"。十堰市已完成 4 轮"清水行动"执法检查，共对109 家企业存在的 191 项环境问题下达整改通知并进行处罚。

——开展南水北调中线工程专项执法检查。2014 年 7 月，我省有关部门与环保部华南督查中心共同对库区规划项目进展、环境问题整改等情况，进行环境执法专项检查。

——清理库区网箱和围网养殖。根据《南水北调工程供用水管理条例》要求，清理丹江口库区一、二级水源保护区的全部网箱，共计拆除 3 万多只。

积极开展汉江中下游生态环境治理。为了减缓中线调水对汉江中下游不利影响，争取国家安排 6.9 亿元的生态环境治理项目，用于水质保护、水生生物保护、生态环境监测和环保科研，其中污水处理厂管网项目 16 个、小流域综合治理项目 23 个、鱼类增殖放流项目 2 个、环境监测站网建设项目 1个、环保科研项目 3 个。目前，45 个生态环境治理项目基本完成，有效改善沿江县市生态环保基础设施，防污治污能力得到提高。

求平衡　减少调水不利影响

任何事物都有正反两面性，南水北调工程也是有利有弊，国务院南水北调办认为，总体来看是利大于弊。

中线一期工程年均调水量相当于丹江口水库入库径流量的 26%。为了减小调水对丹江口水库下游的影响，南水北调工程同步实施了引江济汉、兴隆水利枢纽、改（扩）建闸站、整治局部航道四项补偿工程，批复投资达 110 亿元。

通过兴建引江济汉工程，从长江向汉江兴隆枢纽下游补水，设计流量为 350 立方米每秒，最大引水 500 立方米每秒，而中线一期陶岔渠首调水的设计流量为 350 立方米每秒，部分时段基本可以平衡因调水引起汉江兴隆枢纽以下流量减小的影响。加上加高后的丹江口大坝和新建兴隆枢纽的调节作用，兴隆枢纽下游的多年平均水位不仅没有降低，而且还将有所抬高，供水和航运也均有改善和提高。

国务院南水北调办在书面回复中指出，四项治理工程的实施，基本能弥补从丹江口调出水以后汉江下游水量减少的问题。将来还可通过科学的调度，控制流量和水位，进一步减小对下游的影响。

从实际情况看，四项补偿工程建成后，为我省的经济社会发展作出了积极贡献。

兴隆枢纽 2013 年下闸蓄水后，库区回水达到 70 多公里。兴隆库区提高水位后，农田灌溉面积由原来的 196 万亩扩大到 327 万亩，天门市、潜江市灌溉保证率达到 95% 以上，居民生产生活用水条件得到了极大改善。兴隆水利枢纽正式运行一年来，改善了上游 70 公里航道的通航条件，船闸投入运行至今，安全过闸船舶数量累计达 15481 艘，2015 年通行船只 5835 艘；完成发电量 2.1 亿千瓦时。

2014 年 9 月 26 日引江济汉工程正式通水，开始润泽汉江下游 4000 多平方公里农田和 889 万人口。截至 2015 年 12 月初，引江济汉工程已累计调水 17.3 亿立方米。除向汉江补水外，还分别向荆州城区与长湖补水。2014 年荆州承办省运会期间，工程向荆州市护城河供水 6000 万立方米，改写了其水质长期为劣 V 类的历史。2015 年 11 月 2 日至今，工程经港南分水闸以 10 立方米每秒流量向荆州市城区补水，极大改善了护城河水质和城区环境。

2015 年 8 月初，荆州市长湖水位下降，长湖灌区农田受旱严重，引江济汉工程及时补水 6172.2 万立方米，满足 160 万亩农田灌溉用水需求。当年 10 月 15 日至 11 月 1 日，工程再次向长湖补水 1.097 亿立方米，有效地满足了长湖灌区灌溉和养殖需要，优化了长湖水生态环境。

引江济汉工程正式建成，缩短了长江与汉江之间的绕道航程。通航一年多，行船近 2000 艘。荆州市至潜江市、天门市、仙桃市运送黄沙、卵石；宜城市、钟祥市至岳阳市、株洲市运送磷矿石；沙洋县至常州市运送石膏粉等货物往来，均取道引江济汉工程渠道，极大地缩短了航运里程，节约了运输成本。

传后世　精神财富弥足珍贵

建设经年累月，艰苦卓绝。如今，引江济汉工程、兴隆水利枢纽投入使用，带来巨大效益。工程已化成一座座丰碑，屹立荆楚大地，世人倍加珍惜。建设者留下的精神硕果，同样弥足珍贵。

这里汇聚着改革发展的强大合力。

国务院南水北调办悉心指导，提供了技术支持和资金保障；我省各级领导、各方人士，顾全大局，关注民生，为建设奔走呼吁；工程所在地干部、群众，无私奉献，协力同心推进工程建设。

这里高扬与时俱进的时代心声。

敢于走前人没有走过的路，创新管理开新篇。省南水北调管理局率先推行资金三方监管模式，即银行审查施工单位资金使用明细、建管单位核准后银行发放的方式，保证了资金投入的安全高效，激活了工程建设全局。国务院南水北调办大为欣赏，在全系统迅速推广湖北构筑资金防火墙的经验。

质量第一，科学管理，预防为主，创建优质工程。项目法人负责、监理单位控制、设计单位和施工单位保证与政府监督相结合，与时俱进的质量保证体系，如一条红线贯穿始终；建立约谈、通报制度，督促工程进度，整改施工薄弱环节；与参建单位签订安全生产责任状，完美呈现了施工建设零事故的高难境界。

坚持规划先行，充分发挥征地拆迁安置规划在征地拆迁安置工作中的先导作用、主导作用，坚持公开公平公正原则，做到阳光操作，创新机制。委托地方政府承担征地拆迁安置工作，携手创造和谐施工环境。

这里书写着团结奋斗的美好篇章。

引江济汉、兴隆枢纽的建设管理者，是一支特别能战斗的队伍，省南水北调管理局领导班子成员，每人都有自己的督办任务，每年有三分之二的时间在工地现场战斗；工程管理处全体人员一年有 300 天参加现场施工调度，每天一次碰头会，每周一召开现场办公会，一般设计变更一天内完成。

他们组织生动活泼的"五比五赛"等系列劳动竞赛，凝聚共识，鼓舞士气。举凡投资进度，合同管理，施工进展，安全生产，质量监督，工程验收，档案管理等，都在他们心中，他们全力谋划和掌控，"五加二""白加黑"，加班加点，超负荷工作，对于他们是家常便饭。

他们用自己的行动，诠释着什么叫奉献与牺牲，什么叫使命与责任。2011—2014 年，省南水北调管理局连续 4 年被国务院南水北调办授予"全国南水北调工程建设先进单位"称号。

浩浩平湖飞彩虹，南北兴隆正其时。荆楚山川为之平添美好，湖北发展为之新增动力。

重大事件回放：应急调水解旱情 省政府通令嘉奖

时光流转到 2014 年。鄂北鄂中地区进入第 5 个少雨干旱年份，汉江来水持续偏少。截至当年 8 月 5 日，汉江下游的潜江、仙桃、天门、汉川等地旱情严重，受旱面积达 160 多万亩，近万人饮水困难，尤其是仙桃市 60 多万亩农田严重受旱，泽口闸因汉江水位过低已不能正常引水。

值此关键时刻，省委、省政府果断决策，利用引江济汉工程实施应急调水，缓解汉江下游严重旱情。省南水北调管理局迅速行动，打破常规，精心组织，科学制订应急调水方案，紧急协调省有关部门、沿线地方政府和施工单位等各方力量攻坚克难，战高温、斗酷暑，在最短时间内完成了各项准备工作，消除了因工程未全面竣工验收而存在的潜在风险和安全隐患，于 2014 年 8 月 8 日顺利实现应急调水，为缓解汉江下游严重旱情先立一功。

当年 8 月 8 日省政府颁发的嘉奖令中指出，四年多来，省南水北调管理局和全体建设者克服困难、顽强拼搏，如期完成引江济汉主体工程建设任务，为工程应急调水创造了条件。特别是在此次应急调水抗旱中，省南水北调管理局顾全大局，敢于担当，行动迅速，不辱使命，作出了突出贡献，体现了优良作风，省人民政府决定予以通令嘉奖。

这是一份沉甸甸的荣誉，省南水北调管理局倍感珍惜，所有工作人员时刻铭记，化为不竭的精神动力。他们自我勉励：成绩属于过去，未来海阔天空，一定以更加饱满的热情，奉献青春，挥洒汗水，为江河添彩，让大地增辉。

链接：汉江中下游四项治理工程

汉江中下游四项治理工程，包括兴隆水利枢纽、引江济汉、部分闸站改造和局部航道整治工程，总投资 110 亿元。

兴隆水利枢纽工程：主要任务是枯水期壅高兴隆库区水位，改善沿岸灌溉和河道航运条件。工程位于潜江、天门境内，是汉江的最下一个梯级。正常蓄水位 36.2 米（黄海高程），总库容 4.85 亿立方米，灌溉面积 327.6 万亩，库区回水长度 76.4 公里，航道等级为 Ⅲ 级，电站装机 4 万千瓦。

引江济汉工程：主要任务是恢复汉江兴隆枢纽以下生态环境用水、河道外灌溉、供水及航运需水要求，从一定程度上恢复汉江下游河道水位和航运保证率。工程进水口位于荆州市李埠镇，出水口位于潜江市高石碑镇。渠道全长 67.23 公里，设计流量 350 立方米每秒，最大引水流量 500 立方米每秒，多年平均补汉江水量 25.9 亿立方米，补东荆河水量 6.1 亿立方米。

部分闸站改造工程：主要任务是恢复因中线调水影响的沿江各闸站的灌溉保证率，维持农业灌溉供水条件，涉及两岸主要灌区 11 个。改造项目共 185 处，其中需进行单项设计的较大闸站 31 座，列入典型设计的小型泵站 154 处。

局部航道整治工程：整治范围为丹江口至汉川江段，全长 574 公里，其中：丹江口至襄阳江段长 117 公里，襄阳至汉川江段长 457 公里。建设规模为 Ⅳ 级航道通航 500 吨级船队标准，其中丹江口至襄阳河段为 Ⅳ（3）级航道标准。

马　云　武耕民

原载 2016 年 1 月 7 日《湖北日报》

南水北调中线天津干线工程实现
最大流量输水

近日，南水北调中线天津干线工程以 42 立方米每秒大流量向天津供水，这是天津干线工程自 2014 年通水以来首次实现最大输水量运行。

今年 3 月初，根据天津市用水需求，水利部对天津市 2015—2016 年度供水计划进行了重大调整，在原计划 4.5 亿立方米的基础上，增加到 8.56 亿立方米。计划调整前天津干线工程输水流量一直保持在 15 立方米每秒左右，计划调整以后输水流量逐步增加至 42 立方米每秒。

南水北调中线工程 2014 年 12 月 12 日正式向天津市供水，截至目前，累计向天津供水 6.9 亿立方米，水质常规监测 24 项指标一直保持在地表水 II 类标准及以上。

鲁 鹏

2016 年 5 月 31 日新华网

丹 江 之 水 润 龙 都

——我市市城区正式启用丹江水纪实

6 月 22 日上午，天气晴朗，洁白的云朵在湛蓝的天空飘动。在濮阳市城区绿城路与濮上路交叉口西南角的市第三水厂，巨大的平流沉淀池里，一汪碧水清澈见底，汩汩流动，经过过滤清洁，通过地下管道流向千家万户。

当天，市城区丹江水供用启动仪式隆重举行，这标志着濮阳市城区居民已全部喝上丹江水，结束了市民 30 余年饮用黄河水的历史，我市也成为继郑州之后全省第 2 个居民全部饮用丹江水的城市，全市供水事业翻开了新篇章。

建南水北调工程圆梦丹江水

调水筑梦 60 载，圆梦在今朝。1952 年 10 月，毛泽东主席在视察黄河时指出："南方水多，北方水少，如有可能，借点水来也是可以的。"第一次明确提出了"南水北调"的伟大设想。

60余年来，中华儿女以气壮山河的新时代精神谱写了一曲贯穿共和国历史的辉煌乐章。2002年12月27日，党中央、国务院开始实施南水北调这一重大战略性工程；2014年12月12日，南水北调中线总干渠正式通水。

我市是河南省11个省辖市受水城市之一。根据国家南水北调工程的统一安排，我市年分配水量1.19亿立方米。为提高市城区居民生活品质，优化全市水资源配置，我市决定建设南水北调主干渠及城市供水配套工程。2012年10月26日，市南水北调濮阳输水主管线破土动工。2015年5月11日，清澈的丹江水从输水管道中喷涌而出，流入市西水坡调节池，南水北调濮阳输水主管线建成并成功试通水，标志着丹江水正式进入濮阳市。

2012年8月，市政府研究决定，由市城市管理局采取BOT模式，招商引资建设南水北调城市供水配套工程，包括新建供水能力32万立方米/日水厂（市第三水厂）一座，供水主管线45公里，概算总投资4.5亿元。水厂由中国市政工程中南设计研究总院采用我国当前先进制水工艺进行设计，由中国华电工程集团投资建设。2013年3月，市第三水厂一期工程正式开工。2015年12月，水厂进水配水井、叠合清水池、气水反冲洗泵房等主体设施建设完成，具备供水条件。2016年3月，配套供水管线建设完成，新敷设管线25公里，新建设消防栓52个、阀门井70座；改造京开大道、昆吾路、金堤路等供水管网15公里，共完成投资2.5亿元。

城市供水配套工程点多、线长、面广，涉及3区5个乡办9个自然村，施工难度大。市委、市政府领导对工程建设高度重视，专门成立了工程建设领导小组。工程建设期间，市领导多次深入施工一线调研，组织召开现场会、推进会、协调会，及时解决建设中出现的问题。市城市管理局在项目建设中积极协调华龙区、开发区、市城乡一体化示范区及市直有关部门，采取"一线工作法"、跟踪督导等措施，强力推进。据统计，该工程沿线拆迁宅基地30余户，穿越城市主次干道15条、城市河道2条，迁移110千伏高压线路4条，完成土方开挖120万立方米。

2016年2月，市政府在市七届人大第三次会议上郑重承诺："提高城市饮水质量，让居民喝上纯净的丹江水。"由此，启用丹江水计划进入倒计时。

丹江水甘甜可口市民放心喝

"丹江水是啥味儿？水质怎么样？"连日来，这一疑问成为广大市民最为关心的问题。针对这一问题，记者采访了我市有关部门。

据介绍，丹江口水库位于长江中游支流汉江的上游，是南水北调中线工程的水源地。丹江口水库设置了 20 多个水质检测站点，监测结果显示其 pH 值、溶解氧、氯化物、氟化物、锌、砷、汞、铬、铜和铁等均符合地表水环境质量标准基本项目 I 类标准限值和集中式生活饮用水地表水源地补充项目标准限值。库区水质透亮清澈、口感甘甜，基本稳定在国家 I 类饮用水标准。

做好水质源头保护很重要。市南水北调办公室负责人表示，我省在保护水质方面下了很大功夫，一是加大水源地水质保护力度，确保入库水质稳定达标；二是切实加强南水北调总干渠水质保护，在总干渠两侧划定了3054.43 平方公里的水源保护区，其中一级保护区 203.17 平方公里、二级保护区 2851.26 平方公里，并对保护区内新上项目严格把关。

2015 年 5 月，丹江水从输水管中流入市西水坡调节池，与黄河水混合后，经市第一水厂处理流入市民家中，解决了我市居民单一饮用黄河水的问题。2016 年年初，为保证居民喝上纯净优质的丹江水，市政府研究决定，对市城区公共供水模式进行重大调整，由市第三水厂以趸售方式向市自来水公司、中原油田供水管理处供应丹江水，将黄河水作为工业水源，将地下水作为备用水源，保证市城区居民同城、同水、同时饮用丹江水，且居民饮用水价格暂不调整，水源改变后，成本差价由市财政对供水企业进行补贴。

2016 年 4 月底，我市关闭黄河水源，市城区居民生活用水全部改用由市第一水厂提供的丹江水。6 月 22 日，我市正式启用市第三水厂，向广大市民供应优质纯净的丹江水。

为确保水源切换工作和过渡期水质安全，市政府成立了由市委常委、常务副市长李刚任指挥长，市发展改革委、水利、卫生、城市管理等相关部门为成员的指挥部，相互协调、密切配合，确保工作有序开展。

水源切换前，市城市管理局成立专门工作领导小组，积极协调市自来水公司、市第三水厂、中原油田供水管理处等，多次召开专题会议，研究解决在水源切换过渡期中发现的问题；并成立水源切换过渡期调度中心，研究制订应急预案。各供水企业按照要求编制应急预案，开展多次应急演练，并对发现的问题及时整改。市自来水公司与市第三水厂加强沟通对接，详细了解供水设备性能、水处理工艺流程等内容，实现生产调度信息共享。为确保切换后的水质安全，市城市管理局督导各供水单位严格按照国家标准检测化验，对出厂水进行 42 项常规分析、106 项检测分析，确保出厂水合格率达到百分之百；加强对各供水单位设备的整体监测调控，强化对老旧管网的巡查维护、改造调试，以确保各区域水量足、水压稳，保障市民饮水安全和生命健康。

由于新建管网需要经过打压、浸泡、冲洗和新旧管网压力平衡调节等多道工序，且丹江水硬度较低，切换后可能导致管道内沉积的垢层溶解或脱落，在 20 余天的水源切换过渡期内，有可能出现供水压力不足、水质"发黄"甚至局部停水等状况。对此，市自来水公司专业人士表示，居民开启水龙头后如发现有水色发黄现象，可拧开水龙头放水 10 秒钟左右，该现象即可消除；居民如发现家中饮用水出现异常，还可随时拨打热线电话 4415554、4420000（市城区）和 4824440（中原油田基地）。

优质水资源珍贵且用且珍惜

南水北调工程是我国为解决北方水资源严重短缺问题而建设的特大型基础设施项目，能有效解决我国北方地区因水资源短缺而产生的系列生态环境问题。

对于我市来说，南水北调工程建成通水，一是有效缓解我市水资源短缺矛盾，为经济社会可持续发展提供强有力的水资源保证；二是有效改善我市农业生产条件，增强抗御干旱灾害的能力，保障我市粮食安全；三是有效提高全市人民的饮水质量，改善生活水平，提升幸福指数。

据统计，自 2015 年 5 月 11 日至 2016 年 6 月 22 日 8 时，南水北调工程已累计向市西水坡调节池供水 2572.5 万立方米，向市第三水厂供水 267.5 万立方米。

据介绍，我市将严格按照国家标准对更换水源后的出厂水、管网水进行检测，检测结果将定期通过新闻媒体公布。切换后的水价暂不调整，市发改部门将根据周边地市水价调整情况启动调价程序。

由于南水北调之水来之不易，市城市管理局专业人员在此呼吁全市人民，要爱水、节水、护水，要拧紧家里的水龙头，改变大田漫灌的农业用水方式，养成节约用水的习惯，将千里迢迢调来的优质水用好、管好，珍惜每一滴水。

段利梅　韩培山　关永红
原载 2016 年 6 月 23 日《濮阳日报》

暴 雨 下 的 大 考

辉县段峪河暗渠抢险现场

7 月 9 日，暴雨，南水北调中线河南新乡段辉县杨庄沟渡槽漫溢！

7 月 13 日，受 9 日暴雨影响，南水北调中线河南新乡段辉县韭山桥附近渠道边坡坍塌！

7 月 19 日，暴雨，南水北调中线河南新乡段辉县峪河暗渠出口裹头告急。

……

2016 年的夏季还没有过去，接连几场暴雨为中线工程新乡辉县段留下了一段无法磨灭的记忆。如果说这几场暴雨是一场考试，那么这场考试不仅是对南水北调工程渠道的冲刷和洗礼，更是对南水北调人的一次大考。通过这次大考，我们发现，中线工程在中线人的心中是如此特殊的一个存在。那是平凡甚至略显枯燥的调水生活表象之下，掩藏不住的是南水北调人心底的那份对工程无法言说的爱。

于澎涛一开始就到了辉县。

先是 7 月 9 日参加杨庄排水渡槽的抢险，工程还没结束，7 月 13 日又奔赴韭山桥继续抢险。作为中线建管局河南分局的副局长，这期间他只匆匆回家取过一次衣服，就又赶回了辉县。

7 月 19 日下午 16 点多，暴雨席卷辉县，于澎涛接到报告：梁家园沟左排水渡槽水位上涨，有漫溢风险。他赶到辉县管理处中控室查看视频，看到暴雨引发的山洪滚滚而来，直扑渡槽。渡槽水位接近槽顶，飞溅的浪花已落入渠道，形势十分紧急。

大雨丝毫没有减弱的趋势，"当时我和辉县管理处处长崔浩朋开车就往梁家园渡槽跑。"路上，他一边和地方调水部门沟通，一边通知在韭山桥参加抢险的应急队伍急赴梁家园。

17 点多，于澎涛赶到现场一看，现场算上他俩只有 3 个人。随后，管理处七八名员工，带着彩条布、铁锹也赶到现场。为了防止渡槽中的水漫溢后冲刷渠坡，他们立即组织抢险，队伍分成两组，一组为渠坡铺设彩条布，另一组用编织袋装土压住彩条布。

正忙着抢险，于澎涛又接到电话，峪河告急！看着渡槽内上涨的水位，他和崔浩朋商量后，让辉县管理处副处长秦卫贞赶往峪河，他们留下继续抢险。

同时，应急队伍也加入了抢险的行列。大家发现渡槽的水位在逐渐回落，不再对渠道构成威胁。18 点，大家刚松了一口气，又接到了秦卫贞的报告："峪河暗渠出现重大险情，出口裹头掏刷严重！"于澎涛的心又提了起来，急奔峪河。

18 点多，到了峪河暗渠出口段的于澎涛被眼前的景象惊呆了。浑浊的水夹裹着泥浆，发出了震耳欲聋的吼声，咆哮着顺着河道一路冲向了裹头。裹头在洪水面前显得有些不堪一击。洪水肆意，裹头上的水泥台阶还剩下十几个，正以可见的速度被蚕食。

情况十分危险，于澎涛拿起手机向河南分局局长陈新忠汇报，又拨通了中线建管局局长张忠义和河南省南水北调办领导的电话，韭山桥和梁家园的应急抢险队伍都被于澎涛调集过来。河南省南水北调办副主任杨继成迅速赶到现场。

"峪河的险情，比其他几处险情更危急！"在听了于澎涛的电话后，19点多，在梁家园现场察看抢险情况的杨继成赶到了峪河。当时裹头上的水泥台阶就剩下四五个了，台阶一直在消失。

在韭山桥抢险的中线建管局副总工程师程德虎也赶过来了。20点，两支应急队伍都赶了过来，还临时找了几十个附近的民工。

"但是没有大型机械，大家站在裹头上，看着现场湍急的水流，感觉很无力。"于澎涛回忆说："我们都知道，这种情况往水下抛铅石笼，防止冲刷的效果是最好的。但是没有工具，没有大型机械。"协调来的很多抢险物资，在没有大型机械的情况下，无法发挥作用。

21点，杨继成看到裹头被洪水掏空得越来越小，为了安全，他下令让所有人一起撤离，人员和车辆都撤离到红线之外。

程德虎、于澎涛、台德伟、付清凯和辉县管理处的几名员工，走在所有人的后面。"我们心里特别难受，撤离就相当于放弃了啊。"于澎涛说，"裹头被冲掉，洪水就直接进入渠道了！那样的话就必须要断流了。"程德虎已开始给中线建管局打电话报告，请求总调做好断流以及向计划河流退水的准备。

电路已经断电。昏暗的夜色下，耳边是咆哮的山洪，身上是冰凉的雨水，脚下是泥泞的道路，大家走得缓慢而悲壮，依依不舍。

张忠义局长的电话又打给了于澎涛，问他："能不能保住？"于澎涛回说："如果水势在不断降低的话，能保住，如果还是这样的水势，或者水势上升的话，恐怕就保不住了。"

打完电话的程德虎回来后，召集大家集合在左岸渠顶上说："我们还是想点办法吧。""有什么办法？"大家赶快聚了过来。"我们还是投编织袋，不要投入水流湍急的地方，投到上游，水势比较缓的地方，可以改变一下流态，让主流远离裹头。"大家都觉得值得一试。

于是，于澎涛赶紧给应急队伍打电话让他们回来。应急队伍自己的员工回来了，可当地民工一个都不肯回来。现场只剩十几个人了，程德虎、台德伟、于澎涛、付清凯、崔浩朋、秦卫贞、单松坡、曹会彬、张文峰、肖发光、张永昌等。

怎么办？自己干！

程德虎吼了一句："谁愿意跟我下去？"十几个声音一起回答："我愿意！"十几个身影飞奔下去，抢出了几百个编织袋和七八条铁锹。

"因为堤的高程还是够的，所以大家回到堤上，挖堤装土。"大家从左岸开挖，装编织袋。扔了近200个编织袋下去后，程德虎发现效率太低。他一个人跑去了外面，租了一辆车，又拉了几包编织袋和铅丝笼。

22点，雨时断时续。把车上的防汛物资卸下之后，于澎涛出去组织大型机械。大型机械的车辆都停在渠道外，大家担心自己进去会有危险，不敢开。于澎涛苦口婆心地一个个劝，"里面没什么危险，即使漫堤，水量也不多。"在他的劝说下，大家陆续把设备开进了现场。

这时，中线建管局副局长鞠连义、河南分局局长陈新忠也赶了过来，和程德虎一起指挥各队伍全面展开抢险。大家在左岸、右岸分别开了一条路，方便大型机械沿渠上到坡顶，抛铅丝笼。

54集团军某猛虎团的400余名官兵，也加入到抢险的行列，火速赶到救援现场。官兵采取肩扛手提的方式，用沙袋堵缺口。现场作业环境差，道路、作业面几乎全部为水冲淤泥覆盖，踩进去没脚踝，走路都十分吃力，但他们丝毫不畏艰险，连夜奋战。大家摸爬滚打，整整干了一夜，一个个成了泥人。

7月20日早上7点，盛夏的骄阳已经开始喷发炙热的光芒，肆虐一夜的洪水逐渐消退，一身泥水的人们仍在组织队伍奋力抢险。险情虽没有完全消退，但大家都清楚，裹头保住了，南水北调不会断流了，山洪没有继续上涨！

时隔三日，再次回忆起当晚的情景，于澎涛说："那种沉重的心情，我一辈子都忘不了。"

闫智凯

原载2016年8月1日《中国南水北调》报

洪水影响石邯水源地　　多亏了长江水来解渴

受"7·19"特大暴雨影响，我省石家庄、邯郸市区饮用水水源地水体浊度增加，超出了水厂处理能力，使得水源地暂时停用。为保障市区居民正常用水，石家庄、邯郸两地及时切换引用了南水北调水源。南水北调水源在应对此次特大暴雨中，充分发挥了战略补充、调配的作用，大大提高了居民用水保障率。

记者了解到，目前，石家庄、邯郸担负为市区供水的水厂全部采用南水北调水源供水。至于何时能恢复到以往正常状态，自来水公司人员表示，这要看水源地水体浊度何时达标。

停用岳城水库水源　增加长江水供应量

8月9日上午，记者来到邯郸市铁西水厂，和往常一样，水厂各项工作在正常进行着，蓄水池内蓄满了水。工作人员介绍，这是长江水。

7月19日暴雨袭击邯郸，作为主城区主要水源地的岳城水库，由于洪水导致水体浑浊，无法再使用。经自来水公司与邯郸市南水北调办公室协调，停用岳城水库水源，增加了南水北调供应量。目前，邯郸市主城区饮用水几乎全为长江水。

记者了解到，邯郸市区每日用水量约23万立方米。市区内的铁西水厂和三堤水厂担负着为市区供水的任务，水源分别取自岳城水库和峰峰羊角铺地下水源地。其中，铁西水厂日设计处理量为20万吨。去年7月，邯郸市南水北调配套工程实现向铁西水厂输送长江水。按照设计，铁西水厂既可以单独使用两种水源，也可以配比使用。不过，在日常运行中，南水北调每日向铁西水厂输送9万立方米，和岳城水库水源配比使用。

另外，记者还获知，邯郸市区新建的东部水厂也已建成，目前处于设备安装阶段。

四台水泵　抽引长江水

石家庄西北泵站是南水北调配套工程石家庄西北输水管线的泵站，负责将长江水抽送到西北水厂，水厂再将长江水和岗南水库、黄壁庄水库的水体配比，然后输送到市民家中。

南水北调石津干渠建设管理中心副主任史胜利介绍说，7月21日8时，河北水务集团接到西北水厂岗南水库、黄壁庄水库来水浊度剧增，致使水厂无法处理，计划增加引用长江水的通知。接到通知后，河北水务集团便与中线建管局协调增加饮用水量。与此同时，西北泵站在对其他 3 台泵检修后，随着水量的增加，逐步将 4 台泵全部打开运行，到 25 日早晨，供水量由之前的每天 10 万立方米增加到了每天 35 万立方米。如今，和邯郸主城区一样，石家庄城区居民饮用水几乎全部为长江水。

史胜利说，西北泵站从去年 2 月开始运行，尽管安装了 4 个泵，但平时只有一个泵运行，其他 3 个泵属于备用，每天输送给西北水厂 10 万立方米长江水。之前，每台泵都单次试用过，但没有 4 台泵全开过。

史胜利说，现在已经成立了抢修班，每两小时对泵检修一次，确保设备安全运行。同时，河北水务集团又紧急向设计单位定制了一套同型号水泵，"为保障市民用水，我们不惜任何代价"。

中线工程在此次暴雨中有惊无险

南水北调中线干线工程建设管理局简称中线建管局，负责南水北调中线干线工程建设和管理。"有惊无险"是该局河北分局副局长牟纯儒对南水北调中线干线工程经受住此次特大暴雨考验的评价。

牟纯儒介绍说，南水北调工程已被我省防汛办纳入地方政府防汛体系，实现了在雨情、水情和气象信息等信息方面的实时共享，确保汛情能够及时预警和险情发生时及时处置。

此外，在汛期前，也就是 5 月，河北分局已经进行了汛前排查防汛和演练工作。南水北调中线工程高邑、元氏管理处负责人李书合介绍说，针对工程防汛特点，管理处提前做了大量维护工作，比如，疏通各种沟、管、涵等排水及过流设施，确保排水通畅；对绿化带、防洪顶堤，特别是深挖方、高填方段绿化带进行平整，防止积水。

不过，尽管做了充分准备，但是这场特大暴雨是南水北调中线工程建成以来遇到的第一次挑战，也让工作人员把心提到了嗓子眼儿上。

7 月 19 日 18 时 30 分许，工作人员在中控室通过视频巡查发现，槐河一河道内水势凶猛，而当时暴雨仍在继续，且位于槐河上游的赞皇县白草坪水库还未泄洪。一旦水库泄洪，加上降雨汇流形成的洪峰将对槐河一倒虹吸结构，以及地下的管身形成直接影响，并对工程安全造成很大威胁。

20 日凌晨，白草坪水库开始泄洪。为了应对可能出现的险情，管理处紧急联系铲车等抢险设备进驻现场。

庆幸的是，经过不间断的监测和排查，槐河一河道内水位处于可控状态，度过了有惊无险的一夜。

南水北调补充、调配作用非常明显

记者了解到，在此次特大暴雨中，由于邯郸市自来水公司及早切断了岳城水库水源，改用南水北调水源，居民饮水没有受到影响。

邯郸市自来水公司副总经理薛记中说，在此次特大暴雨中，邯郸主城区居民饮用水没受影响的主要原因有三点：一是南水北调及时提供了充足的水源；二是市南水北调办公室与自来水公司上级主管单位市城管局建立了沟通机制，提前制定了应急预案；三是自来水公司制定了汛期应急机制，并得到了很好的执行。

邯郸市南水北调办公室主任武国民表示，南水北调作为一项国家战略工程，在应对此次特大暴雨中，表现出来的补充、调配作用非常明显，大大提高了居民饮用水的保障率。

那么，邯郸市主城区饮用水何时会恢复到以往正常状态？薛记中表示，目前，岳城水库水体浊度还没有达到进水厂的标准，一旦水体达到标准，水厂将使用水库水体。

蔡洪坡
原载 2016 年 8 月 11 日《燕赵都市报》

科学调度　经受考验

——引江济汉工程防汛工作纪实

6 月下旬，连续两场暴雨袭击了湖北省引江济汉工程所在的沙洋县局部区域，12 小时雨量达 630.9 毫米，最高峰每小时超 100 毫米；6 月 20 日晚，相交水系拾桥河枢纽水位 3 小时暴涨 3.8 米，洪峰流量达到 1100 立方米每秒，超 980 立方米每秒的 50 年一遇洪水标准，拾桥河下游的长湖水位超保证水位 0.45 米。

在迎战六七月两次大洪水过程中，引江济汉工程管理局（下称管理局）从大局出发，精心准备，科学调度，经受住了重大考验。

未雨绸缪，提前谋划争主动

"在防洪度汛上，一定不能有半点差错！各分局和各科室务必坚决落实办（局）的统一部署，高度重视，加强领导，落实责任，完善措施，做足准备，科学应对，确保工程和人员财产安全。要有战胜大洪水甚至超标准洪水的思想、物资、措施准备，务必夺取全面胜利。"在 5 月下旬防汛工作动员暨防汛预案培训会上，管理局局长周文明说道。

早在 4 月中旬，管理局就完成了今年防洪度汛预案的制定。5 月中旬，基于前期防汛形势研判，管理局专门针对拾桥河、西荆河超标准洪水度汛制定了方案。按照管理局统一部署，5 月上旬至 6 月初，各分局完成了各枢纽建筑物等防汛重点位置的应急演练，涉及泄洪闸门开关和抢修、管涌险情抢护、发电机紧急供电、水闸和倒虹吸前水草清除等。

需要什么准备什么，缺什么补什么！根据湖北省南水北调办（局）的统一部署，管理局全体干部职工绷紧了神经，防汛动员、预案制定、责任分工、设备调试、人员培训、应急演练、水雨情收集、交通通信以及应急物资准备、内外协同机制建立等工作有条不紊。

全力以赴，应急预案发挥作用

"从来没见过来势这么凶猛的暴雨，拾桥河上游十里铺 4 小时涨水 3 米多！"6 月 30 日 8 时开始，沙洋县大雨倾盆。管理局人员 24 小时不间断值班，现场运管人员拉网式巡堤，水情测报频率调整为每小时一次，柴油发电机、长臂挖机、自卸车等现场所有的设备资源调配到位……

7 月 1 日 8 时，气象部门雨晴通报，拾桥河上游地区过去 24 小时降雨量达到 436 毫米，预计洪峰 7 月 2 日到达拾桥河枢纽。接到通报后，管理局立即通知沙洋分局在下午 5 时前，将拾桥河上下游闸闸门全部打开，闸门开度 5 米，同时在拾桥河管理所设置现场指挥部。局长周文明戴着左膝关节上的支架坐镇指挥，其他局领导分工负责，同时通知荆州、潜江分局在做好自身防汛工作的同时，密切配合好拾桥河、西荆河枢纽的防汛工作。

7 月 2 日 8 时，当拾桥河枢纽水位超过 31 米高程、逼近引江济汉工程下游渠道堤顶设计水位并继续上涨时，现场指挥部会商后决定，迅速关闭左岸节制闸，确保下游渠道安全。7 月 2 日 18 时，洪峰流量达到 880 立方米每秒，并安全、顺利通过拾桥河枢纽奔向长湖。此方案的实施是拾桥河左岸节制闸的首次成功运用。

此后十多天，多阴雨。一波还未停，一波又来袭。7 月 18 日 8 时至 7 月 20 日 11 时，沙洋县暴雨再次来袭，西荆河、拾桥河枢纽上游 12 小时雨量达 630.9 毫米，加之拾桥河下游长湖和引江济汉工程出口汉江河段持续保持高水位，西荆河、拾桥河流域堰塘、水库爆满，土壤含水量几乎饱和，一场更大的考验即将到来！

面对水草等大量杂物在倒虹吸进口聚集、壅高水位，危及西荆河上游两岸居民生命财产和工程安全的紧急形势，管理局现场指挥部指定沙洋分局局长范士军，具体负责倒虹吸入口处长臂挖机、自卸车和相关作业人员打捞水草，西荆河管理所副所长王威威负责西荆河船闸值守，紧急情况时，按应急预案在接到指令后开启船闸充水廊道分洪。

水情分析显示，拾桥河流域洪峰 7 月 21 日 3 时左右到达拾桥河枢纽，最大流量预计超 50 年一遇洪水 980 立方米每秒；20 日 12 时拾桥河至高石碑渠段水位为 31.22 米，离设计最高水位只差 0.38 米，且该渠段有 4 处大水量外水入渠。管理局前线指挥部会商后决定，再次关闭拾桥河左岸节制闸，确保拾桥河至高石碑渠段安全；将拾桥河枢纽上下游闸开度由 5 米增至 6.5 米，确保洪峰安全通过拾桥河枢纽。

7 月 21 日 11 时 30 分，拾桥河枢纽上游闸最大水深达到 6.38 米，流量达到 1100 立方米每秒！

7 月 20 日 20 时起一周内，拾桥河枢纽至高石碑出水闸近 40 公里的渠道，水位超设计最高水位 31.6 米高程，最高时达到 31.70 米，距离渠顶 0.90 米！

7 月 21 日 20 时，拾桥河左岸节制闸上游水位达到 32.45 米，如果不是及时关闭了左岸节制闸，高石碑出水闸前渠道水位就会超过设计最高水位 0.85 米，距离渠顶 0.15 米，在风浪的作用下会发生漫堤、溃口等重大险情，后果不堪设想。值得庆幸的是，由于及时关闭了拾桥河左岸节制闸，这一险情没有发生！

合理安排，顺利实现"两个确保"

7 月 22 日 20 时，高石碑出水闸上游水位 31.61 米、下游水位 33.76 米，在拾桥河左岸节制闸关闭、出水闸不能开启、拾桥河至高石碑渠段有 4 处较大外水入渠的情况下，如何确保该渠段水不漫堤，是摆在前线指挥部和全体防汛工作人员面前的主要问题！

面对上述情况，21 日 16 时前线指挥部立即向办（局）主任（局长）郭志高报告现场防汛情况，请求调度兴隆水利枢纽，争取给出一小时左右的时间开启高石碑出水闸，降低渠道水位。

因为兴隆水库调蓄空间非常有限，且当天早上 8 时流量达到 2800 立方米每秒，未来 24 小时流量可能达到 3300 立方米每秒，开闸放水方案无法实施。前线指挥部会商后决定，采取一切必要措施，争取 10 天左右时间，拾桥河枢纽至高石碑出水闸近 40 公里的渠道不漫堤、不溃口。一是组织专班对外水入渠情况、渠道水位上升情况进行不间断观测；二是研究紧急情况时利用该区间的后港船闸充水廊道应急排水的具体措施。由于组织得力、措施具体可行，确保了渠道在开启高石碑出水闸以前渠道工程安全。

在引江济汉工程的规划设计中，按照"能撇则撇"的原则，考虑到在适当条件下，通过引江济汉渠道将拾桥河洪水撇向汉江，缓解长湖防汛压力。自 7 月 23 日 2 时，长湖水位超保证水位 0.45 米，防汛压力剧增。引江济汉工程管理局根据地方政府的请求，按照办（局）的统一部署，科学调度，抓住高石碑出口汉江水位较低的有利时机，两次利用拾桥河枢纽为长湖撇洪。28 日，长湖退出保证水位，31 日退出警戒水位，至此，引江济汉工程两次撇洪 8100 万立方米。

周文明　朱树娥　金　秋

原载 2016 年 8 月 11 日《中国南水北调》报

"引江水和家乡水一样甜"

本报讯 9 月 7 日,"同饮一江水——水源地豫鄂陕三省群众代表考察南水北调中线工程"活动在天津正式启动。来自水源地的河南省、湖北省、陕西省 30 名群众代表,在津考察了南水北调中线工程天津干线及配套工程,与天津市民面对面交流沟通。

由国务院南水北调办组织的此次"同饮一江水"考察活动,旨在饮水思源,回报水源地豫鄂陕群众,走近南水北调中线工程,亲身感受工程建成通水发挥的显著效益、为北方人民带来的巨大福祉。截至 9 月 7 日,南水北调中线工程累计向天津城市输送引江水超过 10 亿立方米。

在津期间,豫鄂陕群众代表参观了南水北调中线工程天津干线终点——外环河出口闸、曹庄泵站配套工程、芥园水厂。湖北省南水北调办公室综合处副调研员马云告诉记者:"亲眼看到南水北调中线工程为受水区天津带来巨大社会经济效益,我觉得,引江水水源地的百姓之前所作出的奉献和努力都是值得的。"代表们还走进天津用水居民家中访问。在梅江蓝水园小区,来自河南省南阳市淅川县九重镇张河村的村党支部书记张家祥亲口品尝了居民钟义全家中的自来水,兴奋地说:"这引江水与千里之外的家乡水一样甜!"

8 日,代表们将赴北京考察南水北调中线工程北京段及配套工程。

何会文

原载 2016 年 9 月 8 日《天津日报》

鄂豫陕水源地群众考察南水北调中线工程

7 日,"同饮一江水——水源地豫鄂陕三省群众代表考察南水北调中线工程"活动在天津启动。此次活动由国务院南水北调办组织,来自水源地湖北、河南、陕西省的群众代表,考察南水北调中线干线天津、北京段及配套工程,与工程受水区城市天津、北京用水市民面对面交流。

此次活动旨在让水源地群众代表近距离走近南水北调中线工程，亲身感受工程建成通水发挥的显著效益。同时，受水区与水源地群众"牵手"，共话"调水、用水、节水"，让更多的社会人士了解南水北调国家重大战略工程，珍惜水资源，支持爱护造福当代、泽被后人的民心工程。

此次活动为期4天，在天津考察期间，群众代表参观了中线干线天津工程终点——外环河出口闸、曹庄泵站配套工程、芥园水厂。代表们还走进天津用水居民家中，与他们面对面交流。

张爱虎　马　云
原载 2016 年 9 月 9 日《湖北日报》

鄂竟平：南水北调工程克服了"五难"

"南水北调工程通水后，我有三个没想到，一是没想到效益显现如此之快，二是没想到水质保持得这么好，三是没想到移民这么安稳。"9日，国务院南水北调办主任鄂竟平在三省代表座谈会上表示，南水北调工程克服了五大困难：论证决策难、工程建设难、征地移民难、水质保护难和投资控制难。

9月6—9日，"同饮一江水——水源地豫鄂陕三省群众代表考察南水北调中线工程"活动在天津、北京举行。此次活动由国务院南水北调办组织，来自水源地的河南省、湖北省、陕西省30名群众代表，考察南水北调中线干线天津、北京段及配套工程，与工程受水区城市天津、北京用水市民面对面交流沟通。

"全国15个省，5亿多人，300多万平方公里是南水北调的受水区。"鄂竟平说，北京来水之前用水保证率只有75％上下，现在已提高到95％。

目前，南水北调中线工程向四省（市）累计调水50亿立方米，惠及4000多万居民。

"水质比想象的还要好很多"

"水质是我们一直担忧的事，既怕水源区水质恶化，又怕沿线水质污染，现在看担心都是多余的，水质比我们想象的还要好很多。"鄂竟平透露，为了保证一池清水北上，沿线关停了 3500 家企业。"有的企业效益相当好，也关了。同时建了大批的污水和垃圾处理厂。接着我们又划了保护区，保护区内不许再新建有污染的工厂。"

湖北省郧西县代表莫举安说，为了保持水质安全，县里关掉污染企业 40 家，建立了 46 个水污染防治项目，7 个垃圾处理厂，污水处理和达标率达到 100%，形成垃圾分类运输和处理的架构。

在受水区，水质改善明显。沿线水质都达到 II 类，且大部分指标还接近 I 类水标准。北京市自来水集团的监测显示，使用南水北调水后自来水硬度由原来的 380 毫克每升降至 120～130 毫克每升。市民普遍表示自来水水质明显改善，水碱减少，口感变甜。

地下水超采有效缓解

鄂竟平说，南水北调工程缓解了北方水资源严重短缺。"北京每年要超采 7 亿～10 亿立方米地下水，造成地面沉降。整个河北一年要超采 50 亿～60 亿立方米地下水，再不来南水北调的水，地下水位将继续下降。"

在北京，利用南水向中心城区河湖补充清水，与现有的再生水联合调度，增强了水体的稀释自净能力，改善了河湖水质。由于向怀柔应急、潮白河、海淀山前等水源地试验"补"入 2.5 亿立方米南水，各应急水源地每日压减地下水开采 26.5 万立方米，累计压采超过 1 亿立方米，地下水下降速率减缓，补水区生态环境得到明显改善。

作为南水北调中线受水区，2014 年 8 月，天津市政府批复了《天津市地下水压采方案》，到 2015 年年底，全市深层地下水年开采量控制在 2.1 亿立方米以内；到 2020 年年底，全市深层地下水年开采量控制在 0.9 亿立方米以内。天津市政府也重新划定地下水禁采区和限采区区域范围，要求引江通水后更加严格管理地下水。一年多来，天津市加快了滨海新区、环城四区地下水水源转换工作，共有 80 余户用水单位完成水源转换，吊销许可证 73 套，减少地下水许可水量 1010 万立方米，回填机井 110 余眼。

常思南水来之不易

南水北调中线工程从丹江口水库调水，河南省、湖北省、陕西省是中线工程的水源地。为了一渠清水北送，水源三省加快水源区生态建设和环境保护，积极推进水污染防治和水土保持，为丹江口库区建立起一道"水质安全保护网"。此次三省代表考察活动，旨在饮水思源，回报水源地豫鄂陕群众，让他们近距离走近南水北调中线工程，亲身感受工程建成通水发挥的显著效益。同时，受水区与水源地群众"牵手"，共话"调水、用水、节水"。

9月7日，中国科技网记者来到天津河西区蓝水园小区居民李吉普家中。70多岁的李吉普是土生土长的天津人。他对天津的饮水之痛有着切身的体会："30多年前，我们喝的海河水，简直无法下咽，杂质黄渣都无法沉淀下去，后来引滦入津，水质变好了些。现在南水来了，口感特别好，水质特别纯。"

河南洛阳栾川县周天贵代表告诉记者，当他来到天津彭大爷家，接过一杯他家的水时，真是"喝在嘴里，甜在心里"。"能够参加这个活动，激动之情难以言表，丹江口水经过1432公里之后达到了天津地区，回到河南之后我就会让水源区群众放心，因为京津地区群众对我们送来的水非常重视和珍惜。"

根据天津市用水需求，今年中线工程向天津供水将达到8.56亿立方米，在原计划向天津供水4.5亿立方米的基础上，增加4.06亿立方米。这次调整背后，意味着天津河东、河北以及东丽等地区部分居民也全部喝上南水。至此，天津市中心城区和滨海新区、环城四区、静海区和武清区等城镇居民全部用上南水。以前，天津城市生产生活主要依靠引滦单一水源，有很大的风险性。引江通水后，天津在引滦工程的基础上，又拥有了一个充足、稳定的外调水源。

而在北京市城区供水中，南水占比已超过70%。据权威部门统计，共有超过2亿立方米南水储存到北京的密云水库、怀柔水库、十三陵水库和大宁调蓄水库。

陈　磊

2016年9月12日中国科技网

饮水思源亲如一家

——"同饮一江水"中线水源豫鄂陕三省群众
代表考察中线工程纪实

代表们了解惠南庄泵站工作原理

潘洪莉不是第一次来北京。身为湖北十堰市丹江口市大坝办事处主任，2015 年她们与对口协作单位——北京市海淀区甘家口办事处结成了对子，把"爱心鱼"卖到了北京。

2015 年，丹江口市大面积拆除库区网箱养鱼。第一步就是卖掉网箱里的鱼。"鱼太多了，当地市场容量有限。"在海淀区甘家口办事处的帮助下，潘洪莉借助媒体力量大力宣传"爱心鱼"，打开了北京市的销售市场。

"水源地与受水区因水结缘，也因为对口协作、互通有无，而增进了感情。"9 月 6—9 日，曾是移民干部的潘洪莉和中线工程水源区豫鄂陕群众代表 30 多人一起，参观考察了中线工程天津、北京段以及配套工程，并到天津市民家中走访。她目睹了家乡水源源不断地流进千家万户，看到了工程运行管理的规范高效，聆听了用水群众发自肺腑的话语，切实感受到受水区"滴水之恩，当涌泉相报"的热切之情。

"中线工程已经调水 50 亿立方米，4000 多万居民喝上了南水，我特别自豪。"潘洪莉动情地说，"一想起移民搬迁那段刻骨铭心的经历，虽然心情无比复杂，现在回头来看，所有的辛苦和付出都是值得的！"

尊重 饮水当思源

"还是家乡的那个味道！"9 月 7 日，在天津市河西区蓝水园小区居民钟义全家中，卢氏县朱阳关镇漂池村支部书记王志军从自来水龙头下接了一杯水，喝了一口说道。

对于王志军来说，水的味道没变，改变的只是时空环境，他从家乡水源地河南三门峡市来到了千里之外的天津市。"十分感谢你们为中线工程水源地这个'大水井'所做的保护工作。"钟义全说完，情不自禁地与王志军握手。跨越了 1432 公里，代表着水源地与受水区两地的两只手就这样紧紧握在了一起。

"过去，我们喝的水味道很不好，又苦又涩。现在的南水真不错，没有一点儿异味。"同一个小区 74 岁的张津洁老人大半辈子都生活在天津，说起天津用水的历史，她门儿清。

陕西是中线工程的核心水源地，为中线工程提供了 70％的水量。为了保护一库清水北上，陕南相继关闭了 295 家污染企业，24 小时监控重金属尾矿坝；拿出专项资金，用于黄姜污染治理的科技攻关和示范工程，使黄姜产业形成了循环产业链；大力推广"村收集、镇运转、县处理"的村镇生活垃圾处置模式。

听着陕西省发展改革委主任科员丁西峰的介绍，张津洁老人连声说道："感谢你们做了这么大的贡献，心里真有点惭愧。"她郑重地说，"什么时候我们都不能忘本，饮水当思源呀！"

"您要是有空，一定到陕南水源地看看，那里山清水秀，森林覆盖率为62％，空气好得很。"临别时，陕西群众代表向老人发出邀请。老人依依不舍地与陕西水源地群众代表合影留念，并高兴地接受了邀请："有机会我一定去水源地看看。"

打动潘洪莉的是两件小事。在天津曹庄泵站，她在接受天津电视台记者采访时，蚊虫不时来袭。记者朋友一边采访，一边轻轻为她扇风，驱赶蚊虫。在北京团城湖管理处，刚一下车，她听到了久久不息的掌声，原来是团城湖管理处员工列队欢迎她们，受水区热情周到的服务让她十分感动。

"因为受水区人民的感恩和尊重，水源地人民无上光荣！"这是 30 多名水源区群众代表四天来的切身体会。

情怀 共饮一江水

2014年12月12日中线一期工程通水运行以来，截至目前，天津市累计受水已超过10.6亿立方米，850万居民受益。"可以说，南水是我们天津市民的生命水、救命水。"天津市水务局副巡视员、防办常务副主任刘长平向大家如此介绍。

听着这番话，王光明顿时感到这些年工作的辛酸得到了释放。王光明是湖北荆州市荆州区郢城镇人大常委会副主席，为了中线引江济汉工程的征迁，他没少操心。虽然迁坟、房屋拆迁工作的过程曲折而艰难，但他最终完成了征迁任务。

一到天津和北京，他便沉醉于秋高气爽蓝天白云中。在高铁上，他看到北京大宁调压池上有"南水北调"的字样，心跳竟不自觉地加速。天津高楼林立，海河似一条银带，环绕其中。行走在碧波荡漾的团城湖边，看着远处起伏的群山，他感慨地说，京津生态环境的明显改善，南水北调中线工程功不可没。

"我们只是源头一朵小小的浪花。南水北调为干渴的北方补充了优质水源，缓解了极度缺水的紧张局面，真的是利在当代功在千秋。特别是北京市，通过'喝''存''补'，形成了一套完整的体系，超额完成了用水指标，南水综合利用得非常好。"王光明的父亲当年曾参加过红旗渠工程的建设。水利工程异曲同工，作为南水北调征迁干部，他觉得十分自豪和欣慰。

河南省邓州市政协经济委员王志宏家在渠首边上。这次能够入选水源地群众代表，她格外高兴。过去，虽然守着丹江口库区，因为没有引水设施，她们也喝不上丹江口水库的水。随着中线工程正式通水日子的临近，她的家乡加快了配套工程建设步伐。如今，邓州市已经全部用上了南水。

在天津外环河出口闸，她终于见到了奔涌千里的家乡水。"我住长江头，君住长江尾，日日思君不见君，共饮长江水。"王志宏说，共饮一江水是缘分，也是一种情怀。

"邓州市在库区环保方面还有许多工作要做。"通过考察，王志宏觉得自己的责任更大了，作为政协委员，她已经写好了南水北调相关问题的提案，希望能够引起全社会的关注。

在团城湖管理处，无论是守望林、思源碑、丹水池、地上天河、甘露台，还是九龙喷泉，这些匠心独运的设计，无不表达了受水区人民"滴水之恩，当涌泉相报"的浓浓情怀。走在肃穆、安静、优美的团城湖纪念园，水源地群众代表不仅了解了中线工程的建设历程，而且感受到了工程建设者的辛勤付出和无私奉献。

的确，作为缓解我国北方地区严重缺水的重大战略性基础设施，南水北调的每一滴水都来之不易，每一滴南水都饱含着深情厚意。无论你来自水源地还是受水区，珍惜每一滴水是大家共同的心愿。

心声　永远一家人

9月9日，中线水源地豫鄂陕群众代表座谈会在北京科技会堂召开。代表们抑制不住激动的心情，他们太想通过这个难得的机会，表达切身感受，吐露自己的心声了。

潘洪莉也打开了话匣子。"南水北调移民搬迁后，生活条件的确变好了，特别是移民村，扶贫的压力不大，但是下一步奔小康，仍然任重而道远。网箱养鱼是库区移民的支柱产业，取缔网箱养鱼，今后他们的长久发展还有一些亟待解决的问题。

"作为水源地保护区，我们丹江口市大坝街道办事处今年关掉了一个化工企业和一个铸造企业，产值一下子少了7亿元。作为基层政府，压力还是挺大的。我希望国家在生态保护方面能够给予更多的政策和资金支持，使我们进一步提高环境保护能力，守住生态底线，确保一江清水送北方。"

武妙华是陕西省汉中市文联主席，他的建议十分中肯："结合国家'十三五'规划，希望国务院南水北调办协调有关部委，把丹江口库区上游生态补偿机制建立好。目前这种撒胡椒面的做法，不利于库区上游的可持续发展和保护。能不能以基金、项目等其他形式进行补偿呢？

"我在车上观看了纪录片《水脉》，《水脉》纪录片实际上是一个工程报告，主要介绍的是工程建设。汉中是汉江的源头，更是南水北调中线工程饮水思源的源头。这个源头有很多的内容，其他省市也有很多文化遗迹可寻。国务院南水北调办是否可以围绕从汉水源头一直到用水户，通过这条线索进行当地文化内涵的深度挖掘，从而形成一个完整的水脉，以此呈现给广大观众呢？这对南水北调来说，更有意义。"

河南科技学院资源与环境学院副院长吴大付喜欢有话直说："中线工程上马的时候，规划设计了主干渠，没有考虑到干渠两侧绿化带的问题。工程通水后，需要在干渠 100～200 米范围内进行绿化。我希望国家按照谁受益、谁买单的原则，拿出一个整体方案。国家也可以整体从农民手里把地征过来，彻底解决土地问题。目前绿化多是一些企业在做，建议对林木进行间伐，以维护正常生息。这样，南水北调的水质才有安全保证。"

陕西商州区大赵峪办事处冀村党支部书记冀智勇说，这次活动组织严密，内容丰富，服务周到，让我们眼界大开，深入了解了工程发挥的效益。北京对口协作的工作十分扎实，每一个区县都与湖北和河南的市县相对应，从图表上看，一目了然。陕西是天津市对口协作单位，希望天津市也能够进一步细化，加以明确。通过相互之间的往来，增进感情，把对口协作工作做得更好。

"你们的建议和意见言之真、情之切，体现了对南水北调工作的支持。我们一定认真整理，严肃对待，及时反馈。水源地和受水区同饮一江水，大家就是一家人。互通有无、相互帮助是应该的。我们要切实把水用好、把移民发展好、把水质保护好、把后续工程建设好、把对口协作工作做好、把工程形象维护好，使这项来之不易的国家重点工程永续利用下去。"国务院南水北调办主任鄂竟平说道。

许安强

原载 2016 年 9 月 12 日《中国南水北调》报

护一泓清水永续北上

清渠纵贯，奔涌北上。2014 年 12 月 12 日 14 时 32 分，陶岔渠首大闸缓缓开启，蓄势已久的"南水"沿渠向北，穿行 1432 公里，流经河南、河北、天津、北京，一路润泽着北方干渴的大地。

"水变甜了！""不愁水了！"不同地方的沿线百姓，都感受到南水北调带来的切身变化。截至 8 月 27 日，北送丹江水总量已攀升至 50.36 亿立方米，保持在 Ⅱ 类及以上水质，受水区社会、经济、生态效益已日益凸显。

饮水思源。相隔一千多公里，却能共饮一库净水，这一切都离不开源头护水人的辛苦付出。成立于 2004 年 8 月的南水北调中线水源有限责任公司，在水利部、国调办、长江委正确领导和大力支持下，圆满完成了丹江口大坝加高、35 万库区移民搬迁安置工作后，着手从建设管理向运营管理转型，并将"保供水"列为各项工作之重，殚精竭虑护佑一泓清水永续北上，在供水管理的道路上"摸着石头过河"，为这一世纪工程良性运转不断探索新路径、新方法。

109 项指标了然于心

南水北调，成败在水质，如果让污水北上，就失去了跨流域调水的意义。而水质好不好，109 项监测指标就是最好的印证。

作为南水北调中线工程核心水源区，丹江口水库水质到底怎么样？"pH 值，8.09；COD，2 毫克/升；氨氮，0.16 毫克/升。"9 月 1 日，记者在河南省淅川县陶岔渠首引水闸前看到，一座自动监测站静立在蓝天下，十多台精密检测的仪器仪表整齐排列，数据监控管理平台界面正在不间断刷新。

"这就是南水北调中线工程水质监测的'千里眼'。"中线水源公司副总经理齐耀华介绍，良好水质是保供水的前提，一座座监测站陆续建成并投运，可以有效监测水库水质，对水质变化及时掌握、预警预报、快速反应。

目前，中线水源公司监测站网已初具规模，共建设了 3 个固定自动监测站和 4 个浮动自动监测站，1 个水质监测中心实验室，以及 2 个移动监测设施。

"前不久，我们到库区 31 个水质监测断面进行了采样。"站网建设实施单位长江科学院技术人员告诉记者，目前中心实验室可以开展常规项目、生物项目、底质项目、生物残毒项目和 109 项全指标项目监测。"将采来的水样注入这部原子吸收分光度计中，按下加热按钮，只需 30 秒就可以鉴定重金属成分。"技术人员介绍，该水质监测中心按照省级水环境监测中心标准建设，能实现库区断面定期监测、比对监测以及突然性污染事故应急监测等。

"水体很多水质指标容易变化，为了保证监测数据准确性和可靠性，必须第一时间抓紧处理。"采样人员介绍，按照规范要求，必须在规定时间内将样品及时送回前方实验室进行分析。为此，采样人员需克服恶劣的自然环境、饮食不规律等种种困难。

曙光初露，采样人员就沿着崎岖的山路，驱车辗转于汉库、丹库各主要支流入库口，一直忙到皓月当空才返回基地，在不同的入库河流监测断面和水库库湾角落，留下辛勤的汗水和一条条精准的数据，发挥着水质监测前沿"哨兵"的作用。

50 亿方净水解渴北方

打开中国水资源分布图，长江流域及其以南地区，水资源量占到全国的 80％以上，而黄淮海流域水资源量仅占 7.2％。然而，自南水北调中线通水后，不等式两端渐渐日趋平衡。

南水北调中线工程为受水区开辟了新的水源，改变了供水格局。在北京，城区供水中南水占比超过 70％，超过 2 亿立方米南水储存到密云水库、怀柔水库、十三陵水库，对北京市水资源调配、实现水源丰枯互济起到重要作用。在天津，中心城区和滨海新区、环城四区、静海区和武清区等城镇居民全部用上南水，城市供水"依赖性、单一性、脆弱性"矛盾得到有效化解。在河北，南水北调作为稳定的水源，为沿线大中城市提供了可靠的饮用水保证。在河南，供水范围涵盖了郑州、南阳、平顶山等 10 个市及 36 个县。

根据环保部门最近的监测显示，汉江、丹江流域布设的 16 个监测断面中，全部断面水质稳定保持在优良，汉江出省白河断面、丹江出省湘河断面水质为优。这一连串的数字无不显示出南水北调是改善生态的"输水线"和解渴北方的"生命线"。

事实上，自中线工程通水以来，由于丹江口水库上游雨量减少及用水量增加等因素，库区来水量低于多年平均来水量，供水形势并不乐观。从 2012 年开始，丹江口水库已连续遭遇 4 个枯水年，特别是 2015 年汛期来水较常年同期偏少 4～6 成，导致 2015 年水库汛末蓄水情况不理想，水位仅为 152.44 米。

丹江口水库自 1973 年建成后，其主要任务是防洪、发电、灌溉、航运、养殖，被确定为南水北调中线水源地后，"供水"位列于"防洪"之后，成为水库的第二大功能，摆在了更加突出的位置。

"开展供水管理的首要目标就是保证水量"，中线水源公司副总经理汤元昌介绍到，2013 年 8 月大坝加高工程通过蓄水验收后，在长江防总科学调度和汉江集团支持下，调减发电负荷，减缓库水位消落速度，尽最大可能为南水北调预留了水量。同时，中线水源公司严格执行水利部和长江委批复的供水计划，按要求每日报送水量和水质数据，确保了供水任务圆满完成。

千里奔忙保令通水畅

关系不顺，指令不通，则输水不畅。由于种种原因，中线水源工程运行管理体制尚未完全明晰，库区管理尚缺乏必要的管理手段及法律依据。

"社会各界对南水北调十分关注，供水沿线群众热切期盼南来之水，我们深感责任之重。"中线水源公司总经理吴志广说，供水管理工作时不我待，公司必须不等不靠，主动承担中线水源工程的运行管理职责，积极协调各方关系，不断探索库区管理新模式。

在供水之初，中线水源公司、汉江集团共同成立了中线水源供水管理领导小组，统筹供水管理以及对外协调工作，建立供水调度联系机制，加强与干线局、淮委建管局的沟通协调，确保供水调度指令畅通。

在工程运行方面，公司探索建立了工程巡查机制。按照制定的管理办法，水源公司督促各责任方认真履行好职责，加强工程巡查、维护保养及安全监测。同时按照《南水北调工程运行管理问题责任追究办法（试行）》的要求，对巡视检查发现的问题，及时督促整改落实。

丹江口大坝加高后，水库正常蓄水位从 157 米提高至 170 米，新增了 307 平方公里的消落区。由于消落区管理权责不清晰，加上当地一些居民进行无序的开发利用活动，增加了库区水体污染的风险，影响工程运行安全。

为此，水源公司领导多次带队，深入一线库区，不远千里奔忙，对汉江源头区、汉江库区和丹江库区进行全面巡查，下大力气开展了各类调研活动。在调研中，公司关注了水库运行的后续征地移民稳定、发展问题和出现的新情况，配合相关单位抓紧编制丹江口水库移民发展帮扶规划。同时，督促湖北、河南两省移民机构编制完成了库周各县市丹江口水库地质灾害应急预案，为做好库区管理工作奠定了基础。

截至 8 月 27 日，在水利部、长江委的坚强领导和统一部署下，经过各方的共同努力，南水北调中线工程已平稳运行 623 天。回首通水一年半的光阴，水源公司认真行使管理职能，抓紧推进尾工建设，严格执行调度指令，全力保障了足量优质供水，为保一泓清水北上贡献了才智和力量。

王　凡　周　瑾　班静东
原载 2016 年 9 月 29 日《人民长江报》

转型路上的"变与不变"

过去的一年，对于南水北调中线水源公司来说，是克难攻坚的一年。转型刚刚起步，怎样找准定位和发展思路？管理体制不明确，如何积极谋取事权，下好发展这盘大棋？保障优质足额供水的压力只增不减，后期怎么运行管理，才能让来之不易的水发挥最大效益……

在摸索前行的道路上，机遇和挑战并存。"保障供水，力促转型，抓好收尾"——在第二个供水年度里，水源公司按照供水运行管理的需要，加强与汉江集团的密切合作，主动协调，全方位保障供水优质足量；全面调整组织架构、管理制度、人员配置，全力转变工作重心、工作思路、管理模式和工作方法，力促转型；精雕细琢，精益求精，为工程竣工验收画上一个圆满句号。

一张张图纸变成了现实，一座运行了 40 多年的老坝正焕发出勃勃生机，一个服务于南水北调世纪伟业的公司正在转型发展中呈现出新气象。8 月下旬，记者来到中线水源地丹江口市，感受到中线水源公司转型路上的"变与不变"。

变的是面貌——中线水源公司和汉江集团借鉴三峡大坝景观建设经验，全面推进环境治理、坝区绿化、坝面粉刷、坝体亮化、观景台建设等工程项目。如今，碧草成片，绿荫成行，钢筋水泥的大坝披上了各类绿色植被；标志标牌规范有序，新栏杆在干净整齐的大理石台阶衬托下，伟岸而不奢华；坝顶上车辆有序通行，旅人正在兴奋地拍照留念，俨然一幅人水和谐的美丽画卷。

变的是能力——7 个自动站、1 个实验室、监测车、船等相继建成投入运行，能及时掌握供水水量及水库水质情况，开展监督检查，确保水质安全；

随着丹江口水库鱼类增殖放流站开工建设，未来 325 万尾鱼种将在库区投放，承担起保护生物多样性、改善水域生态环境和促进渔业可持续发展的功能；丹江口水库诱发地震监测系统 24 小时不间断监测，为水库诱发地震分析预测、库区地质灾害防治、水库调度运行和大坝抗震设防安全检验提供第一手资料。

变的是理念——公司立足长远，找准发展定位，理清发展思路，解决发展难题，不等不靠，主动谋划，在不断实践中，找出符合本单位实际的具有特色的发展之路，并不断地坚持下去。当前，尽管中线工程的管理体制尚未明确，但为了公司转型需要，保证各项工作任务合理分工、有效衔接，公司将各部门现阶段承担的主要职能进行了明确划分，做到"人人有事干，事事有人干"，保证建设运行两不误。目前，资产管理与维护、供水计量、水质监测、水费结算、消落地管理等诸多职能和事权正在逐步得到落实；机构组建、岗位设置、人员配备等"内功的修炼"都在有条不紊的进行中。

于千变万化中，又蕴藏着一种不变。

不变的是追求精品的姿态。在工程建设期，公司就全力以赴，克难攻坚，牢把质量、安全、进度和资金控制关，致力于把南水北调中线丹江口大坝加高工程这一国内规模最大、技术难度最高的水利枢纽改扩建工程建设成为经得起历史检验的精品工程。如今，水源公司一如既往精益求精，针对尾工项目种类繁杂，从确定施工方案，材料采购，到施工管理都严格要求，科学管理，推进后续尾工项目顺利实施。

在各项工程验收中，面对种种困难，水源公司主要领导亲任验收领导小组组长、副组长，专门制定尾工项目实施整体方案，对重点项目提前谋划，分步落实。多次召开专题会议研究部署，制定奖惩办法并严格考核、兑现奖惩，强力推进，力求精品。

不变的是守土有责的担当。从 2014 年 11 月 1 日试验通水，12 月 12 日正式通水，到如今已累计向北方供水逾 50 亿立方米，清澈、甘甜的汉江水，惠及京、津、冀、豫四省市沿线 4000 万人口，供水水质均符合或优于 Ⅱ 类水质标准。中线水源公司、汉江集团在保障供水中开展了大量工作，统筹供水管理，建立供水调度联系机制，加强与有关单位沟通协调，严格执行供水计划，确保令通水畅和工程安全。

工程管理，非一日之功。公司着眼长远，深入库区开展巡查、调研，一次次实地察看，一场场座谈交流，关注水库运行后的新情况、新问题，提前做好水库蓄水诱发地震、地灾等应对措施，确保库周人民生命财产安全和水库蓄水安全。同时，开展移民经济研究等工作，为水库移民政策的制定提供理论依据，配合做好移民后期发展、稳定相关事宜，为南水北调工程永续惠民孜孜不倦的努力。

不变的是谋求发展的决心。党的十八大以来，国家提出了一系列治国理政的新方略，其核心就是谋求发展。"五位一体"的总体布局、"四个全面"的战略布局以及"创新、协调、绿色、开放、共享"的五大发展理念，核心都是发展。长江委领导多次强调，各单位必须把发展作为第一要务，只有一心一意谋发展才有真正的出路。当前，水源公司全体员工正以一种强烈的成就感和自豪感，以前所未有的责任担当精神，以更加奋发有为的精神状态，奋发进取，不畏艰险，再踏水源守护者的新征程，为全面完成中线水源工程的各项建设任务，优质、足量地完成供水目标，实现由工程建设管理向运行管理转变而努力。

王　凡　周　瑾　班静东
原载 2016 年 10 月 12 日《人民长江报》

南水北调中线累计输水 100 亿方
受水区综合效益同步显现

南水北调中线一期工程已通水近 3 年。截至 9 月 25 日，北送丹江水总量已累计逾 100 亿立方米（含通水试验输送水量 1.4 亿立方米），水质稳定保持在国家地表水 Ⅱ 类及以上，沿线京津豫冀 4 省市 5310 万人喝上长江水，工程社会、经济、生态等综合效益同步显现。

100 亿立方米北上丹水，扣除沿途蒸发等损耗，4 省市受水达 95 亿立方米。其中，向北京供水 27 亿立方米、向天津供水 22 亿立方米、向河南供水 35 亿立方米、向河北供水 11 亿立方米，工程效益好于预期。在北京，南水供水范围基本覆盖北京中心城区，丰台河西地区和大兴、门头沟等地区，中心城区供水安全系数由 1.0 提升至 1.2，全市人均水资源量由原来的 100 立方米提升至 150 立方米，多年严重超采的地下水位明显上升，局地最大升幅达 8.08 米；在天津，南水加快了滨海新区、环城四区地下水水源转换工作，使地下水位累计回升 0.17 米；在河南，11 个省辖市、37 个县用上南水，1800 万人受益；在河北，用水范围覆盖 7 个地级市、96 个水厂。

自 2014 年年底中线工程通水以来，丹江口水库在 2015 年、2016 年相继遭遇枯水年份，面对蓄水不足的严峻形势，长江委和长江防总统筹协调各方用水需求，中线水源公司与汉江集团建立了实时调度运行机制，妥善处理防洪与蓄水、供水与发电、中下游用水及北方调水等关系，严格执行年度供水计划，加强库区水质监测，确保陶岔出水口水质不低于Ⅱ类，圆满完成了年度调水目标。

今秋以来，汉江上游持续发生强降雨过程，丹江口水库水位不断刷新历史纪录。9 月底以来，长江防总通过科学合理调度，实现丹江口水库防洪与蓄水的平稳衔接。目前，中线水源公司、汉江集团公司正组织大坝专项巡查，对丹江口水利枢纽进行加密监测，提高巡检频次，确保丹江口水库防汛和南水北调中线供水的安全，全力以赴做好水库调度、供水、蓄水工作。

梁　宁　班静东

原载 2016 年 10 月 16 日《人民长江报》

湖北出台南水北调工程保护办法禁止游泳垂钓

昨日，《湖北省南水北调工程保护办法》（以下简称《办法》）公布，明确在工程管理范围内禁止从事游泳、捕捞、垂钓、洗涤、打场晒谷等行为。

《办法》规定，从南水北调工程取用水资源的，应当依法办理取水许可申请，禁止擅自从南水北调工程取用水资源。在南水北调工程保护范围边线外三百米内、水库大坝保护范围外一千米内实施爆破、开采地下资源的，应当采取相应安全防护措施，确保工程安全。

除法律、法规另有规定外，在南水北调工程管理范围内，禁止从事五类行为：取土、采石、采砂、采矿、爆破、打井、钻探、开沟、挖塘、挖洞、建窑、考古、修坟、拦汊等危害工程安全的行为；排水，排污入渠，弃置固体废弃物、生产和生活垃圾等影响水环境质量安全的行为；修建桥梁、码头、厂房、仓库、道路、渡口、涵闸、泵站、管道、暗涵、缆线等与工程无关的建筑物及设施；游泳、捕捞、垂钓、洗涤、打场晒谷、在非社会通道上通行车辆等影响工程运行的行为；其他危害工程安全、影响水环境质量安全和工程运行的行为。

违反《办法》，法律法规已有处罚规定的，从其规定；造成南水北调工程损坏的，依法承担赔偿责任；构成犯罪的，依法追究刑事责任。在南水北调工程管理范围内从事游泳、捕捞、垂钓、洗涤、打场晒谷或者在非社会通道上通行车辆等影响工程运行的行为的，由县级以上人民政府水行政主管部门责令改正，予以警告；拒不改正或者情节严重的，处二百元以上一千元以下罚款。

此外，南水北调工程建设管理机构或者其他有关行政机关及其工作人员玩忽职守、滥用职权、徇私舞弊的，对直接负责的主管人员和其他直接责任人员依法给予行政处分；构成犯罪的，依法追究刑事责任。

江 卉 刘竹欣

原载 2016 年 11 月 26 日《湖北日报》

城区自来水中南水比例已超七成
南水水质监测引入医学用鱼青鳉鱼

本报讯 南水进京近两年，城区自来水中的南水比例已经超过 7 成，成为本市供水的主要水源之一。昨日，北京青年报记者从市南水北调办公室了解到，为保障供水安全，本市设置了四大检测手段全程监测南水水质，在生物预警措施中，对水质极为敏感的青鳉鱼成为预警"哨兵"，每半月更新一次。

南水进入供水管线之前，有着三大防线：惠南庄泵站、大宁调压池和团城湖。昨日，在大宁调压池，冷冽的晴空下一泓圆形池水清澈透亮，一位市南水水质监测中心的工作人员正拎着一根吊索取水。"这些水样要进行国标全项 109 个指标的检测，为了保证精度，必须现场取水。"水样取出后，分别被注入 8 个玻璃瓶送往实验室。

而像这样的实验室检测每周至少一次，到了夏季次数还会增多，最频繁时每天都要检测。自房山惠南庄泵站到终点团城湖，80 公里的输水干线上设置了 13 个取水点。自南水进京以来，水质一直平稳保持在地表 Ⅱ 类，即高于饮用水标准。

在大宁管理处的水质监测室里，北青报记者看到，8 根粗大的玻璃管里，一种全身透明、长约 2 厘米的鱼优哉地游动着。"这就是大名鼎鼎的医学用鱼——青鳉鱼，因其对水质极其敏感，就被我们当成预警员。"大宁管理处主任周文军说，水质稍有污染，青鳉鱼就会焦躁地乱窜。透明玻璃管外有微型传感器跟踪拍摄，并通过三维数据传到计算机里进行分析。如果小鱼游动的路线异常，仪器就会报警，启动人工检测。为了防止小鱼对南水产生抗体，每半个月会更换一批青鳉鱼。

实际上，通过实验室检测、自动监测站、生物检测，再加上有突发事件时的应急检测，四大手段密切紧盯南水的水质。"三道防线中不论哪道防线发现水质异常，闸口都会立即关闭，一滴劣质水都别想蒙混过去，保证问题水不进京、不进城、不入水厂。"市南水北调办相关负责人说。

去年，南水北调输水线上增设了 3 处自动监测站，每小时向水质中心传输一次数据，对水温、电导率、溶解氧、浊度和 pH 值五项常规参数进行监测。相关负责人指出，每个站都有 8 位值班人员倒班盯水质，全年 24 小时不离人，"哪怕是一条鱼从仪器旁游过去导致数据波动，也要立即人工复检。"

另据市自来水集团发言人梁丽介绍，南水进京后，集团增设了 161 个供水管网终端水质监测点，覆盖 3500 多个居民小区。

解　丽
原载 2016 年 11 月 30 日《北京青年报》

丹江口水利枢纽调度规程首次正式获批

本站讯　近日，水利部正式批复《丹江口水利枢纽调度规程（试行）》（以下简称调度规程），这是丹江口水利枢纽首次拥有正式的调度规程。

丹江口水利枢纽初期工程 1973 年年底建成后，长江流域规划办公室于 1981 年编制完成了《丹江口水利枢纽（初期规模）调度规程》（简称初期调度规程），但因各相关方对兴利调度要求意见分歧而未获批。尽管如此，初期调度规程仍是丹江口水库调度的重要依据，保证了枢纽工程发挥巨大防洪、发电和灌溉效益。据统计，截至 2015 年年底，枢纽共拦蓄入库洪峰流量大于 10000 立方米每秒以上洪水 89 次，有效保障了汉江中下游的防洪安全；累计发电 1487 亿千瓦时；向河南、湖北两灌区供水 301 亿立方米。

2013 年 8 月底，丹江口大坝加高工程完成蓄水验收，枢纽工程具备蓄水至 170 米的条件。至此，枢纽工程运行参数和水利任务均发生较大变化，正常蓄水位由 157 米（初期工程）提高至 170 米（后期工程）、汛限水位由夏季的 149 米提高至 160 米、秋季的 152.50 米提高至 163.50 米，即水库的调节性能由不完全年调节提高至多年调节，水库防洪能力由防御不足 20 年一遇的洪水提高至 100 年一遇的洪水，可基本解决汉江的洪水灾害；同时具备实现年均向北方调水 95 亿立方米的条件。

为了尽早发挥枢纽工程的综合利用效益，汉江集团 2010 年起即着手开展调度规程的编制工作。在长江委领导下，汉江集团公司与设计单位一起经过大量的分析研究、审查论证，历时 6 年完成了调度规程的编审工作，并于 2016 年 10 月获得水利部的正式批复。

调度规程的正式获批，首先标志着丹江口水利枢纽具备了正式的法规性调度管理文件；二是丹江口水库调度有了科学的依据；三是因丹江口水利枢纽为综合开发与治理汉江的关键性工程，为汉江流域水库联合调度运行创造了有利条件；四是为南水北调中线一期调水工程的顺利实施及实现汉江最严格水资源管理奠定了良好基础等。

调度规程规定，丹江口水利枢纽任务以防洪、供水为主，结合发电、航运等综合利用。水库调度原则为兴利调度服从防洪调度；供水调度应统筹协调水源区、受水区和汉江中下游用水，不损害水源区原有的用水利益；电力调度服从供水调度。

调度规程明确：汉江水利水电（集团）有限责任公司及南水北调中线水源有限责任公司为运行管理单位；国家防汛抗旱总指挥部、长江防汛抗旱总指挥部为防洪调度管理单位；水利部负责南水北调中线一期工程的水量调度，汉江流域、丹江口水利枢纽的水量调度由长江防总和长江水利委员会负责，水量应急调度由国家防总、长江防总负责；发电调度管理单位为国家电网湖北省电力公司；航运调度管理单位为湖北省交通运输厅港航管理部门。调度规程的印发实施，将为理顺枢纽的运行管理权责关系，丹江口水利枢纽的科学调度与管理提供依据和技术支撑，丹江口水利枢纽将发挥更大的综合利用效益。

刘　松　胡永光
2016 年 12 月 7 日长江水利网

850 万市民用上引江水

本报讯　昨天，记者从市南水北调办召开的新闻通气会上获悉：自 2014 年 12 月 27 日引江水正式进入天津，将近两年的时间里，南水北调中线一期工程累计向天津安全输送引江水 12 亿立方米，水质常规监测 24 项指标保持在地表水Ⅱ类标准及以上。目前，天津全市 14 个行政区、近 850 万市民用上了引江水，形成了一横一纵、引滦引江双水源保障的新的城市供水格局，凸显出六大综合效益。

大大缓解了天津水资源短缺问题

引江通水近两年来，天津新增城市供水量 12 亿立方米，供水区域覆盖中心城区、环城四区、滨海新区、宝坻、静海城区及武清部分地区等 14 个行政区，面积超过 1200 平方公里，近 850 万市民从中受益，较好地满足了城市生产生活用水需求，天津的水资源保障能力实现了战略性突破。

有效提高了天津城市供水保证率

天津在引滦工程的基础上，又拥有了一个充足、稳定的外调水源，中心城区、滨海新区等经济发展核心区实现了引滦、引江双水源保障，城市供水"依赖性、单一性、脆弱性"的矛盾得到了有效化解，城市供水安全得到了更加可靠的保障。

成功构架了天津城乡供水新格局

引江通水后，天津构架出了一横一纵、引滦引江双水源保障的新的城市供水格局，形成了引江、引滦相互连接、联合调度、互为补充、优化配置、统筹运用的城市供水体系。

有力促进了城市水环境改善

引江通水后，城市生产生活用水水源得到有效补给，替换出一部分引滦外调水，有效补充农业和生态环境用水，同时变应急补水为常态化补水，扩大水系循环范围，促进了水生态环境的改善。目前，中心城区 4 条一级河道共 8 个监测断面全部达到或优于 V 类水。

成功促使地下水压采加快进程

2014 年 8 月 1 日，市政府批复《天津市地下水压采方案》，要求到 2020 年底，全市深层地下水年开采量控制在 0.9 亿立方米以内。引江通水以来，天津加快了滨海新区、环城四区地下水水源转换工作，累计压采地下水 3500 万立方米，地下水位回升达 17 厘米。

进一步激发了社会公众的节水热情

引江水的到来，使南水北调、节约用水再次成为天津市民的舆论热点，广大市民更加深刻地认识到引江水的来之不易和节约用水的必要性，进一步增强了节约用水的自觉性，为建立科学用水、文明用水、节约用水的良好环境起到了有力的助推作用。

何会文

原载 2016 年 12 月 10 日《天津日报》

水壶没水垢，净水器也用不上了

南水北调工程让新乡当地百万群众受益，喝上甘甜丹江水

本报新乡讯　"家里的水壶没水垢了，之前买的水净化器也成摆设，再用不上了！"昨日，家住新乡市新一街的居民宋女士欣喜的告诉记者，自来水变好喝了。

和宋女士有着相同感受的，还有新乡市的广大群众。自 2015 年 6 月 30 日新乡市南水北调配套工程试通水以来，供水范围已覆盖新乡市区、卫辉市、获嘉县等区域，受益人口达到 150 万人。

"丹江水水质清澈，原水浊度低。"新乡市南水北调中线工程领导小组办公室相关人员表示，多项检测指标显示，丹江水的氯化物、硫酸盐含量远低于黄河水，从口感上讲，会更为清爽甘甜。据其介绍，新乡当地建有全省唯一的配套调蓄工程，一旦出现紧急情况，可保障市区三天的应急供水。

新乡市南水北调中线工程领导小组办公室党组书记、主任邵长征介绍，目前，新乡市全市饮用水水源主要有丹江水、黄河水及地下水等。现在，新乡市已经形成了以丹江水为主，黄河水备用、地下水应急的供水格局。

截至 2016 年 11 月 1 日，数据显示新乡市累计分水 12497.5 万立方米，分水总量正逐年提高，除去邓州市灌区用水外，全市累计用水量紧随郑州、许昌，位居全省第三位。目前，新乡市市区日均用丹江水约 18 万立方米，丹江水占比约 80%，卫辉市市区 100%饮用丹江水，获嘉县县城饮用丹江水比例约 70%，当地各受水水厂正在逐步加大用水比例，新乡市全市居民饮用水水质得到显著改善。

张　波　杨　茹
原载 2016 年 12 月 10 日《大河报》

壮哉　引江济汉！

我浩叹着你的山苍苍、你的水茫茫！你的每一滴清泉足以穿越巍峨的重山！我咏叹你的田园、你的夕阳！英雄们纵横驰骋，分享着你的荣光！我迷

恋着你溪边的艾草，我醉心于你山酒的雄黄！我读懂了你灵魂中的孤独、忧乐和向往！

诗人的笔下汉江总是充满浪漫和狂放的畅想。

但是，诗人们如何想象，也没能超越科技的力量和一个民族的决心！

今天的汉江早已不再孤独，一条人工运河将古老的汉江与同样古老的长江，紧紧串在一起，这就是中华人民共和国成立后建设的最大一条人工运河：引江济汉工程。

引江济汉是南水北调中线工程的重要组成部分，2014年9月26日正式通水。

这条人工大河自其横空出世那天起，在抗旱、防洪保通航、保生态中，发挥了至关重要的作用。

河 流 档 案

引江济汉工程又称"江汉运河"。从荆州市李埠镇长江龙洲垸段引水至潜江市高石碑镇汉江段，引水干渠全长67.22公里，一线横贯荆州、荆门、潜江3市，主要用于补充南水北调中线调水后汉江兴隆以下生态环境用水及灌溉、供水、航运用水。

运 河 知 识

人工开凿的用于通航，或兼具灌溉、排涝、泄洪、发电功能的河流均可称运河。

世界上著名的有苏伊士、巴拿马运河。

京杭大运河是世界上最长的运河，全长1794公里，开凿于公元前601年我省境内的两沙运河，是目前所知中国最早的运河。运河东段从沙洋到高桥，经彭家湖、借粮湖入长湖，长53公里；西段从沙市经便河至草市接麻河，经关嘴口入长湖，长12公里；中段长湖22公里，总长87公里，可自沙洋直航沙市，沟通了长江和汉江。

至清末，沙洋堤溃，两沙运河从此中断。

汉北河是中华人民共和国建立后建设的首条人工大河，1969—1970年将天门河下游改道，自天门境内万家台至汉川市新河镇新沟闸注入汉江，全长92.6公里。

非 常 之 时 大 担 当

引江济汉工程，又称为"江汉运河"。历史造就了这条人工大河，这条大河亦没有辜负历史的期待，2014年8月尚未正式通水，便担当了历史大任，创下奇功。

时间回望到2014年盛夏，江汉平原大旱。汉江水位偏低，东荆河几近断流，素以鱼米之乡著称的仙桃、潜江等地发生历史罕见旱情。水文部门发布枯水黄色预警，气象部门把干旱预警提升至最高级别，农业部门启动自然灾害四级响应……

当年8月4日下午，省委、省政府果断决策，紧急部署提前启用引江济汉工程，实施应急调水抗旱。

这是一次"应急"战、攻坚战！

省南水北调办（局）主任（局长）郭志高迅速带领工程技术人员赶赴引江济汉工程一线，研究应急调水措施，并于当晚向省委报告了调水方案。同时组织百余名工程人员上堤巡查，全天候监测渠道和所有涉水建筑物安全情况。

8月8日上午8时，随着一声令下，龙洲垸进水节制闸3号闸门徐徐开启，滚滚长江水涌入引水干渠，朝着汉江方向奔腾。24小时后，水头抵达潜江高石碑入汉江，润泽汉江下游600多万亩农田和800多万人口。

自古汉江汇入长江，今日长江引入汉江。当地群众扶老携幼，从四面八方赶来，见证这一历史性时刻。

为此湖北权威期刊《新闻前哨》以"非常之时大担当"为题评价说：引江济汉，大旱之年先立一功。应急调水，当载入史册。

防 汛 抗 洪 又 建 奇 功

今年的盛夏令人难忘，荆楚大地，外洪内涝。

鲜为人知的是，在这场抗洪斗争中，引江济汉工程也发挥了应有的作用。

荆州四湖流域连续遭遇五轮强降雨袭击，长湖上游的荆州、荆门连续普降暴雨。长湖水位自 7 月 1 日以后持续上涨。7 月 18—19 日，湖北第六轮强降雨最大在沙洋，30 小时降水 880.7 毫米，几乎是一年的降雨量。

20 日晚，与引江济汉河道相交的沙洋拾桥河枢纽水位 3 小时暴涨 3.8 米，洪峰流量达到 1100 立方米每秒，超过 980 立方米每秒的 50 年一遇洪水标准，拾河桥下游的长湖水位超过保证水位 0.45 米。

受持续高水位影响，长湖围堤险象环生，多处堤防发生漫溢、垮坡和管涌重大险情。防汛形势异常严峻。而此时，引江济汉河道还同时面对拾桥河、西荆河、殷家河等中小河流的压力。

引江济汉工程在规划设计中，按照"能撇则撇"的原则，考虑了在适当条件下，通过引江济汉渠道将来自拾桥河的洪水撇向汉江，以缓解长湖防汛压力。

面对长湖水位居高不下，多条河道泄洪的压力，省南水北调局科学调度，开启与拾桥河连通的上下两道闸门，将长湖洪水成功引入引江济汉渠道，排入汉江。

据统计，引江济汉工程 7 月 10—19 日，撇洪量 6000 万立方米，7 月 27 日至 8 月 4 日，撇洪量 4162 万立方米，累计为长湖泄洪 1.1 亿立方米，直到 8 月 4 日长湖退出设防水位。

通过向汉江撇洪，降低长湖最高洪水位 0.4 米，累计降低长湖水位 0.68 米，为确保长湖防洪安全，发挥了至关重要的作用。

船 舶 如 梭 醉 两 岸

汉江中游和长江中游之间开辟的这条便捷之路，"长江—江汉运河—汉江"形成一个 810 公里的千吨级黄金航道圈。船舶由沙市到潜江走汉江运河 67 公里到达，比沿长江绕道武汉缩短水运里程 681 公里；由沙市到汉口走江汉运河经汉江到汉口，337 公里到达，比沿长江缩短水运里程 141 公里。

但是，江汉运河在起步之初，却也面临各种困难和考验。

2014 年 11 月 28 日，媒体报道"江汉运河通航满两个月，累计通过 42 艘（次），平均一天半通过一艘船。"

两年过去，现在的情况又如何？

通过不断宣传，引江济汉工程逐渐为更多的人所周知，进入运河的船只逐月增多。自 2014 年 9 月底通航至今年 11 月 30 日，过往船舶达到 8473 艘次，运送货物 273 万吨。11 月 28 日下午 3 时，记者在龙洲垸船闸现场看到，闸室两端排列十几艘等候过闸的船只。

江汉运河管理处为我们提供的统计数据表明：货种方面，主要以磷矿石、黄砂、卵石、水泥成品等为主；船籍范围以省内居多，还有江苏、河南、湖南、江苏、江西、安徽的船舶通过。

同时，汉江兴隆水利枢纽航运效益彰显。通航两年来，截至 11 月 4 日，过往船舶已达 21350 艘，货运总吨位达 8310211 吨。记者现场看到，180 米长的船闸内列满了船只，汉江上游各种物产浩浩荡荡，驶向汉口。

兴隆水利枢纽工程是南水北调中线一期工程汉江中下游四项治理工程之一，紧依运河连通汉江的高石碑船闸。兴隆枢纽投入使用，使得库区回水至上游沙洋县华家湾梯级坝址，下游河道同时也进行了疏浚，自沙洋以下到汉口，汉江河道通航标准达到三级，可行驶 1000 吨级船舶，大大提高了航运速度和运载能力。

省南水北调办（局）主任（局长）郭志高介绍，随着兴隆枢纽建设的沙洋新港集装码头，货物可直达武汉阳逻港。单日最多通航船只 57 艘，单月最大通航量 900 多艘，航运效益大大超过预期。2016 年前十个月，通过船只就有 6042 艘，与 2015 年全年的通航量相当。兴隆水利枢纽发电效益也达到设计标准，截至 10 月底，发电量已突破 6 亿千瓦时。

纵横美丽的江汉平原

11 月 4 日下午 5 时 40 分，引江济汉工程进水闸加大引水流量，达到 353 立方米每秒。这是该工程运行两年来，首次实现 350 立方米每秒的设计流量。各项指标显示，工程质量完全达到设计要求。

引江济汉工程自 2014 年 9 月 26 日投入使用，到 2016 年 11 月 3 日上午 8 时，累计向汉江调长江水 51.5 亿立方米。

这使得汉江兴隆以下河段生态、航运、灌溉、供水条件得到一定程度改善。

到 2016 年 10 月 30 日，引江济汉工程还累计为荆州古城护城河实施生态补水 1.25 亿立方米，改善了护城河的水质和城区环境。

如今，从荆州古城，到引江济汉渠首的节制闸，已经形成了一条旅游风景长廊，吸引着各地游客。特别是节假日，人们来到引江济汉渠首节制闸，野炊、垂钓、拍照，一派欢乐景象。

滔滔汉水，浩荡北歌

引江济汉工程开通前，这条大河就进入无数旅游爱好者的视线。

2014 年 5 月 18 日，荆楚网就举办过"引江济汉徒步行"活动，邀网友徒步见证这一工程的雄伟和瑰丽。

在两天 67 公里的工程沿途，驴友们用脚步丈量大地，荆楚网通过文字、图片、视频、社区、微博、微信、航拍等全媒体手段，立体呈现了雄伟的引江济汉工程全貌，并通过互动让更多网友对该工程有了直观且深入的了解。90 后驴友小邓说："这个活动让我学到很多水利知识，我真正理解了引江济汉工程的伟大，向工程的设计者和建设者们致敬。"

本次徒步活动，驴友们随走随拍，记录下沿途的风光和感受，在新浪微博♯引江济汉徒步行♯话题中，发布了近 200 条微博，吸引 8.3 万浏览量，其中荆楚网一条微博就获得 1000 多条评论和转发。东湖社区本次活动的直播帖文，发布 2 天时间，就吸引 3 万多网友点击。"我要去实地看看，这个工程，到底能给荆州带来什么利好！"荆州籍驴友瘦明是一个关心时事的工科男，引江济汉工程从家乡穿过，令他充满期待。

亿万年来，长江穿越三峡的惊涛与骇浪奔向大海，而今天，长江借道一条人工大河，穿越纵横美丽的江汉平原。

这是披坚执锐，装扮山河的新水经注。这是奇迹，也是中国之梦，这奇迹，这梦想，只有在强盛祖国的今天才能够发生并实现。

张欧亚　龚富华　丁　振
原载 2016 年 12 月 12 日《湖北日报》

累计向北调水逾 60 亿立方米

今日，南水北调中线工程向北方送水两周年。省南水北调办昨日提供的数据表明，两年来，丹江口水库已向北方调水 60.9 亿立方米，惠及北京、天津、河北等沿线 18 座大中城市、4000 多万居民。

沿线监测表明，通水两年来，工程质量可靠，设备运转安全，水质稳定达标，水量供应充足，社会、经济和生态效益显著。目前北京城区供水中，汉江水占比已超过 70％。天津市中心城区生活用水全部来自汉江。

与此同时，汉江中下游各治理工程，也实现了与中线干线工程"同步建成，提前受益"的目标。

作为南水北调的补偿工程，兴隆水利枢纽极大地改善了库区两岸农业及生活用水条件，以及上游 70 公里航道通航条件。生态改善，中华秋沙鸭、黑鹳等国家一级保护动物出现在汉江兴隆水域。

引江济汉工程已累计向长湖补水约 5.39 亿立方米，向荆州护城河补水 1.2 亿立方米。工程缩短了长江、汉江之间的绕道航程近 700 公里，渠顶道路提档升级为限制性二级公路，在江汉平原腹地开辟了一条便捷通道。

丹江口库区共建成 94 座污水处理厂、44 座垃圾处理场，为完成"一江清水永续北送"使命做出了不懈努力。

张欧亚　武耕民
原载 2016 年 12 月 12 日《湖北日报》

要"调水"更要"节水"

12 日，南水北调东、中线工程全面通水两周年。跨域南北的这两条生命线，给京、津、冀、豫、鲁、苏 6 个省（直辖市）的 8700 万人带来甘霖。尽管"南水"一定程度上解了"北渴"，但不能完全指望一项工程就从根本上扭转华北地区的缺水困境。科学合理用好来之不易的"南水"，全方位加强节水才是缓解水危机的良药。

全国最大的地下水漏斗区华北平原，已累计超采 600 亿立方米地下水。耗水"无底洞"还未补上，粗放的用水方式随处可见。如城市管网漏失率高，"关不紧的水龙头"和"漏水的马桶"比比皆是；部分农田仍是大水漫灌，耗水品种调整缓慢，灌渠渗漏严重；高尔夫球场、滑雪场、高档洗浴场所等"耗水大户"层出不穷。

有限的水不精打细算着用，会加剧水危机。因此，"拧紧水龙头"不能只是一句口号，而要成为全社会的行动指引。南水北调工程的原则是"先节水后调水、先治污后通水、先环保后用水"，由此可见，相比调水，节水才是应对水资源短缺问题的根本。

华北水危机，是密集人口和高耗水经济社会活动的一个集中展现，也是整个中国在人水关系上的一个缩影。我国人均水资源占有率只有世界平均水平的四分之一，而且时空分布不均、水资源利用率不高。随着气候变化导致的干旱等极端天气增多，新型城镇化水平的不断提高，对水资源的需求更高，未来缺水的压力只会越来越大。因此，节水并非只是北方缺水地区的当务之急，更要成为全社会的共识。

缺水倒逼经济社会转型发展，水资源环境刚性约束必须强化。坚持"以水定城、以水定地、以水定人、以水定产"的思路，以水资源、水环境承载能力来调整未来城市发展规划，建立水资源高效集约利用体制，高效节约利用每一滴水，促使经济结构调整和产业优化升级。唯有如此，"南水"的利用效率才能提高，水资源紧缺对经济社会发展的制约瓶颈才能有望破解，"人水和谐"的可持续发展道路才能越走越宽。

董 峻 侯雪静
2016 年 12 月 12 日新华社

丹江口库区鱼类增殖放流站建设顺利推进

本站讯 日前，南水北调中线水源丹江口库区鱼类增殖放流站建设正顺利推进，鱼类增殖放流站的高位蓄水池、催产孵化车间土建部分已完工，土方开挖回填完成 90%，12 月 30 日前综合楼、生物饵料车间、防疫隔离车间的土建部分也将完工。

鱼类增殖放流站是南水北调中线水源工程丹江口水库的生态补偿项目。丹江口大坝加高后，正常蓄水位提升至 170 米，对库区郧县以上至安康大坝汉江江段的产漂流性卵鱼类产卵场有较大影响。为有效落实鱼类保护措施、保护水库生态资源，丹江口库区鱼类增殖放流站于今年 8 月在汉江集团松涛山庄开工建设。

鱼类增殖放流站的建设主要包括综合楼、高位蓄水池、催产孵化车间、一期鱼苗培育系统、生物饵料车间以及配套设施等。建成后的鱼类增殖放流站能够满足放流鱼类亲鱼的驯养、催产、受精孵化、苗种培育等整套生产需要，放流规模为每年放流 4～15 厘米的鱼种不小于 325 万尾以及汉江上游"水花"鱼苗的孵化 1 亿尾。

李　聪

2016 年 12 月 27 日长江水利网

丹江口大坝加高工程 2017 年变形监测项目开工

本站讯 1 月 6 日，丹江口大坝加高工程 2017 年变形监测项目正式开工。

丹江口大坝加高工程是在初期工程运行 20 多年后实施的，既不同于新建或拟建的大坝，也不同于更新改造的老坝，具有其特殊性、重要性及复杂性，其运行的安全稳定性必须依靠科学有效的实时监测。自南水北调中线工程完工后，丹江口大坝加高工程变形监测由长江空间信息技术工程有限公司承接，此次丹江口水力发电厂与其合作有利于职工熟悉新项目观测方法，从人力、物力上做好准备，为今后全面整合新的观测项目打下坚实的基础。

丹江口大坝加高工程变形监测主要任务是加高部分的运行监测和管理维护。包括开展丹江口大坝加高工程混凝土坝、左右岸土石坝及电站厂房等建筑物的水平和垂直位移周期变形监测，水平和垂直位移监测网年度复测、自动化监测、监测设备管理维护等。1 月 4 日，监测分场召开丹江口大坝加高工程变形监测职工动员大会，丹江电厂分管领导到会动员，从思想、技术、人员、设备等方面做好充分准备。

池爱姣

2017 年 1 月 17 日长江水利网

水源公司与丹江口市南水北调办
联合开展护水保洁活动

本站讯 3 月 3 日，中线水源公司工会与丹江口市南水北调办公室联合开展护水保洁活动，宣誓履行管水护水责任。水源公司副总经理齐耀华、万育生、生晓高，丹江口市副市长成坤和来自水源公司、丹江口市南水北调办公室的 50 多名同志参加该项活动。

在右岸土石坝管理码头附近，滋生的杂草和汛期漂流下来的垃圾严重影响枢纽观展形象，一旦水位上涨，还可能对水库水质产生影响。这次活动的主要任务就是清除这些杂物。

一到现场，大家立刻热火朝天地干了起来，女同志割草，男同志搬运垃圾。2 小时后，干枯的蒿草被割掉，垃圾被清走，原先有些杂乱的场地立刻变得清爽整洁。看到自己辛勤劳动换来的变化，每一个参加活动的同志都露出喜悦的笑容。

蔡 倩

2017 年 3 月 6 日长江水利网

Development ensures safe use of resources

Centering on Beijing's strategic development plan, the capital is advancing construction of the massive South-to-North Water Diversion Project to ensure safe water usage, according to a leading local official.

The project is a key national initiative to divert water flow in southern China-which has plenty of rivers and rainfall-to the more arid north of the country.

It will connect the Yangtze River, Yellow River, Huaihe River and Haihe River systems, and will benefit an estimated 438 million people along the routes in the east, center and west.

"It is our consistent commitment to the project to relieve the problem of water shortages and enable more people to have access to high-quality drinking water," said He Fengci, deputy director and spokeswoman of the Beijing office of the South-to-North Water Diversion Project.

The first phase of the central route began operating at the end of 2014. By mid-December this year, some 3 billion cubic meters of water had been piped from the south to Beijing, 2. 4 billion cu m to Tianjin, 4 billion cu m to Henan province and 1. 4 billion cu m to Hebei province.

"Beijing has long been short of water, but the situation has changed greatly since the South-to-North Water Diversion Project. " she said.

Starting in September 2008, water from neighboring Hebei was diverted to Beijing. From the end of 2014, the Yangtze River was added to Beijing's water sources.

"It took nearly six years to pipe 1.6 billion cum of water from Hebei to Beijing, while within just over two years, the amount of water flowing from the Yangtze River to the capital topped 2.6 billion cum. " she noted.

"In pursuit of innovation in technology, operating mechanisms and management-for improved quality, efficiency and safety-our team has gained rich experience in maintaining operations and handling emergencies, and created standard operational and management systems. " the spokeswoman said.

She cited Daning Reservoir in Beijing as an example to illustrate how the project has changed the lives of locals.

The reservoir was built in 1985 to curb floods in the Yongding River. It was dried up in the 1990s, leaving its bottom exposed to rubble and sand, or overgrown with weeds. In windy spring and autumn days, nearby residents couldn't open their windows because of frequent sandstorms from the abandoned site.

The water project gave the reservoir a new lease on life, as southern water flowed through it.

The reservoir works not only for flood control, but also for water storage and environmental protection.

The reuse of the reservoir also helped recover one of eight classic attractions in ancient Beijing – a picturesque view of Lugou Bridge spanning Xiaoyue Lake in the moonlight – as water that was used to wash through the pipeline was recycled to be pumped into the lake.

Another highlight of the water diversion project is the addition of Guogongzhuang Water Plant in the south of Beijing to the city's water supply system.

Before the project, major water plants clustered in the north and west of the city. In contrast, the southern areas were weak in infrastructure for water supply.

With the water diversion project progressing, experts designed the new state-of-the-art plant, which will be able to supply 500,000 cum of water on a daily basis.

In addition, Beijing No.10 Water Plant is under construction and Yizhuang Water Plant is in the pipeline for the east of Beijing.

He Fengci said the flowing of Yangtze River water into Beijing signaled an "optimization" of the city's water supply landscape.

The changes to Beijing's water plant network also relates to the city development strategy.

An exemplary project is Tongzhou Water Plant, which handles all its water from the South-to-North Water Diversion Project. The plant's initial phase went into operation in late August, nearly three years ahead of schedule.

The facility is located in Tongzhou district, where Beijing plans to build a lesser administrative center. The district is also in close proximity to Hebei province, and so seen of significance in promoting the planned integrated development of the Beijing-Tianjin-Hebei region.

Desplte difficultles and challenges,builders manage to complete water tunnels to a tight schedule.PHOTOS PROVIDED TO CHINA DAILY

"As one of the first batch of infrastructure projects，the water plant will improve local water quality and support the construction of the city's administrative center."，she said.

"Given the large gap between water demand and supply，there is still a long way to go for the national water diversion project."，she added.

"In the future，we will continue to increase efficiency in management and water use，and promote restoration of the ecological system."

Yuan Shenggao

China Daily 3/20/2017

南水北调公民大讲堂走进我市

宣讲爱渠护水知识　保障一渠清水永续北送

本报讯　"今天的活动很有意义，让我们学到了南水北调的知识，懂得要爱水惜水、注意安全的道理，我们也会告诉身边人珍惜生命，远离水渠。"5月23日，市青少年校外活动中心四楼报告厅内座无虚席，南水北调公民大讲堂走进鹤壁市活动在此举行，学生代表曹炳南如是表示。

该活动由南水北调中线干线工程建管局宣传中心主办，南水北调中线河南分局、南水北调中线干线鹤壁管理处承办，市南水北调办公室、市教育局、淇滨中学协办，通过宣讲知识加深中小学生对南水北调工程的了解，提高他们的安全意识和应急防范能力，教育引导沿线学生不进入南水北调安全隔离网内玩耍、戏水、游泳，严防发生意外。

南水北调公民大讲堂活动中，中国南水北调报编辑部主任张存有作了题为《南水北调的前世和今生》的讲座，通过南水北调知识宣讲、播放视频、现场提问、一起做模型试验等环节，普及南水北调知识，宣传南水北调效益，教育大家爱渠护水、珍惜资源、珍爱生命。南水北调相关负责人分别向学生代表赠送了书本《南水北调工程知识百问百答》、南水北调志愿者袖标、南水北调志愿者旗帜。接着，南水北调志愿者代表领读护水宣言："南水北调，千里水脉，爱渠护水，行动起来。"随后，南水北调志愿者随音乐执旗绕场一周，把护水的决心洒满礼堂，让护水行动起航。

汪丽娜

原载 2017 年 5 月 24 日《鹤壁日报》

水源公司加强汛期陶岔渠首监测数据
远程实时传输系统的巡检

本站讯 6 月 26 日，水源公司组织陶岔渠首监测数据远程实时传输系统运管维护与数据监测技术人员，沿实时传输系统线路，赴陶岔渠首枢纽，巡视检查通讯线路、陶岔渠首超声波流量计量设施、备用电源、闸门开启运行、视频监控数据采集及实时传输设备工作状态，对部分设备进行调整维护，对汛前巡检所发现的问题与隐患的整改效果进行确认。

3 月 1 日至今，丹江口库水位由 152.29 米上涨至 158.56 米，北京、天津用水需求增大，且为配合中线干线流量计率定，供水调度指令变次多变幅大，闸门调整较为频繁。为保证及时掌握陶岔渠首枢纽闸门运行状态、供调水数据，实时向水利部、长江委防办、水资源系统管控平台、国调办及南水北调中线干线管理局报送水情水量信息，满足防汛及水资源调度需要和供需水量确认需要，水源公司根据相关合同要求及汛期加强巡检的工作安排，于 5 月底督促并组织汛前巡检和月初的整改检查，这次巡检是进入主汛期以来的第一次全面巡查。

这次全面巡检进一步提高了汛期数据实时传输系统的可靠性和运行效率，保证了数据信息的连续性和完整性，对于确保工程安全、防汛安全、供水安全有着重要的实际意义。

蔡倩

2017 年 7 月 3 日长江水利网

助力抗旱　长江向汉江调水"6个东湖"

为缓解汉江中下游旱情，7月31日起，南水北调引江济汉工程加大抗旱引水流量，为该工程投入使用以来最高值。

7月以来，受持续高温天气影响，汉江中下游及引江济汉工程沿线多个县市区受旱，仅荆州市就有8个县市区受旱，受旱面积100.62万亩，东荆河几近断流。受丹江口下泄流量减少和天气持续炎热干旱等原因，汉江兴隆水利枢纽以下群众生产生活用水急剧增加，受旱面积不断扩大，农业灌溉急需用水，引江济汉工程加大调水量迫在眉睫。

7月31日8时，南水北调引江济汉工程抗旱引水流量提升至392立方米每秒，其中，补汉江流量279立方米每秒，占汉江兴隆水利枢纽以下河段总流量的39.2%（兴隆水利枢纽下泄流量433立方米每秒）。

数据显示，自7月初以来，引江济汉工程累计从长江引水6.65亿立方米，相当于6个东湖的水量，其中，补长湖、东荆河水量1.14亿立方米（抬高长湖水位1.48米），补汉江水量5.51亿立方米，约500万亩农田受益。

张欧亚
原载 2017 年 8 月 4 日《湖北日报》

通州水厂正式运行南水
"解渴"北京城市副中心

本报讯　随着通州水厂日前正式运行，千里北上的南水滔滔东流，正"解渴"北京城市副中心。近日，通州水厂正式投运，23万通州市民喝上了长江水，本市接纳南水的水厂也增至8座。

经过此前30多天的通水试运行，通州水厂的出水水质完全符合国家生活饮用水的106项标准，某些指标甚至远高于国标。以浊度为例，国标对出厂水质的要求是1个单位，但通州水厂却能将其降低到0.1个单位。

通州水厂是本市东部第一家全部接纳南水的骨干水厂，一期工程的日供水能力为 20 万立方米。目前，每天实际供水量为 5 万立方米，通州城区东南部的 23 万市民喝上了甘甜的长江水。

随着北京城市副中心的加速建设，城市用水需求还会不断增长，通州水厂也将逐步扩建。据介绍，水厂已经为二期、三期工程预留了建设用地，远期日供水能力将达到 60 万立方米，能满足通州全境 906 平方公里的用水需求。

为提升通州的供水能力，2015 年以来，本市先后在通州区建设了甘棠水厂和广渠路东延输水管线，形成四路水源供通州的格局。而通州水厂一期更是成为第五路水源，进一步保障了用水需求。

据测算，今年夏天，通州用水高峰日的需求为 14.7 万立方米。目前，五路水源每天能提供 22.4 万立方米饮用水。这意味着，眼下的通州已经基本无缺水之虞。

随着通州水厂的运行，本市接纳南水的水厂已增至 8 座，包括郭公庄水厂、第三水厂、第九水厂、田村山净水厂、309 水厂、长辛店水厂、门头沟城子水厂和通州水厂，直接受益人口超过 1100 万。市南水北调办数据显示，截至昨天，共有 26.07 亿立方米长江水进京。

朱松梅
原载 2017 年 8 月 31 日《北京日报》

回　　家

鄂竟平主任叫咱常"回家"看看

"欢迎回家"，这是鄂竟平主任在 9 月 15 日"南水北调一生情"座谈会上见到建设者们说的第一句话，简简单单的几个字，却满是温情。

短暂的回访考察过程中，建设者们无论是回忆过去还是畅想未来，无不被一股神秘的力量牵引着，它就是建设者们口中的南水北调情怀——一种勇往直前、甘于奉献的精神。如果用一个字让这个情怀有情有义有血有肉，那准是鄂竟平主任说出的"家"字了。

鄂竟平与建设者握手

　　他说，南水北调不仅是在座建设者代表的家，更是几十万建设者的家，南水北调这个家是你们共同努力奋斗的结果。如今有了来之不易的效益，与你们这些建设者密不可分。南水北调是一项了不起的工程，建设者更是一群了不起的人。正是如此，我希望大家要常回家看看，多指正、多交流，在外面遇到任何难题，都不要忘了还有南水北调这个家。

　　这才是南水北调一生情的真正含义，是建设者一生的情怀。

　　建设者们回家了，大家聊着旧时光，仿佛回到从前，回到在成长路上、奋斗途中的艰苦努力和苦中有乐的美好时光。

毛文耀（长江设计院水利规划院）

　　"回家真好，倍感亲切！南水北调一生情，建设者重回老地方，所看所想感触良多啊！南水北调体现出了建设者的工匠精神，同时承载了水源区人民的情谊，也串起了沿线人民的情谊。"建设者毛文耀说。

李潮（河南水建集团有限公司）

　　"四天的回访考察，让我学到了许多，也让我进一步的认识到南水北调工程存在的意义。正所谓'吃水不忘挖井人'，如果有人说南水北调的坏话，我一定会狠狠的反击他。"建设者李潮说。

郭永为（河北省水利工程局）

"我们是建设者，也是受益者，饮水思源，请不要忘记在南水北调工程建设中的那群人。"建设者郭永为说。

陈建国（河南省水利第一工程局）

"南水北调工程深深地烙印在我的心里，同时我也将为之倾尽所有。这次通过 5 天参观回访活动，我切实感受南水北调已经成为沿线人民生活以及地方经济发展的重要支撑。我的老家开封近邻黄河，依赖黄河水，随着经济发展和社会进步，现在政府愿意花钱把南水北调引到开封，说明南水北调工程正在改变我们的生活，也在改变我们过去的思维，重要性不言而喻。作为建设者也是受益者，有了收获，我所做的一切都值得。如今南水北调水走进千家万户，我希望整个工程发挥更好的效益，这也是激发我继续努力的动力，今后，如果有需要我的地方，我一定会不假思索地走上工程的第一线。我觉得自己早已与南水北调紧密相连、密不可分，时刻关注与它相关的一切。"南水北调建设者、全国劳动模范陈建国说。

彭勇（葛洲坝集团公司）

"我觉得我是与丹江大坝非常有缘的，缘在哪里，我的父亲 1958 年转业以后参与丹江主体工程施工建设。我是 1962 年在丹江出生的。1972 年丹江大坝一期工程即将完工，我的父亲到了葛洲坝，我们随父亲一起去了葛洲坝。2006 年我从三峡工地又回到了丹江口，进行了丹江口大坝加高施工。丹江口大坝的加高、南水北调工程的顺利通水，完成了父亲与我，两代人的心愿。丹江口大坝加高工程建设至今，我经历了施工过程的酸甜苦辣，享受了建成后的喜悦。现在有幸作为建设者代表回访，看到北方几千万、上亿人享受到源头人供来的水，我感到非常自豪。未来我希望南水北调工程可以通水 30 年、300 年、以至于更久……"建设者彭勇说。

赵庆锋（山东黄河工程集团有限公司）

"南水北调工程，在我的人生经历中，增添了浓重一笔。我希望进一步加大宣传力度，让更多人了解南水北调，更加爱护南水北调，共同保护、保证我们一渠清水北送。"建设者赵庆锋说。

张悦政（北京燕波工程管理有限公司）

"南水北调是一条绿色生态长廊，有幸参与工程建设，是机遇，也是缘分，是责任，也是使命。对于工程的质量，我只想说：'平常多操心，以后请放心'。"建设者张悦政说。

严勇（河南省水利勘测设计研究有限公司）

"南水北调走近千家万户，让我倍感欣慰和自豪。此次回访考察活动，让我想起了当年建设过程中许多感人的事迹和工友情谊，也激励我在今后的工作中不断挑战自我，再创新高。"建设者严勇说。

路明旭（中国水利水电第四工程局有限公司）

"四天的回访活动感触很深，南水北调不是我当初想象的单纯沙子钢筋，把图纸变成实物的建筑工程，而是与历史文化、与自然相结合的生态问题，更是一个长久的民生工程。"建设者路明旭说，"参与沙河渡槽施工时，我的小孩也是在工地出生的，见证孩子成长，也见证了沙河渡槽茁壮成长。三年来沙河渡槽滴水不漏，我们建设者付出的辛酸，一个个不眠之夜都是值得的"。

高海成（中国水利水电第十一工程局有限公司）

"南水北调收获了平安供水三周年，造福亿万百姓的丰硕果实，大家分享这甜美果实的此时此刻，我想用 8 个字来表达我内心的感受：感谢、激动、自豪、感恩。两千里清水北上，众多南水北调建设者都经历了许多艰苦困难，我们用火热沸腾的情感、科学求实的态度、无怨无悔的探索，为南水北调做出了贡献，我们是建设者，我们自豪。南水北调工程建设到顺利通水发挥着效益，得益于建设者的艰苦努力，得益于中线建管局的科学管理，得益于国调办坚强领导，更得益于中央领导英明决策，接下来我会把我一路走来看到的绿色生态文明，这种和谐人文环境带回去向大家宣传，在这里我郑重的承诺如果南水北调再有需要我的时候，我一定回来再次参加南水北调建设。"建设者高海成说。

……

再多的言语，也道不出建设者的思绪万千。回家，是怀旧，也是感悟后在梦开始的地方重新出发……

建设者们的使命完成了，如何守护他们的心血？出席座谈会的中线、东线负责人这样说。

于合群（南水北调中线建管局）

"中线工程是你们撒下了热血和汗水的伟大工程，我们中线局一定会替你们守护好，中线永远是你们的家，欢迎你们随时回来，我们将以更加优异成绩迎接你们回家。"中线建管局局长于合群说。

赵登峰（南水北调东线总公司）

"感谢建设者的辛勤付出，正是因为有你们的不懈努力，东线工程得以实现了平稳运行，发挥了综合效益。欢迎你们随时回到东线，继续支持东线的发展。我们会接过你们手中的接力棒，做好下一步的工作。"东线总公司总经理赵登峰说。

这次建设者回访活动打开了大家尘封了十多年的记忆，我们的评论区早成了建设者抒发情感的集中阵地。

来看看建设者都说了啥?

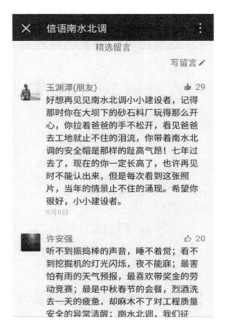

最后，请出示你的建设者证！

朱文君　李　萌

2017 年 9 月 19 日信语南水北调

江河汇荆楚　美哉鱼米乡

水，是生命之源。

湖北地处长江中游，境内中小河流众多，水网密布，自古就有鱼米之乡、千湖之省的美誉。全省境内长度 5 公里以上河流 4230 条，流域面积 50 平方公里以上河流 1232 条，长约 4 万公里。

长江由西向东横贯湖北全省，西起巴东县鳊鱼溪河口入境北，天然形成举世无双的奇观——长江三峡，然后缓缓地穿越江汉平原，形成九曲回肠的荆江，东至黄梅县滨江出境，流经湖北 26 个县市、流程 1418 公里。

汉江由陕西白河县进入湖北郧西县，由西北趋东南，流经湖北 13 个县市，流程 858 公里，在武汉汇入长江。

清江发源于利川，在宜都汇入长江，流经恩施、宜昌的 10 个县市。《水经注》记载清江"水色清照十丈，因名清江"。

此外，湖北境内的长江支流还有沮水、漳水、东荆河、陆水、滠水、倒水、举水等。

南水北调是全世界规模最大的调水工程，湖北作为纯供水区，作出了巨大贡献。兴隆水利枢纽、引江济汉工程均是南水北调中线汉江中下游四项治理工程之一。

湖北各地积极采取措施，治理江河湖库，规范岸线管理，整治砂厂码头，试点河长制，收到了一定成效。湖北省委、省政府要求，通过综合治理，达到"水清、水动、河畅、岸绿、景美"的目标。

千百年来，长江流域以水为纽带，连接上下游、左右岸、干支流，形成经济社会大系统，今天仍然是连接丝绸之路经济带和 21 世纪海上丝绸之路的重要纽带。长江和长江经济带的地位和作用，说明推动长江经济带发展必须坚持生态优先、绿色发展的战略定位，这不仅是对自然规律的尊重，也是对经济规律、社会规律的尊重。

叶文波　丁　振

原载 2017 年 9 月 26 日《楚天都市报》

借来 12 个 "东湖" 引江济汉工程助抗旱

极目楚天舒。金秋时节，站在兴隆水利枢纽大坝放眼望去，江水浩荡，飞鸟翔集，船闸机声隆隆，船队如梭，一派繁忙景象。昨日，正在值班的调度员张征报告，截至下午 5 时，当天已经有 40 余艘船只通过兴隆水利枢纽船闸。

兴隆水利枢纽和引江济汉工程是国家为缓解南水北调中线工程调水对汉江中下游的不利影响，而批准建设的重要生态工程。

自 2014 年 9 月 26 日兴隆水利枢纽全面投入运行后，大坝上游水位常年保持在 36.2 米左右，兴隆闸和罗汉寺闸实现了全天候 24 小时自流，天门罗汉寺灌区和潜江兴隆灌区 300 余万亩农田水源保证率达到 100%。据介绍，以前潜江市高石碑镇的农民想都不敢想种水稻，就连种花生都会干死，现在兴隆大坝建成，用水不愁，很多旱地都已改种水稻了。

兴隆水利枢纽，达到Ⅲ级航道规划标准，可通行 1000 吨级货船。为吸引洄游鱼类产卵，保护鱼类数量和生态多样性，兴隆水利枢纽还建设了一条长 399 米、宽 2 米的鱼道。2016 年和 2017 年共向汉江投放 36000 余尾鱼苗。素有 "水中大熊猫" 之称的中华秋沙鸭也在兴隆水利枢纽下游安家了。

数据显示，这项工程在通航方面发挥的作用远远超过预期。截至昨日，总过船数 30706 艘、载重 2501.65 万吨，通船量由初期的每月三四百艘，达到现在的每月 885 艘，单日最大通航量 51 艘，汉江作为黄金水道的作用，越来越明显。该工程还累计发电 8.2 亿千瓦时。

2014 年 9 月 26 日运行的引江济汉工程，各项综合效益也都全面超过设计指标，3 年累计由长江向汉江中下游调水 96.69 亿立方米，与南水北调中线工程向北调水量基本相当。引江济汉工程建成通水后，以前需要绕行武汉的货船可以走渠道直接到长江，航程缩短近 700 公里，航运成本大幅下降。截至今年 8 月底，累计通航船舶 18069 艘次，船舶总重 1244.51 万吨，货物 642.28 万吨。

2017 年 7 月，汉江中下游及引江济汉工程沿线多个县市区受旱，仅荆州市就有 8 个县市区受旱，受旱面积达 101 万亩，东荆河几近断流。引江济汉工程加大了引水量，服务地方农业灌溉生产。仅 7 月、8 月两个月就引水

14.6亿立方米，相当于12个东湖水量，约500万亩农田从中受益，东荆河也恢复了流态。

张欧亚　武耕民　丁　振

原载 2017 年 9 月 26 日《湖北日报》

汉江中下游水位全线回落
兴隆水利枢纽经历最大一次过洪

10月10日8时，汉江中下游干流各站水位均回落，最大落幅0.39米（仙桃站）；襄阳站水位65.69米，超设防0.19米；皇庄站水位47.16米，超设防0.16米；沙洋站水位41.44米，超设防0.64米；汉川站水位29.82米，超警戒0.82米。11时后，仙桃站、岳口站先后退出警戒水位。

这意味5—9日运行在汉江中下游的秋汛基本完成了过峰，汉江水位转入全线回落，但大部分站点水位仍超设防，防汛形势依然不可掉以轻心，汉川和武汉水位还在警戒以上。受长江高水位顶托影响，预计14日汉川站才会退出警戒水位。

省防办防汛会商要求，要善始善终做好汉江防汛，密切关注汉江上游新一轮强降雨过程，沿江各地要继续强化防汛责任落实，做好预测预报预警，强化防汛预案，加大技术指导，加强巡堤除险。特别是鄂西、鄂西北等汉江流域目前江水、库水水位较高，要高度注意堤防安全，抓紧查险除险，防止出现崩岸险情。9日，省防办派出5个工作组，分赴襄阳、十堰、孝感等汉江沿线各地指导防汛抢险及水库安全度汛工作。

又讯　由于汉江上游连续强降雨，丹江口水库水位急速上升，丹江口大坝下泄流量增大，兴隆水利枢纽入库最大过流量达到13700立方米每秒。省南水北调办（局）积极应对，严防汉江秋汛。

这是兴隆水利枢纽建成3年以来，最大一次过洪。省南水北调办（局）按照省防办防汛Ⅳ级响应要求，严抓防汛责任落实，严格执行领导带班制，加强巡查值守。对左右岸滩地、隔流堤等地人员和设备进行了紧急疏散，对工程重点部位、重要设施和重要区域进行24小时不间断值班巡查，增加巡查班次和水情测报频次，密切关注水情变化，加强枢纽主体安全监测，协调设计单位人员到场提供技术支撑。同时严控上桥人员和车辆，维护左右岸秩序。

7 日 8 时，加上左右岸滩地过流量在内，兴隆水利枢纽最大过流量达到 13700 立方米每秒。目前，兴隆水利枢纽有序将泄水闸 56 孔全部开启敞泄。

黄中朝　王　晓　秦　双　张欧亚　武耕民　丁　振
原载 2017 年 10 月 11 日《湖北日报》

构建助推中华民族伟大复兴的大水网

——党的十八大以来南水北调事业发展综述

南水北调工程，是中国跨区域调配水资源、缓解北方水资源严重短缺问题的战略性设施，是节约水资源、保护生态环境、促进经济发展方式转变的重大示范工程。南水北调工程的建成通水，向中国乃至全世界展示了一个伟大国家的形象。

党的十八大以来的五年，是南水北调工程建设的决胜阶段。南水北调东、中线一期工程从全面建设到运行通水，如期实现党中央、国务院确定的建设目标，在保障受水区居民生活用水、修复和改善生态环境、促进库区和沿线治污环保、应急抗旱排涝等方面，取得了实实在在的社会、经济、生态等综合效益。

党的十八大以来，以习近平同志为核心的党中央统揽全局、运筹帷幄，积极实施这项利当前、惠长远的重大战略工程，推动南水北调事业不断向前发展，为北方地区可持续发展，为京津冀协同发展，为实现民族复兴的光荣梦想，不断夯实水资源之基。

构 筑 中 华 大 水 网

水是生命之源、生产之要、生态之基。南水北调工程通水前，华北地区上规模的 21 条河流，90% 已经渐渐消失。地表没水用地下，华北平原每年超采地下水 60 多亿立方米。长期超采，地面沉降、河流干涸等生态危机接踵而至，发展付出的代价沉重。

经过 50 年规划论证、10 多年建设，2013 年 11 月 15 日南水北调东线一期工程通水。

2014 年 12 月 12 日南水北调中线一期工程通水。

南水北调东、中线一期工程相继建成通水，连通长江、淮河、黄河、海河，构建起东西互济、南北调配的中华大水网，融入了创新、协调、绿色、开放、共享发展理念。

东线工程已经完成四个调水年度的通水任务，中线工程连续三年不间断地供水，经受住了各种工况的考验。南水北调工程的质量是可靠的，运行是安全的。

五年中，南水北调东线一期工程通过大运河连接起江苏、安徽、山东三省，实现了稳定调水，做到了旱能保、涝能排。

东线工程的建成，完善了江苏省原有江水北调工程体系，增强了受水区的供水保障能力，提高了扬州、淮安、徐州等 7 市 50 个区县共计 4500 多万亩农田的灌溉保证率。特别是山东省骨干水利工程与南水北调配套工程形成互联互通的 T 型水网体系，实现了长江水、黄河水、本地水的联合调度、优化配置。

五年中，南水北调中线一期工程为河南、河北、北京、天津调来了生命水，缓解了水资源严重短缺的紧张局面。

南水北调工程已带动北京市形成一纵一环水网工程，连通了地表水、外调水、地下水和各大水厂，形成三水联调、环向输水、放射供水、高效用水的首都供水安全保障格局。

天津市形成了引江引滦相互连接、联合调度、互为补充、统筹运用的城市供水体系，形成了一横一纵、引滦引江双水源保障的新供水格局。

河南省依托南水北调构建了长约 1000 公里蓝色大动脉，纵贯南北，连接起一纵四横的水网体系。

中线工程与河北省廊涿、保沧、石津、邢清四条大型输水干渠形成一纵四横水资源格局，构建起冀南可靠的供水网络体系。

"南水北调工程的兴建对华北的经济环境、生态环境以及社会环境都将带来巨大的改善，并带动全国经济和社会的持续发展与稳定。"中国工程院院士钮新强如是说。作为实现中国梦的重要支撑，建设中华大水网，是中国共产党谋定大事、践行执政为民的气魄和智慧，是决胜全面小康、向中国梦进发的基石和保障。

成为北方人民生命线

保障北方用水、缓解水资源短缺，是南水北调事业的清晰指向。

南水北调东、中线一期工程建成通水，为北方地区提供了新的水资源通道。而且，南水北调工程效益远好于预期！

根据中央批复的总体规划，南水北调工程为受水区各城市的补充水源。受水区覆盖北京、天津及河北、河南、山东、江苏等省的 33 个地级市，直接受益人口超过 1 亿。

中线工程自通水以来，已成为北京、天津等多地的主力水源和社会经济发展的生命线。累计调水超过 100 亿立方米，沿线北京、天津、河南、河北四省（直辖市）5310 万人喝上南水北调水，生态环境得到修复和改善。

2014 年 7 月，河南省平顶山市遭受建市以来最为严重的旱灾，用于城市居民供水的白龟山水库见底。危急时刻，中线工程紧急抗旱调水。平顶山市委书记陈建生感叹："南水北调送来救命水啊！"

在北京，南水北调水占城区日供水量的 73％，全市人均水资源量由原来的 100 立方米提升至 150 立方米，中心城区供水安全系数由 1.0 提升至1.2，平原区地下水埋深比 2016 年同期回升 0.36 米。密云水库蓄水量由通水前不足 8 亿立方米，稳步增长超过 19 亿立方米，大幅增加了首都水安全战略储备。

在天津，14 个行政区居民都喝上南水，从单一"引滦"水源变双水源保障，供水保证率大大提高。南水置换地下水，天津地下水位回升 17 厘米，改变了农业、环境用水"靠天吃饭"的局面。

在河南，郑州、新乡、焦作、安阳、周口等 11 个省辖市全部通水，1800万人喝上南水，夏季用水高峰期群众再不用半夜接水了。

在河北，石家庄、廊坊、保定、沧州等 7 个城市 1510 万人受益，特别是黑龙港地区的 400 万人告别了高氟水、苦咸水，居民幸福指数明显提升。

东线一期工程自调水以来，累计调水 19.9 亿立方米，有效缓解了山东省缺水局面，尤其是保证了 2017 年胶东大旱供水需求，确保了青岛、烟台等城市的用水安全，确保了济南泉水的持续喷涌。山东省受益人口超过 4000 万人，极大缓解了胶东半岛等地水资源短缺状况。

江苏省利用南水北调工程为淮北地区抗旱调水 27.6 亿立方米，为里下河和宝应湖地区排涝抽水 1.79 亿立方米。

"南水北调工程是实现国家水资源'空间均衡'的战略措施，可望彻底改变华北地区长期饮用高氟水、苦咸水和其他含有害物质地下水的状况，改善黄淮海平原地区不断恶化的生态环境，对于推进京津冀协同发展国家重大战略和促进区域生态文明建设具有重要的基础性作用。"中国工程院院士王浩如此评价。

注 入 发 展 新 动 力

南水北调，成败在水质。"会不会成污水北调？"南水北调工程建设之初，这样的质疑不断。

东线南四湖主要入湖 53 条河流，过去几乎全是劣 V 类水。要让鱼虾绝迹的"死湖"变清，被称为"流域治污第一难"。连业内专家也不看好，对此忧心忡忡。中线水源地丹江口水库水质保护也存在众多的困难和挑战。

绿水青山就是金山银山。南水北调沿线有关省市及中央有关部门牢记总书记的嘱托，努力践行绿色发展理念，坚持"先节水后调水、先治污后通水、先环保后用水"的原则，加快建设环境友好型、资源节约型社会，不断把污染治理、生态保护推向新高度。

"先治污后通水"，水质达标成了沿线各地"硬约束"。江苏省融节水、治污、生态为一体，关停沿线化工企业 800 多家。山东省在全国率先实施最严格地方性标准，取消行业排放"特权"，建立了治理、截污、导流、回用、整治一体化治污体系；主要污染物入河总量比规划前减少 85％以上，提前实现了输水干线水质全部达标的承诺，并稳定达到地表水 Ⅲ 类标准，沿线生态环境显著改善。有专家坦言，南水北调东线工程的开工建设，使山东省沿线治污提前了 15 年。江苏、山东两省探索出了一条适合南水北调东线实际的治污道路，为经济快速发展过程中解决治污难题提供了样本。东线工程治污的成功，还辐射带动了国家重点流域的水污染防治工作。

为保护中线丹江口"一库清水"，国务院先后批复实施丹江口库区及上游水污染防治和水土保持"十一五""十二五""十三五"规划。北京和天津分别实施对口支援湖北、河南和陕西"十二五""十三五"规划，通过规划实施，建成了大批工业点源污染治理、污水垃圾处理、水土流失治理等项目，促进生态隔离带建设，基本实现了水源区县级及库周重点乡镇污水、垃圾处理设施建设的全覆盖，使入库河流水质改善明显，生态环境质量显著提升，水源涵养能力不断增强。中线一期工程通水以来，丹江口水库及陶岔取水口水质始终保持在Ⅱ类水质以上。

汩汩清水是最好的见证：东线干线水质全部达到Ⅲ类，中线源头水质连续保持Ⅱ类以上。南水北调工程成为流域治污的典范。

前不久，山东省微山县摄影爱好者张磊在微山湖国家湿地公园拍到了"鸟中熊猫"震旦鸦雀。这种被列入国际鸟类红皮书的小精灵，对水质要求非常高。张磊拍了30多年鸟，他惊喜地说，这样美妙的画面曾经出现在他的童年记忆里，已经难得一见。

南水北调工程通水，使北京、天津、石家庄、郑州等北方大中城市基本摆脱缺水制约，为经济结构调整创造了机会和空间。有力促进节水工作的开展，带动发展高效节水行业，淘汰限制高耗水、高污染行业。各地大力推广工农业节水技术，逐步限制、淘汰高耗水、高污染的建设项目，实行区域内用水总量控制，加强用水定额管理，提高用水效率和效益。此外，南水北调工程实行两部制水价，且按成本核定水价，有力推动受水区水价改革，以此促进节水型社会建设。

据中国水利水电科学研究院提供的数据显示，天津、北京等地综合用水效率和工业用水效率处于世界先进水平，其中万美元GDP用水量在100立方米左右，灌溉水有效利用系数和城镇管网漏损率优于全国平均水平，节水优先的理念已深入人心。

建 设 移 民 新 家 园

水库移民，世界公认的社会难题。

让40多万移民群众，实现搬得出、稳得住、能发展、可致富，考验着中国共产党人的执政魄力与执政智慧。

五年来，湖北省坚持政府主导、企业带动、移民主体、产业支撑的发展思路，大力发展移民村特色产业，壮大集体经济，促进移民增收致富。采取"公司＋基地＋农户"的产业化经营模式，引进龙头企业 55 家，吸纳 8531 名移民就近务工，流转移民土地 10.59 万亩，带动周边移民就业增收。组建各类移民专业合作组织 158 家，吸纳 9118 户移民加盟经营，培育致富带头人556 名，辐射吸引 1.73 万户移民参与发展。推动库区产业转型发展，实施郧阳区柳坡镇产业转型试点，促进库区经济社会协调发展。

五年来，河南省实施"强村富民"战略，确立了"一村一品"、普惠制帮扶和壮大村级集体经济的工作思路，实行"扶持资金项目化，项目资产集体化，集体收益全民化"，整合各类资金以集体资产的形式投向生产项目，壮大集体经济。丹江口库区 208 个移民村共投入生产发展资金 23.7 亿元，已建、在建生产发展项目近 800 个，移民经济发展势头强劲。开展了南水北调美丽移民村建设，按照"五美"标准在 6 市 10 县移民村先行试点，致力打造"宜居、宜业、秀美"的美丽移民村。还探索建立了移民村社会治理创新模式，形成"两委"主导、"三会"协调、社会组织参与、法治保障的新型移民村社会治理格局。

统计显示，丹江口库区移民平均收入，从搬迁前的约 3000 元，提高到2016 年的 9000 元以上，增长了 200％。

"中国有世界上最优秀的移民政策，收到了最好的效果。丹江口库区移民是一项伟大的工程，这项奇迹只有在中国才能出现，其他国家都应向中国学习。"世界银行原社会政策与社会学高级顾问迈克尔·M·塞尼（Michael M. Cernea）如是说。

南水北调，利国利民！在以习近平同志为核心的党中央坚强领导下，南水北调系统正在深入推进南水北调各项工作，使之发挥更大的效益，不断造福民族、造福人民，为全面建设小康社会、实现中华民族伟大复兴的中国梦作出新的更大的贡献。

张存有

原载 2017 年 10 月 21 日《中国南水北调》报

十堰招募"民间河长" 确保一库清水永续北送

"有了民间河长，护水再添力量！"2017年10月15日，十堰沧浪绿道环保服务中心联合汉江师范学院面向社会招募"民间河长"。此举旨在加强水污染防治领域的公众参与和社会监督，促进十堰河流水质持续改善，确保一库清水永续北送。

经筛选、培训及审定后，十堰将为其颁发"民间河长"证书，任期两年，期满后将进行考核，表现合格的河长将续任，表现优秀的河长将获得奖励。

据介绍，这些"民间河长"的职责范围包括：河流巡查、水污染及治水工程监督，收集河流保护相关文字、图片、视频等信息，宣传治河政策，带动居民护河爱水，收集反映市民意见，参与相关学习培训交流活动，提升护河能力等。

2011年，十堰将神定河、泗河、剑河、犟河、官山河治理纳入"河长制"，由市政府主要领导任"河长"。通过治理，去年底这5条河流已有3条水质达标。十堰此次招募"民间河长"，配合支持"官方河长"，开展水环境治理工作，形成公众参与机制，更好地保护南水北调中线工程核心水源地的水质安全。

戴文辉 叶相成
原载 2017 年 10 月 25 日《湖北日报》

丹江口水库大坝加高后首次 167 米高水位运用 国家防总长江防总科学调度确保防洪蓄水供水安全

10月29日2时，丹江口水库水位蓄至167.00米，高于大坝加高前坝顶高程（162.00米）5米，超过历史最高水位（160.72米，2014年11月）6.28米。今年秋汛洪水期间，丹江口水库适时拦洪和削峰、错峰，在确保安全的前提下分阶段逐步抬高运行水位，加高后的大坝首次经受167米高水位考验，防洪兴利效益显著。目前枢纽工程运行状态正常，为水库正常运行和保障明年南水北调中线供水奠定了坚实基础。

9月以来，汉江发生明显秋汛，暴雨、洪水时间长、量级大、过程多。流域累积面平均降雨量达 393 毫米，其中汉江上游累积面平均降雨量 413 毫米，较常年同期偏多 1.3 倍，列 1961 年以来第 2 位。受持续降雨影响，汉江发生 2011 年以来最大洪水，中下游干流宜城至汉川江段全线超警，12 条中小河流发生超警以上洪水；丹江口水库连续出现了 8 次涨水过程，其中 3 次入库洪峰量级超过 17000 立方米每秒，最大为 10 月 12 日 18 时 18600 立方米每秒；9 月以来累计来水量高达 235 亿立方米，较常年同期偏多 1.5 倍，最大 30 天洪量 175 亿立方米，重现期约 10 年。

国家防总副总指挥、水利部部长陈雷高度重视汉江秋汛防御和丹江口水库安全运行，多次主持会商研究部署。鉴于丹江口大坝加高后首次高水位蓄水，要求按照安全、科学、稳妥、双赢、留有余地的原则调度丹江口水库及上游水库群，确保工程安全和中下游防洪安全。国家防总、长江防总依法、科学、精细调度丹江口水库及汉江上游水库群，确保了枢纽工程蓄水安全、汉江防洪安全和南水北调中线一期工程供水安全。一是提前制定调度方案预案。根据丹江口水库加高后新的工程情况，国家防总、水利部及时组织编制并批复了《汉江洪水与水量调度方案》《丹江口水利枢纽调度规程（试行）》《丹江口水库蓄水应急预案》等，为丹江口水库防洪调度和蓄水安全监测分析评估提供了依据。二是加强枢纽工程蓄水安全排查监测分析。9月以来，先后派出 6 个工作组和督导组赴丹江口水库现场，组织运行管理单位对丹江口水库大坝、库岸等部位进行了全面排查，同时要求地方做好蓄水期间库区防洪保安工作。组织相关设计、施工、科研单位按预案加密枢纽工程运行状况监测和巡视检查，根据水库蓄水进程分阶段适时开展分析评估，确保枢纽工程安全。目前监测分析表明，大坝运行正常。三是充分发挥水库防洪减灾作用。国家防总、长江防总强化预测预报，每日滚动会商研判，精细开展丹江口水库及上游水库群联合调度，先后下达 21 道调度令，充分发挥水库拦洪、错峰、削峰作用，在丹江口水库 18600 立方米每秒、17300 立方米每秒、17300 立方米每秒入库洪峰期间，最大下泄流量分别为 7370 立方米每秒、7840 立方米每秒、7100 立方米每秒，削峰率分别达 60%、55%、59%，降低汉江中游干流水位 2 米左右，中下游各站水位超警幅度均在 1 米以内，避免了民垸分洪和蓄滞洪区运用，防洪减灾效益显著。四是稳妥实施水库高水位蓄水保障供水安全。在确保防洪和工程安全的前提下，按照预案丹江口水库分阶段逐步抬升运行水位，今年蓄水任务顺利实施。目前，丹江口水库蓄水量260.5亿立方米，较去年同期多蓄107亿立方米，汉江上游水库群（含丹江口水库）蓄水较去年同期多蓄117亿立方米，完全能够满足下一年度相关各方供水量需求。

国家防总、长江防总将继续密切关注汉江和丹江口水库来水情况，加强预测预报，统筹协调各方用水需求，开展枯水期精细化调度，确保防洪安全、工程安全、供水安全和生态安全，最大程度地发挥丹江口水库的综合效益。

杨　柳

2017 年 10 月 30 日水利部官网

滔滔天河润荆楚

——引江济汉工程生态文明建设纪实

"水传云梦晓，山接洞庭春。"荆州，春秋战国时楚国都城所在地，自古便是一座弥漫着文化气息的水城。引江济汉工程，这条关乎生态和民生的黄金水脉，连通长江和汉江，像一条蓝色的绸带，为荆州古城增添了一道亮丽的风景线。

"千湖之城"变成一滩死水

龚师傅，荆州市沙市区人，一名河道管理局的退休职工。从记事的时候起，他就常常听老一辈人说起荆州曾经是洞庭湖的边沿。"那个时候，荆州城内河道都与长湖相通，流动的河水很清澈，经常可以看到很多市民在河边洗菜、洗衣服。"回忆中，龚师傅脸上洋溢着笑容。

20 世纪 60 年代末 70 年代初，荆州市的城镇化进程不断加快，但在快速城镇化的同时，土地失控、资源破坏、生态环境恶化的趋势日趋严重，给以后城镇化的可持续发展带来巨大挑战。

"荆州城内的一些河道变成了高楼大厦,很多河道出现了断流,成了一潭'死水',生活污水、工业用水的排放加剧了水质的恶化。"龚师傅惋惜地说,黑绿色的河水、腥臭的气味,昔日的"千湖之城"仿佛一去不复返了。

护城河恢复了往日的生机

2014 年 8 月 8 日,一条大河承载着荆州人民的美好愿景,向北奔涌而去。渠道全长 67.23 公里,从工程建设到全面投入运行,历时长达四年半,这就是引江济汉工程。

引江济汉工程正式通水后,除向汉江补水外,还分别向荆州城区与长湖补水。截至 2017 年 11 月 3 日,工程经港南分水闸向荆州市城区补水 16167 万立方米,通过活水的不断注入,护城河水质和城区环境得到了极大改善。

荆州文化底蕴深厚,"赛龙舟"更是传播荆楚文化、彰显国人精神的一项重要活动。每年端午佳节,全国各地的游客都会慕名来到荆州,感受文化古城的魅力。引江济汉通水之前,荆州护城河的水质不佳,这不但严重影响了广大游客的积极性,在一定程度上也损坏了荆州古城的形象。

问渠那得清如许,为有源头活水来。实现补水后,荆州护城河又恢复了往日的灵动和生机,很多面临断流的河流通过补水之后,达到了正常水位,城市的面貌也因此焕然一新。不仅如此,引江济汉工程在灌溉、通航、防汛、抗旱等方面也起着举足轻重的作用。

引江济汉为荆州提供水源保障

2017 年 7 月 27 日,湖北省持续多日的高温天气再度升级,成为今年 40℃以上范围最大的一天,汉江中下游及引江济汉工程沿线多个县市区难逃其害,仅荆州市就有 8 个县市区受旱,受旱面积达 101 万亩,东荆河几近断流。

为满足汉江中下游及引江济汉工程沿线地区灌溉需要,引江济汉工程管理局连夜研究部署,积极做好调水工作,服务地方农业灌溉生产。进口段五台闸门全部开启,仅 7 月、8 月两个月就引水 14.6 亿立方米,约 500 万亩农田从中受益,东荆河也恢复了流态。"抗旱期间,引江济汉工程平均每日向荆州古城补水 55 万立方米,为群众生产生活用水提供有力保障。"引江济汉相关负责人说道。

"引江济汉工程通水后，相当于给江汉平原增加了一个面积约 7 平方公里的湖泊。"9 月 23 日，湖北省南水北调局局长冯仲凯指出，建成通水 3 年来，这条中国当代最大的人工运河已累计调水 96.49 亿立方米，约 80 个东湖水量，与南水北调中线工程向北方输水量基本相当。

绿水青山就是金山银山

10 月 18 日，党的十九大在北京开幕，引江济汉管理局党委组织全体党员和干部职工共 70 余人集中观看了十九大开幕式的直播，聆听习近平总书记在大会上的报告。其中，十九大报告中关于"绿水青山就是金山银山"的理念和坚持人与自然和谐共生的基本方略，在干部职工心中留下的印象极为深刻。

近年来，引江济汉进口段下游非法捕鱼活动屡禁不止，更有甚者直接将渔船开至节制闸、泵站泄水孔附近，进行非法电打鱼作业，严重影响工程的安全运行和生态平衡。

《湖北省南水北调工程保护办法》规定：禁止在南水北调范围内从事游泳、捕捞、垂钓、洗涤、打场晒谷、在非社会通道上通行车辆等影响工程运行的行为，违反本办法规定，由县级以上人民政府水行政主管部门责令改正，予以警告；拒不改正或者情节严重的，处 200 元以上 1000 元以下罚款。

"绿水青山就是金山银山"，为保护引江济汉工程生态环境，进口段全体职工签订了禁渔承诺书，书中承诺，作为引江济汉局的一名职工，首先要做到自己不捕鱼，而且在遇到其他捕鱼的行为时也要加以制止。闸管所、渠管所联合行动，向渠道中捕鱼的民众积极宣传《湖北省南水北调工程保护办法》，并告知非法捕鱼的危害性和危险性，呼吁民众保护大自然。

生态文明建设功在当代、利在千秋，建设生态文明是中华民族永续发展的千年大计。回首引江济汉七年来时路，一幅人与自然和谐共融的生动画卷正在徐徐展开——天更蓝、地更绿、水更清，人民群众对良好的生态环境的新期待正不断得到满足，建设"水清人和"黄金水脉的步伐正在坚实地向前迈进。

朱树娥　冯广松
原载 2017 年 11 月 21 日《中国南水北调》报

谁在守护我们的水脉

一杯水在手止渴解乏，一湖水绕城养眼怡神；杯中水清纯甘甜保证了我们的健康，湖中水波光潋滟扮亮了龙都的风景。在饮用和观赏的同时，你可曾想过，这是来自千里之外的丹江水；你可曾想过——

晴天一身土，雨天一身泥，堪称南水北调濮阳段巡线员梁鹏威最日常的工作写照。11月4日下午，天气偏冷，野外尤冷，空中不光刮着阴冷的风，还飘着零星的雨点，可记者在市南水北调王助管理站见到梁鹏威的时候，他和他的同伴却大汗淋漓，安全帽檐下面冒出缕缕热气。原来，附近有不知情的村民在拆除一座猪圈，把没用的碎砖烂瓦都堆到了管线旁边的一片空地上。按规定，管线左右30米是不能有任何障碍物的，害得梁鹏威和同伴费了半天劲才清理干净。"这样的事情多了，"梁鹏威抬起衣袖子擦了把汗说，"隔不了十天半月就能遇到一起。"

陪同记者采访的市南水北调办主任张作斌说，出现这种情况，也不是沿线群众觉悟低，故意搞破坏，而是因为管线埋设在地下，日久天长，地面上几乎看不出痕迹，管线上面或管线两侧，经常会有群众随手堆放的庄稼秸秆或生活垃圾。为此，他们把每月1日定为南水北调宣传日，组织人员赴沿线村庄散发有关宣传材料。"其实，"张作斌说，"地面上的障碍物还好清理，最棘手最麻烦的，是那些兔子、老鼠、蚂蚁和蛇挖的洞。有洞就有隐患，必须发现一个堵一个。夏天是庄稼生长的旺季，各种小动物也最活跃，为了堵这些曲里拐弯的洞儿，小梁他们常常连饭都顾不上吃哟。"

因为清理那堆砖瓦耽搁了时间，梁鹏威和他的同伴也顾不上接这话茬儿。他们系紧安全带，带好工具，用力掀开VBd01号阀井的井盖，猫腰爬了下去。井深约6米，有上下两层，灯光照去，一道直径2.4米的大粗管线豁然在目。井内湿气重，空气稀薄，井壁和管线上积满星星点点的水珠。置身其间，直觉得呼吸困难、头重脚轻。三五分钟过去，记者什么也没干已感力不从心，可梁鹏威和他的同伴还在攀上爬下地谛听水声、记录数据、检测仪表，一丝不苟。

从井里出来，梁鹏威和他的同伴又是一身湿漉漉的了。他告诉记者，这样的阀井，我市境内有21座，巡线检查时，每一座阀井都不能遗漏。他还告诉记者，今年7月17日，就是这座井突然渗漏，水以每秒0.3立方米的速度冲破管线，瞬间溢满井室，并冲塌阀井护墙向外蔓延。他们迅速关闭上下游阀门，报请领导启动应急预案，全员24小时奋战在抢险一线。也是那几天停供丹江水调补黄河水的经历，让他们深感肩头负着沉甸甸的责任。因为有些市民不了解情况，只看到水质变了，不光把他们的供水热线打爆了，还反映到了市领导那里。"身系千家万户的饮水质量和饮水安全，"提起那段往事，梁鹏威还有点余悸未息，手不自觉地捂上胸口说，"真是一点也不敢马虎呀。"

我市南水北调配套工程是2012年10月26日开工建设，2015年5月11日建成通水的。这条水脉不光让市城区63万居民告别了30年来饮用黄河水的历史，还先后三次为龙湖补水，产生的社会效益和经济效益正日益凸显。南水北调管线濮阳段全长11公里，可因为路径与管线位置不一，巡线员每天往返的里程不下50公里。虽然单位给他们配备了电瓶车，可遇上雨雪天气或庄稼地，只能徒步检查。但自通水的那一天起，梁鹏威和他的同伴就这样穿梭于城乡之间，守护水脉，风雨无阻。

高 林 刘文华 王道明

原载2017年11月23日《濮阳日报》

新乡市建成南水北调中线干渠绿色廊道

本报讯 11月6日14时10分，阳光明媚，虽已初冬时节，记者站在辉县市孟庄镇跨渠公路桥上，只见一渠清水缓缓北去，两岸绿道宛如绵延不绝的巨龙在倾情呵护。风起树舞，碧水清波，勾勒出一幅幽静而富有生机的山水画。内侧一人多高的红叶石楠树梢处叶子已泛红，霜蓝色的蓝冰柏挺拔优美；外侧布满了北栾、金叶水杉、巨紫荆等各色树种，色彩斑斓。

这是新乡市南水北调中线干渠生态廊道建设成果的一个场景。这样的美景在新乡境内绵延77.7公里，宛如一道绿丝带，铺设在新乡市西北方，历经辉县、凤泉、卫辉3县（市、区），绿化面积达19037亩，成为新乡市一条绿色走廊、生态走廊。这也是新乡市委、市政府契合党的十九大报告中"要为人民提供更多的优质生态产品"精神的写照。

据悉，南水北调中线干渠生态廊道建设是一项具有战略意义的国土绿化工程，也是长期的民生工程，不仅对改善沿线生态环境、调整产业结构有利，更关系到沿线居民的用水安全。如何创新管护机制、保障资金来源，使其生态效益得到持久有效发挥，新乡市一直在探索。林水相映，渠清如许，四季繁花，万木葱茏，一条条绿色走廊、生态走廊、休闲走廊、致富长廊已缓缓入画。为保清水北送，着力打造绿色长廊，实现南水北调沿岸地区的生态效益和经济效益双赢，我市出台了《新乡市南水北调中线干渠绿化建设总体规划》，2015 年冬季开始进行绿化施工，坚持生态优先、因地制宜、适地适树、绿化与文化景观相结合、可持续发展原则，2016 年 3 月底完成全部 77.7 公里干渠两侧绿化建设任务，将干渠建成了一条绿色走廊、生态走廊，构筑出一道绿色生态屏障。

据辉县市林业局副局长张文清介绍，按照省、市有关生态建设要求，南水北调中线干渠属一级生态廊道，单侧栽植宽度 100 米以上树木的，近护栏网侧栽植 50 米（含 8 米生产、景观通道）宽的常绿生态林，外侧可栽植经济林或花卉苗木；单侧适宜绿化宽度在 50 米以上、不足 80 米的，近护栏网侧常绿生态树宽度不低于 30 米；适宜绿化宽度不足 50 米的，全部栽植常绿树种。栽种中因地制宜，以乔木为主，采取乔灌草藤相结合的方式，提高绿化美化品味。常绿生态林树种以大叶女贞、红叶石楠、雪松、侧柏、枇杷等为主。经济林苗木要求达到一级苗标准。辉县市高度重视，迅速成立机构，落实补偿资金，推进土地流转，组织整地造林，截至去年 3 月底，干渠绿化建设工作辉县市全部高标准完成，累计完成投资 1.2 亿元。

秦保树　吴　燕

原载 2017 年 12 月 7 日《新乡日报》

南水北调　三年调送百个东湖水

100 个东湖的水量调送北方

2014 年 12 月 12 日，南水北调中线一期工程正式通水。

据国务院南水北调办最新数据显示，截至 12 月 11 日上午 8 时，三年来，累计向北方输送优质水 114.25 亿立方米，相当于把 100 个东湖的水量搬到了北方。在受水区水资源供给、水质提升、减缓地下水下降、改善生态环境、防灾减灾等方面发挥了积极作用，惠及北京、天津等沿线 20 多座大中城市、5000 多万居民。

北京市城区超过 70％的供水、天津市城区所有供水来自中线供水，社会效益、经济效益、生态效益十分明显。

南水北调成败关键在水质。作为核心水源地，十堰市全面推行河长制，对确保一江清水永续北送，起到了有力作用。

今年 4 月，《中国南水北调》报载文说，作为南水北调中线核心水源区，十堰是湖北省最早实行河长制的地方。十堰的河长制之路或可为其他地方提供借鉴。

十堰市河长制始于 2008 年的创建国家卫生城市、国家环保模范城市、全国文明城市的"三城联创"，通过实施河道治理、背街小巷改造等工程，着力完善城市功能，改善城市环境，提升城市形象。2011 年，为确保库区水质安全，实现一江清水永续北送，该市又先后投入近 20 亿元，启动了境内污染严重的神定河、泗河、犟河、剑河、官山河等五条直接入库（丹江口水库）河流的综合治理工作，成立了以市委书记（时任市长）张维国为指挥长的五河综合治理工程指挥部，建立健全了"一河一策"的河长制，倾力实施全流域截污、清污、减污、控污和治污等五大工程。

2012 年 6 月 10 日，十堰市政府会同长江委、中国环科院、中科院武汉水生所等专业权威机构，根据五河水文水质，以及污染源分布、种类和数量等，编制了"一河一策"治理方案，后经 5 轮修改论证，获国家发改委认可，并经湖北省发改委批复实施。

2012 年 12 月 22 日，时任十堰市市长张维国主持召开五河治理专题会。"五河事关南水北调水质安全，五河中，神定河治理难度最大，我来任河长。"张维国掷地有声，随即，又明确时任市政府常务副市长任犟河河长，市政府分管南水北调副市长任泗河河长，剑河、官山河也均明确市级领导担任河长。

化九龙治水为一龙统领

河长最关键的作用在于统筹，上游下游、左岸右岸、地面地下，把原来的碎片化治理真正"统"起来，化九龙治水为一龙统领。

"龙头是河长，龙身的各个部位也要动起来。落实责任不是包办，说九龙治水，不是九龙就不要了，而是一龙统领、九龙共舞。"在龙头的带领下，共调动了 20 多个市直部门和 6 个县市区共同参与到五河治理工作中，并组建了 263 支"净化环境、保护水质"志愿者队伍，参与到五河日常管护中来。

十堰市在五河治理工作中，注重从体制机制上做顶层设计。比如，市级成立了以时任市长张维国为指挥长的五河综合治理工程指挥部，相关区（市）也比照成立了以行政一把手任指挥长的指挥部。再如，成立了综合协调服务组，排污口整治和清污分流管网建设及污水处理厂改造项目督导组，河道内源污染治理项目督导组，点源和面源污染治理及执法督导组，项目审查、争取和资金筹措专班等五个督导组（专班），通过"十个到现场"，及时解决治理中出现的问题。

为解决五河治理工作遇到的资金、技术、管护等"瓶颈"，十堰在五河治理过程中创新了严格执法监管、日常管理维护、资金筹措保障、技术管理规程、全面监测预警五大机制，对五河治理起到有力保障。

专家作后盾科学治水

河长不能包办一切，治水要靠科学。十堰专门聘请 14 位专家组成环境咨询委员会，定期对包括神定河在内的 5 条纳污河流进行"会诊"。"工作成效，要靠时间来检验。"半个月听一次水质汇报，已成为河长们的工作惯例。

今年 4 月 28 日，市委办、市政府办印发《关于全面推行河长制的实施方案》，明确了全面推行河长制工作的指导思想、基本原则、工作目标、主要任务等九大任务。各县市区也迅速行动，加快编制实施方案。目前，10 个县市区、131 个乡镇、1876 个村已全部出台了《实施方案》。

随着河长制的推进和科学治水，目前，十堰五河原本劣 V 类水质得到根本改善，官山河、犟河分别达到 II 类、III 类水质要求，神定河 2016 年 12 个月水质平均值已达到国家《水十条》考核标准；泗河和剑河全年至少 3 个以上月份水质达标，污染物浓度较治理前下降 70%。

十堰在全国率先消灭了黑臭水体，国务院南水北调办等六部委给予充分肯定，业内专家称为奇迹，社会各界给予广泛赞誉，五河治理成为全国黑臭河流治理样板。

今年 8 月，中央电视台魅力中国城节目中的一个镜头，让无数人对丹江口的水质树立了更大信心。镜头中，张维国左手拿着自拍杆，站在行驶中的船头上说："现在我来到了烟波浩渺的丹江口水库之上，它是京津冀豫四省市人民的生活饮用水，是我国最大的'水井'，水质清澈无比。现在，我请我的同事从库里面打上一桶水。"工作人员打了一桶水，倒了半杯拿给张维国。"我可以直接饮用它"，说完，张维国一口气将半杯水全部喝了下去。

经过几年的艰苦努力，十堰市的五河治理工作声名鹊起，全国各地来参观考察学习者络绎不绝。环保部部长陈吉宁到十堰调研五河治理时，看到十堰市委书记、市长对五河治理工作了然于胸，如数家珍，称赞他们是环保书记、环保市长。

每一滴水的穿越，都是亿万年的沧桑；每一滴水的闪烁，都是千万钧的重量。如今，十堰市把每年的 12 月 12 日，设立为该市生态文明日，以此加大生态文明宣传，强化市民的生态文明观念，规范市民生态文明行为，彰显生态文明力量。

张欧亚　武耕民　李文财
原载 2017 年 12 月 12 日《湖北日报》

南水北调助力濮阳绿色健康发展

核 心 提 示

2014 年 12 月 12 日 14 时 32 分，历时 10 余年建设、全长 1432 公里，举世瞩目的世纪工程——南水北调中线工程正式通水。今年 12 月 12 日是南水北调中线工程通水 3 周年纪念日。市南水北调配套工程自 2015 年 5 月建成通水，至今已累计供水 1.18 亿立方米，供水范围包括中原油田基地在内的整个濮阳市城区和清丰县城区，受益人口近 80 万人。

构 筑 龙 都 大 水 网

我市是全省南水北调受水区 11 个省辖市之一,年分配水量为 1.19 亿立方米。从南水北调中线总干渠 35 号口门分水,全部实行地埋管道输水,设计输水流量为每秒 6 立方米,输水管线总长 108 公里,分别向市第一自来水厂、市第二自来水厂、西水坡调节池、濮阳华源水务有限公司、濮阳县南水北调水厂、南水北调清丰中州水厂和南乐县第三水厂供水。市南水北调配套工程于 2012 年 10 月 26 日正式启动。在市委、市政府和省南水北调办公室的指导下,在沿线各级党委、政府和广大人民群众的大力支持下,市南水北调配套工程主管线和西水坡支线建设已于 2014 年 12 月全部完成。为尽快实现通水目标,惠及全市人民,市南水北调办公室及早谋划,着力推动工程通水工作。西水坡支线于 2015 年 5 月 11 日向西水坡调节池供水,市第一自来水厂利用西水坡调节池向市城区供水,成为我市首个接受南水北调水源的水厂。濮阳华源水务有限公司于 2016 年 6 月 22 日实现通水,日供水量为 10 万立方米,实现了市城区南水北调供水全覆盖,包括中原油田在内的市城区居民告别 30 年来饮用黄河水的历史,饮用上了丹江水。

为进一步扩大南水北调供水覆盖范围,提高供水效益,最大限度地消化南水北调水量,在濮阳市和清丰县两级政府的共同努力下,省南水北调办公室于 2015 年批准建设清丰县南水北调供水配套工程。工程于 2016 年 4 月开工建设,从南水北调濮阳供水配套工程输水主管线开口取水,全部采用地埋管道输水,设计流量为每秒 1.33 立方米,输水管道长 18.5 公里,工程概算投资 1.92 亿元。2017 年 5 月 5 日,南水北调清丰县供水配套工程胜利通水,日供水量为 2 万立方米,清丰县城区和马庄桥镇的居民饮用上了丹江水。

为使市第二自来水厂和濮阳县南水北调水厂用上南水北调水,2016 年,省南水北调办公室批准建设南水北调西水坡支线延长段工程。在西水坡支线末端(调节阀后)设置分水支管,延伸输水管道 1.44 公里,与市第二自来水厂、濮阳县南水北调水厂输水管道对接,向两个水厂供水。工程于 2017 年 4 月开工建设,2017 年 9 月 25 日建成通水,提高日供水量 13 万立方米。

南乐县南水北调集中供水项目于 2017 年 5 月开工建设,从南水北调清丰县供水配套工程输水管线上开口取水,计划铺设南水北调输水管线 28.86 公里，城区配水管网 34 公里，建水厂 1 座，日供水量 5 万立方米。目前，工程建设进展顺利，已完成管沟开挖 25 公里、管道安装 10 公里，提水泵站、穿越马颊河等控制性工程正在紧张施工，水厂建设已接近尾声，预计 2018 年上半年建成通水。届时，南乐县城区的居民将告别长期饮用苦咸地下水的历史，喝上甘甜的丹江水。

目前，市南水北调工程已实现向市第一自来水厂、市第二自来水厂、西水坡调节池、濮阳华源水务有限公司、南水北调清丰中州水厂等 5 个供水目标正常供水，待濮阳县和南乐县南水北调水厂通水后，南水北调供水将覆盖整个濮阳市城区和 3 个县城区，受益人口将达 100 万人。

一 切 为 了 供 水 安 全

水是生命之源，生态之基。市南水北调办公室在继续做好工程建设管理工作的同时，重点抓好建设期工程运行管理工作，并逐步将工作重心由建设管理向运行管理转变。在过渡期，依靠现有机构和管理模式，加强供用水管理、安全巡查、维修养护，确保供水安全平稳。

健全管理队伍，加强人员培训。市南水北调办公室成立了南水北调配套工程运行管理领导小组，组建了运行管理办公室。办公室下设工程技术组、水量调度组、现场管理组，以及 3 个现地管理站和 2 个工程巡查组，具体负责现地管理站调度值守、输水管线安全巡查等工作，其人员数量和专业配置基本满足工作需求。工作期间，除抽调业务骨干参加省南水北调办公室集中培训外，市南水北调办公室还根据年初制订的培训计划，采取以会代训、集中学习、现场教学、知识竞赛、岗位练兵等多种形式，对运管人员进行业务培训。通过培训学习，运管人员的理论知识、业务技能、综合素质及管理水平均得到了明显提高。

完善规章制度，规范运管行为。市南水北调办公室根据有关规定和运行管理实际情况，建立完善运行管理、安全巡查、水量调度、维护检修、现场操作等规章制度和应急预案。定期对工程安全、工程安保及现地运行管理行为进行巡查，做到及时发现情况并组织处理有关问题，确保工程安全正常运行。严格按照调度指令进行调度，加强与省南水北调办公室、干线工程运管处、地方人民政府、有关部门和用水单位之间的沟通、协调，保证各类调度信息互通共享、同步操作。认真组织安装、调试流量和水量计量设施设备，定时与干线工程管理处和用水单位对流量计的流量和水量读数进行现场核对并签字确认，真正促进运行管理工作走上规范化道路。

创新管理手段，确保供水安全。南水北调输水管道埋设在地下，有的还穿越村庄、城镇，地面上虽然有标志桩，但管线上面或管线两侧，经常有群众挖沟、取土、打井、植树、建坟，还有穿越邻近南水北调输水管线的工程建设。为保护好全市人民赖以生存的这条"水脉"，市南水北调办公室在全省率先使用自动化智能巡线系统进行安全巡查，巡线员随时将巡查中发现的问题上传到调度中心，调度中心对发现的问题进行归纳整理，制订问题整改台账，明确责任单位、责任人和整改时限，及时跟进，监督整改，确保工程运行安全。

助力濮阳绿色健康发展

一脉碧水迤逦东行，润泽龙都造福万家。南水北调工程的一渠清水，圆了龙都人畅饮丹江水的梦。我市水资源总量不足，多年平均水资源量约 4.5 亿立方米，人均水资源量 210 立方米，不足全省人均占有量的一半，为全国人均占有量的十分之一。加之我市水利基础设施薄弱，调蓄能力不足，管理体制不够健全，这些问题严重制约着我市经济社会可持续发展。

南水北调工程建成通水，极大地改善了城市居民和工业生产的供水状况。通过南水北调水的置换，严格限制甚至禁止超采地下水，防止因长期开采导致水位逐年下降，局部形成地下水漏斗区，从而引起地面沉降等一系列生态环境问题，让地下水得以休养生息，将被城市长期挤占的农业和生态用水予以退还，恢复生态环境。

南水北调工程建成通水，将有利于加快推进城市化进程。根据南水北调河南水质监测中心对丹江水长期监测的结果看，丹江水一直保持Ⅱ类及以上水标准，部分指标达到Ⅰ类水标准，丹江水的多项监测指标都优于黄河水，丹江水的氯化物、硫酸盐的含量远低于黄河水，口感上清爽甘甜，煮沸后不容易产生水垢，可极大地改善城市居民的生活质量，对于构建和谐、宜居城市具有重大意义。

南水北调工程建成通水，将显著改善城市的投资环境，吸引更多的外商和国内企业投资，促进城市经济和社会发展，对经济建设具有积极的促进作用。2015 年 5 月，濮阳市启用南水北调丹江水水源。此后，我市供水以稳定的丹江水为主，黄河水源、地下水源并存，城市供水保证率大大提高，各行各业的发展不受供水制约，给城市的经济带来巨大的间接效益，助力濮阳绿色健康发展。

南水北调，利国利民。南水北调工作已翻开新的一页，市南水北调办公室将在市委、市政府和省南水北调办公室的坚强领导下，深入推进南水北调各项工作，使之发挥更大的效益，不断造福人民，为建设富裕文明和谐美丽新濮阳、实现中华民族伟大复兴的中国梦做出新的更大贡献。

王道明　陈　晨　王献伟

原载 2017 年 12 月 12 日《濮阳日报》

中线西黑山光伏发电试点项目并网试运行

12 月 6 日，中线工程西黑山光伏发电试点项目进入并网发电试运行阶段。西黑山光伏发电试点项目装机容量 56 千瓦，由 8 个电池组组成，每个电池组有 20 块组件，每块组件功率 350 瓦。

光伏电站建成投产后，每月可发电 5000 多千瓦时，约占西黑山管理处设备和办公月用电量的 12.5%。该项目是中线建管局落实国务院南水北调办"稳中求好、创新发展"总体工作思路的积极尝试和重要举措，对于推动工程运行管理降本增效有着重要意义，同时具有很强的示范效应和带动效应，也是南水北调遵循绿色发展理念又一次的见证。

南水北调中线工程总干渠全段建设有各类闸站、泵站、管理处 100 余处，具有可观的电力负荷。如果全部采用分布式光伏供电，不但可以为渠道供电提供额外的备用电源，同时可以节约运行成本，促进运维管理降本增效，提升清洁能源在中线工程电力供应中的比重。

高永波

原载 2017 年 12 月 12 日《中国南水北调》报

一 渠 碧 波 一 首 歌

——南水北调中线工程鹤壁段通水三周年纪实

南北一渠贯通，情系万家灯火。

河流汤汤，大爱无声。鹤壁市南水北调配套工程输水管线工程共长 60 公里，三年来累计向鹤壁受水区水厂供水 8133 万立方米，供水人口达 43 万多人，通过南水北调中线工程淇河退水闸向淇河生态补水 1500 万立方米，成为鹤壁市民赖以生存的生命之源和幸福甘泉。

水是有记忆的。三年弹指一挥间。一渠清水，记载着付出，铭刻着责任，留存着情怀，栉风沐雨中，谱写出一首南水北调人不忘初心、坚守奉献的动人旋律。

奉献的咏叹：三年中，8133 万立方米"甘露"润泽 43 万余群众

艰辛、搏击、激昂、豪迈、稳健、执着，一片片晶莹多彩的浪花在每一位工作人员心中留下的是一份份沉甸甸的记忆。

再回首，2014 年 12 月，历时 11 年建设的南水北调中线工程正式通水，鹤壁作为必经之路，甘甜的丹江水与之相依相偎，相融相生。

千里长渠，奔涌澎湃。三年来，它孜孜不倦，以源源不断的甘甜"乳汁"付出着、奉献着。

而今，距南水北调中线工程正式通水三年，鹤壁市配套工程规划 6 座水厂，5 座投入使用，34 号、35 号、36 号三座分水口门三条输水线路已累计向鹤壁市受水区水厂供水 8133 万立方米，供水人口达 43 万多人。通过南水北调中线工程淇河退水闸向淇河生态补水 1500 万立方米。

记者在鹤壁市水务集团淇滨水厂看到，三座分水池碧绿清透，流转沉淀中，鹤壁新城区 20 万人口只取最清一瓢饮，日供水 5.6 万立方米。

"自从喝上丹江水后，水清了，水厂的用料节省了，连家里烧的水几乎没有水垢了。之前，北方水质硬，经过几道沉淀过滤，成品水烧水也有一层水垢。"鹤壁市水务集团淇滨水厂二级泵站班组长朱大姐乐呵呵地介绍道，丹江水质软，又属于 II 级可以直接饮用水，鹤壁市水务集团淇滨水厂主要承载着鹤壁新区市民的饮用水。

奔腾的丹江水不会忘记，为了让市民喝上这甘甜的水，建设者不知付出了多少汗水。

2005 年 9 月 29 日，因工作需要，鹤壁市南水北调中线工程建设领导小组办公室应运而生。鹤壁市南水北调配套工程输水管线工程总长 60 公里，涉及浚县、淇县、淇滨区、开发区 4 个县（区）、12 个乡（镇、办事处）、43 个行政村，3 座分水口门，6 座水厂供水，年平均分配鹤壁市水量 1.64 亿立方米，也为濮阳市民输送甘甜。

鹤壁市作为 11 个省辖市配套工程开工最晚的城市，要克服开工最晚、管径最大、技术复杂、人员紧张、建设任务繁重等诸多困难，2012 年 11 月 28 日开工，2013 年主体工程完工，2014 年与南水北调中线工程同步建成、同步通水、同步达效。征迁安置工作超额完成，工程机械 24 小时不间断，人力日夜倒班全天候，有条不紊地确保了分水口门线路顺利通水，确保了南水北调配套工程安全平稳运行，工程发挥应有效益。

成绩融入碧波，丰碑立在心中。一个个荣誉纷至沓来：河南省南水北调宣传工作先进集体、河南省重点工程建设竞赛先进单位、全省南水北调工作先进单位、抗洪抢险救灾先进集体等。

今年 1 月 16 日，鹤壁市南水北调办被省南水北调办公室表彰为 2016 年度全省南水北调工作先进单位；3 月 27 日，被河南省南水北调办公室表彰为 2016 年度全省南水北调宣传工作先进单位。

大美的风景：渠润泽了城，城守护着河

大渠如虹，她满载着期盼，一路向北。她饱含着无数人的感情，酝酿着甘甜，惠及两岸群众。

12 月 11 日清晨，渠畔寒风冷冽。记者站在南水北调中线工程干渠之上俯瞰，南来的水流汩汩而歌，一路逶迤北上。两名工作人员正在抽取水样，一个小小刻度杯里盛满了谨慎和神圣。

2005—2013 年鹤壁市平均水资源总量 3.32 亿立方米。据统计，2015 年鹤壁市水资源总量为 2.3722 亿立方米，人均占有水资源量不足 200 立方米，低于河南省平均水平 407 立方米的 1/2，属资源型缺水城市。

正是南水北调，有效缓解了鹤壁市水资源短缺和水的供需矛盾，让青山绿

水恢复原貌，地下水位"旧伤"复原，河面波光粼粼，一派生机勃勃。尤其是以淇河河渠倒虹吸工程下游淇河水面为轴，淇河西岸的生态文明和淇河东岸的现代文明相互辉映，诠释出真正融现代性、生态性、文化性为一体的现代都市。

鹤壁市南水北调办公室有关人员介绍，南水北调中线工程作为实现我国水资源优化配置、促进经济社会可持续发展、保障和改善民生的重大战略性基础设施，总干渠两侧防护绿化带建设，将南水北调中线工程鹤壁段打造成"清水走廊""绿色走廊"，这对于保护渠水水质、改善生态环境具有非常重要的意义。

一渠清水过鹤城，城水相融惠民生。南水北调中线工程已经在鹤壁市经济社会的可持续发展上烙下了厚重的印记，乡愁般的依赖，对建设生态文明、活力特色、幸福和谐的品质"三城"做出了积极贡献。

责任与担当，一渠碧波倩影来

问渠哪得清如许，水韵悠悠在严管。现场采访中，大河报记者翻看了满满一本本厚厚的工程巡查记录，从 7 时 30 分到 17 时 30 分，巡查人员针对水质安全、环境安全、室外设备、渠道工程、公路桥面、几个倒虹吸位置左岸、右岸共 27 大项内容仔仔细细排查。

鹤壁办积极探索适合鹤壁市配套工程运行管理模式，建立了鹤壁市南水北调配套工程运行管理巡线队伍，实行配套工程现地管理，强化运行管理措施。

南水北调鹤壁段工作人员介绍，水面下方水流湍急，他们时时刻刻监测着水量压力、调节水位、渗水情况，一旦有丝毫的河面破损、河体渗透就会在第一时间报警。全段 6 个巡逻小组，每隔几个时辰南南北北的巡逻车就要走个来来回回，死守沿线安全。

在南水北调中线工程中控室内，每一个屏幕不断闪烁着多组监控资料，360 度摄像头一览无遗，这里是南水北调鹤壁段的"大脑"，根据情况随时调控，发号施令，24 小时管理"输血、供血、血流"发展。

36 号刘庄口门是连接南水北调与鹤壁市新区的纽带，站长张来有介绍，由于泵站建设地点后期配套不完善，在地市较低处，常常最紧张的就是汛期，即使冬季挖土车、沙袋都不敢有怠慢。每天早上都要对每一个阀井进行检查，他还记得第一次笨拙地从 7 米高的井口攀爬下去，紧张地用手电筒对照资料，回想培训内容，责任容不得半点马虎。

4月22日，配套工程智能巡检管理系统正式投入使用；6月22日，国调办主任鄂竟平与该市配套工程34号泵站通过智能巡检系统进行现场连线成功。目前，已正常运行227天，为所有问题及时处理提供了强大保证。

安全与水质，确保一渠清水永续北送成为永恒的追求

——广泛宣传立体化。利用报纸、网络等媒体刊登文章或专题，利用电视、广播等媒体播发新闻信息，采用南水北调公民大讲堂、道德讲堂、游走字幕、张贴标语、发放宣传单等多种形式，通过广泛深入宣传教育，起到潜移默化、润物无声的效果。

——严抓细管不放松。在申报项目时，规划、环保、国土、县区南水北调办等部门对保护区内相应改扩建或新建企业，严格把关，形成合力，保护水源；组织相关局委和县区完成总干渠两侧一级水源保护区内污染企业排查、确定、上报工作，为水源保护区两侧的污染企业和养殖业治理奠定坚实基础。

对于红线内的生态带建设，在总干渠两侧各8米宽实施乔灌木绿化，节点工程建筑物周边管理范围内实施园林绿化。在南水北调中线工程鹤壁段红线外两侧各建设100米宽的生态防护林带，其中靠近总干渠防护栏一侧建设40米宽生态景观林、剩余60米宽建设林业产业带，主要公路与干渠交会处营造景观点。

截至11月底，鹤壁市南水北调总干渠红线外两侧规划总绿化面积8630亩，已绿化8110亩，占任务的94%，南水北调生态廊道景观效果初见成效。

抚今追昔，不忘初心。展望未来，任重道远。鹤壁市南水北调办主任杜长明表示，下一步他们将按照市委、市政府、省南水北调办、省政府移民办的要求部署，将"负责、务实、求精、创新"的南水北调精神发扬光大，认真谋划今后一个时期的南水北调工作，进一步找准南水北调改革发展方位，切实强化依法治水科技兴水，健全工程运行管护机制，确保南水北调工程良性运行，用南水北调人的辛勤汗水鸣奏出一曲奉献之歌、协作之歌、时代之歌！

谷武民　李萌萌　姚林海

原载2017年12月12日《大河报》

南水北调中线通水三周年

丹江口水源地应抓住南水北调工程的契机，以及十九大报告关于生态文明建设的战略部署，负力埋头，顺势而为，走出一条经济相对不发达地区的"绿水青山就是金山银山"的发展模式，在生态文明建设等方面成为全国的先行示范区。

湖北丹江口市委宣传部干部陈华平关注南水北调中线工程已有十三个年头，2014年中线的全线贯通他亦是在现场，"亲眼见证了这一刻"。如今，中线通水三周年，对于其中成果，陈华平用四字评价，"效益显著"。

国务院南水北调办最近数据也显示，中线一期工程通水3年来，北京、天津、河北、河南沿线受水省市供水水量有效提升，地下水水位下降趋势得到遏制，城市水生态得到了初步修复和改善。北京师范大学水科学研究院院长、水利部南水北调规划设计管理局原局长许新宜告诉本刊记者，在生态环境领域，对南水北调工程的受水区而言，这是衡量其调水成功与否的关键标准。

超级工程，首在丹江。日前，本刊记者在中线水源区三省调研发现，丹江口水源区生态建设呈现可喜的新变化，成为中线工程"效益显著"之基础。

十九大报告强调，建设生态文明是中华民族永续发展的千年大计。必须树立和践行绿水青山就是金山银山的理念，坚持节约资源和保护环境的基本国策，像对待生命一样对待生态环境，统筹山水林田湖草系统治理。接受《瞭望》新闻周刊记者采访的业内权威专家表示，丹江口水源区应抓住南水北调工程的难得契机，以及十九大报告关于生态文明建设的战略部署，负力埋头，顺势而为，走出一条经济相对不发达地区的"绿水青山就是金山银山"的发展模式，在生态文明建设等方面成为全国的先行示范区。

调 水 生 命 线

国务院南水北调办日前向本刊记者透露，南水北调中线工程第3个调水年度任务圆满完成，已经进入2017—2018调水年度。其中，3个调水年度累计入渠水量106.85亿立方米，惠及北京、天津、石家庄、郑州等沿线19座大中城市、5310多万居民，已经成为沿线大中城市的生命线。

引江通水后，天津构架出了一横一纵、引滦引江双水源保障的新的城市供水格局，形成了引江、引滦相互连接、联合调度、互为补充、优化配置、统筹运用的城市供水体系。

北京市内的南水北调工程已基本沿西四环和东、南、北五环建成了一条输水环路，并建设了向城市东部、西部输水的支线工程及密云水库调蓄工程，连通了地表水、外调水、地下水和各大水厂，形成三水联调、环向输水、放射供水、高效用水的安全保障格局。

河南省依托南水北调构建一条蓝色大动脉，纵贯南北，输水线路总长约1000公里，11个省辖市、37个县用上南水，1800万人受益。

河北石家庄、廊坊、保定、沧州等7个城市1510万人受益，特别是黑龙港地区的400万人告别了高氟水、苦咸水。

"南水北调不仅是沿途的跨时空调水，更是在区域内部激活了水资源。"让中国水力发电工程学会副秘书长张博庭印象深刻的是，19日5时18分，密云水库蓄水量突破20亿立方米，这是自2000年以来的最高水位。南水进京三年来，密云水库不仅得以"休养生息"，与此同时，北京区域水资源还得以盘活，优化配置，来自北京市水务局的数据显示，北京市地下水共压采约2.5亿立方米，提前完成国务院下达的到2020年的压采任务目标，促进了地下水的涵养和回升。2015年末平原区地下水埋深与2014年末基本持平，仅下降0.09米，而此前都是以平均每年1米的速度下降。

"这再次证明了南水北调中线工程是非常成功的。"张博庭告诉本刊记者，南水源源不断进京，使得"北京等地的水资源矛盾有了根本性的缓解"。张博庭还向本刊记者透露，由于南水效益彰显，天津、河北等沿途地要水的积极性也提高了。

调水之要，在于水质，水质保护，水源区是关键。本刊记者了解到，先节水后调水，先治污后通水，先环保后用水，绝不让污水北上已成为丹江口水源区上下的普遍共识和一致行动。

"环保分值从5分增加到15～25分，在27个考核单位中权重最大。"本刊记者从十堰市了解到，作为南水北调中线工程的核心水源区，2014年，十堰在全省率先制定出台《环境保护"一票否决"制度实施办法》，把污染物总量减排目标、辖区生态环境质量目标等生态文明建设指标纳入综合考评体系，实行"一票否决制"。水源区豫鄂陕三省九市，向紧看齐，尺度一致：南阳加大常态化管理，从村民小组开始都建立有巡查队伍，全市总共有 8200 多人的巡查队伍；安康成立南水北调环境应急处置中心，对辖区监控点实行 24 小时实时环境监管、实现"一张网"全覆盖监管、多部门共同监管，并将安康境内集雨面积在 5 平方公里以上的 1037 条河流、1365 名河长纳入平台的"网格化"管理体系，统一调度，还通过与公安、水利、安监、气象等部门信息数据的互联互通，形成多部门共同监管的环保大格局。

"一直稳定在Ⅱ类以上标准"，本刊记者在河南南阳、湖北十堰（丹江口）和陕西安康等地走访了解到，水源区三省坚持以水质保护倒逼生态文明建设，实现丹江口水库各流域"水清、河畅、岸绿、景美"，丹江口水质多项指标已经达到Ⅰ类或逐渐接近Ⅰ类标准，完全满足调水北上的需要。

生 态 新 样 板

"全球污水处理技术在十堰都能找得到。"调研中，十堰市南水北调办相关负责人向本刊记者打趣道，十堰市的"五河"（神定河、泗河、犟河、剑河、官山河）年径流量不到丹江口水库入库总径流量的 1%，却污染严重，黑臭闻名，为了水源地水质保护，当地痛下决心，引进国内外先进技术，重拳治污，并着重生态建设。

2015 年 11 月 13 日，彼时环保部主要负责同志用"三个没想到"高度肯定十堰"五河"治理样本，号召全国宣传推广其治理经验。

水污染治理和水土保持是南水北调工程成败的关键，保护好丹江口水库水质，持续改善库区及上游地区的生态环境，对南水北调中线工程的顺利实施以及区域经济社会可持续发展，具有十分重要的意义，"五河"治理是丹江口水源地着力生态建设、落实《丹江口库区及上游水污染防治和水土保持"十二五"规划》的生动实践。

一是丹江口水库水质保持稳定，部分支流稳中趋好。随着水污染防治和水土保持投入力度的不断加大，水库水质保持优良，在污染物总氮不参加评价的前提下，取水口陶岔水质稳定在Ⅱ类或优于Ⅱ类，满足调水要求；丹江口水库库体、汉丹江干流和水量较大的主要入库支流水质稳定，达到规划目标。规划确定的 49 个考核断面，有 45 个达标，达标率为 91.8%，较通水前大幅度提高。尤其是流经十堰市神定河等五条水质较差的入库河流，水质已由 V 类、劣 V 类提高到 Ⅲ～Ⅳ 类，"黑、臭"面貌已明显改观。

二是治污和水保能力不断加强。规划确定的 443 个项目实施 429 个（占 96.8%），其中建成 399 个（占 90.1%），规划大部分项目都已发挥环境效益，沿江、沿库县级以上城镇污水和垃圾直排现象彻底改变，水土流失得到有效治理，水源涵养能力不断加强，入库泥沙进一步减少。

"春有樱花海棠，夏来月季竞放，秋染漫山红叶，冬现碧波荡漾"，南阳市淅川县马镫镇绿化示范工程位于丹江口水库东岸，沿线全长 25 公里，规划造林绿化总面积 2.5 万亩，是丹江口水源地水土保持的重要组成部分。护林工冯新奇打开手机相册，向记者展示今年 4 月绿化示范工程盛开的樱花，朵朵红白相间，点缀在荒山，老冯笑容洋溢，邀请记者明年春天前来赏樱花，"那时花开得更多。"

十九大报告强调实行最严格的生态环境保护制度，形成绿色发展方式和生活方式，坚定走生产发展、生活富裕、生态良好的文明发展道路，建设美丽中国，为人民创造良好生产生活环境，为全球生态安全作出贡献。张博庭坦言，丹江口水源地三地，在没有南水北调情况下本身也要进行污水处理和水土保持等生态建设，虽然治理强度远不及现在阶段，但是，南水北调是一个千载难逢的历史机遇，会大大助推水源地三地的生态建设，"等于是提前做了。"张博庭特别强调。

"提前做了未来要做的事情"，马镫镇镇长周玉山告诉本刊记者，该工程将造林绿化、水质保护、石漠化治理等生态建设，与旅游开发、精准扶贫、产业发展相结合，今后的两三年里，将成为水源地生态旅游经济的新亮点，"届时，区域内贫困户将依靠生态经济发展走上致富路。"

共 赢 攻 坚 战

63 岁的前丹江口库区网箱养鱼专业户叶明成家祖祖辈辈靠捕鱼为生，十几岁起，他就与父辈一起在汉江河里捕鱼，靠山吃山靠水吃水，并首创网箱养殖。

最新数据显示，丹江口库区内累计有 15 万只养殖网箱，涉及丹江口市、武当山旅游经济特区、郧阳区等地。其中，丹江口市是湖北省 12 个特色水产县之一，也是国内集中连片规模最大的网箱养殖片区，约有网箱 12 万只，

"百里万箱下汉江",从事专业养殖和捕捞的渔民有 7000 多户,像叶明成这样的渔民有 3 万多人,年产值约 10 亿元。

而截至目前,丹江口库区的网箱已基本清理完毕,处于扫尾阶段。曾经的"养殖大王"叶朋成也"停船靠岸",围绕着这片生活了半辈子的水区"转型",搞起了休闲垂钓,继续"靠水吃水",年纯收入和此前已不相上下。

转型的背后是近十年来,特别是党的十八大以来,中央对水源区民生与发展高度重视和投入巨大,实现南北优势互补,互利共赢。

转移支付方面:国务院南水北调办最新数据显示,自 2008 年起率先将水源区纳入国家重点生态功能区转移支付范围以来,中央财政已累计下达转移支付资金 271 亿元,且力度逐年加大。

规划方面:2006 年、2012 年、2017 年国务院先后批复实施了《丹江口库区及上游水污染防治和水土保持规划》《丹江口库区及上游水污染防治和水土保持"十二五"规划》和《丹江口库区及上游水污染防治和水土保持"十三五"规划》,以湖北为例,上述三次总投资约 120 亿元,其中,《丹江口库区及上游水污染防治和水土保持"十三五"规划》估算总投资 196 亿元,其中湖北省估算投资 59.22 亿元,较上一次规划投资增长了 164%。

对口支援方面:"十二五"期间,按照协作双方制订的对口协作规划,京、津两市累计安排对口协作资金 23 亿元,支持水源区实施了生态建设和环境保护、生态型特色产业发展、公共服务改善、人才交流培养与劳务合作、经贸协作等 650 个项目。

对于未来的民生发展与生态建设协调发展的转型之路,水源区南阳、十堰和安康等地南水北调办相关负责人向本刊建议:

在政策支持方面,建立水源地生态文明先行试点示范区。将水源地水污染防治与生态文明建设结合起来,在国家层面整合各项资金,统筹切块下达到地方,分步对水源区的山水田林路进行综合治理,达到长期保护水质的目的。

生态补偿方面,由国家主导尽快建立相应的生态补偿机制,按照《生态文明体制改革总体方案》精神,完善水源区生态补偿相关法规,以法规的形式,明确中线受水区生态补偿的义务和水源区保护生态环境的责任,探索建立自然资源产权、多元化生态补偿、环境治理体系等机制体制,在水源区积极开展生态补偿试点。而各相关利益方也都要做出贡献,否则良好的生态环境保护机制很难形成,也就无法实现共享发展机遇的最终结果。

与此同时，许新宜建议，在中央支持、受水区对口支援力度不断加大的有利时机，水源区相关省市首先要保证专款专用，"钱要用到刀刃上"，并以此为契机，在生态建设方面倒逼己身，先走一步，领先全国。

李亚飞

原载 2017 年 12 月 12 日《瞭望》新闻周刊

三年 30 亿方南水润京城
未来北京将建第二条输水环路

27 日早上，坐落于颐和园的团城湖调节池一片宽阔浩渺，寒风中池水清明、波澜荡漾，千里北上而来的江水源源不断流入这里，在北京安家。

2014 年 12 月 12 日南水北调中线一期工程通水，同年 12 月 27 日，历经 1276 公里跋涉的丹江口水库来水奔涌进京，到今天，江水进京满三周年。三年来，北京累计收水 30.2 亿立方米，水质始终稳定在地表水环境质量标准 Ⅱ 类以上，全市直接受益人口超过 1100 万。

12 月 27 日，南水北调江水进京三周年。图为北京市南水北调
配套工程团城湖调节池（千龙网记者　崔畅　摄）

12 月 27 日，南水北调江水进京三周年。图为三周年主题
活动座谈会现场（千龙网记者　崔畅　摄）

三年调水突破 30 亿立方米
七成用于自来水厂供水

多年来，北京人均水资源量仅为 100 立方米左右，属严重缺水地区。"南水北调中线一期工程通水后，北京水资源不足情况大大缓解，密云水库战略水源储备得到加强，中心城供水安全进一步提升，地下水超采初步缓解，水生态环境有所改善。人均水资源量由 100 立方米增加至约 150 立方米，提升了 50％左右。"在 12 月 27 日举行的江水进京三周年座谈会上，北京市南水北调工程建设委员会办公室主任孙国升介绍。

三年来，南水北调按照"先节水后调水、先治污后通水、先环保后用水"的原则和"节、喝、存、补"的用水方针，优先保障居民生活用水，并利用调蓄工程向水库和应急水源地存水，增加首都水资源战略储备，同时适时替代密云水库向城区重点河湖补水。

截至目前，30.2 亿立方米的进京江水中，有 20.4 亿立方米用于自来水厂供水，约占入京水量的七成；7.4 亿立方米存入大中型水库和应急水源地（其中 4.9 亿立方米存入密云、怀柔等水库，2.5 亿立方米存入密怀顺等地下水源地）；2.4 亿立方米用于替代密云水库补入中心城区河湖。

来水始终保持在地表水 Ⅱ 类水平
居民用水条件不断改善

"自从家里喝上南水以后，能明显感觉到水质不同了，水垢少了，口感也有改善。"广渠门中学初三学生黄许俊安作为市民代表之一来到团城湖明渠广场参加江水进京三周年主题活动，她告诉记者，生活中用水的悄然变化，让她实实在在感受到了南水北调带来的作用，也更加珍惜来之不易的江水。

12 月 27 日，南水北调江水进京三周年。图为市民代表在团城湖调节池观景台拍照留念（千龙网记者 崔畅 摄）

跨越千里的江水是如何保证水质的？据了解，南水北调中线水源区及沿线地区采取了强有力的治污环保措施。其中，北京市南水北调办对来水进行实时严密监测，设置"入京、入城、入厂"三道防线，一旦发生水污染突发事故，能够及时预警和处理；自来水集团实现了从源头到管网用户终端全过程的水质在线实时监测。三年来，南水北调来水始终达标，稳定在地表水 Ⅱ 类水平。

不仅居民饮水水质有了明显变化，普遍反映自来水水碱减少、口感变甜，同时很多市民的用水条件也得到了改善。有充足的南水保障后，北京市大规模开展了自备井置换工程，近三年已关停城区自备井 330 余眼，新增 90 余万市民喝上市政自来水，饮水安全和水质都有了明显提升。

密云水库蓄水达 20 亿立方米
首都水资源战略储备稳步增长

以前，"北京每三杯水中有一杯来自密云水库"。江水进京后，密云水库调整了向城市供水的模式。自来水厂使用南水置换密云水库水，水库每年减少出库水量超过 5 亿立方米；同时又通过京密引水渠累计反向输送南水 3.79 亿立方米至密云水库存蓄。

三年来南水北调已累计替代密云水库供水约 22 亿立方米。出库量巨减、入库量增加，密云水库蓄水量实现稳步增加。

目前，密云水库蓄水 20.26 亿立方米，再次刷新 2000 年以来的蓄水记录。随着水库蓄水量的不断抬升，恢复了水库多年调节功能，稳步增加了首都水资源战略储备，也有利于库区生物多样性和区域水生态环境涵养。

未来将建第二条输水环路
让更多市民喝上"南水"

南水三年源源不断润泽京城，已基本沿西四环以及东、南、北五环建成一条输水环路，并通过建设向城市东部、西部输水的支线工程及密云水库调蓄工程，形成"地表水、地下水、外调水"三水联调、环向输水、放射供水、高效用水的安全保障格局，为中心城及城市副中心、房山、大兴、门头沟等新城打通了新的水源输送通道。未来还将逐步修建第二条输水环路，为中心城区人口、非首都功能疏解到远郊区域提供资源条件。

目前，全市接纳南水北调来水的水厂共 8 座，包括第三水厂、第九水厂、郭公庄水厂、田村山净水厂、309 水厂、长辛店水厂、门头沟城子水厂和通州水厂，日均取用南水 220 万立方米，占城区供水总量的七成。南水北调供水范围基本覆盖中心城区以及大兴、门头沟、昌平、通州等部分区域。

"2018 年，我们将继续加快良乡水厂、第十水厂的通水准备工作，加快黄村水厂、亦庄水厂、新机场水厂的建设进展，同时在水源方面，我们将与河北省紧密协作，推动京冀地区水系的互连互通。"孙国升说。

目前，在建的河西支线、大兴支线等输水工程有序推进，建成后可有效支撑西部地区、北京新机场区域用水需求，并开辟连通河北、北京两地配套工程的南水进京第二条通道，让更多市民喝上"南水"。

崔　畅　金良泽
2017 年 12 月 27 日千龙网　北京讯

Locals in fervent praise of aqua pura from the south

Wang Dongmei, a Beijing resident, spoke highly of the water that comes from the South-to-North Water Diversion Project and is available to her residential community.

"The quality of water here was poor before, with high alkali levels and heavy incrustation, so every family in the residential neighborhood had to install water purifiers or buy barreled water. ", she said.

But the huge national project, which diverts Yangtze River water into Beijing, changed all that piping clear water into the region.

"Now the water quality has improved. ", Wang said.

Wang is among more than 11 million residents in Beijing who have benefited from the project over the past three years.

Before the initial phase of the project's central route was put into operation at the end of 2014, it took around three years to complete a raft of engineering projects to a tight schedule.

One of the projects is a 44. 7-kilometer-long trunk canal built in the east of Beijing to carry water, which cost 9. 17 billion yuan ($ 1. 4 billion) . After four years of preparation, its construction began in June 2012.

Despite geographical complexities, the underground canal runs beneath four railways, nine transit rail lines, nine expressways, 77 bridges and 31 highways. The project involves more than 600 underground pipelines.

A Beijing resident prepares to boil water. The tap water in her home originates from the South-to-North Water Diversion Project. XING GUANGLI / XINHUA

9

water plants

were built or renovated in Beijing to serve the giant infrastructure project over the past five years

With innovative designs and engineering expertise, the builders of the canal created many records in the construction of China's hydraulic projects.

The building teams involved have over the past five years completed four such water tunnels-at a total length of close to 300 km-as part of the South-to-North Water Diversion Project.

The tunnels joined a widespread waterway system, enabling the diverted water originating from Danjiangkou Reservoir in Hubei province to flow to Beijing after traveling 15 days.

The Beijing government has invested heavily in adding and renovating nine water plants, to better serve the South-to-North Water Diversion Project.

They pipe in about 3.6 million cubic meters of water daily, according to the Beijing office of the South-to-North Water Diversion Project.

The local authorities have also innovated Beijing's water delivery model with ring-road routes, which taps into surface water, diverted water from outside the city and groundwater, and connects them with major water plants.

Government data shows that 70 percent of the water from southern China to Beijing is used as tap water, 13 percent goes to reservoirs and 17 percent supplements groundwater, as well as lakes and rivers in Beijing's urban areas.

The water distribution network is aligned with Beijing's development plan. As Tongzhou district was designated as a sub-administrative center of Beijing in 2012, construction on Tongzhou Water Plant was given a priority as part of the South-to-North Water Diversion Project.

One of the first batch of infrastructure projects in the district, the initial phase of the plant was put into use ahead of schedule.

"After its second and third phases are completed, the plant will be able to supply 600,000 cubic meters of water a day, meeting the demand for water for the entire 906 sq km district.", local officials said.

As construction on a new airport is progressing in Daxing district in the south of Beijing, the Beijing and Hebei province authorities have decided to build a new water pipeline linking the two regions. This will add 100 million to 150 million cubic meters of water supply to Beijing a year.

In addition, with the integrated development of Beijing, Tianjin and Hebei, the three regions have started research into connectivity between Baiyangdian Lake in Hebei and Yongding River running through Beijing.

"The project is expected to promote coordinated, highly efficient use of water resources in the Beijing-Tianjin-Hebei region.", industry insiders said.

Yuan Shenggao
China Daily 12/27/2017

引江济汉累计调水破百亿立方米

截至 1 月 17 日 8 时，南水北调引江济汉工程已累计调水达 100.02 亿立方米，相当于 83 个东湖的水量。其中向汉江补水 85.75 亿立方米，向长湖、东荆河补水 10.79 亿立方米，向荆州古城护城河补水 16115 万立方米。

2017 年，引江济汉工程运行管理全面升级，通过科学调度、强化执行，共调水 42.5 亿立方米，超过目标调水任务 11.7 亿立方米，有效地缓解了汉江中下游生产生活用水矛盾，改善了长湖等流域和荆州古城生态环境。

引江济汉工程是南水北调中线一期汉江中下游四项治理工程之一，也是我国现代最大的人工运河和湖北省最大的水资源配置工程，于 2010 年 3 月 26 日正式开工，于 2014 年 9 月 26 日提前建成通水。

祝　华　朱树娥　龚富华
原载 2018 年 1 月 19 日《湖北日报》

水源公司组织开展水量监测、大坝
强震、水库诱发地震台网巡检

本站讯　3 月 7—9 日，水源公司组织长江三峡勘测研究院有限公司（武汉），开展水量监测、大坝强震、水库诱发地震台网、数据传输系统设备设施巡检、登录与维护。

这次活动由工程部发起，事前做了动员并制定了巡检方案与巡检记录表，经过周密筹划与行程组织，由水源公司副总经理万育生率领巡检组一行 13 人，为期 3 天，大家克服雨水泥泞、山路崎岖、台站分散等困难，驱车行程 700 余公里，分别对陶岔水量监测与传输系统、肖楼水量复测断面及分布在丹江口水库周边的 11 个地震台及 3 个地下水流体监测井的设备设施进行了建成运行 5 年之后的第一次全面系统详细的巡检、登录与维护。

通过此次活动，不仅维护了监测设备设施的正常运行，也使参检人员建立起了水量监测、地震台网的感性认识，同时对这部分设备资产及其现状做到了心中有数。对于这次维护所不能解决的问题，也提出了明确可行的整改方案和要求，从而为枢纽运行安全、水库蓄水安全、南水北调的供水安全提供了保障。

蔡 倩

2018 年 3 月 12 日长江水利网

《中国南水北调工程》丛书首卷首发

本报讯 "十二五""十三五"国家重点图书出版规划项目《中国南水北调工程》丛书首卷《文明创建卷》近日出版发行。

南水北调工程是当今世界上最宏伟的跨流域调水工程。工程于 2002 年开工建设以来，数十万人在施工建设、工程监管、征地移民、环保治污、文物保护等各方面艰苦奋斗、无私奉献，取得了很多成功经验。东、中线一期工程分别于 2013 年、2014 年胜利建成。工程通水运行以来，取得了巨大的实实在在的社会、经济、生态等综合效益，在全社会、国内外产生了强烈反响。在这一过程中，广大建设者和沿线干部群众用真情和汗水铸就的工程建设经验和"负责、务实、求精、创新"的南水北调核心价值理念，是南水北调工程建设积累的最为宝贵的精神财富，也是社会主义核心价值观的生动体现。《中国南水北调工程》丛书编纂工作于 2012 年启动，共分为九卷，其他八卷分别为《前期工作卷》《经济财务卷》《建设管理卷》《工程技术卷》《质量监督卷》《征地移民卷》《治污环保卷》《文物保护卷》，将在 2018 年全部出版发行。

《文明创建卷》全书约 90 万字，全面记录了南水北调工程行业文明、机关文化、队伍建设、党群建设等工作，系统回顾、总结、思考文明创建工作的经验、做法，展示特有的南水北调工程核心价值理念、典型的文明工地创建经验、昂扬的人文精神风貌和强大的新闻宣传力度，为社会公众了解南水北调文明创建工作提供了全面、准确、翔实的资料参考和经验借鉴。

吴　娟　闫智凯

原载 2018 年 3 月 27 日《中国水利报》

一 渠 好 水 淙 淙 来

——南水北调中线水质保护调查

2018 年度南水北调工作会透露，中线工程运行平稳，水质稳定达到或优于 Ⅱ 类。2017 年中线干线 Ⅰ 类水质断面比例由 2016 年 38.6% 增至 84.9%。中线工程在"南水北调工程成败在水质"的担忧中，北京、天津、河北、河南等地的群众通过畅饮甘甜的南水，纷纷为这个工程点赞。南水来之不易，水质保护任务艰巨，如何护好这一渠清水，受到社会广泛关注。近日，记者深入中线工程一线，探寻南水北调中线工程水质保护的奥秘。

三道防线 隔"污"在外

5 月 3 日，站在刁河渡槽眺望，蜿蜒的渠道两侧郁郁葱葱。围网内草色蒙茸，有工巡人员在忙着查看，围网外一片桃红柳绿。

中线建管局水质保护中心主任尚宇鸣介绍，"在中线工程设计之初，就充分考虑到外界污染源对于总干渠内水源的影响。"

明渠段 1196 公里的总干渠，被设计成全线封闭立交形式。渡槽、倒虹吸、左岸排水等手段，让中线工程与外界河流形成了立体交叉，互不影响。

但仅仅局限在设计上，是无法满足工程运行需要的。在运行中细化、实化，是中线工程各管理处的重要工作。

抽排倒虹吸积水、清理淤泥污物、实施防渗处置……一个左排倒虹吸工程，需要各管理处开展多项措施，就为了防止倒虹吸内积水渗入渠道，影响水质。

1238 座跨渠桥梁，交通事故引发的水污染事件也会成为影响工程水质的主要污染风险。

交通运输部、国务院南水北调办此前曾联合印发加强中线工程跨渠公路桥梁管理工作的通知，指导沿线地方政府加强路面交通治超执法和桥梁养护管理。

"封闭跨渠桥梁排水管、设集油池、设保护坎，在桥面竖起温馨提示牌，留下联络方式……"沿线各管理处夯实了跨渠桥梁的管理。谈起沿线水质保护的措施，水质保护中心负责人打开了话匣子。

在总干渠两侧电子围栏范围外，《南水北调中线干线工程两侧生态带建设规划》要求，要设置生态带、水源保护区，竖起绿色保护网。目前，中线京津豫境内生态带建设基本完成，累计建成近 700 公里、20 万亩。

"围栏范围外，水源保护区内的管理，我们更多依靠地方政府行政管理部门行使职责。"中线建管局河南分局副局长石惠民说。

调查整治水质隐患，协调强化执法检查，推动建立长效机制，沿线地方各级政府下大力气推进干线保护区治污环保工作。环保部和财政部联合印发的《全国农村环境综合整治"十三五"规划》，明确了 2020 年前在南水北调水源和沿线 211 个县市区、2.28 万个建制村开展农村污染连片综合整治。水源保护区的污染源、风险源台账被纳入环保部门污染源管理体系。

"作为中线工程的水源地，南阳地方各部门对工程水质工作特别重视。"南阳管理处水质专员何康粗略算了一下，截至目前，南阳管理处 30 多公里的渠道水源保护区内共发现威胁渠道水质的污染源（风险点）22 处，已治理 13 处。

让何康记忆犹新的是封堵一处距离渠道外侧约 100 米的养猪场。"因养猪场把废水直排入截流沟，渠道附近臭气熏天。管理处巡查人员发现后，立刻和蒲山镇有关部门协调，前前后后反复封堵了三次，最终在地方政府的配合下彻底关停了养猪场。"

立竿见影的行动背后，是理念的认同。"原来我们自我定位为供水单位，认为中线工程的水质，就是我们产品的质量。后来在与地方同志沟通时他们提出，'中线的水就是我们自家的水缸，这天天要喝的水，我们有义务和责任保护。'"石惠民为沿线各部门的觉悟点赞。

日常监测 "扫"描全面

中线工程的水质，早在《南水北调工程总体规划》中就被划下了红线：

保证库区及入渠水体水质严格控制在国家地表水环境质量标准。

"水质可是硬指标。"尚宇鸣这样说自有他的道理。

中线建管局作为运行管理单位，要对总干渠内的水质安全负责。

为全面掌握总干渠水质状况，中线建管局在全线打造了一套比较完整的水质监测体系。"1 个中心、4 个基本点、13 个站、30 个面"，从点到线到面，让水质监测网络化、立体化起来。

据介绍，除渠首外，河南、河北、天津 3 个分局的水质监测实验室均已通过国家资质认定。实验室对输送水体定期展开"体检"，目前已获取监测数据 20000 多组。

为提升自身的"软实力"，中线建管局还加强了专业人员的培训，提升大家上机操作等技能。

经过不懈努力，目前中线建管局已具备地表水 109 项全指标监测的能力。水质保护中心负责人对未来充满信心，"我们要力争把南水北调中线干线水质监测实验室打造成国内一流监测实验室。"

13 个水质自动监测站，能实现自动采样、自动监测、自动传输，监测参数自动上传到水质系统平台。

从陶岔渠首入渠口顺流下行约 900 米，就到了陶岔水质自动监测站。这里是南水进入总干渠流经的第一个水质自动监测站，也是全线监测参数最多的一个站。

监测站的水质专员井菲，正忙着校核监测参数。

"这里的监测频次为每天 4 次，每 6 小时监测一次，24 小时不间断，如遇突发情况，会适当增加频次。"我们能监测水质基本指标 32 项、挥发性微量有毒有机物 24 项、半挥发性微量有毒有机物 32 项，以及生物毒性等共 89 项参数，是目前国内自动监测站监测指标最高的。说起监测站，井菲自豪之情溢于言表。

为确保数据的上传率、准确性、稳定性，中线建管局专门制定了《水质自动监测站运行维护管理办法》等规范化制度。

每次的监测参数数据校核，要经过自动化监测站工作人员初校、管理处水质专员校核，然后提交给各分局的水质监测中心；各分局水质监测中心对辖区所有监测参数综合比对复核后，再提交给中线建管局水质保护中心。层层核验，就是为了确保水质监测数据的准确性。

应急管理　预先"鸣"警

2015 年，河北张石高速发生车辆事故，一辆装载甲醇的危险品货车发生甲醇泄露。中线建管局河北分局水质监测中心的副处长李红亮和几位同事第一时间赶到事发现场。现场采集样品后，他们连夜赶回石家庄开展应急检测工作。直到凌晨一点多，才得出检测结论，中线工程水质达标，没有受到甲醇泄露影响。

真刀真枪操作的机会并不多，健全应急体系建设就显得尤为重要。

中线建管局水质保护中心编制各项应急预案，于 2014 年 10 月 31 日印发，2018 年 2 月完成修订。

为增强"南水北调中线干线工程水污染事件应急预案"的实用性、可操作性，中线建管局还结合总干渠输水特性，针对各类突发性水污染事件，开展了"南水北调中线干线工程水污染应急处置预案库"研究工作。

通过对中线干线工程沿线河南、河北、天津和北京四省（直辖市）危险化学品生产和运输情况的调查分析，识别中线干线工程突发性水污染事故的主要污染物种类，结合沿线潜在的风险源，水质保护中心将水体污染物划分为 27 类、388 种典型污染物。水质中心还针对性地制定不同污染物的应急处置技术，编制了《南水北调中线干线工程水污染应急处置技术手册》，并与国内公安系统、卫生医疗机构等建立了沟通协作机制。

通过对国内外应急处理相关技术成果的分析、梳理，构建了适合中线工程的水污染事故应急处置技术体系。根据突发性水污染事故发生的时间、地点、污染物种类等，能筛选出最佳的应急处置技术，为快速优选、科学实施应急处置措施提供决策依据。

在此基础上，沿线各分局及管理处结合本辖区风险源的特点，也编制完成了各自辖区的水污染应急预案。

2017 年 5 月 26 日凌晨 7 点 35 分，在公安、消防、救护车的鸣笛声中，南水北调中线河北赞皇西高公路桥水污染事件应急演练拉开序幕。演练模拟一起由突发交通事故引起危化品泄漏入渠的水质污染事件，并展开应急响应与处置。

此前，2016 年 3 月 24 日，中线建管局还在中线干线河南新郑段十里铺东南公路桥模拟了一起水污染事件。两次大型水质演练增强了南水北调工程运行管理单位及沿线群众的风险意识，检验了各项应急预案，锻炼和培训了运行管理队伍，促进了中线建管局与地方政府的联防联控，提高了中线工程水污染防治的应急处置能力。

各分局还与专业应急抢险队伍签订应急抢险救援合同，负责相关突发事件的应急抢险救援工作。在全线建设了南阳、宝丰、新郑、焦作、卫辉、安阳、邢台、石家庄、顺平及易县等 10 个水污染应急物资储备库。在渠首、河南、河北各配备 1 台应急监测车，以及必要的应急监测仪器，并在沿线有关管理处配备便携式多参数仪等设备，大幅提高应急监测能力。

科技创新 "智"造中线

创新是引领发展的第一动力，科技创新在水质保障方面提供了第一生产力。

中线建管局一直致力打造"智慧"中线。引入约 4300 万元的国家科研资金，开展了 2017 年国家水体污染控制与治理科技重大专项"南水北调中线输水水质预警与业务化管理平台"课题申报工作。

针对总干渠可能出现的漏油事件，研发了自动收油装置、自动拦污装置，并获得专利。

2016 年，中线建管局北京分局的总干渠拦油除油设施进行现场试验。油水混合物经拦油板进入集油箱，再进入油水分离器中静置，上层浮油留在油水分离装置中，下层清水由装置的排水管排回渠道内。该设施清除水面浮油效果显著。

在河南分局长葛管理处洼李分水口处，管理处的水质专员李宁和处长黄文强正围着一台巨大的不锈钢拦网研究着。

"这是我们成功研制的分水口自动拦污装置，"黄文强说，"这已经是第二代产品了。"旁边的李宁是管理处的水质专员，也是装置的研发人员。

升级了的拦污装置，安装了卷扬机、滑轮组、电气控制系统、操作平台等，实现了下半部分拦截悬浮物、上半部分拦截漂浮物的功能。

升级的拦污装置试用 6 个月以来，得到了各方好评。长葛市第四自来水厂主任李春旭说："水厂再不像以前会过滤出很多塑料袋和杂草垃圾了，供水的水流更平稳，水体更干净了。"

中线建管局还开创性地把水利工程运行与生态研究结合起来，"输水线"开始成为"生态线"。

荥阳管理处索河退水闸进口右岸园区，划分出一块田字格形式的四个鱼池，鱼池内分别投放了不同比例的滤食性鱼类匙吻鲟、鲢鱼和鳙鱼。

这里还是水生态实验基地。2017年中线建管局河南分局和西北农林科技大学水产科学系实验室合作，在这实验开展"以鱼净水"项目。

中线建管局河南分局水质监测中心邬俊杰介绍，"我们曾请来长江流域水环境监测中心，在沙河渡槽、穿黄出口等处，围绕中线渠道水质进行了生态普查。"

普查结果显示，中线工程渠道内的鱼类品种有十余种，但偏小型化，缺少滤食性、大型凶猛性鱼类。"因此我们开展了以鱼净水项目，计划通过可持续的水生态调控措施，构建一个相对完整的水生态链。"石惠民说。

奔涌不止的一千余公里长渠，也为中线建管局渠首分局和河南大学生物研究院的大生态链研究提供了平台。

"这是一个系统工程。"中线建管局渠首分局水质监测中心副处长孙甲说。一个生态系统的建立，需要相当长的时间，"从水中到渠坡再到两侧的生态带，所有的动植物，构成了一个完整的生态体系。我们最终想确定中线工程所拥有的物种情况，掌握一个立体化的生态网，为下一步全面开展生态防控预判、预警工作，维护总干渠生态系统健康提供技术保障。"

采访结束，记者对中线工程保护水质的措施做了归纳：立体交叉、电子围栏、水源保护区，确立了中线工程三道防线；1个水质中心、4个实验室、13个自动监测站，加强了中线工程日常监测网络；应急预案、处置手册、应急演练，规范了中线工程应急管理体系；创新应用、生态构建、智慧中线，提升了中线工程水质保护能力。这是一种艰难的探索，这是一种有益的探索，这是一种比较成功的探索。然而，记者也感到，南水北调中线工程的水质保护探索尚未得出终极答案，因为在寻求更高质量水质保护的路上，还有很长的路要走，需要做的工作还有很多……

闫智凯　赵学儒

2018年5月29日中国水利网站

南水北调工程中的"大国重器"

南水北调中线工程陶岔渠首

南水北调中线工程沙河渡槽

　　南水北调工程作为国家战略性基础设施，跨区域调配水资源，编织四横三纵中国大水网，是实现"空间均衡"的战略措施，为中华民族伟大复兴，

南水北调中线工程北京大兴支线配套工程施工现场

实现两个一百年目标，夯实了水资源之基。南水北调工程是节约水资源、保障受水区居民生活用水、应急抗旱排涝、修复和改善生态环境、促进经济发展方式转变的重大示范工程，是创新、协调、绿色、开放、共享发展理念的积极践行者，为京津冀协同发展、雄安新区、中原崛起、长江经济带等国家重大战略实施发挥着重大战略支撑作用。

南水北调工程规模大、战线长、涉及领域多，且是涵盖大坝、水库、渠道、大型渡槽、隧洞等工程的超大型项目集群。工程创下了多个"世界之最"。

世界首次大管径输水隧洞近距离穿越地铁下部
——中线北京段西四环暗涵工程

南水北调中线北京段西四环暗涵工程，具有两条内径 4 米的有压输水隧洞，穿越北京市五棵松地铁站，这是世界上第一次大管径浅埋暗挖有压输水隧洞从正在运营的地下车站下部穿越，创下暗涵结构顶部与地铁结构距离仅 3.67 米、地铁结构最大沉降值不到 3 毫米的纪录。

世界规模最大的 U 形输水渡槽工程——中线湍河渡槽工程

南水北调中线湍河渡槽为三向预应力 U 形渡槽，渡槽内径 9 米，单跨跨度 40 米，最大流量 420 立方米每秒，采用造槽机现场浇注施工，其渡槽内径、单跨跨度、最大流量属世界首例。

国内最深的调水竖井——中线穿黄工程竖井

南水北调中线穿黄工程位于郑州市以西约 30 公里，其任务是将中线调来的长江水从黄河南岸输送到黄河北岸。工程北岸竖井为大型圆筒结构，建于黄河河滩地中细砂强透水地层中，内径 16.4 米，井深 50.5 米。设计流量 265 立方米每秒，加大流量 320 立方米每秒。井壁为双层结构，外层为地下连续墙形式，厚 1.5 米，深 76.6 米；内层 0.8 米厚钢筋混凝土现浇衬砌，采用逆作法施工。基坑工程规模之大、开挖之深、地质条件之复杂、工作难度之高，均居国内之最。

国内直径最大的穿越大江大河输水隧洞——中线穿黄工程隧洞

为适应黄河游荡性河流与淤土地基条件的特点，南水北调中线穿黄工程开创性地设计了具有内外两层衬砌的两条长 4250 米隧洞，内径 7 米，两层衬砌之间采用透水垫层隔开，内外衬砌分别承受内外水的压力。这种结构形式在国内外均属先例，也是国内首例用盾构方式穿越黄河的工程。目前，中线穿黄双线隧洞已全线贯通，开创了我国水利水电工程水底隧洞长距离软土施工新纪录。

国内规模最大的大坝加高工程——丹江口大坝加高工程

丹江口大坝加高工程是在原有坝体上进行混凝土培厚加高，包括混凝土大坝加高和心墙土石坝加高。大坝加高工程完建后，坝顶高程由目前的 162.0 米增加到 176.6 米，正常蓄水位由 157 米抬高至 170 米，可相应增加库容 116 亿立方米。混凝土大坝加高中，提出了满足设计要求的新老混凝土结合的具体结构措施。在不影响大坝正常运行情况下，完成混凝土大坝裂缝检查、修补和大坝加高，其建设难度在大坝加高史上可谓世界之最。

大型渠道混凝土机械化施工技术国内领先

针对南水北调工程长距离输水、地形地质条件复杂等特点，创新研制出具有自主知识产权的系列成套设备，与国外同类设备相比，成型机自重降低 2/3，功率提高 66%，设备价格降低 80%，在国内处于领先地位。在大型渠道边坡稳定与优化技术、新型结构型式、机械化衬砌综合施工工艺、机械化衬砌系列成套设备等方面取得了大量研究成果，填补了我国在大型渠道机械化成型技术装备设计制造、施工工艺和工程技术方面的空白。

中线北京段 PCCP 管道工程多项技术国内领先

在超大口径 PCCP（预应力钢筒混凝土管）管道结构安全与质量控制中，首次提出符合中国规范体系和材料标准的一整套 PCCP 设计和阴极保护技术参数，以及沟槽和隧洞内超大口径 PCCP 安装质量控制标准；PCCP 阴极保护测试探头、机械化喷涂 PCCP 外防腐层材料和工艺、沟槽内超大口径PCCP 龙门起重机安装技术、隧洞内 PCCP 安装工艺及技术均为国内首创。

宋鹏飞

2018 年 5 月 30 日千龙网

孩子们眼中的南水北调：震撼的
超级工程　厉害了我的国

"南水北调真的是超级工程，太震撼了，让我觉得祖国真伟大，为南水北调辛苦工作的叔叔阿姨们太厉害了！"来自郑州市新建小学的王荔灏小朋友向记者感叹道。这时，王荔灏小朋友旁边的一位男同学也大声附和道，"厉害了我的国！"

今日，南水北调中线穿黄工程全国中小学生实践教育基地迎来了郑州市上街区新建小学 60 名五年级学生，开展第四期研学活动。学生们按照规划的统一学习路线，依次到李村北干渠渡槽、穿黄南岸观景台、一楼模型室等开展相关学习教育活动。

当记者来到南水北调穿黄工程观景台的时候，一帮小学生正在做南水北调中线相关工程的拼图。他们一个个聚精会神，手速极快，像是在比赛一般。当记者问及对南水北调工程感受的时候，他们争先恐后地回答，"南水北调中线输水干渠总长 1277 公里，特别特别长""我姥姥家在天津，喝的就是南水北调的水，我姥姥说水可干净了。"

另一旁，郑州市新建小学的学生们正在搭建湍河渡槽、穿黄工程的模型，进一步了解了工程特点及原理。"研学实践活动让我们直观地感触到了南水北调工程的伟大，了解到南水北调工程的重要作用，南水来之不易，我们一定要好好珍惜。"郑州市上街区新建小学五年级的学生告诉记者。

"这次研学活动通过现场参观、动手实践等方式，向同学们展示了南水北调工程的生态、社会、经济等多个方面，帮助他们感受祖国大好河山和南水北调的伟大成就，激发学生对党、国家和人民的热爱之情，是一次特别好的启蒙教育。"郑州市上街区新建小学五（1）班班主任石建萍感叹道。

据了解，2017 年 12 月 6 日，教育部根据《教育部办公厅关于〈开展2017 年度中央专项彩票公益金支持中小学生研学实践教育项目推荐工作〉的通知》，公布第一批"全国中小学生研学实践教育基地"名单，命名 204 个单位为"全国中小学生研学实践教育基地"。

其中在国家有关基地主管部门和各省级教育行政部门推荐基础上，经专家评议，营地实地核查及综合评定，确定南水北调工程建设委员会南水北调中线干线北京市房山区大石窝镇惠南庄泵站、南水北调中线干线河南省郑州市温县孤柏嘴穿黄工程为全国中小学研学实践教育基地。

穿黄工程全国中小学生研学实践教育基地作为教育部批准的第一批研学基地，已经开展三次活动，今年 3 月 29 日、4 月 28 日、5 月 8 日分别面向郑州荥阳市王村一中、郑州市上街区新建小学、郑州市上街区金华小学，讲授南水北调知识和节水常识，受教育学生已累计达 260 余人次。

刘文静

2018 年 5 月 31 日未来网

3000万立方"南水"入冀　救"活"滹沱河

　　"几年前，这里就像满目狼藉的垃圾带，且沙石遍地，基本看不到水，每到刮风时，河道里的扬尘就会飘到市区。"虽年近古稀，但早先就在滹沱河南岸居住的刘胜成依然清楚地记得这条"母亲河"当年的样貌。

　　但要想治水，就必须先补水。在位于石家庄市鹿泉区的龙泉大桥附近，记者看到，从丹江口陶岔渠首而来的"南水"从大桥下缓缓穿过。从漳河向北，南水北调总干渠开始进入河北境内，全长596公里。

　　截至目前，南水北调中线工程建成通水以来，改善滹沱河用水共计10次，总补水量近3000万立方米，已成为滹沱河的重要水源地。

滹沱河新貌

荒坡废水变青山绿水

　　6月初的滹沱河畔，水质清澈，花海正盛。很难想象，在南水北调中线工程通水前，这里已经干涸多年。

　　起源于山西省繁峙县，向东流入渤海湾，在石家庄境内有206公里，在很多当地人的记忆里，都曾有这样一条河从家门口流过，被市民称为母亲河。但从 20 世纪 90 年代后期到 21 世纪初期，污水横流、风沙四起的滹沱河，却被称之为"臭河"，谁都不愿意经过。

坐在滹沱河生态景观带附近的商店里，老石家庄人刘胜成一边看护着眼前嬉戏玩耍的小孙子，一边向记者讲述这条河流的变迁。而不远处的滹沱河，如今生态蓄水面积已达到 788 万平方米，蓄水总量约 1340 万立方米。

回忆起眼前的这条河流，刘胜成用"一片狼藉"来形容："河道断流，河道内黄沙裸露，建筑垃圾随意倾倒，更别提防护林带了，可以说这里是石家庄北部主要的沙尘污染源。"

滹沱河黄沙

滹沱河违章建筑

滹沱河建筑垃圾

滹沱河黄土裸露

如今，周围已形成"花海"的滹沱河，很多人想不到就在几年前竟是个"大沙坑"。手指向眼前开阔且平静的水面，河北省石家庄市水务局滹沱河建设管理处副处长李克伦告诉记者，改变发生在 2007 年，石家庄启动了滹沱河综合整治工程。2014 年，又启动了滹沱河生态区工程。

但要想救"活"水，当地必须先考虑补水的问题。

记者了解到，南水北调中线工程通水以前，滹沱河的水源主要依靠岗南水库和黄壁庄水库补水，而由于石家庄市区段西面地势较高，岗、黄水库的水只能补到 3、4、5 号水面，而作为石家庄市区段的 1、2 号水面却位于西面。

"'南水'解决了这个棘手的问题,使得石家庄市区段的水面水深保持在1米到3米之间。"李克伦介绍,南水北调位于城区段滹沱河西邻,建成通水后,通过滹沱河倒虹吸退水闸补水3000万立方米。"目前,南水北调工程每年为滹沱河补水2到3次,占到总补水量的五分之一以上。"

站在岸边,记者看到,滹沱河过往干涸的河道内还建设了大面积的人工湿地,滹沱河生态区管理处副主任郑磊解释说,眼前的这片湿地对两岸温度的调节在4℃左右,湿度调节超20%。

"这比我小时候记忆中的滹沱河还要漂亮,确实变化不小。"昨天是六一儿童节,从石家庄市区驱车近1个小时,刘胜成和爱人一起,带着两个孙辈到滹沱河边游玩,漂亮的野花田让小外孙喜欢得不得了。

环境改善了,来滹沱河边游玩的人自然也就多了。"入夏后,生意一天比一天好,周六周日游客量最多,"生态景观带附近的商店老板告诉记者,这里的确挺适合家人一起来游玩的,"早上空气最好,环境不比公园差。"

据悉,南水北调中线工程正式通水以来,改善滹沱河用水共计10次,总补水量近3000万立方米。每年为滹沱河补水2到3次,占到总补水量的五分之一以上。

每年 30 亿立方"南水"入冀

南水北调中线工程绵延千里,与无数道路、河流相遇,下穿型的穿黄工程让长江和黄河在河南郑州实现"亲密握手",而渡槽也可让"南"水从"天"而过。

但当南水北调中线总干渠与道路和河渠高程接近,处于平面交叉时,要想为滹沱河补水,该如何保证水源独立?

郑磊告诉记者,这就需要修建倒虹吸工程。

它是南水北调中线工程上一座大型河渠交叉建筑物。该工程位于河北省正定县西柏棠乡新村村北,由上下游明渠段、穿河渠道倒虹吸、退水闸、附属工程四部分组成。

"通俗地讲,所谓倒虹吸,它的结构就类似于一个倒过来的彩虹,与虹吸管一样,它在立面上也呈弓形,不同的是,其弓弯向下。"他具体解释说,其原理可以简单概括为：在相同的大气压条件下，管道两端水位相同，水在重力的作用下可以继续北上。当南水北调中线总干渠需要穿越地方河流时，就可以通过倒虹吸这种结构使得渠道下穿地方流域。

"通水后，水流将出现'水往高处流'的特殊现象。出口闸门为弧形闸门，通过调节开度对水流流速、流量进行控制。"郑磊说，它也是为北京应急调水的"咽喉"工程，防洪标准为 100 年一遇洪水设计。

滹沱河倒虹吸工程是南水北调中线工程第一个开工的项目，于 2003 年 12 月 30 日开工建设，2006 年 8 月完成主体工程建设。

昨日，记者来到位于正定的南水北调中线滹沱河倒虹吸出入口附近，借助无人机飞上高空后俯瞰该处，清亮的水面伴着一抹绿色。

据河北省水务集团建管处副处长马建超介绍，滹沱河退水闸位于倒虹吸进口总干渠右堤上，设计流量为 85 立方米每秒，分配水头为 0.884 米。"其设计功能为配合节制闸运行调度，保证输水建筑物和运行安全，同时有效改善滹沱河生态环境作用"，他说。

石家庄市滹沱河倒虹吸

除了为滹沱补水，南水北调工程中线总干渠还多次向七里河、洺阳河等大中小河流生态补水，在河北省境内形成了一条 465 公里长、几十米宽的绿色长廊、清水走廊，增加了一条人工河，形成了一条生态景观带。

"经过几年建设，南水北调水源作为生态补水，对沿线生态环境和当地经济发展起到了积极作用。"马建超说，滹沱河生态区已初步形成了小香山、蔷薇园、花海天路、城市轨迹、生态湿地、子龙码头、山顶花园等景观节点，

"滹沱河花海"已逐渐成为省会旅游的新亮点，滹沱河生态绿廊项目还获得了2017年度河北省人居环境范例奖。

目前，南水北调中线工程每年可为河北省提供30亿立方米的长江水，包括石家庄、廊坊、保定、沧州、衡水、邢台、邯郸7个设区市、92个县（市、区），迄今为止都已经喝上"南水"。

"'南水'主要用于城镇生活和工业发展，有效缓解水资源供需矛盾，改善受水区农业生产条件。"马建超表示，预计到2020年，河北省南水北调受水区城镇人口将达到2570万人，届时河北省将有3000多万人喝上优质长江水。

王晶

2018年6月2日央广网

天津实现引滦引江"双水源"保障

3日，"水到渠成共发展"网络主题宣传活动走进天津，由全国34家网络媒体组成的采访团走进南水北调天津配套工程曹庄泵站、天津用水企业、居民家庭等点位，实地感受南水北调工程为天津城市、百姓生活带来的变化。

2014年12月12日，南水北调中线一期工程正式通水。南水北调天津干线工程西起河北省保定市西黑山村南水北调总干渠，东至天津市外环河，规划年供水量为9.8亿立方米，全线采用暗涵输水，是南水北调中线工程唯一一段长距离（155公里）有压箱涵输水线路。

南水北调天津干线工程的主要任务是引调丹江口水库蓄水解决天津市缺水问题，为天津市及干线沿线国民经济可持续发展提供新的水源保障。

"曹庄泵站是南水北调天津市内配套供水工程的供水核心，为了保证供水安全，我们配备了运行管理经验丰富的运行人员和检修人员，运行方式为4班3运转，每班工作8小时。"曹庄泵站电器工程师孙喆表示，运行人员在主控室便可对泵站电气设备的运行状态进行实时监控，保证出现紧急供水情况时能第一时间采取应急措施。

天津是资源型缺水的特大城市，属重度缺水地区。引江通水前，城市生产生活主要靠引滦调水解决，农业和生态环境用水要靠天吃饭，地表水利用率接近 70%，远远超出水资源承载能力，水资源供需矛盾十分突出。

"南水北调中线工程通水后，天津城市生产生活用水水源得到有效补给，减缓了地下水超采情况，甘甜的丹江水正在悄然地改变着天津人的生活。"天津市水务集团有限公司供水运行管理中心副主任崔海涛说。

监测数据显示，南水北调中线一期工程自通水以来，水质各项指标稳定达到或优于地表水 II 类。三年来，天津市引江供水系统累计收水 27.6 亿立方米，供水区域覆盖 14 个行政区、1200 平方公里，约 910 万市民从中受益。全市形成了一横一纵、引滦引江双水源保障的供水格局，水资源保障能力实现战略性突破、达到新水平。

"南水由应急补水变为常态化补水后对天津水资源调配、水源丰枯互济起到重要作用。现在除了满足城市供水以外，还可以给天津保证多一部分生态用水。"天津市水务局水土保持处副调研员鲁刚介绍。

天津市有计划地向子牙河、海河等河道补水后，扩大了水系循环范围，促进了水生态环境的改善，中心城区 4 条一级河道 8 个监测断面全部达到或优于 V 类水，实现 100% 达标。

目前，天津市在建的 3 项配套工程，分别为王庆坨水库工程、宁汉供水工程、武清供水工程。其中，王庆坨水库工程围坝已全部达到设计高程，泵站主体已完成，该水库建成投入运行后，天津市安全供水保障能力和城市供水的应急保障能力将得到大幅的提升。

王 安

2018 年 6 月 4 日新华社

揭秘南水北调中线工程的"智慧大脑"

555 平方米的大厅里，一个 4.8 米高、19.2 米长、92.2 平方米的大屏幕，大厅左右两侧墙壁上还有正在建设的高 4 米，长 14.4 米，面积 57.6 平方米的模拟屏……这就是南水北调中线工程的"智慧大脑"所在地——南水北调中线建管局总调中心调度大厅。

6 月 4 日，央视网记者随"水到渠成共发展"网络主题活动采访团进入南水北调中线建管局总调中心，探寻总长 1432 公里、64 座节制闸、97 座分水口门、3000 人日常工作协调一致、精准运行的奥秘。

水量调度程序化 上百座配套设施"一个声音"

据南水北调中线监管局总调度中心工程师周梦介绍，南水北调中线干线工程自丹江口水库引水，经河南、河北、北京、天津四省市，总长 1432 公里。工程沿线设有 64 座节制闸，97 座分水口门，多年平均调水量达 95 亿立方米，惠及豫、冀、京、津。

南水北调中线建管局总调中心调度大厅实时调度数百公里
之外的邢台七里河节制闸

在调度大厅，不论春夏秋冬，白天黑夜，全天 24 小时，调度值班人员不仅要对全线水情和重点断面进行实时严密监控，并且要根据沿线各地的用水需求，实时调整闸门开度，对渠道水位进行调控，并适时调整对应分水口、退水闸的流量。

中线调水线路长、规模大、沿线无调蓄，运行工况复杂，需利用自动化调度系统实现平稳输水的目标。

全线按照"统一调度、集中控制、分级管理"的原则实施调度。

"统一调度"是指总调中心根据供水计划和全线的水情、工情，统一制定和下达调度指令。"集中控制"是指总调中心利用自动化闸站监控系统集中远程控制闸门。"分级管理"是指各级调度机构按照自身职责分工开展输水调度工作。

总调中心主要负责调度指令的制定和下发，监视全线重点断面调度数据；分调中心主要负责调度指令上传下达，实时监视辖区内重点断面调度数据；中控室主要负责水情数据的审核上报，调度指令执行情况的核实、组织纠正、反馈，实时监视辖区内参与调度闸站及断面的调度数据。

日常监管自动化 3000 人"一个步伐"

通过监控设施，南水北调中线建管局总调中心调度大厅
工作人员可查看沿线所有的实时影像

据南水北调中线建管局信息机电中心机电管理处副处长黄伟锋介绍，南水北调中线干线工程的日常巡查维护工作包括信息机电、安全监测、土建绿化、水质安全等近 20 个专业，近 3000 人每日分布在全长 1432 千米的渠道上。

如何保证巡查维护管理过程"人员一个不漏、问题一个不落、过程一个不少、信息一个不缺"，如何实现工程运行管理过程中的数字化、透明化、精细化和智能化的高效管理是摆在管理者面前的一大难题。

围绕四"不"和四"化"，南水北调中线建管局组织开发了"南水北调中线干线工程巡查维护实时监管系统"，将信息化手段真正实现用于大型水利工程的日常维护与管理，在国内已建大型水利工程中尚属首次。

该系统平台采用 B/S 架构集中部署、多级应用，与 GIS 技术深度结合，直观展现在岗人员的实时位置、设施设备的运行状态、巡查人员行走轨迹等。

系统同时与工作流引擎深度融合，打破时空局限对每个问题进行跟踪，责任到人，实现所有审批在线完成；系统可实现人员在岗情况、任务执行情况、问题维护情况等的智能分析，为管理决策与考核提供支持。

各级管理人员通过"巡查监管系统"可实时掌握中线干线工程各类设施设备的运行状态，人员在岗情况、发现问题上报—受理—处理—消缺过程的执行情况，并自动生成巡查记录、维护记录、问题缺陷统计等文档，实现"巡检有计划、过程有监督、事后有分析，处理可追踪"的透明化、扁平化、精细化和智能化管理。

该系统的成功运行，为南水北调中线干线工程安全稳定运行提供全方位、强有力的技术支撑，为"数字中线""智慧中线"的宏图勾勒出浓墨重彩的一笔。

调度系统自动化 水质水情 "一个屏幕"

黄伟锋介绍，总调大厅接入的自动化调度系统由闸站监控系统、日常调度管理系统、水质监测系统、安全监测系统、视频监控系统和大屏显示系统6 套子系统组成，实现自动化输水调度和各项监控功能。

日常调度管理系统自动采集全线水情数据，拟定和发布调度指令，记录调度过程，实现工作痕迹的"可追溯"。

闸站监控系统准确执行闸门调整指令，远程操控闸门。水质监测系统实时监测站点水质状态，提前分析研判，严防不合格的水进入千家万户。

安全监测系统自动提取建筑物内观监测数据，分析工程运行安全状况。视频监控系统对工程关键节点和关键部位实施运行状态监视。大屏显示系统清晰显示现地视频、系统运行界面等各类影像。

南水北调中线建管局总调中心调度大厅

为了确保自动采集的数据的准确性，每个节制闸每孔闸门的水情数据包括闸前水位、闸后水位信息，每 30 分钟由现地管理处进行审核，审核通过后提交分调中心，分调中心对上报的数据每 1 小时再一次进行审核，审核通过后提交总调中心。

总调中心每 2 小时至少查看一次全线水情，并对全线重点断面进行实时监控。同时，调度人员需要对所有涉水运行信息 24 小时不间断地进行汇总和分析。

目前，中线工程大流量输水，调度人员进一步加强水情工情研判，充分利用闸站监控系统、视频监控系统、日常调度管理系统等自动化调度系统，尤其是闸站监控系统预警功能。

对影响输水调度安全的各类异常及苗头，调度人员始终保持高度敏感性。各级输水调度人员高度重视每条警情，按照职责及时做好接警、消警工作，做到异常情况早发现、早核实、早上报、早处置，将各类安全隐患消灭在萌芽状态。

徐　辉

2018 年 6 月 5 日央视网

大宁观"海"　探访"南水"
进入北京城区第一站

　　"大宁水库作为永定河的滞洪水库，过去没有水，晒了 20 多年的太阳。"站在北京市房山区长阳镇大宁村北的大宁调蓄水库前，北京南水北调大宁管理处副主任刘金书发出了这样的一句"调侃"。

　　喝上"南水"的很多北京市民可能并不知道，"南水"进京后的第一个明水水面，就位于大宁调蓄水库南侧的大宁调压池，在丰台区和房山区的交界。北京市南水北调干线管理处副主任张海鹏告诉记者，随着江水进京，20 多年来一直处于空库滞洪状态的大宁水库，变身碧波荡漾的大宁调蓄水库。

大宁调蓄水库

大宁水库的"前世今生"

　　驱车穿过京石高速公路，出了杜家坎收费站，往路左旁望去，便是如今水域面积为 200 余公顷的大宁调蓄水库，行车过程中可见其水面。距离天安门广场仅 25 公里，是北京城区第一大湖。

　　但在过去，相当于 18 个昆明湖的大宁调蓄水库，并不知名。

　　"以前叫大宁水库，兴建于 1985 年，坐落于永定河畔，原本承担着永定河的防洪功能，但建成后一直处于'闲置'状态。"北京市南水北调大宁管理处副主任刘金书解释说，由于永定河水量逐年减少，到 20 世纪 90 年代时甚至出现断流、干涸。

用他的话讲，那时的大宁水库，库底朝天，成了一片荒滩。

然而，南水北调中线一期工程在规划设计进京线路时，需要一个"水多可蓄、水少可供"的地方，"南水北调中线干线从水库的东南角穿过，在这里调蓄来水，再合适不过。"刘金书回忆道，那时的大宁水库开始进入设计人员视野，他们提出，将大宁水库改造为南水北调中线在线调蓄水库。

2011 年 7 月，大宁调蓄水库改造工程完工后开始蓄水，干涸多年的大宁水库，又呈现出当年的碧波荡漾。

如今，大宁调蓄水库如何发挥多种功能？刘金书告诉记者，当南水北调来水与本地用水流量不匹配、工程故障或检修时，大宁调蓄水库可向城区供水，基本可以满足城区 15 天的供水量。

"在东水西调改造期间，通过永定河循环管线向城子水厂补水 535 万立方米，保障了门头沟地区的日常用水。"此外，北京南水北调办工程管理处处长丁凯补充道，通过日常向大宁调蓄水库蓄水，还可增加北京的水资源战略储备，保障首都水安全。

据了解，水库设计总库容 4611 万立方米，最高蓄水位 58.50 米，相应调蓄库容为 3753 万立方米；汛限水位 48.00 米，汛期调蓄库容为 1006 万立方米。

进京"南水"将两路分流

站在调蓄容量为 2.73 万立方米的调压池边，张海鹏向记者解释说，上游来水经过惠南庄泵站加压后，水流量非常大且急。"作为南水北调中线干线北京段工程中不多的几块可见明水水面之一，上游来水在这里将分两路进入北京的供水环路。"他说道。

"你看，咱们脚底下的闸门就是出水的控制阀，各方向输水量大小，水要往哪个方向走，都是由它来控制。"张海鹏介绍，这里的主建筑物地震设防烈度 8 度。

记者注意到，在这池清水下，调压池出水口设在水池北侧，共 5 孔。其中，两孔通往团城湖，两孔通往南干渠，孔口尺寸各 3.4 米×3.8 米；一孔通往大宁调蓄水库，孔口尺寸 2.7 米×3.0 米，每孔各设一道检修闸门和工作闸门。

站在水库副坝上，记者看到，在大宁调压池的一侧，有一处宽阔且平静的水面，水质清澈干净，这就是大宁调蓄水库。

"此刻的蓄水位达 48.7 米，"北京南水北调大宁管理处副主任刘金书告诉记者，最高蓄水位可达 58.50 米。

"江水进京后，如果城区不需要那么多来水，就以放到大宁调蓄水库中存起来，按需分配。"他介绍道，如果大宁调蓄水库装满了，可调蓄的水量可以供城区居民 15 天的用量。

转过身来，记者发现，在调压池边，北京市南水北调水质监测中心工作人员王晓雨正将系着绳子的取水桶渐渐放到水池中，"这是在取样，南水北调的水质监测实验室会定期对水样进行检测。"他说，这里是江水进京的第二道安全防线，大宁调压池在监测水质和防控污染方面任务很重。

北京南水北调干线管理处副主任张海鹏谈到，一旦上游段水质出现突发污染时，可及时开启与大宁调蓄水库连通的退水闸，其余四孔则会迅速关闭，将来水排入指定区域，保障下游水质安全。

大宁调蓄水库

调蓄、防洪、生态修复兼具一身

"水多，可蓄；水少，可供，这是大宁调蓄水库工程的最大亮点。"北京市南水北调大宁管理处刘金书副主任说。

江水进京后，更名后的大宁调蓄水库集防洪、调蓄功能于一体，并和与之一堤之隔的宛平湖、晓月湖、莲石湖、门城湖、园博湖五湖共同形成京西地区的蓝色生态带。

"与大宁调蓄水库毗邻永定河晓月湖、园博湖也得到生态补水，通过永定河循环管线向宛平湖、晓月湖、园博湖累计补水 1006.67 万立方米。"

除了为其他水域补水，在刘金书看来，有了这么大一片干净的水面，蓄水后的大宁调蓄水库对北京西部的环境改善也起到了不小的作用。

住在水库附近的大宁村村民刘月玲感触颇深。"上世纪 90 年代，只要房山区这边刮风，河道内的沙子吹得到处都是，家里都不敢开窗户。"

站在大宁调蓄水库旁的一处高地，顺着刘月玲手指的方向，记者看到，临近大宁水库，有一条径直的石子路，距离刘月玲所在的大宁村仅 10 分钟步行的距离。"一到晚上，水库附近遛弯的人不少，很多都是上班族。"

目前，大宁调蓄水库水质常年保持在地表水二类及以上标准，那么，北京市民喝上纯净甘甜、安全放心的"南水"是如何检测的呢？随后，在南水北调大宁调压池的水质监测工作室，记者见到一个由 8 个柱形容器连接而成的设备内，分别装着几只 2 厘米左右的小鱼。

"这套设备叫做水质安全生物预警系统，水中小鱼学名叫做青鳉鱼。当水质发生变化时，小鱼受到刺激会发生自然躲闪，产生异常游态，通过计算机分析这些反应，就可以得出水质是否存在安全隐患。"正在通过眼前的电脑屏幕观察检测数据的工作人员王晓雨告诉记者，这样也弥补了仪器监测不能一次覆盖全部污染物的短板。

"为了保证青鳉鱼工作质量，它们每半个月就会换岗一次，进入到设备前，它们都没有接触过自然水态。"

鱼类对有机物污染非常敏感，而一般菌类则可用来监测重金属，"在南水北调进入北京段的第一关，还使用发光菌类测定水质毒性。"大宁管理处副主任刘金书解释说，如果水质异常，那么这些菌类的发光颜色就会发生变化，因此，通过观察其发光亮度和发光强度，便可掌握目前的用水质量，也有效保护了库区水质水环境安全。

做水质安全生物预警系统

水质变好了，在今年46岁刘月玲的印象里，这里还经常出现白天鹅、绿头鸭等大量野生珍稀鸟类，吸引了不少北京市民来此观光。

刘金书告诉记者，为保护库区水资源，北京市南水北调大宁管理处还构建了一个集电子技防系统、人工安保巡查队伍、7.84公里全封闭围网的安全管理系统。

河西支线建设正在进行中

目前，以大宁调蓄水库为起点的河西支线工程正在加紧建设中。

据介绍，这段全长 18.8 公里的工程将建设 1 根 DN2600 管道，经 3 级泵站加压将水送至三家店调节池，为丰台河西第三水厂、首钢水厂、门城水厂供水，为丰台河西第一水厂、城子水厂及石景山水厂提供备用水源，计划 2020 年具备通水条件。

"工程将重点解决丰台河西及门头沟地区的用水需求，提高石景山地区的供水安全保障，也是本市规划第二道南水北调水源环线的一部分，可有力促进非首都功能向郊区疏解。"

截至目前，34.9 亿立方米的丹江口水库来水中，北京自来水厂累计"喝"水 23.6 亿立方米，约占进京水量的七成。其中，向密云、大宁等水库和应急水源地累计"存"水 8.5 亿立方米。

刘金书表示，除了大宁调蓄水库，北京市南水北调配套工程中的团城湖调节池、亦庄调节池三项工程增加蓄水面积 550 公顷，团城湖调节池融入"三山五园"景观。输水工程沿线也建成了绿色生态走廊，通过南水北调一项工程的建设带动周边区域的生态改善。

其中，南水北调市内配套工程亦庄调节池总绿化面积约 16 公顷；东干渠工程沿线总绿化面积约 1.7 公顷；团城湖调节池总绿化面积 44 公顷。

记者从北京市南水北调办了解到，随着江水进京，北京地下水开采量也逐步减少，平原区地下水位由 2014 年前的年均下降约 1.0 米变为止降回升。其中，大宁调蓄水库向稻田水库累计试验性回补地下水 5292.92 万立方米。

王 晶

2018 年 6 月 5 日央广网

从 0.75 到 34.98 亿，6 个数字看长江水为北京带来了什么

2014 年 12 月 12 日，南水北调中线一期工程通水，同年 12 月 27 日，历经 1276 公里跋涉的丹江口水库来水奔涌入京。3 年多来，北京接纳南水近 35 亿立方米，直接受益人口超过 1100 万。南水北调工程为北京带来了那些变化，下面这 6 个数字告诉你答案。

北京从丹江口水库累计收水 34.98 亿立方米

自 2014 年南水北调工程通水以来，北京累计收水 34.98 亿立方米。在近 35 亿立方米的进京江水中，有 23.65 亿立方米用于自来水厂供水，约占入京水量的七成；8.52 亿立方米存入大中型水库和应急水源地（其中 5.73 亿存入密云、怀柔等水库，2.79 亿存入密怀顺等地下水源地）；2.81 亿立方米用于替代密云水库补入中心城区河湖。

北京郭公庄水厂

北京市民关全有用上了南水

北京市直接受益人口超过 1100 万

江水进京给北京市民带来了实实在在的"获得感"。一方面,居民饮水水质有了明显变化，居民普遍反映自来水水垢减少、口感变甜。另一方面，市民的用水条件也得到了改善，自备井开始大规模置换。3 年多来，北京市直接受益人口超过 1100 万。

北京接纳南水北调来水的水厂共 8 座

北京共有 8 座水厂接纳南水北调来水，日均取水 220 万立方米，占城区供水总量的七成。南水北调供水范围基本覆盖中心城区以及大兴、门头沟、昌平、通州等部分区域。此外，良乡水厂、第十水厂基本具备供水条件，黄村水厂、亦庄水厂已经开工，石景山水厂、新机场水厂建设正在稳步推进之中，建成后将进一步提升供水保障度，让更多市民喝上长江水。

北京密云水库

密云水库蓄水达到 21.41 亿立方米

南水北调工程通水以前，北京每三杯水中就有一杯来自密云水库。江水进京后，调整了密云水库向城市供水的模式。一方面，自来水厂使用南水置换密云水库水，水库每年减少出库水量超过 5 亿立方米；另一方面通过京密引水渠累计反向输送南水 4.46 亿立方米至密云水库存蓄。出库量巨减、入库量增加，再加上近两年的汛期降雨、上游来水，共同保证了密云水库蓄水量稳步增加、水面不断扩大。目前，密云水库蓄水量达到 21.41 亿立方米。

北京地下水水位回升 0.75 米

南水的到来，有效缓解了地下水超采的局面。三年多来，北京压采地下水超过 3.8 亿立方米，有效遏制了地下水水位年均下降约 1 米和漏斗面积进一步扩大的趋势。2015 年年底地下水埋深仅下降 0.09 米；2016 年地下水埋深首次出现回升，年末水位较 2015 年同比回升 0.52 米；2017 年年底地下水位同比回升 0.26 米；今年 4 月末，与上年同期相比，地下水位回升 0.75 米。

北京和河南南阳共同建设的中关村南阳科技产业园

北京 16 区与河南、湖北 16 县建立对口协作

饮水思源，为回馈水源区人民的深情厚谊，北京市 16 个区与河南、湖北两省 16 个县（市、区）建立了"一对一"对口协作关系。2017 年年初，北京出台《北京市南水北调对口协作"十三五"规划》，每年安排 5 亿元协

作资金，进一步加强水源地的对口帮扶工作。到 2018 年 5 月，市级财政共安排协作资金 25 亿元、项目 788 个，各区累计支持 1.5 亿元用于结对县（市、区）发展，协助水源区在水质保护、精准脱贫、民生保障、产业转型等方面取得了积极成效。

魏 雨

2018 年 6 月 6 日河北新闻网

长江水进京惠及千万人
反哺水源地成效明显

日前，由中央网信办网络新闻信息传播局和原国务院南水北调办综合司、建设管理司联合主办的"水到渠成共发展"网络主题采访调研活动走进了南水北调中线工程的终点——北京，实地探访了南水北调中线工程给北京带来的变化。

水更甜了　北京市民乐开了花

家住北京大兴区佳和园新区的张秀丽告诉记者，以前这个小区用的是深井地下水，水质很差，因为担心水质安全，每次净水机换滤芯的时候都让上门的师傅帮忙测一下水质，她说，以前井水拿试纸检测水质，数值到了 700，而换了市政自来水的南水之后，试纸检测数值不到 50，水质非常安全。

张秀丽说，以前用井水的时候，3 个月左右就得换一次净水机的滤芯，但是，自从换了南水之后，就再也没换过滤芯。她表示，家里现在饮水做饭都直接用自来水，现在的自来水泡茶都比以前甜了。

张秀丽还给记者展示了自家的洗手间，她说，以前水管边上、洗手台上，到处都是黄黄的水渍，清除后，没多久又长上了。换了南水之后，就再也没有了。为此，她换了一个新的更漂亮的洗手台。喜爱养鱼的张秀丽还向记者说，用之前的井水养鱼，尽管把水沉淀一阵子后再加入鱼缸中，

北京市民张秀丽向记者展示自己明亮透彻的鱼缸

鱼缸上仍然会有一道道明显的水垢的痕迹，养的鱼也不容易活。现在用上南水之后，直接用自来水加入鱼缸，一点水垢的痕迹都没有了，从去年通南水后，养的鱼都活得健康欢实。

北京市自来水集团副总经理赵顺萍告诉记者，截至 2018 年 5 月底，集团接纳"南水"总量已达 23.8 亿立方米，占北京城区供水量七成以上，北京直接受益人口超过 1100 万。

据赵顺萍介绍，2015 年以来，为了让更多市民喝上安全、优质的市政大管网自来水，北京自来水集团大规模开展了以朝阳、海淀、丰台等地区为重点的自备井置换和配套管线建设工程。先后关停自备井 330 余眼，新增 90 余万人喝上了市政自来水。她表示，今年北京自来水集团将继续推进自备井置换工程，完成中心城区及周边、城市副中心自备井置换 260 余户。

景更美了 刮大风也敢出门

房山区长阳镇大宁村村民刘月玲告诉记者，自己的家就在大宁水库旁边，过去大宁水库就是一个干底的大沙坑，一刮大风人出门就满嘴的沙子，所以刮大风的时候村里人都不爱出门，南水北调后，这里有水了，而且周围绿化也好了，村里人休闲时都爱到周围转一转。

北京郭公庄水厂机械加速澄清池

北京房山区长阳镇大宁村村民刘月玲向记者
讲述环境变化

据北京市南水北调干线管理处副主任张海鹏介绍，大宁调蓄水库前身为1985年初步建成的大宁水库，最开始用于永定河滞洪，由于20世纪90年代永定河逐渐断流，大宁水库也成了一座空库。直到南水北调中线一期工程规划进京路线时，大宁水库被改造为南水北调中线在线调蓄水库，从单一防洪水库转变为集调蓄、防洪与生态为一体的多功能水库，而库区周边的绿化工

接蓄南水后的大宁调蓄水库

程也同时展开，造林 780 多亩，形成了水清岸绿的优美生态景观。

不仅景观美了，地下水水位还多年来首次回升。数据显示，这三年来，北京市逐步关停自备井，压采地下水超过 3.8 亿立方米，有效遏制了地下水水位年均下降约 1 米和漏斗面积进一步扩大的趋势。2015 年底地下水埋深与 2014 年末基本持平，仅下降 0.09 米；2016 年地下水埋深首次出现回升，年末水位较 2015 年同比回升 0.52 米；2017 年底地下水位同比回升 0.26 米；今年 4 月末，与上年同期相比，地下水位回升 0.75 米。

据了解，自 2008 年 9 月南水北调中线京石段应急供水工程通水运行以来，北京市南水北调工程已安全运行近十年，累计收水超过 51 亿立方米，其中河北四库来水 16.06 亿、丹江口水库来水 34.98 亿，有效缓解了首都水资源紧张的局面，在保障城市供水安全、增加首都水资源战略储备、改善居民生活用水条件、促进水资源涵养和恢复等方面，取得了显著的效益。

饮水思源　反哺水源地义不容辞

南水北调中线工程是国家重点工程，河南、湖北、陕西三省水源区为服务工程建设大局，在移民安置和水质保护等方面做出了重大贡献。

数据显示，河南、湖北两省水源区共搬迁移民 34.7 万人，其中河南省移民 16.5 万人，湖北省移民 18.2 万人。两省先后搬迁关闭企业 1034 个。此外，为了保证调水水质长期稳定达标，水源区经济发展受到一定制约，相应地失去很多发展机会，因此国家决定采用对口协作的形式推动水源区发展，实现水源区和受水区互利共赢。

据了解，自 2014 年开展对口协作工作以来，与河南、湖北两省互派挂职干部 311 人次，培训干部人才 10000 余人次，安排教育、医疗等领域干部人才交流学习和跟班、跟岗锻炼 2000 余人次；安排资金 20 亿元，实施项目 665 个，重点在水质保护、精准扶贫、产业转型、民生事业、交流合作等领域支持水源区经济社会发展；北京各区累计额外支持资金 1.5 亿元用于结对县市区发展。

据不完全统计，2014 年以来，北京市广泛动员社会力量与河南、湖北两省开展深层次、多领域合作，累计开展各类政务、商务对接交流活动 1000 多次；河南、湖北两省吸引北京地区企业投资 1 万多亿元，其中水源区吸引北京地区企业投资达 1000 多亿元。

孙博洋

2018 年 6 月 8 日人民网

长江防总首次在汉江探索梯级
生态调度给鱼儿当"助产士"

新华社武汉 6 月 26 日电 "再看仙桃断面，6 月 11—17 日，监测到的鱼卵逐步增加，数量几乎每天都是前一天的翻倍，至 17 日到达峰值。这意味着汉江中下游梯级生态调度对相关鱼类的产卵具有明显的促进作用。"

水利部中科院水工程生态研究所的研究人员在 25 日举行的长江防总综合会商会上报告了上述成果。

长江防总负责人在会商会上表示，这是在国家防总、水利部领导下长江防总首次在汉江中下游探索专门针对鱼类产卵的梯级生态调度，目前监测数据显示初显成效。下一步长江防总还将加大科技和人力投入，继续研究依托对水利工程的科学调度，恢复汉江中下游生态。

据长江防总介绍，水利部高度重视这次汉江中下游梯级水库联合生态调度，长江防总会同湖北省防指通过对丹江口、王甫洲、崔家营、兴隆水利枢纽四个梯级水库实施汉江中下游联合生态调度试验，从 6 月 11 日持续到 6 月 19 日，结合上游水库消落、区间降雨来水等情况，加大下泄流量、人为降低水位、敞开闸门泄洪等措施制造人为洪峰，恢复汉江中下游干流的自然河流状态，为相关鱼类创造适宜产卵的水文条件和环境。

"梯级调度创造了更自然的水文条件，结合水温和水量、流速等条件，给鱼儿'助产'。"长江防总常务副总指挥、长江委主任马建华表示，梯级生态调度就是水库之间"打配合战"，前后呼应、上下配合，恢复河流的自然水流状态。

水利部中科院水工程生态研究所在会商会上详细通报了这次鱼类产卵监测情况。初步结果是：汉江钟祥、沙洋、仙桃三个监测断面都出现了产卵高峰，其中钟祥和仙桃均在调度期间出现两个产卵高峰，佐证了梯级生态调度对鱼类产卵的积极作用。

黄　艳

2018 年 6 月 27 日新华网

陶岔渠首枢纽电站机组投产发电

6 月 19 日 18 时，中线工程陶岔渠首枢纽电站两台机组顺利完成 72 小时试运行，已累计完成发电量约 230 万千瓦时。

陶岔渠首枢纽电站装设 2 台灯泡贯流式水轮发电机组，单机容量 25 兆瓦，总装机容量 50 兆瓦，多年平均年发电量约 2.37 亿千瓦时，年利用小时数 4755 小时。

在整个试运期间，两台机组设备运转良好，各项指标参数均符合规范和设计要求，机组各轴承瓦温、油温，各部震动、摆度值均在标准范围内，安装工艺和稳定性良好。陶岔渠首枢纽电站完成机组 72 小时试运行，标志着电站即将进入正式商业运行阶段。

曾　光

原载 2018 年 7 月 1 日《中国南水北调》报

煤 城 摇 身 变 绿 城

这 里 曾 经 鸟 语 花 香

"关关雎鸠，在河之洲。"《国风·周南·关雎》里的在河之洲，指的就是淇河。"淇水悠悠，桧楫松舟，驾言出游，以写我忧。"历史上，淇河是一条产诗出歌的河。我国第一部诗歌总集《诗经》中，采自淇水卫地一带的诗歌有近50篇。

淇河边沙滩乐园

淇河发源于山西省陵川县棋子山，流经山西省陵川县、壶关县、河南辉县市、林州市，鹤壁市淇滨区、淇县、浚县，在浚县穿越共产主义渠，最后汇入卫河，全长161公里。

6月26日，南水北调中线工程通过淇河退水闸向鹤壁市淇河生态补水暂告一段落。据统计，自4月17日开始生态补水，淇河共接纳南水3336万立方米。

这是一个什么效果呢？当天，记者走在紧邻城市中心区的淇河岸边，河水清澈，满盈盈的。公园里绿树成荫，鲜花盛开，鸟鸣清脆。游人三三两两，或在林间驻足，或在沙滩嬉戏，乐哉优哉。

同行的李建华是鹤壁当地人，他告诉我们，若是节假日，周边城市如新乡、安阳、郑州等地，自驾游的人特别多，他们羡慕淇河水质好。公园里专门辟有游泳区，大人和孩子可以在淇河里畅游。夏天天热，人们喜欢来淇河岸边休闲纳凉。

"凡是有水的地方，就是自然公园，此话一点儿也不夸张。"南水北调中线鹤壁管理处李建华的话语里满是自豪，"鹤壁的美体现在中心城区 20 公里的河段内，自上而下分布着淇河国家湿地公园、淇河森林公园、淇水诗苑、淇河生态园、淇奥翠境园、淇水樱花园、朝歌文化园、淇水植物园、淇河下游湿地公园等生态风貌带，让人流连忘返。"

生 态 成 为 城 市 名 片

淇河为什么需要生态补水？鹤壁市水利局水政水资源科科长胡付柱道出了原因：因为上游缺水。自 2007 年淇河上游盘石头水库建成蓄水后，形成了有名的"千鹤湖"。工程除了防洪，主要供应鹤壁市山城区工农业生产生活用水。

"尤其是近年来，山城区工农业发展迅速，盘石头水库来水偏少，加上干旱少雨，入不敷出。"胡付柱说，每年汛前这段时间，从 5—7 月，淇滨区淇河段几乎断流。由于淇河来水少，淇滨新城生活用水不得不主要依靠地下水，每天供水定时限量。

一切改变都在南水北调中线工程通水后。

胡付柱喜出望外地说道："南水水质和淇水不相上下，水质软、水垢少，甘甜可口，受到欢迎，但鹤壁一直为淇河而担忧。为调蓄水面，他们在淇河中心城区段修建了几道橡胶坝，但河水长期不流动，水质严重下降。中线工程通水后，鹤壁市六次向南水北调主管部门申请向淇河生态补水，全部算下来补水达 4836 万立方米，极大地改善了淇河两岸的生态环境。"

如果说淇河是鹤壁的母亲河，那么，蜿蜒于城市边缘的南水北调中线工程则是鹤壁的生命河，不仅给鹤壁市人民群众带来了甘甜的饮用水，还给了淇河第二次生命，使淇河焕发了青春光彩。

水是生命之源、生产之要、生态之基。正是基于这样的思想认识，也正是有了南水北调工程的坚实基础，鹤壁市委、市政府近几年大胆提出了敢叫

"煤城"变"绿城"的豪言壮语。

在鹤壁市委书记范修芳的眼里，鹤壁市始终把生态文明放在"生态文明、活力特色、幸福和谐"城市定位中的第一位。在全国第一个编制了市一级的优化国土空间开发格局规划纲要，明晰生产空间、生活空间和生态空间的发展方向，以建设绿色城市、低碳城市、循环城市、海绵城市和节约城市为抓手，构建起城市现代生态新体系。

如今的鹤壁市，太行掩翠、淇水如碧、林茂粮丰、鸟语花香，森林覆盖率达 32.6%，在淇河繁衍生息的植物有 1000 余种、鸟类 150 余种、鱼类 60 余种，淇河水质在河南全省 60 条城市河流中 8 次排名第一。良好的生态环境已经成为鹤壁独特优势和靓丽品牌，鹤壁初步实现了由"煤城"向"绿城"的华丽转身。

生 态 补 水 惠 及 民 生

南水北调的生态补水都到哪里去了？在南水北调渠道边，淇滨区夏庄村的夏红亮经营一家小诊所。他习惯喝井水，一般不喝自来水，认为"有股怪味"。南水北调中线工程通水后，他经不起朋友的劝，试着喝了一口饭店里的南水，"味道不一般"。

今年逢春旱，夏红亮通过淇河上游提灌站一级级抽水，把自己家的庄稼地浇了两回。生态补水后，他最直观的感受是，村里机井的水位比以前低了。过去，按下水泵开关后，抽水间隔的时间较长，现在则缩短了。

由于生态补水，淇河水充沛，加上使用地下水的人在减少，地下水位逐步得到回升。这个答案在鹤壁市水利局胡付柱那里得到了印证，"淇河岸边许多村民都有此反映，气候也比以前湿润多了。"

除了美化淇河两岸，鹤壁市还建起了市内水系连通的水网工程，把过去的多条支渠改造连通，通过调蓄，引淇河水到新城区内，"市民只要一出家门就能看到清水"。在二支渠与华夏南路交汇处，南水北调的生态补水被引到了这里，河水清清，荷花飘香。连鹤壁市迎宾馆里的观赏水系也得到了沟通，附近市民一大早就到迎宾馆的花园里散步，沐浴着阳光，看着渠水流淌，生活悠闲而舒适。

胡付柱说，这些水穿绕鹤壁市，经过循环，最终返回到淇河之中。前几年淇河断流，一度影响珍稀水生物的生存，"淇河三珍"的双脊鲫鱼、缠丝鸭蛋、冬凌草都受到影响。南水北调生态补水让鹤壁特产得到了最大程度的保护。

鹿台阁上绿水青山

6月28日，我们沿着淇河顺流而下，继续追溯生态补水的去向。在鹤壁市浚县新镇镇淇门村附近，终于见到了淇河与卫河交汇处，只见泾渭分明，卫河如墨。清清的淇水有一半汇入污染的卫河，一半清一半浊。还有一部分淇水顺势拐了个弯，通过刘庄节制闸，流进了共产主义渠，渠道内鹅鸭畅游，一派田园风光。

自此，共产主义渠与卫河并行，继续滋润渠道两岸的百姓，蜿蜒十多公里后，最终完全汇入卫河。卫河继续向前，流经河北省大名县、山东省临清县入南运河，最后至天津入海河。"淇河对污染严重的卫河来说，有稀释作用。"鹤壁管理处的周位帅生于浚县，长于浚县，他对生态补水的理解与众不同。

返程途中，路过淇河边的朝歌文化公园。一座壮观的高台建筑映入眼帘，"四阿重檐、茅茨土阶、泥墙木骨"，此为鹿台博物馆，又名鹿台阁，是鹤壁市的新地标，以殷商鹿台遗址和《封神演义》为文化渊源而建。

谁能想到，鹤壁过去是一座煤城，因煤而兴，但长期的煤炭开采，城区环境黑、脏、乱、差，采煤沉陷区千疮百孔。如今，鹤壁就摇身变了绿城。

"鹤壁人沾尽了淇河的光，南水北调赐予了鹤壁最大的福气。"鹤壁市水利局局长王金朝说，"良好生态环境是最公平的公共产品，是最普惠的民生福祉。鹤壁市委市政府深刻领会了习近平总书记对经济发展同生态环境保护的关系论断，坚持'绿水青山就是金山银山'的发展理念，把绿水青山变成了金山银山，找到了经济发展的出路，这其中，南水北调中线工程立了头功！"

许安强　李金辉
原载 2018 年 7 月 11 日《中国南水北调》报

南水北调中线工程首次正式
向北方进行生态补水

今年生态补水 8.68 亿立方米

本报讯 水利部决定，2018 年 4—6 月，南水北调中线工程首次正式向北方进行生态补水。截至 6 月 30 日，南水北调中线工程今年已完成向受水区天津、河北、河南生态补水 8.68 亿立方米。

南水北调水大大缓解了沿线白河、清河、澧河、滏阳河、七里河、滹沱河、瀑河、北拒马河等 31 条河流"饥渴"状态，涵养了水源，补充了地下水，使这些区域河流重现生机。

中线工程通过向河北郑家佐河、瀑河、北易水河、北拒马河补水，为白洋淀实施生态补水。据悉，通过向瀑河补水，仅保定徐水境内就新增河渠水面面积 40 余万平方米。河道周边地下水位回升明显，浅层地下水埋深平均回升 0.96 米。目前，河道周边部分灌溉机井出水快、水量足。清冽的南水流入，也让河道水环境得到了明显改善。

天津市充分利用南水北调水源，为重要河湖湿地和缺水区域实施生态补水，提升了中心城区水环境。天津海河水生态得到明显改善，地下水水位回升。

从 4 月 17 日起，南水北调中线总干渠通过 18 个退水闸和 4 条配套工程管道向河南省进行生态补水，惠及南阳、漯河、平顶山、许昌、郑州等 10 个省辖市和邓州市。河南省受水区围绕"多引、多蓄、多用"的原则，完善优化补水方案，科学调度，加强巡逻，确保补水安全。6 月 30 日，河南省内沿线退水闸全部关闭，生态补水任务全部完成。据统计，两个多月来，南水北调中线工程对河南省生态补水 5.02 亿立方米。

今年生态补水，南阳市受水最多，白河城区段，清河、潘河方城段河流水质得到明显改善。6 月 28 日，在南水北调中线工程白河退水闸，丹江水从闸门呼啸而过，流入白河河道中。下游白河湿地公园内荷花盛开，市民们纷纷在水边、荷花旁留影。在白河光武大桥附近，63 岁的市民杜先生正在钓鱼："最近白河水质明显变好，钓起来的鲫鱼浑身白亮亮的。"

中线工程改善了受水区水质，增加了生态环境用水，修复了区域生态环境，遏制了地下水超采状况，改善了河流生态，发挥了显著的生态效益。

胡敏锐

原载 2018 年 7 月 11 日《中国水利报》

平凡的南水北调中线源头护水人

2018 年 7 月 16 日，157 亿立方米、5310 万人口。这组似乎没有联系的数字，组合在一起，绘就了一幅南水北调中线一期工程通水以来的效益蓝图。

"建好管好水源工程，确保一库清水永续北上。"南水北调中线水源有限责任公司总经理王新才的承诺掷地有声。

让首都喝上"一库清水"

"2012 年我在北京工作时，新买的烧水壶，用一次就结一层水垢。"曾在中国地图出版集团工作的小万说。

2016 年，她出差去北京，宾馆正好位于团城湖水库供水区域，她也用上了丹江口水库的水。"我在北京住了一周，走的时候专门看了一下烧水壶，水垢都没有了。而且水还有点甜味儿。"

小万感受到的变化，与源头护水人的努力密不可分。

"河南南阳陶岔站，20 点，pH 值，7.67；含氧量，8.35 毫克每升；氨氮，0.02 毫克每升……"7 月 1 日，丹江口库区水质监测中心监测出一组数据。水源公司从 2016 年水质监测系统建成，陶岔的水质数据便通过架设在断面的固定式水质自动监测站，传输到水质监测系统的终端，每天 6 次，从不间断。

"从我们建成至今收集到的水质数据来看，从丹江口水库送出的水水质良好。"90 后的水质分析员米小青，去年硕士毕业后就在中心实验室工作。

"这些'宝贝疙瘩'厉害着咧，丹江口水库水里含有些什么物质，只需一滴，半小时见分晓。"小米说，相比以前人工分析，取样、沉淀、萃取、烘干等一系列繁琐又耗时的工作，简直可以"秒杀"。

在这个实验室里，水质任何细微变化都尽在掌握，为了丹江口水库清水长流，他们就这样"锱铢必较"地用心关注着每一滴水。

实验室仅是水源公司监测水质的重拳之一。从2014年11月通水到2016年5月，耗时1年半修建完成的南水北调中线水源工程丹江口库区水质监测站网，在库区布设了31个监测断面。按照日、月、季度、年的监测计划，分别开展常规项目、生物项目和109项全指标监测。运行情况证明，站网已然成为源头水质监测利器。

"我们的监测站网除了实验室，还有3个固定式自动监测站、4个浮动式自动监测站、1辆移动监测车、1艘移动监测船及水质监测信息化平台。"水源公司环境移民部张乐群告诉记者，站网建成后，实现了水源地水质状况的自动监测和信息及时传递，大幅提高了水环境监测工作效率，也为管理部门提供了高效、科学的水质决策支撑信息。

站网建成，并不是一劳永逸。要用好，就要管好。如果说水质分析是劳心，那么站网维护，可谓劳心又劳力。

张乐群介绍，库区的4个浮动式自动监测站，都是用浮船搭载着监测仪器飘在水面，每周都需要维护校准。

科学调度发挥工程效益

白龟山水库是平顶山市区重要的饮用水水源地，也是南水北调的调节水库之一，被誉为鹰城"大水缸"。

"真心感谢南水北调，今年冬春连旱，水库水位持续下降，是南水北调解决了平顶山全市人民的用水危机，解除我们心头一患啊！"5月17日，河南平顶山白龟山水库管理局负责人对前来调研生态补水情况的水源公司同志说。

"几乎每天都来，看着这哗啦啦流着的水心里就敞亮。"4月中旬开始，南水北调中线总干渠经河北保定瀑河水库向白洋淀生态补水，干枯了多年的瀑河水库重又碧波荡漾，瀑河沿线德山村62岁的村民代克山一有工夫就到水库边待上一会儿，"现在的水库、河道跟我小时候那会儿一样。"说话间，他晒得黝黑的脸上盈着笑。

资料显示，2018年中线工程向白洋淀补水1亿立方米，这也是南水北调中线工程通水以来，首次给白洋淀生态补水。

为保障足量南水润泽沿线百姓，水源公司和汉江集团主动协调，科学管理，为实现年度调水任务殚精竭虑。

"要保证将来的调水安全，现在就要未雨绸缪，用实践去检验渠道的承载能力。"水源公司工程部黄朝君说，因此公司从今年3月开始，不断提高过水流量，以验证渠道安全。

去年秋天，一场罕见的汉江秋汛，检验了丹江口大坝的蓄水能力。去年10月29日，水库蓄水至史无前例的167米。充沛的水量，也为今年加大总干渠流量提供了保证。

今年3月，水源公司和汉江集团统一调度，逐渐加大输水流量，到4月17日，已达350立方米每秒。持续稳定地运行2个多月后，6月19日，增加到370立方米每秒。2个多月的安全运行，足以证明渠道经受住了350立方米每秒流量的考验。

据南水北调中线干线工程建设管理局数据统计，截至7月16日，南水北调中线工程从陶岔渠首调水入渠水量达到157亿立方米，惠及北京、天津、石家庄、郑州等沿线19座大中城市。北京1100万人，天津900万人，河北1510万人，河南1800万人喝上丹库水。

管好水脉保生命线无恙

如果说"有水调、调好水"是南水北调中线工程效益后面的"0"，那么工程安全，就是"0"前面的"1"。浩浩丹江口水库延绵几千里，穿黄河，跨湍河，"1"的稳固与否，带来的影响将是数轴线的正负极。

在南水北调中线工程一期工程中，丹江口大坝可谓是"心脏"。通水以来，平时每周一次，汛期每天一次的大坝安全巡查，发现问题后及时整改，是水源公司保护"心脏"安全的重要举措。

2017年8月底，汉江流域发生自2011年以来的最大秋汛。8次洪峰过程中有4次超10000立方米每秒的入库洪峰量级。9月23日，水库水位突破162米原坝顶高程，大坝加高部分开始挡水；10月29日，库水位达到前所未有的167米。

洪水来临，大坝安全大于天。按照长江委的要求，水源公司与汉江集团成立了蓄水工作协调小组，下设技术协调组、调度组、工程检测组等 8 个工作组，全方位无死角关注着大坝安全。

一项项安全监测办法、一场场技术分析例会、一天两次的大坝安全巡查……水源公司、汉江集团从领导到职工，每个人都上足发条，绷紧安全之弦。

心脏安好，动脉通畅，再加上"耳聪目明"，京津百姓的生命线便可确保无恙。

碧水高歌北进，源头管水不容丝毫倦怠。水源公司的历史使命，正如王新才的护水决心："新形势下，我们要按照'全委一盘棋，共谋新发展'的要求，全面履行好管理职责，为确保清水永续北上提供坚实动力。"

傅 菁 班静东 方政军

2018 年 7 月 18 日新华网

北京：2020 年中心城和城市副中心自备井将全部置换为市政供水

269 单位自备井年内换成市政水

惠及 15 万人；2020 年中心城和城市副中心自备井将全部置换为市政供水

北京今年将完成 269 个单位的自备井置换。记者昨日从市发改委了解到，2017 年，北京完成了 200 个单位的自备井置换，到 2020 年年底前，中心城及其周边公共供水管网覆盖范围和城市副中心，基本实现生活用自备井供水全部置换为市政供水。据测算，市政府固定资产投资将超过 20 亿元。

市政府承担 50% 改造费用

市发改委基础处相关负责人介绍，根据市政府印发的《加快推进自备井置换和老旧小区供水管网改造工作方案》，2020 年年底前，中心城及其周边

近日，大兴区育龙家园小区，接入市政自来水后，小区自备井已经封存

近日，育龙家园小区自备井置换完成后，
小区居民李阿姨家的水龙头流出了清水

公共供水管网覆盖范围和城市副中心，基本实现生活用自备井全部置换为市政供水，基本完成老旧小区供水管网改造。

根据计划，北京 3 年内要完成 1033 个单位自备井置换和 1223 个老旧小区供水管网改造。其中，2017 年已完成 200 个单位自备井置换、75 个老旧小区内部供水改造；2018 年计划再完成 269 个单位自备井置换、379 个老旧小区供水管网改造。

市发展改革委还加大了管网改造的资金支持和保障力度。按照方案，配套市政供水管线建设、住宅小区内部供水管网改造所需资金，由市政府固定资产投资安排 50％；市自来水集团自筹 50％；社会单位内部供水管网改造资金由产权单位自筹。

初步测算，市政府固定资产投资将超过 20 亿元。

减少地下水无序开采

据了解，自备井主要建设于 20 世纪 70 年代，以解决生产生活用水，同时向周边居民和单位供水。但随着北京水资源严重短缺，深层地下水超采严重，自备井供水问题也越发突出。

市发改委相关负责人介绍，老旧小区和自备井小区供水问题较多，如年久失修、管材落后导致水压水质不稳定，改造后能保证供水水压，也改善了水质。更重要的一点，通过置换对供水水源进行调整，可减少地下水无序开采，保护地下水源。

"自备井带来的后果是地面不均匀沉降，尤其是东部地区，这种沉降特别明显。比如马驹桥、朝阳东部地区。沉降对建筑物、地貌的构造有很大影响。现在北京压采地下水主要是为了解决地面沉降，缓解地下水资源透支。"市自来水集团自备井置换办公室副主任张海祥解释。

今年，随着北京供水水厂和供水管网建设，市政自来水供水覆盖范围不断扩大。市发改委相关负责人表示，特别是南水北调水进京之后，北京水资源紧缺的状况得到大大改善，具备了对老旧小区和自备井单位的管网改造和置换的条件。

张海祥估计，今年完成 269 个单位自备井置换后，可改善 15 万人用水问题。

■探访

自备井换"南水"　2600人喝上清水

由于吃水问题，家住大兴区育龙家园的李阿姨糟心了好一阵子。

去年开始，她家自来水一直非常浑浊。"水不敢用来做饭，冲完马桶也有厚厚一层沉积物。"李阿姨说。

不仅李阿姨家这样，整个小区的自来水都是浑的。后来物业查明，是小区自备井井壁坍塌所致。

育龙家园小区位于大兴区旧忠路，建成于2000年，共有24栋居民楼，用水人口约2600人，但仅有1眼自备井供水。去年，自备井井壁塌陷，造成小区用水长期发黄发浑，没法满足居民日常用水需求。物业只能协调市政供水车，解决日常用水。

育龙家园小区物业经理周晓广告诉记者，自备井取水后原本要经过三层净化，但井壁塌陷后，活性炭等净化措施已经不起作用，流到居民家中的水，就变得浑浊。

市自来水集团自备井置换办公室副主任张海祥介绍，目前，育龙家园自备井置换已基本完工，居民已经喝上了市政水。

记者昨日在李阿姨家看到，水龙头流出来的已经是清水。这水还是远从几千里外来的"南水"。张海祥介绍，育龙小区接入的是郭公庄水厂的水，也就是"南水北调"的水。

喝上"南水"，首先一点是硬度降低了。张海祥解释，育龙小区之前用的自备井，水质非常硬。"硬度是指钙镁离子含量，一般来说南城自备井供水的硬度在430毫克/升左右，而按要求硬度指标是不能高于450毫克/升的。改造后喝的郭公庄水厂的水，硬度顶多160毫克/升。

除了水质变好，小区的供水管线也得到优化。

据介绍，育龙家园小区此前供水管线为PE管材，使用时间较长。在改造施工中，自来水集团新建供水管线1710米，更新改造闸门、消火栓等附属设施16座。

"主管道用球墨铸铁管，内壁有水泥砂浆内衬，不易生锈。北京新机场的供水管也使用球墨铸铁管，使用寿命超过50年。"张海祥说。

此外，自来水集团还计划将育龙小区户内水表更换为电力远传水表，减少入户查表对居民的打扰。李阿姨说，以前是物业派人查水表，交水费也得去物业。"接入市政自来水后，用手机就能交，方便了很多。"张海祥说。

■背景

北京地下水位近年止跌回升

作为长期关注北京水资源的专家，中国环境保护组织公众与环境研究中心主任马军认为，自备井超采给北京水资源造成了严重威胁。"曾经北京城有上千眼泉水，现在这些泉水已经全部干涸。"马军说。

"上世纪 70 年代，北京集中打井之后地下水水位从那时就开始下降了，形成了大面积的'降落漏斗'，也就是一些集中开采的地区地下水水位显著低于周边地区，'漏斗'范围已经逐渐扩大到几乎覆盖整个平原地区。"马军说，超采还造成了一些地区地面的沉降，甚至对建筑产生影响。

近日，北京市水务局公布的 2017 年市水资源公报显示，2017 年年末地下水平均埋深为 24.97m，与 1998 年年末相比地下水水位下降 13.09m，储量相应减少 67.0 亿 m^3；与 1980 年年末相比地下水水位下降 17.73m，储量相应减少 90.8 亿 m^3；与 1960 年年初相比地下水水位下降 21.78m，储量相应减少 111.5 亿 m^3。

不过，地下水水位下降的趋势这两年得到缓解。

2017 年年末，地下水平均埋深与 2016 年年末比较，地下水水位回升 0.26m。但与 1960 年年初比较，地下水水位下降 21.78m。

地下水降落漏斗也在减少，比 2016 年减少 298km^2，漏斗主要分布在朝阳区的黄港、长店～顺义区的米各庄一带。

今年 1 月，市水务局局长金树东做客"市民对话一把手"节目时透露，北京地下水连续两年止跌回升。南水北调中线一期工程通水 3 年来，北京累计收水 30.2 亿立方米，全市直接受益人口超过 1100 万。

李玉坤

原载 2018 年 8 月 2 日《新京报》

引江水成为我市城镇供水主水源

全市 14 个行政区、910 万市民受益

本报讯 从南水北调中线建管局天津分局获悉，截至 8 月 24 日，南水北调中线一期工程自 2014 年 12 月通水以来，已平稳运行 1300 余天，累计向我市安全输水突破 30 亿立方米大关，全市 14 个行政区、910 万市民从中受益，为我市经济社会发展提供了坚实的水源保障。通水 3 年多来，引江供水量不断加大，从 2015 年占城镇供水的 28％提升至 2017 年的 57％，这意味着引江水已成为我市城镇供水主水源。

有效缓解了天津水资源短缺问题。引江通水以来，全市用水总量由 2014 年的约 26 亿立方米增加至 2017 年的约 29 亿立方米，城镇用水量由 14 亿立方米左右增加至 17 亿立方米左右。引江供水区域覆盖中心城区、环城四区、滨海新区、宝坻、静海城区及武清部分地区等 14 个行政区，基本上实现全市范围全覆盖，水资源保障能力实现了战略性突破。

切实提高了城市供水保证率。引江通水后，我市在引滦工程的基础上，又拥有了一个充足、稳定的外调水源，中心城区、滨海新区等经济发展核心区实现了引滦、引江双水源保障，城市供水"依赖性、单一性、脆弱性"的矛盾得到了有效化解，城市供水安全得到了更加可靠的保障。

成功构架了城乡供水新格局。引江通水后，构架出了一横一纵、引滦引江双水源保障的新的供水格局，形成了引江、引滦相互连接、联合调度、互为补充、优化配置、统筹运用的城市供水体系。

明显改善了城镇供水水质。引江通水以来，水质常规监测 24 项指标一直保持在地表水 Ⅱ 类标准及以上，水质明显优于引滦水。自来水厂药耗成本及出厂水的浊度大大降低，管网水浊度指标也明显下降，市民饮用水口感、观感得到全新提升。

有力改善了城市水生态环境。引江水替换出一部分引滦外调水，有效补充农业和生态环境用水，同时水系循环范围不断扩大，水生态环境得到有效改善。

2018 年上半年，我市"水十条"国考断面优良水体比例已上升至 50％，比 2014 年上升 25 个百分点；劣 Ⅴ 类水体比例下降至 25％，比 2014 年下降 40 个百分点，超过国家考核目标。

有效促进了地下水压采进程。引江通水以来，我市加快了滨海新区、环城四区地下水水源转换工作。提前完成了《南水北调东中线一期工程受水区地下水压采总体方案》中明确的"天津2020年深层地下水开采量控制在2.11亿立方米"的目标。全市整体地下水位埋深呈稳定上升趋势，局部地区水位下降趋势趋缓。

何会文
原载 2018 年 8 月 24 日《天津日报》

南水北调中线水源区水质持续向好
"水中大熊猫"重现

9月19日，记者从长江委获悉，长江科学院和南水北调中线水源有限责任公司日前在丹江口水库中心，发现有着"水中大熊猫"之称的活体桃花水母，面积达1500平方米左右，监测人员现场成功采集多个活体标本。

桃花水母在地球上生活了15亿年，是世界保护级别最高的"极危生物"，目前世界范围内只发现桃花水母11种，其中9种产自我国。它对水环境的要求极高，适宜生存在无毒无害、洁净的水域。

此次发现的桃花水母主要分布于水体中上层，采集上来的桃花水母体态晶莹，姿态优美，宛若桃花，活力十足，且集群存在。伞体明显扁于半球形，直径大约为8～20毫米，圆形周边呈锯齿状。

专家表示，此次活体桃花水母的现身，与生态环境的改善有很大关系。近几年来，丹江口水库通过加大生态环境治理和水源保护，水质洁净优良，为桃花水母提供了优良的生长环境。监测数据显示，2016年以来，丹江口水库水质整体良好，且逐年向好，2018年8—9月库区水质明显好于2016年和2017年，15个库内断面水质为Ⅰ～Ⅱ类。

汉江作为长江第一大支流，是长江中下游鱼类重要栖息场所，其产卵场主要分布于汉江中游江段。目前，由于汉江中游洪峰过程弱化甚至消失，鱼类产卵繁殖所需水文水力学条件无法满足。长江防总正通过研究对水利工程进行梯级生态调度，以改善汉江河床渠化对水生生态的不利影响。

祝　华

原载 2018 年 9 月 25 日《湖北日报》

"所有人查所有问题"

——中线建管局调研督导运行管理问题查改工作侧记

8 月中旬至 9 月上旬，中线建管局局长于合群利用工作日和周末时间，带队深入沿线各分局和重点管理处，调研督导运行管理问题查改工作，并主持召开座谈会，详细分析问题的深层次原因，全面部署查改运行管理问题工作。他强调："要以问题为导向，全面查改运行管理问题，实现管理处所有人都去查问题、所有人都会查问题。"

于合群一行先后来到鲁山、新郑和鹤壁管理处，每到一处，他都与现场人员座谈，详细了解问题整改情况。督导过程中，于合群与各分局、现地管理处着重分析了近期飞检、专项稽查和监督检查发现的各类问题，逐一讨论了每一问题的来源、发现主体以及原因，并与现场负责人交流了当前问题查改中的有关意见。

为 什 么 查 问 题

中线工程通水以来，各项运行管理工作逐渐趋于常态化、规范化，工程安全运行 1400 多天，输水 172 亿立方米，从规划中的补充水源，到现在成为北京、天津、郑州、石家庄等大中城市的生命线。

于合群带领大家分析问题时说，中线工程地位和作用越来越重要，我们肩负的责任也越来越重。从事物发展的客观规律来讲，问题无时不在、无时不有。从发现的问题来看，一些现地管理处存在着"做管理不是查问题""不把问题当问题""发现问题不愿意上报"等误区。针对这些思想认识上的误区，于合群强调，要强化问题意识，树立"隐患就是事故"的理念，弄清

"为什么查问题",明确查问题是管理处所有工作中最基本最重要的一项职责,只有管理处能够查问题,才能落实运行管理工作责任,才能严格对照相关标准梳理问题,做好对运行维护单位的管理,切实保障工程安全。

怎 么 查 问 题

在调研中,于合群发现鹤壁管理处的财务人员主动查问题,心中有数,知道钱到底花在哪里,感觉工作挺有劲头。他针对"问题会随着时间逐渐出现、出现后我们再解决""非专业人员查不了专业问题"等思想认识,要求以问题为导向,强化"所有人员查所有问题"的意识,调动全体人员积极性,通过培训提高查问题的能力,从表面的显性问题查起,通过现地管理处全员查所有问题,实现资源有效配置,扭转被动的工作局面。

"要充分利用工程巡查 APP 系统,以查问题为工作抓手,逐步形成问题发现、录入、分析、处理、反馈的良性机制,立查立改,快捷高效完成问题整改,提升运行管理水平。"于合群与大家交谈中要求。他提出,要做好"所有人员查所有问题"的工作部署,统一思想,先行试点,系统推进,有针对性制定培训方案,有计划地开展问题查改工作。要逐步形成制度,持之以恒执行下去。只有这样,才能保障工程持久平稳安全运行,水质稳定达标,不断发挥工程的综合效益。

张存有

原载 2018 年 10 月 1 日《中国南水北调》报

南水进京总量突破 40 亿立方米,
受益人口超 1200 万!

本报讯 自 2014 年 12 月 12 日南水北调中线一期工程建成通水,截至今晚(2018 年 10 月 18 日)21 时 48 分,本市累计接收丹江口水库来水达到 40 亿立方米,水质始终稳定在地表水环境质量标准 II 类以上,全市直接受益人口超过 1200 万。

　　北京市南水北调办相关负责人介绍，自 2014 年年底以来，北京市南水北调工程已不间断安全运行 1392 天，单日最大入京水量已达到 371 万立方米，供水量逐年增加，工程稳步达效。按目前流量测算，到 10 月 31 日本调水年度结束进京水量可超过 12 亿立方米，将成为通水以来北京调水最多的一年。

　　来之不易的南水进了京城，更要好好利用。这位负责人说，南水进京之后，本市严格遵循南水北调"先节水后调水、先治污后通水、先环保后用水"的"三先三后"原则，科学制定用水计划，研究确立了"节、喝、存、补"的用水方针。

在输水过程中全程计量、跟踪监测、精细调度、高效配置，确保最大限度利用南水，珍惜用好每一滴珍贵的南来之水。优先保障居民生活用水，并利用调蓄工程向水库和应急水源地存水，增加首都水资源战略储备，同时适时替代密云水库向城区重点河湖补水。40亿立方米的进京江水中，有26.72亿立方米用于自来水厂供水，占入京水量的近七成；10.06亿立方米存入大中型水库和应急水源地（其中5.62亿存入密云、怀柔等水库，4.44亿存入密怀顺等地下水源地）；3.22亿立方米用于替代密云水库补入中心城区河湖，有效缓解了北京水资源紧缺形势，保障了首都供水安全。

近四年总共有40亿立方米的进京江水，极大增加了本市水资源总量，提高了城市供水安全保障，改善了城市居民用水条件，在显著改变首都水源保障格局和供水格局的同时，也为我市赢得了宝贵的水资源涵养期。江水进京后，南水北调替代密云水库向城区自来水厂供水，在每年减少出库水量5亿立方米的同时，还通过新修建的密云水库调蓄工程累计向水库输送南水4.5亿立方米，促进了密云水库蓄水量节节攀升、水面不断扩大。另外，本市还创造性地将南水实验性回补地下水源地，累计向潮白河水源地存水约2亿立方米。现阶段监测结果显示，与2015年第一次补水前相比，补水区域地下水水位平均上升14.3米。

目前，正在大力推进大兴支线、河西支线、团城湖至第九水厂输水工程（二期）、亦庄调节池扩建等重点工程建设，同步推进2030年前的配套工程后续规划配套工程前期工作。随着配套工程的陆续建设完成，本市接纳南水北调来水的能力进一步增强，本地水资源与外调水资源的配置将更为合理，城市副中心、大兴国际机场等重点区域和房山、大兴、门头沟等新城的供水安全保障将进一步提高，供水范围、受益人口将进一步扩展，工程效益进一步发挥，为全面推进京津冀协同发展、有序疏解非首都功能、加快建设国际一流的和谐宜居之都提供可靠的水资源支撑。

叶晓彦

原载 2018 年 10 月 18 日《北京晚报》

南水北调中线水源地建成鱼类增殖放流站
首次放流 12 万尾鱼苗

丹江口水库羊山林场码头，人工繁育的鲢、鳙、中华倒刺鲃、团头鲂、三角鲂等品种累计 12 万尾，在公证人员的见证下，26 日放归一碧万顷的丹江口水库。这意味着 2015 年国家在丹江口水库启动的鱼类增殖放流站项目正式建成，并成功完成首次增殖放流。

来自水利部、农业农村部、中国科学院等部门和湖北、陕西、河南等省的有关领导共同参与了增殖放流活动。长江委总工程师金兴平在活动仪式上表示，开展库区鱼类增殖放流是加强丹江口库区及南水北调中线水生态环境修复，强化水生生物资源保护的重要举措。

丹江口水库是南水北调中线核心水源水库，具有巨大的水资源配置综合效益。但是，丹江口大坝加高后，正常蓄水位提升至 170 米，对库区湖北十堰郧阳区以上至陕西安康大坝汉江江段，产漂流性卵的鱼类产卵场有较大影响；另外，陶岔取水口每年也有大量鱼卵流失。2015 年 12 月，国家批复南水北调中线一期丹江口水库鱼类增殖放流站项目，打造丹江口水库"鱼类种质库"，通过人工繁育技术减少工程对生态的影响。

此次放流的鱼苗全部为丹江口水库鱼类增殖放流站人工培育，苗种规格为 4～15 厘米，且全部通过了检疫检测。负责这一生态补偿项目建设的长江委中线水源公司、汉江集团的专家介绍，丹江口水库鱼类增殖放流站主要承担放流鱼类的驯养、催产、受精孵化、苗种培育等整套生产任务，放流规模每年不小于 325 万尾。

据介绍，丹江口水库鱼类增殖放流站采用了全循环水养殖系统，即所有的培育养殖用水都是"零排放"，并与库区林场、绿地、城市管网联通，实现人工繁育鱼苗和水质保护的双重目标，为下一步加大放流规模打下很好的基础。

近年来，作为长江流域管理机构，长江委加快推进生态大保护工作。2011 年至今，运用三峡水库共进行 11 次生态调度试验以促进四大家鱼自然繁殖；2018 年 4 月，首次在金沙江中游开展圆口铜鱼人工增殖放流活动，共放流人工繁育圆口铜鱼幼鱼 1 万多尾；2018 年 5 月，首次在汉江中下游探索专门针对鱼类产卵的梯级生态调度。

黄 艳

2018 年 10 月 26 日新华网

南水北调中线京石段工程通水十周年 100 多亿立方米"南水"实现安全输送

10 月 25 日，南水北调中线建管局河北分局和天津分局联合开展了 2018 年南水北调中线工程开放日暨京石段工程通水运行 10 周年纪念活动。

南水北调中线京石段工程是为保证北京供水安全率先建成的输水工程，2008 年 9 月 28 日开始向北京供水。建成通水 10 年以来，京石段工程累计输水超过 100 亿立方米。

京石段工程运行平稳安全

"漕河渡槽通水运行已有 10 年时间，经受住了考验，运行一切正常。"近日，在位于保定市满城区的漕河渡槽旁边，水利部河北水利水电勘测设计研究院副院长赵运书说。

为缓解首都水资源短缺状况，2003 年 12 月底，南水北调中线京石段工程开工建设。其中，漕河渡槽工程于 2007 年 11 月完工。赵运书介绍，漕河渡槽长 2300 米、底宽 20 米、最大跨度 30 米，是整个南水北调中线干线的最大渡槽，也是当时我国最大输水渡槽。漕河渡槽高架、大跨、宽体、薄壁、三槽一联多侧墙结构型式为国内首创，与其他供水工程单孔薄壁 U 形结构相比，三槽一联结构提高了槽身纵向跨越能力，降低了槽身自重，增加了刚度。

漕河渡槽是南水北调中线京石段工程的关键节点工程。2008 年 9 月 28 日南水北调中线京石段工程通水后，我省的岗南、黄壁庄、王快、安各庄 4 座水库开始向北京应急供水。到 2014 年，共 4 次向北京供水，4 座水库累计调出水量 19.4 亿立方米，北京实际接收水量 16.06 亿立方米。2014 年 12 月 12 日，南水北调中线工程正式建成通水，京石段工程作为中线工程的一部分，开始正常向北京供水。

从 2008—2018 年，京石段工程通水运行 10 年。10 年来，京石段的各项工程运行平稳安全，经受住了考验。

南水北调中线建管局河北分局工作人员介绍，为保证工程安全，他们建立了安全监测和人工巡查相结合的日常监测巡查体系。主要场区实行定点安保值守，采取日常、专项和应急三种模式实施工程维护。

工程运行管理实现数字化智能化

南水北调中线工程就像一条细细的血管，穿山越岭，穿过无数村庄，穿过铁路公路，向北方铺展。要保持一渠清水永续北送，离不开现代科技的支撑。

总干渠在保定市徐水区西黑山村一分为二，一路向北直达北京，一路向东穿过西黑山节制阀进入天津干渠，经廊坊进入天津。在南水北调中线建管局天津分局西黑山管理处中控室，工作人员介绍，通过南水北调自动化调度系统，他们可实现对泵站机组设备的启停操作，对泵站、变电站电气设备运行数据、运行状态进行实时监控。

包括南水北调中线京石段工程在内，总干渠共有 64 座节制闸、97 座分水口门。要让这些节制闸和分水口门协调一致运行，需要 3000 多名工作人员分工协作。

工作人员介绍，南水北调自动化调度系统由闸站监控系统、日常调度管理系统、水质监测系统、安全监测系统、视频监控系统和大屏幕显示系统 6 套子系统组成，可实现自动化输水调度和各项监控功能。巡查维护实时监管系统能够让 3000 多名工作人员实现"步调一致",通过手机 APP,该系统将信息机电、安全监测、土建绿化、水质安全等 20 个专业领域的工作人员紧密联结在一起,实现了工程运行管理的数字化、透明化、精细化和智能化。

马彦铭　郭亚津

原载 2018 年 10 月 30 日《河北日报》

丹江口水库水质优良
大量野生鸬鹚聚集觅食

本站讯　11 月 5 日,中线水源公司在库区水质监测取样过程中,在丹江口水库青山港附近水域发现大量野生鸬鹚聚集觅食,场面蔚然壮观。

由于丹江口水库水质优良,加上地方政府和工程运行管理单位每年开展增殖放流活动,使得丹江口水库的鱼类资源不断增加,吸引了野生鸬鹚等鸟类在库区生存繁殖。

监测数据显示,南水北调中线工程通水以来,丹江口水库水质始终保持在国家地表水 II 类标准,2017 年至今陶岔取水口的水质保持在 I 类。

王君立

2018 年 11 月 9 日长江水利网

王岐山考察丹江口水库

国家副主席王岐山 14—16 日在湖北调研。他强调,要深入贯彻习近平新时代中国特色社会主义思想和党的十九大精神,自觉践行绿色发展,牢固树立文化自信,推进经济社会全面可持续发展。

王岐山先后来到武汉、十堰,考察湖北省博物馆等文博单位,了解文物保护和文化传承情况,前往丹江口水库,考察南水北调工程建设、库区生态环境保护、移民安置和脱贫攻坚等情况，并听取当地践行新发展理念情况介绍。

王岐山强调，守住生态红线、打赢脱贫攻坚，是党中央既立足当前又着眼长远的战略部署。中国历史文化传统中，"政府"历来是广义的。党和政府对人民群众承诺无限，人民群众对党和政府的期盼也无限，党和政府的奋斗目标就是不断满足人民群众对美好生活的向往。要深入贯彻习近平生态文明思想，不折不扣贯彻落实党中央关于生态环境保护决策部署，下功夫守护好绿水青山。要按照到 2020 年全面建成小康社会、打赢脱贫攻坚战的目标，进一步增强责任感、紧迫感，真抓实干、埋头苦干，兑现党中央作出的庄严承诺。要把践行"四个意识"与一项项工作实际结合起来，处理好生存与发展、局部与全局、当下与未来的关系，实现经济社会全面可持续发展，用担当的行动不断夯实党的执政基础。

王岐山指出，文化自信是更基础、更广泛、更深厚的自信，是民族自信的源头。中国特色社会主义道路，深深植根于独具特色的中华文明。历史文化传统决定道路选择，坚定中国特色社会主义道路自信、理论自信、制度自信，说到底是要坚持文化自信。要敬畏历史，以科学严谨的态度对待历史，做好挖掘整理和宣传工作，从中汲取实现伟大复兴的精神滋养，让中华民族优秀文化代代传承。要以庆祝改革开放 40 周年为契机，全面深入推进对外文化交流，既讲好中国历史文化故事，又讲好当代中国正在进行的伟大实践，不断增强中国特色社会主义道路的说服力和影响力。

朱基钗

2018 年 11 月 16 日新华网

丹 江 碧 水 润 万 家

——写在我市南水北调受水水厂全部通水之际

11 月 16 日，对全市人民来说，有着特殊的纪念意义——

这一天，凌晨一点，我市南水北调最后一个受水厂市第三水厂实现了供水；

这一天，市区沙北区域的广大群众终于喝上了盼望已久、甘甜清冽的丹江水；

这一天，市第三水厂通水比原计划 2018 年年底通水提前了一个半月；

这一天，标志着我市 8 个南水北调受水水厂全部通上了南水北调水。

南水北调　惠及全市人民

沙河、澧河穿城而过，碧波荡漾，风景旖旎，在许多人的眼中好像我市并不缺水，但实际情况可能没有我们想象中的好。

市南水北调办公室主任李洪汉向记者介绍，从水资源总体情况来看，我市是一个严重缺水的城市，目前我市水资源供需矛盾还很突出。

首先是我市供用水存在缺口。根据《河南省南水北调城市水资源规划报告》，预测我市 2020 年前生活、工业、环境年总需水量为 2.05 亿立方米（含市区、临颍、舞阳），而我市可供水量为 0.99 亿立方米，缺水量 1.06 亿立方米。

其次，我市供水安全保障能力不足。南水北调工程通水之前，我市城区居民生活用水的水源为澧河水和地下水。自澧河上游燕山水库建成以来，澧河来水明显不足，并且存在受到污染的风险。南水北调工程通水后，可以实现南水北调水源和澧河水源互补，我市的供水安全保障能力将大大提高。

记者从市南水北调办公室了解到，我市南水北调年规划分配水量 1.06 亿立方米，南水北调受水水厂共 8 个，其中，市区受水水厂 5 个，分别是市第二、三、四、五、八水厂；舞阳县受水水厂 1 个；临颍县受水水厂 2 个，分别是临颍县一水厂、二水厂（黄龙湿地公园生态供水）。

我市南水北调配套工程采用全管道输水方式，管线总长约 120 公里，从南水北调总干渠 10 号线和 17 号线向市区、临颍、舞阳 8 个水厂供水。我市南水北调配套工程建设于 2012 年 12 月启动。在市委、市政府的坚强领导和省南水北调办的精心指导下，在沿线各级党委、政府和广大人民群众的大力支持下，我市配套工程主管线建设已于 2015 年年底全部完成。

为了尽快实现通水目标，惠及全市人民，市南水北调办及早谋划，着力推动工程通水工作。舞阳县水厂首先于 2015 年 2 月 3 日实现通水，成为我市首个接受南水北调水源的水厂。至 2016 年 12 月 12 日，市区市第二、四、五、八水厂和临颍县水厂也先后通水。复杂的地质状况以及施工环境条件的制约，影响了市区市第三水厂通水进度。对此，市南水北调办积极向市政府汇报，协调各相关部门对市第三水厂通水方案进行论证、比选。在通水方案因各种因素所限不能实施的情况下，为及早实现市第三水厂通水，满足沙北区域居民急切用上南水北调水的期盼，市南水北调办拓展工作思路，在省南水北调办的大力支持下，加强和市清源供水有限公司等部门的协作，加快推进市第三水厂通水工作。经过各方的共同努力，市第三水厂于今年 11 月 16 日实现了通水。至此，我市南水北调 8 个受水水厂已全部通水。据了解，在全省各南水北调受水省辖市中，目前只有郑州、周口和我市实现了南水北调受水水厂全部通水。

优质水源　提升群众幸福感

11 月 20 日，记者来到市第三水厂，一睹丹江水从取水、净水到送水的过程。

在工作人员的带领下，记者看到丹江原水从供水管道进入净水工序后，首先是进入网格蓄凝池进行初步杀菌、沉淀净化水质，然后再流入斜板滤池，再一次沉淀杂质。随后，水通过积水槽进入微型滤池净化，之后又一次进入砂滤池。这样，经过多次过滤杀菌后，流入清水池的丹江水通过大型水泵加压，输送到千家万户。

"这里的自动监控系统显示，出水厂的水质浊度每立方米仅 0.13，远远低于国家自来水水质浊度 1 的标准，可以说水质非常好。"市清源供水公司第三水厂负责人门建伟指着监控仪满意地对记者说，"现在水厂每天供水量在 2.5 万立方米，供水安全平稳，完全能满足供水区域内市民生产生活需要。"

在水厂总控室里，电脑屏幕上实时显示着各个工序的操作数据和监控图像，从而保证水厂的安全生产和运维管理。

"丹江水进入我市真的很不容易！"市南水北调办公室副主任于晓冬说，丹江水经过的南水北调管线在我市境内全线共穿越 8 处铁路、15 处省级以上公路和 16 处河道，途经临颍、舞阳、源汇、召陵、经济技术开发区 5 个县区 18 个乡镇 105 个行政村，最终润泽沙澧广袤大地，也润泽千千万万民众的心。

"到目前，我市南水北调配套工程已累计调水近 1.8 亿立方米，其中 2017—2018 年度用水 6500 万立方米，供水目标已经涵盖市区、临颍县和舞阳县，南水北调水由原计划的辅助水源成为我市的主要供水水源。"市南水北调办副主任于晓冬高兴地说，工程自 2015 年通水以来，对漯河经济社会发展产生了积极影响。

这些影响老百姓摸得着、看得见，有目共睹：

——有效地保障了沿线的供水安全，改善了沿线城市居民生活。舞阳县、临颍县主城区自来水供水全部为南水北调水，市区第二、三、四、五、八水厂也置换为南水北调水，城市供水水质、安全保障能力和居民幸福指数得到了大幅度提升。

——优化了沿线城市的生态环境。临颍县利用南水北调水，初步打造了千亩湖湿地公园，并成功利用今年汛期南水北调生态补水对城市水系水体进行了置换，改善了城市居住和生态环境。

——各受水区水源置换后，地下水开采量明显减少，地下水水源得到涵养，地下水位得到不同程度回升。同时，随着南水北调水的利用率越来越高，就可以逐步归还以前占用的农业和生态用水。

丹江水好喝　水费如何征收

千里跋涉的丹江水，终于走进了千家万户。当人们喝上了可口甘甜的丹江水时，一定会想，丹江水确实好喝，可是南水北调水费是如何征收的呢？

记者从市南水北调办公室了解到，2014 年 12 月 26 日，国家发展改革委发布了《关于南水北调中线一期主体工程运行初期供水价格政策的通知》，规定南水北调中线工程实行"两部制"水价，即基本水价和计量水价。2015 年 5 月 1 日，省发展改革委、省南水北调办、省财政厅、省水利厅下发了《关于我省南水北调工程供水价格的通知》，核定了我省南水北调工程供水价格。我市南水北调综合水价为每立方米 0.74 元，其中，基本水价每立方米 0.36 元，计量水价每立方米 0.38 元。

按照国家规定和省政府要求，南水北调水费自 2014 年 12 月 12 日开始计征。其中：基本水费各受水省辖市每年都要按照规划水量足额上缴，计量水费按实际用水量缴纳。2017 年 2 月 7 日，市政府办公室印发了《关于做好南水北调水费征缴工作的通知》，对我市如何征缴南水北调水费做出了明确规定。目前，我市市区还没有调整水价，执行的现行水价中不含南水北调水费。向国家缴纳的南水北调基本水费由各级财政承担。

爱护水源　保护我们的生命线

采访中，记者深切地感受到，南水北调工程作为国家重大战略性基础设施，对我市经济社会全面、协调、可持续发展起着重要的促进作用。管理和保护南水北调配套工程，显得尤为重要。

记者了解到，为了加强南水北调工程管理和保护，国务院发布了《南水北调工程供用水管理条例》，省政府也发布了《河南省南水北调配套工程供用水和设施保护管理办法》，明确了南水北调受水区县级以上地方人民政府为南水北调工程保护管理的主体，明令禁止一切危害南水北调设施的行为。

近年来，市南水北调办公室为确保工程安全运行，持续发挥效益，大力开展宣传工作，取得了良好效果。他们组建了市级南水北调水政监察队伍，加强执法巡查，依法打击危害南水北调设施的行为。另外，还组建了工程巡查队伍，按照制度、规范要求对全市 120 公里管线及工程设施进行巡查维护，确保工程安全运行。

目前，由于南水北调中线工程是单一水源，配套工程是单一管线，沿线没有调蓄工程，突发事件、自然灾害、工程维修及养护等造成的断水风险始终存在。随着我市南水北调供水范围逐步扩大，对南水北调水的依赖程度越来越高，一旦发生断水，对居民生活造成的影响也越来越大。

对此，我市做到了居安思危，未雨绸缪，有备无患。

市南水北调办公室编制了南水北调工程突发事件和断水应急预案，并开展了应急演练，提高突发事件和断水应急处理能力。同时建议各有关县（区）政府将南水北调工程断水应急处置工作纳入政府应急管理体系，在南水北调工程突发断水事件时，确保统一指挥，上下联动，处置及时、快速，保障正常供水。另外，建议南水北调受水水厂根据居民生活和工业生产需要加强自备水源建设，并做好备用水源设施的日常维护，确保一旦出现断水事件，能够及时启用备用水源供水。

采访中，工作人员多次强调，随着经济的快速发展，生产生活对于水的需求量越来越大。同时，水资源浪费、污染的情况也非常普遍和严重。希望大家都认识到，水资源不是用之不尽的资源，用水不能毫无节制，节约用水显得越来越重要和迫切。节约用水，需要每个人都参与进来，珍惜每一滴水，珍惜我们的幸福生活和美好未来。

齐　放　孙军民

原载 2018 年 11 月 21 日《漯河日报》

全 员 参 与 推 进 有 力

——中线建管局天津分局深化查改工作侧记

11 月份以来，中线建管局天津分局接连召开会商会和月度管理工作会，一个重要议程，就是如何深化"所有人查所有问题"的工作机制，如何加速现场问题整改。"两个所有"让天津分局的问题查改体系更加立体化、高效化。

思想统一　培训筑基

天津分局将"问题导向"思想贯穿问题查改工作始终，确保思想统一、全员参与、推进有力。结合现场全员查改问题的阶段性经验，编制印发《天津分局现地管理处全员查问题工作指导意见》，明确了工作指导思想、总体目标和多项主要措施，为全员问题查改工作谋篇布局。

各现地管理处坚持以目标为引领，以问题为导向，落实分局要求，及时修订各自的工作方案，组织专业人员编制建筑物、设备设施的管理工作要点和常见问题列表，编写《巡查要点明白卡》，将设备巡查内容、步骤、常见问题原因、解决办法等一一登记在册，相互交流，逐步完善。同时，开展多层次、多批次的员工培训，使全员了解掌握了辖区建筑物、设备设施的使用功能和运行标准，非专业人员检查问题的基本能力稳步提升。

"问题查改不能光靠调度、机电、工程等业务科室进行，综合、合同财务同样是问题查改的主体。"徐水管理处主任工程师刘力军这样说道。该处制定了周问题查改工作计划，严格按计划执行，切实贯彻分局"每位员工每周至少抽出半天时间进行现场查问题"的工作要求。

党政同心　全面覆盖

自开展"两个所有"活动以来，天津分局初步形成"机关各处问题排查组垂直查、各现地管理处互相查、现地管理处内部自己查"的立体化问题查改体系。

分局将 8 个机关处室划分为 5 个问题排查组，各自按月对应一个现地管理处开展问题排查工作。仅 10 月份，就发现各类问题 32 项。

各现地管理处主动靠前，增强"主场"意识，积极开展内部自查活动，并在实践工作中摸索总结出"四查"工作法，即专业科室定期查，"岗、区、站、段"分类查，上级检查陪同查，维护队伍现场查。同时，现地管理处党支部也发挥基层战斗堡垒作用，积极协调配合"两个所有"落地生根。

目前，各现地管理处已建立党员示范岗 72 个、党员责任区 23 个，全面推行落实"站长""段长"负责制，划分 15 个站、19 个段，配齐站长、段长，协调推进问题查改工作，确保站内或段内运行安全。

全程提质　健全体系

经过一段时间问题查改后，大家发现，虽然全员参与问题排查发现问题的数量有了显著增加，但发现问题的质量有待进一步提升。分局及时调整工作思路，进一步转变观念，提高各环节的工作质量。进一步细化问题查改的基本流程，形成"排查、录入、研判、整改、验收、消号、反馈"的全"生态链"闭环管理，并落实每个节点的负责人和职责，加快整改效率，努力消除一般性问题，形成日常管理标准化的良性循环。

明确重点检查部位，跟踪问题处理过程。对于重要节点和关键部位重点检查，所查问题及时上传巡查系统 APP，并监督整改情况，做到"谁查问题，谁监督问题整改"，确保问题解决及时有效。同时再次开展问题排查时，均要对以往发现的问题整改情况进行复核，并进行相应记录。

遏制问题增量，减少问题存量，提升分局和管理处的整体形象。依托闸站设备设施标准化建设，按照中线建管局 60 余项管理标准、工作标准和技术标准，以工程巡查监管系统为载体，采用委托专业队伍维护的方式，对金结机电、高压输配电、信息自动化、消防等系统的设备设施，开展专业而有效的巡检和维护，确保工程安全稳定。

"身为一名员工，如果不能够对所维护的工程有深入的了解，我觉得不仅是一种失职，更是一种遗憾。所以感谢'两个所有'这个活动，让我对南水北调工程了解得更多、更细，为将来的工作打好更坚实的基础。"霸州管理处员工张九丹说。

员　飞

原载 2018 年 11 月 21 日《中国南水北调》报

时代的记忆　历史的见证

——南水北调工程亮相庆祝改革开放 40 周年大型展览

11 月 13 日，伟大的变革——庆祝改革开放 40 周年大型展览在国家博物馆举办。展览分设关键抉择、壮美篇章、历史巨变、大国气象、面向未来等主题展区，运用历史图片、文字视频、实物场景、沙盘模型、互动体验等多

种手段和元素进行展示。

走进大国气象展区，首先映入眼帘的是南水北调工程实体沙盘，采用声光电技术，模拟江河流向，显示受水区范围。南水北调工程成为庆祝改革开放 40 周年大型展览的亮点，受到观众的广泛关注。

南水北调工程规划分东中西三线，目前东中线工程已经通水。公务员杜先生驻足在南水北调展区，正兴致勃勃地为他的朋友介绍着。"我曾经在电视上看到过南水北调工程。"他说，"南水的水质比华北地区人们原来饮用的水质要好很多，这也是我们改革开放 40 年的一大成就。"

潘桂萍家住北京海淀区，"我在电视里经常看到南水北调工程的介绍，知道北京现在喝的就是南水北调调来的水。"潘桂萍说，中线工程为北京供水近 60 亿立方米，增加密云水库等地战略储备，为北京绿色发展提供了强有力支撑。"改革开放 40 年，我们的生活有了巨大的变化，交通更便利了、高楼大厦又多了、还喝上了好水，我们的幸福感提升了。"

本次南水北调展区采用 3 种方式全方位展示。一是大型电子沙盘模型，全景式展现南水北调工程"四横三纵"的总体布局、东中西三条调水线路及沿线重要工程。二是名为《大国重器》的视频，全面介绍了工程是实现中国水资源优化配置、促进经济社会发展、保障改善民生、促进生态文明建设的重大战略性基础设施。三是中、东线工程建设和效益发挥的图片墙，向观众徐徐展开了一幅世界上规模最大调水工程的画面。

本次展览于 11 月 14 日面向公众开放。初步定于年底前结束。

闫智凯

原载 2018 年 11 月 21 日《中国南水北调》报

同饮一江清水　共享生态红利

——南水北调东中线工程全面通水四周年综述

家住河南省平顶山市石龙区国源水务公司总经理高广伟，2015 年之前一般不穿白衬衣：当地煤尘大，水龙头一周只放一次水；水质差，白衬衣洗后发黄。2015 年 5 月，南水北调中线工程向平顶山市石龙区正式分水。南来之水经配套工程进入石龙区自来水管网，在河南省第一个实现了供水全覆盖、城乡一体化。11 月 22 日，身穿雪白衬衣的高广伟激动地说："家乡人民盼了四十年啊，终于彻底告别了用水难！"

南水北调东中线工程全面通水 4 年来，资源性严重缺水的河南省平顶山市石龙区、高氟水地区的河北省沧州市泊头县、靠天吃水的胶东地区等沿线城乡群众，告别了祖祖辈辈喝不上水、喝不上好水的历史。南水北调工程已经成为受水区经济社会发展的有力支撑，从根本上改变了受水区供水格局，改善了城市用水水质，提高了受水区 40 多座城市的供水保证率。

"南水北调工程调来的是幸福水！它是我国改革开放 40 年来最伟大的成就之一！"采访中，工程沿线群众用朴素的语言，向记者表达了对这一民生工程、民心工程和生态工程的充分肯定。

稳 中 求 进 的 先 行 者

在 2018 年南水北调工作会议上，原国务院南水北调办明确提出了"稳中求进、提质增效"总体工作思路。如何确保工程运行平稳，加强运行管理标准化、规范化建设成为"供水安全"的核心手段。以问题为导向，中线建管局、东线总公司等单位相继编制了规范化建设总体规划，明确了近 3 年规范化建设目标及实施路径。

2018 年，中线建管局开展了运行管理标准化闸站、标准化中控室、标准化渠道试点建设及达标工作。11 月 21 日，记者在试点的镇平管理处淇河闸站看到，员工服装统一，行为规范，室内干净整洁，日常调度信息管理系统实现了自动化、无纸化办公，值班人员告别了手填表格的麻烦。"标准化闸站创建不仅提升了闸站形象，而且解决问题的效率大大提高。"中线建管局副局长刘宪亮说。

在东线泗洪泵站，江苏水源公司试点的 10S 标准化管理工作具备推广应用条件。江苏水源公司宿迁分公司总经理沈宏平说："10S 标准化管理后，员工的精神状态与以前不一样了，做事变得有板有眼，规范有序，忙而不乱，工程运行安全得到了有效保证。"

在山东大屯水库管理所，标准化管理体现在细节上，餐具印有统一的南水北调标志。员工的宿舍管理，大到家具，小到被套、床单，统一订制。

今年8月，在水利部的统一领导下，中线建管局顺利完成陶岔渠首枢纽工程运行接管工作，实现了渠首与干线的统一运行管理，提高了中线工程的供水安全和调度安全保障水平。这是南水北调工程标准化管理迈出的重要一步。

在规范化管理上，中线建管局印发了《企业标准体系编制指南》《规章制度编写规范》《规章制度管理标准》，对现行运行管理制度标准的种类、适用范围、体例等进行规范，从水质保护、安全管理、工程维护、信息机电、队伍建设、水费收取等方面建章立制，使一切管理工作有规可依，管理更加规范。

结合运行安全管理标准化建设，中线建管局因势利导，开展了"所有人都能查找所有问题"活动，并建立长效机制，以现场查问题为导向，提高全体员工的综合知识水平。目前，通过全员查找问题，员工责任心普遍增强，团队凝聚力进一步提高。

运行安全一直是南水北调工程管理的头等大事。南水北调系统以"强化监管、落实责任"为重点，不断转变运行安全工作理念，加大监督检查力度。江苏水源公司在年度供水前，专门组织运行准备检查，及时消除隐患。调水期间，加强调水过程安全管控，在14座泵站成立了治安办公室和警务室。以问题为导向，对飞检、稽查和自查发现的各类问题建立动态问题台账，立查立改。

11月20日，在中线南阳管理处，记者遇到了49岁的工巡人员鲁占亭。他告诉记者，从2018年10月起，工巡队伍正式纳入中线保安公司统一管理。"工资会比以前有所提高，有了'五险一金'，感觉是一个真正的南水北调人了。"鲁占亭说，他现在浑身有使不完的劲。

作为稳中求进的先行者，经过努力，东中线工程项目法人对规范运行管理的认识不断深入，运行管理制度体系进一步完善，工程形象面貌进一步提升，有效提高了工程运行管理规范化水平。

提质增效的实践者

东中线一期工程全面通水四年来，两线运行平稳、工程质量可靠，水质稳定达标，经济、社会和生态效益同步发挥，基础性、战略性地位与作用日益显现。

"南水北调工程全面超额完成水量调度计划。供水范围和供水量一年比一年大，每年都在提质增效。"水利部副部长蒋旭光在 11 月 27 日召开的南水北调运行管理工作会上总结道，东线工程连续 5 个年度圆满完成调水任务，累计调水到山东 30.6 亿立方米，其中 2017—2018 年度调水到山东 10.88 亿立方米，比上一年度增加 22%。

中线工程已不间断安全供水 1459 天，累计向京津冀豫四省（直辖市）调水 191 亿立方米，其中 2017—2018 年度调水 74.6 亿立方米，完成年度 57.8 亿立方米调水计划的 129%，比上一年度又有大幅度增加。

"南水北调工程已经成为受水区经济社会发展的有力支撑。"蒋旭光说，工程从根本上改变了受水区供水格局，改善了城市用水水质，提高了受水区 40 多座城市的供水保证率，直接受益人口超过 1 亿人。其中，中线工程总受益人口约 5300 万，受益城市 24 个；东线工程受益人口约 6600 万，受益城市 17 个。

提质增效的背后，是一组组具有说服力的数据。

北京城区南水占到自来水供水量的 73%，密云水库蓄水量突破 25 亿立方米，增强了北京市的水资源储备，提高了首都供水保障程度。天津 14 个区居民全部喝上南水，南水北调已成为天津供水的"生命线"。河南受水区 37 个市县全部通水，郑州中心城区自来水八成以上为南水。河北 80 个市县用上南水，沧州主城区南水供应比例已达 100%，400 多万人告别了长期饮用高氟水、苦咸水的历史，衡水主城区南水日供应量达 8 万立方米，占日用水量的 94.1%。

江苏 50 个区县共 4500 多万亩农田的灌溉保证率得到提高。山东胶东半岛实现南水全覆盖。汉江中下游四项治理工程效益持续发挥，电站累计发电 10.7 亿千瓦时；引江济汉工程累计向汉江下游补水约 140 亿立方米。

提质增效的背后，是工程的安全平稳运行，南水北调系统各有关单位是主角。广大南水北调职工是实践者。

"我们高度重视工程运行安全工作，明确工程运行安全工作的总体思路、管理目标和工作重点，强化日常安全监督管理，紧盯隐患排查治理，狠抓应急能力提升，推进运行安全管理标准化建设，力促运行安全管理上水平。"中线建管局局长于合群说。

东线总公司副总经理胡周汉说，在工程运行安全方面，我们不断完善运行安全规章制度，认真落实运行安全主体责任，着力加强巡视巡查、值班值守、委托单位管理和职工安全培训，全面规范运行安全管理行为，扎实做好应急应对各项准备工作。

汛期是考验工程安全运行的关键期。2018年是丰水年，"安比""温比亚""玉兔"等台风持续登陆，南水北调工程防汛工作动手早、措施实，防汛汛情应对、问题解决及时有效，预防预报、调度运行、巡视巡查、汛情处置精准到位，取得了良好效果。

汛期何以如此从容？中线建管局修订完善了中线干线工程防汛风险项目分级标准，开展了防汛风险项目排查和划分，配备8支应急抢险队伍，设立17个汛期驻守点，做到"大雨未到，人员和设备先行"。针对可能发生的险情类型，突出实战、注重实效，组织防汛演练31次，为工程运行、防汛抗洪抢险、输水调度等应急处置奠定了坚实基础。

东线总公司建立以总经理和党委书记为领导小组组长的"双组长"模式，强化对全线防汛工作的统一领导，贯彻落实安全生产目标责任制，明确各级单位防汛职责和工作分工，层层压实防汛工作责任。制定年度度汛方案及应急预案，确定东线防汛重点部位，加强巡视巡查，及时消除防汛安全隐患。督促江苏山东两省建立防汛联防联动工作机制，形成防汛抢险工作合力。

在各单位的共同努力下，今年汛期未出现大的险情，实现了南水北调工程安全平稳度汛。

中线工程因为没有调蓄水库，输水调度一直充满挑战。全面通水4年来，中线建管局以促进调度能力提升、调度手段提升、安全保障提升为抓手，通过日常精准调度、冰期汛期特殊调度、化除为夷的应急调度，在实践中总结，在总结中提高，圆满完成了年度正常供水任务和各项生态补水任务。

依照《南水北调工程供用水安全管理条例》，南水北调运行管理单位联合地方公安部门，对破坏工程安防设施的行为一方面严厉打击，一方面在原设计基础上着力加强安防设施建设，不断完善监控系统、电子围栏、封闭围挡等各项安全防范措施，加强对重要设施的巡视检查和安全保卫，工程安防水平进一步提高，确保了一渠清水安全北上。

生态文明建设主力军

"节水优先、空间均衡、系统治理、两手发力"是习近平新时代的治水方针。

作为生态工程，南水北调系统严格按照"三先三后"的原则，深入实施水污染防治行动计划，在保障受水区供水安全、基本消除城市黑臭水体，还老百姓清水绿岸、鱼翔浅底的景象，做了大量工作，全力促进了受水区的生态文明建设步伐。

中线工程连续两年向沿线受水区实施生态补水，累计补水 11.6 亿立方米，河湖生态与水质得到改善，地下水位回升明显，社会反响良好。东线工程逐步修复了南四湖、东平湖等自然景观，先后为南四湖生态补水 2.95 亿立方米，有效改善了湖区生产、生活和生态环境。

据统计，生态补水后，中线工程沿线受水区地下水水位明显回升。河北省补水后 9 条河道沿线 5 公里范围内，浅层地下水位上升 0.49 米；河南省焦作市修武县地下漏斗区观测井水位上升 0.4 米。

补水使沿线河湖水量明显增加、水质明显提升。河北省 12 条天然河道得以阶段性恢复，瀑河水库新增水面 370 万平方米。河南省焦作市龙源湖、濮阳市引黄调节水库、新乡市共产主义渠、漯河市临颍县湖区湿地、邓州市湍河城区段、平顶山市白龟湖湿地公园、白龟山水库等河湖水系水量明显增加。

天津市中心城区 4 个河道监测断面水质由补水前的Ⅲ～Ⅳ类提升到Ⅱ～Ⅲ类。河北省白洋淀由补水前的劣Ⅴ类提升为Ⅱ类。河南省郑州市补水河道基本消除了黑臭水体，安阳市安阳河、汤河水质由补水前的Ⅳ类、Ⅴ类水质提升为Ⅲ类水。

向河湖补水，生态环境明显改善。天津市"水十条"国考断面优良水体比例上升至 50%。河北省滹沱河重新变回了石家庄人民"水清，岸绿，景美"的"母亲河"；瀑河水库干涸 36 年后重现水波荡漾。河南省 11 个省辖（直管）市形成了水清、草绿的景观和亲水、乐水的平台。

目前，华北地下水超采综合治理河湖地下水回补试点工作稳步实施。河北省滹沱河、滏阳河、南拒马河三条试点河段共补水约 4.7 亿立方米。

因为资源性缺水，又属于煤矿采空区，平顶山石龙区刘庄村是河南省级贫困村。刘庄村支部书记丁国新说，南水来了之后，村里利用滴灌技术培育食用菌，补上了刘庄村农业经济这一弱项。

没有水，石龙区从不敢提生态文明建设。如今，石龙区政府提出了打造水系连通工程的设想，连通周边的大浪河和北汝河，利用南水北调工程生态补水，将煤矿采空区几个大坑变成人工湖，让石龙区成为有水的"石龙区"。

在京杭大运河边新沂市窑湾古镇，厚重的历史孕育了窑湾独特的民俗、饮食和商业文化。南水北调东线工程年度调水期间，地方政府严格监管京杭大运河水环境，整治与保护并重。

通水以来，京杭大运河因南水北调通航里程增加，成功加入世界文化遗产名录，不仅带动了沿线的文化旅游，而且重塑了沿线台儿庄古城、济南趵突泉等人文景观。

作为缓解我国北方水资源严重短缺局面的重大战略性基础设施，南水北调工程是我国改革开放40年来，社会主义制度优越性的集中体现，它使我国真正具备了优化配置水资源的能力。

环境就是民生，青山就是美丽，蓝天也是幸福。全面通水4年来，南水北调东中线工程已经成为生态文明建设的主力军。未来几年，工程将充分发挥综合效益，满足人民群众对美好生活的需要，满足区域协调发展的需要，满足生态文明建设的需要，满足人民对水资源水生态水环境的需求，这是新时代南水北调必须肩负的历史责任。

许安强

原载 2018 年 12 月 11 日《中国南水北调》报

南水北调东中线工程全面通水 4 周年
北方 40 多个城市受益

12 日，南水北调东中线工程全面通水 4 周年。工程启动以来，南水成为北方 40 多个城市的主力水源，受益人口超 1 亿。通过实施生态补水，南水更是让北方多地河湖干涸、地下水位快速下降等问题得到了缓解。

自南水北调中线一期工程于 2014 年 12 月 12 日正式通水至今，南水北调东、中线已全面通水 4 周年，截至目前累计调水 222 亿立方米；工程在受水区供水安全、水生态保护、地下水超采治理上发挥了重要作用，有力支撑了受水区经济社会发展。

东线工程以江苏扬州市江都水利枢纽为起点，途经江苏、山东，累计抽江水量 311.39 亿立方米，相当于 1 个洪泽湖、210 个西湖、2500 个大明湖的常年平均蓄水量，调入山东水量 31 亿立方米。中线一期工程以丹江口水库为起点，地跨河南、河北、北京、天津 4 省（直辖市），累计调水 191 亿立方米，不间断供水 1461 天，累计向 4 省市供水 179 亿立方米。

东中线通水以来，直接受益人口超 1 亿

缺水是北方地区普遍面临的难题。家住河南平顶山市石龙区的沈君振回忆，年轻时，每天下班后要到离家几里地的水井挑水。中线工程通水后，平顶山主城区用水 100% 为南水。

南水北调中线建管局党组副书记刘杰介绍，我国水资源时空分布严重不均，长江流域及以南地区水资源量占全国河川径流 80% 以上，而黄淮海流域水资源量只有全国的 1/14。加之华北地区水资源过度开发、水污染严重、地下水开采过度，供水安全形势严峻。

保供水安全，是南水北调工程的首要任务。东、中线通水以来，在北京、天津、河北、河南、山东 40 多个大中型城市，南水已成为主力水源，黄淮海平原地区直接受益人口超过 1 亿。

其中，北京市南水占主城区自来水供水量的 73%，天津市 14 个区的居民全部喝上南水，河南省受水区 37 个市县全部通水，河北省石家庄、邯郸、保定、衡水主城区南水供水量占 75% 以上，沧州达 100%。

生态补水，让不少干涸河流重现生机

作为河北石家庄市的母亲河，滹沱河曾常年缺水。今年 9 月起，水利部、河北省政府联合启动华北地下水超采综合治理河湖地下水回补试点，利用南水北调中线工程向河北省滹沱河、滏阳河、南拒马河三条重点试点河段实施

补水。河北省防汛抗旱指挥部办公室副主任于清涛介绍，南水北调中线工程与滹沱河上游的黄壁庄水库联合补水，中线工程补水量占 86%。截至目前，共向河道补水 3.7 亿立方米，滹沱河地下水 70 个观测点中的 37 个呈现水位上升趋势。

华北地区普遍面临地下水超采问题。水利部南水北调司副司长袁其田说："南水北调东中线工程通水以来，通过采取限制地下水开采、直接补水、置换挤占的环境用水等措施，不少干涸的河流重现生机，地下水位开始回升。"

中线一期工程连续两年利用丹江口水库汛期弃水向受水区 30 条河流实施生态补水，已累计补水 8.65 亿立方米，河湖水量明显增加。近年来，东线工程向骆马湖补水，水位由 21.87 米升至 23.10 米；为济南市保泉补源供水 1.65 亿立方米，济南泉水四季喷涌。

"河道复流，地表水和地下水良性循环关系逐步恢复，华北地区地下水位快速下降趋势有效遏制。"南水北调中线建管局总调度中心副主任韩黎明说。北京、天津等 6 省（直辖市）压减地下水开采量 15.23 亿立方米，平原区地下水位明显回升。

生态补水增加了河湖水量，提升自净能力，水质明显改善。天津市中心城区 4 个河道监测断面的数据显示，水质由补水前的Ⅲ～Ⅳ类改善到Ⅱ～Ⅲ类。河北省白洋淀监测断面入淀水质由补水前的劣Ⅴ类提升为Ⅱ类。河南省郑州市补水河道基本消除了黑臭水体，安阳市的安阳河、汤河水质由补水前的Ⅳ类和Ⅴ类水质提升为Ⅲ类。

如何平衡南水北调工程生活供水和生态补水的关系？"在不影响供水需求的情况下，统筹考虑长江、汉江流域来水情况，制定专项计划，相机补水。比如今年 4—6 月，利用丹江口水库汛期腾库的实际，启动对河南、河北、天津等地的生态补水。"韩黎明介绍。

力保清水，东线工程输水水质稳定在Ⅲ类

南水北调，水质是关键。南水北调东、中线工程水网密布，水系相连，污染情况复杂，治理难度大。工程建设之初，部分沿线地区水质污染严重，特别是东线工程要实现水质达标，化学需氧量削减率须达 82%、氨氮入河量削减率须达 84%。工程启动以来，各地因地制宜，铁腕治理，全力保一江

清水。

出台规划，制定硬标准。山东、江苏两省出台治污实施方案，加强流域综合治理，提升流域环境质量。山东700多家造纸厂减少到10多家，2010年造纸行业化学需氧量排放量比2002年减少62%；江苏沿线关停化工企业800多家，东线工程沿线水质得到极大改善。

完善治污工程配套。南水北调东线治污工程共426个项目，其中山东324个、江苏102个。截至目前，东线一期工程426个治污项目已全部建成。河北省南水北调办有关负责人介绍，中线输水线路与沿线河流立交，不与地表水发生水体交换，周围地表水基本不会对总干渠水质造成污染。中线工程建成包含13个自动监测站、30个固定监测断面的常规指标监测网络，实时监测水质变化。

袁其田介绍，通水以来，南水北调东、中线工程运行稳定，按照"三先三后"原则要求，正确处理了跨流域调水与节水、治污和生态环境保护的关系，经济、社会和生态效益显著。中线水源区水质总体向好，丹江口水库水质为Ⅱ类，中线工程输水水质一直保持在Ⅱ类或优于Ⅱ类。其中Ⅰ类水质断面比例由2015—2016年的30%升至2017—2018年的80%左右；东线工程输水水质一直稳定在Ⅲ类。

王　浩

原载2018年12月12日《人民日报》

我市南水北调配套工程王庆坨水库基本建成

本报讯　日前，位于武清区王庆坨镇西南、总库容达2000万立方米的王庆坨水库工程基本建成，并将于2019年上半年投入运行。该水库投用后将有效缓解南水北调总干渠断水、冰期输水流量减少等供水安全问题对市区供水的影响，对满足城市稳定供水要求、进一步提高城市供水可靠性和安全性起到重要作用。

王庆坨水库工程是我市南水北调配套工程的重要组成部分，是南水北调天津干线我市"在线"调节水库和备用水源，主要具备两大功能：一是遇南水北调总干渠事故检修停水时，保证引江、引滦水源顺利切换；二是调节引江来水的不均匀性，保证城市供水流量稳定。该水库总占地面积3.92平方公里，设计总库容2000万立方米，最大入库流量19.58立方米/秒，主要建设内容包括水库围坝、截渗沟、泵站、引水箱涵、退水闸、退水渠等。

截至目前，我市已先后建成11项南水北调市内配套工程，工程质量全部达到设计要求，单元工程质量合格率达100%，优良率保持在90%以上，安全生产始终稳定受控。这些工程的投入使用，圆满实现了承接南水北调中线来水的输配水目标，使中心城区、滨海新区、宝坻、静海城区及武清部分地区等区域实现了引江、引滦双水源覆盖，进一步完善壮大了我市城市供水工程体系，为保障城市供水安全发挥了重要作用。

何会文
原载2018年12月12日《天津日报》

揽水调流　甘泓永续

——南水北调中线水源公司供水管理纪实

汤汤丹水，润泽北国。10月31日，南水北调中线一期工程2017—2018年度调水工作圆满完成。

千里长渠通南北，丹江碧水永奔腾。自2004年成立起，"护一泓清水永续北上"就成为南水北调中线水源公司（以下简称中线水源公司）不变的信条。大坝加高工程建设管理工作完成后，公司逐渐走上运营管理之路，全力保障足量优质供水，多方协调筹谋科学调配，"保供水"成为各项工作的重中之重。

"南水北调中线工程已不间断安全供水1419天，累计向京、津、冀、豫4省市供水超180亿立方米，惠及沿线19座大中城市的5310万居民，在保障水安全、修复水生态、改善水环境、优化配置水资源等方面，充分发挥出了社会、经济、生态等综合效益。"中线水源公司总经理、党委副书记王新才满怀自豪。

力 保 南 水 北 上

10月23日，南水北调中线一期工程2018—2019年度水量调度计划在京接受水利部组织的审查。不久以后，中线水源公司将接到2018—2019年调水计划，投入新一轮供水管理工作中。

"供水管理的首要目标就是保证水量。"中线水源公司副总经理万育生介绍，正式通水以来，中线水源公司严格执行水利部和长江委批复的供水计划，每日报送水量和水质数据，确保供水任务圆满完成。

"北调的南水从设计之初的补充水源，正逐渐转变为很多城市的主力水源，干渠沿线城市的用水需求量连年上升，在丹江口水库来水遭遇连续枯水年时，供水压力巨大"中线水源公司工程部主任王立坦言。

面对来水不足的情况，中线水源公司按照水利部和长江委的统一部署，会同汉江集团公司多方协调、多措并举，在满足汉江中下游需求的前提下，通过调整下泄流量、压减用电负荷等一系列措施，全力保障南水北调中线工程实现足额供水。

"供水管理事关重大，我们要以守土有责的决心，理顺思路、落实责任，按照长江水利委员会提出的'全委一盘棋'治江兴委，理念，积极加强与汉江集团公司等多方沟通协调，充分发挥委内各单位技术优势，共同做好供水管理工作，共护一库清水永续北上。"万育生说。

筹 谋 供 水 安 全

去年10月，汉江流域发生罕见秋汛，丹江口水库连续出现8次涨水，入库水量达243亿立方米。"丹江口水库是中线水源工程的心脏，也是保证供水的根本，供水安全首先要确保水库安全。"王立回忆道。

为了确保丹江口大坝安全度汛和丹江口水库蓄水安全，中线水源公司与汉江集团公司昼夜值守、巡查排险。经过两个月的全力奋战，丹江口大坝安全度过秋汛，丹江口水库也首次试验蓄水至167米，通过了高水位运行的考验。

2018 年 3 月，经多方缜密谋划，逐步加大南水北调中线总干渠的输水流量：

4 月 17 日，过渠流量达到 350 立方米每秒……

6 月 19 日，进一步增加到 370 立方米每秒……

2 个多月的持续稳定运行，总干渠经受住了设计流量 350 立方米每秒的考验，彻底打消了各方对总干渠承水能力的疑虑。

"工程效益是随着供水负荷提高而增长的，中线水源工程仅用 4 年就达到了设计流量输水，为我们完成供水任务提供了最大保证。"王立对迎接与日俱增的用水需求充满了信心。

点 亮 华 北 明 珠

2018 年 4 月，根据汉江水情和丹江口水库蓄水位偏高的实际情况，水利部统筹考虑水库防洪、受水区供水和汉江中下游用水情况，组织南水北调中线一期工程向北方启动生态补水调度。

4 月 13 日，中线水源公司起跑生态补水的"第一棒"：随着陶岔渠首闸门的调节，清冽的丹江水喷薄而出，背负着生态补水的新使命，沿着奔涌的水脉一路北上。

白洋淀是华北平原最大的淡水湖泊，曾被誉为"华北明珠"，但因自然因素和人为影响，长期面临水源不足的问题。调度工作开始后，丹江口水库的水经南水北调中线工程总干渠向保定市瀑河水库、白洋淀生态补水，上游干涸 36 年的瀑河水库重现水波荡漾。

瀑河沿线德山村 62 岁的村民代克山指着水库旁边的洼地，"我小时候天天去瀑河捞鱼，可后来水库就干了，跟那干燥的洼地一样，一点水也没有。"代克山以为河、库也就这么一直干下去了，"谁知道来水了，你说我们能不欢喜？"

秦赫向记者介绍，南水北调中线工程从今年 4 月 13 日至 6 月 30 日完成向北方 30 条河流生态补水，共向受水区河北、河南、天津生态补水 8.65 亿立方米，沿线城市河湖、湿地以及白洋淀水面面积明显扩大，地下水水位明显回升，河湖水量明显增加，河湖水质明显提升。

"密如织网的沟渠，星罗棋布的绿洲，纵横交错的芦苇丛和荷花田。"秦赫回忆起小学课文《荷花淀》，对白洋淀重现汪洋浩渺、势连天际的盛景充满了期待。

岳鹏宇　班静东
原载 2018 年 12 月 13 日《人民长江报》

丹库"打非治违"树标杆

771 个库区涉水建设项目接受现场检查，206 项水事违法行为被严查，个别案件高发区域新发案率已多年为零……近五年来，在新时期水利工作方针与长江大保护理念的指引下，长江委水政执法人义不容辞肩负起时代赋予的神圣使命，用责任与汗水，为水源地的安宁构筑起一道坚不可摧的法治屏障。

"通过持续严打，目前丹江口水库水事违法行为高发频发态势得到有效遏制，水事秩序较往年明显好转。事实证明，丹库'打非治违'经验可复制、可借鉴，有望打出'品牌'效应，成为库区管理的标杆。"2018 年 8 月 8 日，在丹江口水库水行政执法联席会议上，与会代表对丹江口水库多年取得的执法成果称赞不已。

而这，得益于近年来全社会对水源地保护认识的显著提高，更是长江委及库区无数水行政执法工作者不断汇聚各方护水力量，多年共同努力的结果。

2013 年 12 月起，在水利部统一部署下，长江委联合鄂、豫、陕三省，在丹江口库区持续展开了一场声势浩大的"打非治违"专项执法行动，通过卫星影像解译排查，使藏匿多年危害水库水环境安全的违法乱象逐一现出原形，并打击查处了一批涉水违法案件。此后，专项执法行动不断杀出"回马枪"，坚持高压严打发力，基本遏制住库区违法水事行为的反弹迹象，使丹江口水库水事秩序日趋好转。

2018 年以来，长江委继续在丹江口库区推进综合执法，联合鄂、豫两省水行政主管部门和相关地方人民政府加大巡查力度，增加执法频次，强化整改成效，丹江口执法模式、执法机制日趋完善，河湖长主体责任得到进一步落实，水库水事秩序持续稳中向好。

数据显示，自 2013 年水利部组织开展丹江口水库"打非治违"专项执法行动以来，共现场检查库区各类涉水项目 771 个，其中对 206 个涉水违法项目提出查处整改要求。截至目前，200 个项目已查处整改到位，剩余 6 个项目也正在积极整改中。

不仅如此，新发水事违法案件呈现逐年减少态势。库区历年高发频发的非法拦汊筑坝、非法采砂淘金、非法弃土弃渣、非法取水排污等涉水严重违法行为，已从 2013 年的 96 个大幅下降至目前仅零星分布，个别区域的非法拦汊筑坝行为更是基本"绝迹"，库区水事秩序较往年有了根本性好转。

丹江口水库地跨鄂、豫、陕三省，历来地域情况复杂，以往单纯依靠人力巡查发现违法行为难、查处更难。为切实提升执法效率，长江委想方设法频频"亮剑"，一举啃下库区日常监管这块"硬骨头"。

早在 2014 年初，长江委便着手建设卫星遥感遥测动态监测系统，通过 0.5 米高分辨卫星影像资料，对丹库 4700 余公里移民征地线及以下区域进行全面排查，违法涉水建设、非法拦汊筑坝、非法弃土弃渣等一系列侵占库容行为成为重点排查对象。

此后五年间，长江委继续丰富丹江口水库水行政执法基础数据库，利用卫星遥感遥测动态监测系统，加大影像解译和比对分析频次，全面排查和监控库区水事活动，为及时发现和甄辨水事违法行为提供了有效技术支持，极大提升了库区勘查与案件排查的效率。

2018 年以来，长江委组织技术支撑单位利用卫星遥感动态监测系统对丹江口水库移民征地线下水事活动进行 2 次全面排查，共解译发现疑似违建项目 22 个。同时，继续完善卫星全面排查和现场重点核查相结合的执法巡查运行机制，基本实现了对丹江口水库水事活动的全覆盖，使藏匿多年的水事乱象无处遁形。

重拳出击，打非治违动真格；全面摸排，技术支撑治乱象。丹江口水库安危事关重大，长江委敢于"叫板"库区违法乱象，不仅树立了执法权威，赢得了社会赞誉，也使得水源地水行政执法工作不断朝着法制化、规范化、常态化迈进。

张　濛　魏显栋
原载 2018 年 12 月 16 日《人民长江报》

丹心护佑　风雨兼程

——南水北调中线水源公司工程运行管理侧记

　　山雨初霁，秋意晚来。碧水蓝天下，巍峨矗立的丹江口大坝，似强而有力的臂弯，揽蓄浩汤汉江南水，将洁净的甘露送往北方大地。

　　这座位于南水北调中线水源一期工程核心水源地的世纪工程，如今已平稳经历了增高、通水、蓄水的层层考验，在秋日暖阳的照耀下，熠熠生辉。

　　自通水以来，南水北调中线水源公司的护水使者们，数年如一日，扎根丹坝，兢兢业业，用精益求精的匠人精神实现安稳运营"零"事故，用密不透风的防范预警措施将一切安全风险归"零"，用满腔的赤诚守护这座世纪丰碑，经风雨历练，历久弥新、稳若磐石，迎接供水 200 亿立方米的洗礼，护佑一库清水永续北上。

高 压 之 下 的 严 守

　　162 米，是丹江口水库新老混凝土坝结合点，也是检验这座世纪工程能否长久安全运行的一道"底线"。

　　"雨一直连着下了几天，连续几夜都没睡好。记得 22 日清晨，库水位达 161.85 米，和 30 多个巡查组的同事一接到通知，立刻集合，对加高工程分 8 组，冒雨进行拉网式全面排查。"回忆起去年 9 月迎战高水位时的场景，水源公司工程部安全专职工程师夏杰仍然记忆犹新。

　　去年 9 月 23 日至 10 月中旬，丹江口水库以上流域发生两次持续降雨过程，水库迎来 2011 年以来最大秋汛，8 次洪峰过程中有 4 次超 10000 立方米每秒的入库洪峰量级。而在此前，大坝加高工程尚未经受过高水位的考验。

　　"针对出现的超历史水位可能引发的工程安全问题，公司提前委托长江勘测规划设计研究院编制试验性蓄水的实施方案。"中线水源公司副总经理、总工程师汤元昌介绍，"这样一场未经演练的战役，是对丹江口大坝质量的检验，更是对中线水源公司建管实力的考核。只许成功，不许失败。"

"坝顶、土石坝排水沟、坡面、马道、混凝土坝廊道、近坝区等都要逐个摸查,发现异常需要进行详细的现场勘察、分析、对比。巡查严格照章办事,检查得很细,带着设备跑,循环一次需要 6 个多小时,之后再开碰头会。"夏杰说,外业监测资料完成后,内业还要进行大量的整理,通过数据分析进行比较判断是否有异常需要上报决策层。

汛期以来,大坝安全检查密度不断增加,蓄水试验期已达到每日 2 次。从数据采集到启动应急预案,这样一个闭合环的运行机制始终处于高速运转中。而在这种高强度巡视检查情况下,同时还要进行工程缺陷处理施工的现场安全和质量控制。

"公司成立了专门的领导机构,安全监测领导小组、巡查工作领导小组,从书记到巡查员每餐都是在坝上吃盒饭,加班连轴转,赶上下雨,浑身泥水,能睡几个小时都是难得。"汤元昌说,"辛苦归辛苦,但大家伙儿都明白,这是职责所在,一定要守好质量这道安全防线。"

未雨绸缪,有备无患。在水利部、长江委的统一部署和指导下,中线水源公司同汉江集团公司一起,成立了"1+9"的组织机构,通过协调小组、检测组、巡查组、安全分析组等各方技术力量,筑起道道安全防线,顺利完成水库 164 米、167 米蓄水试验工作。

"大坝工作性态总体正常,丹江口水库具备抬升蓄水条件,可按设计工况正常运行。"这份节选自水利部大坝安全管理中心的评估,对丹江口大坝蓄水试验结果作出了客观、肯定的评价,也宣告着丹江口大坝经受住了高水位的考验,工程质量合格,运行管理到位。

坚不可摧的基石

如果将南水北调中线输水工程看作一个世纪丰碑,那么,工程安全运行就是最关键的一座基石。没有稳固的地基,其他的一切都是空中楼阁。

从建到管的转变,并非朝夕之易事。进入建设期运行管理后,中线水源公司既要承担大坝加高工程的尾工建设任务、完成工程验收等工作,又要平稳完成转型,做好安全监测、防汛度汛、巡视检查、蓄水验收,保证工程的运行管理安全。

完善规范运行管理工作方案、组建丹江口水利枢纽管理中心、健全突发事件应急管理体系、强化内部监管和人员培训、成立中线水源工程集控系统设计项目组……面对转型期的千头万绪，中线水源公司遵照"全委一盘棋、共谋新发展"的治江兴委理念，理顺体系、建章立制，扎实推进工程运行管理的"规范化、标准化、精细化、信息化"建设。

"蓄水试验就是一次对运行管理能力的综合考验。"中线水源公司工程部副主任李方清介绍，期间，中线水源公司制定了《丹江口大坝加高工程汛期安全巡视检查及应急处置办法》《丹江口水利枢纽大坝加高工程蓄水期安全监测技术要求》《工程运行安全生产管理办法》等一系列运行管理制度，并委托运行单位制定《液压启闭机运行规程》等多个操作规程。用严密的制度，为大坝坝体穿上一层密不透风的铠甲。

专业素养决定成败。中线水源公司充分发挥自身协调优势，将大坝工程建设中的各个项目，交由枢纽运行单位——汉江集团公司及施工承包单位运行维护，工程安全监测由长江空间公司承担，水量监测工作由长江三峡研究院承担，水库水质监测由长江科学院承担，大坝加高工程的辅助项目水文项目、地震监测委托专业队伍进行运行管理。同时，以组建枢纽管理中心为契机，进一步整合中线水源公司、汉江集团公司运维队伍，形成工作合力，确保工程安全运行。

"考虑到大坝本身新老坝体结合的特殊性，对于工程运营管理的安全防范要求更为严苛。"李方清表示，经过蓄水试验后，中线水源公司高度重视并大力推进安全监测系统整合，"这套能够实现监测数据的即时采集、分析、传输、展示和应用，自动化传输、数字化管理、高效化运行的丹江口大坝安全监控系统的建成，将成为人工巡查监测的强力支持，为大坝安全运营插上信息化的双翼。"

与此同时，按照原国调办下发的相关运行管理考核办法，中线水源公司结合工程现场实际情况，制定了相关制度办法，对运行管理单位进行监督检查和考核，促进运行管理日趋标准化。

"工程维护、安全运行、应急处置制度不断完善，运管队伍有效补充，自动监测能力快速升级，规范监督检查和考核……三年里，公司进行了大量的摸索，对工程运行管理规律的认识不断深化，目前已初步建立了适应中线水源工程实际的运行管理体系。"中线水源公司总经理、党委副书记王新才表示，尽管前行的道路上仍然面临着许多新情况、新挑战，但中线水源公司有信心实现运行管理"零差评"，于细微处精心呵护工程安全，让这座世纪丰碑稳稳地在风雨中屹立，源源不断地将一库清泉送向北方。

周　瑾　岳鹏宇　班静东
原载 2018 年 12 月 17 日《人民长江报》

南水北调中线一期工程通水 4 周年
丹江口水库北送水量超 190 亿立方米

本站讯　12 月 12 日，据统计数据显示，4 年来，丹江口水库累计向北方供水超过 190 亿立方米，各项水质指标稳定达到地表水标准 Ⅱ 类以上。

南水北调中线一期工程惠及北京、天津等沿线 19 座大中城市，5310 多万居民喝上了丹江口水库水。北京、天津等受水区利用南水加快对当地地下水水源的置换，已压减地下水开采量逾 8 亿立方米，河南省 14 座城市地下水位回升。2018 年，丹江口水库向南水北调中线沿线受水区进行首次大规模生态补水，共向受水区河北、河南、天津等省市生态补水 8.65 亿立方米，沿线城市河湖、湿地以及白洋淀水面面积明显扩大，地下水水位明显回升，河湖水量明显增加，河湖水质明显提升。工程很大程度改变了北方地区的供水结构，沿线水资源配置进一步优化，在保障水安全、修复水生态、改善水环境、优化配置水资源等方面发挥了显著的社会、经济、生态等综合效益。

丹江口水库是南水北调中线工程水源地。作为丹江口水库的管理运行单位，汉江集团公司和中线水源公司始终把确保供水安全作为重大政治任务来抓，全心全意当好库区"守护人"，建立健全供水管理机制，严格落实枢纽安全管理责任，主动减少下游下泄流量、牺牲发电效益保供水，严格做好安全环保工作，强化巡视检查、做好枢纽运行维护和安全监测，开展监测计量、做好水质水量信息报送工作，足额满足了向北方供水和生态补水需求。特别是在近年来丹江口水库连续来水偏枯的不利形势下，通过实施科学调度，有效保障了南水北调中线一期工程的供水安全。

蔡 倩

2018 年 12 月 19 日长江水利网

净水流深　汩汩向北

——南水北调中线水源公司全力保障水质掠影

深秋时节，曙光初露。南水北调中线水源公司的采样人员沿着崎岖的山路，驱车辗转于丹江口水库各主要支流入库口，在不同的入库河流监测断面和水库库湾角落，认真采取水体样本。

南水北调，成败在水质。通水 4 年来，丹江口水库水质始终稳定在 Ⅱ 类以上。这一切的成功，得益于这群水质监测前沿的"哨兵"，也离不开中线水源公司倾力建成的水质监测保障体系。

7 个自动监测站、31 个监测断面、1 个固定实验室，搭配移动监测车、船和信息化系统……经过两年的紧张施工，一套集日常监测、高效应急于一体的水库水质监测系统建成并投运，可实现对水质变化及时掌握、快速反应，如同一张看不见形态的触网，严密检测着水库水体的变化。

在春夏之交，水质容易变化，时常出现藻类增多的情况；在水库中也可能会出现因各种原因引发的突发环境事件……这些非常态的水质异常情况，都逃不过水库水质监测系统的"眼睛"。中线水源公司的水库水质异常应急监测预案会立即启动，开展应急监测，密切监视水质变化情况，并及时向上级单位和地方环保部门汇报。

自 2014 年通水以来，库区周边省市县均按照属地管理、依法取缔、试点先行、区域推进的原则，依法推进清除网箱养鱼设施工作，几年里，丹江口库区几十万网箱相继拆解上岸，逐渐"清零"，库周转型生态型旅游经济，为保障核心水源地水质扫清障碍。针对偶尔冒尖的"漏网之鱼"，中线水源公司建立巡察机制，对违法养殖等污染水质行为及时进行劝阻和上报。

清理水面做减法，维护生态做加法。为了保障丹江口水库生态环境修复，强化水生生物资源保护，中线水源公司遵照国家批复，完成了全循环水养殖的鱼类增殖放流站的建设及试运行。10月26日，丹江口水库首次开展鱼类增殖放流活动，12万尾优质鱼苗在库区落户安家。

　　站在坝顶，碧水浩荡，极目万顷。"丹江口水库范围广阔，数以万计的居民曾临水而居，库周百姓对于水质的保护意识尤为重要。"中线水源公司环境与移民部主任湛若云向记者介绍，供水以来，中线水源公司已组织开展库区巡查20余次，一方面通过巡库向库周百姓宣传；另一方面不断加强对水库消落地的管理，利用无人机对消落带利用、库岸安全稳定和水域漂浮物等可能影响水质的相关情况进行重点巡查，编制了相应的管理办法，同时向当地政府和南水北调管理机构沟通，尽全力保护水库水质。

　　如今，中线水源公司已初步形成了一个以陶岔渠首断面每日常规水质9个参数人工监测、7个自动监测站每4小时常规水质10~15个参数趋势监测、库区31个断面每月水质29个参数人工监测、每年109项全指标人工监测为主干，信息系统为支撑的水质监测体系。如同"千里眼"，悉数捕获核心水源地水质的细微变动，及时对水质监测数据进行分析并上报结果。

　　"站网建成后，实现了中线水源地水质状况的自动监测和信息及时传输，大幅提高了水环境监测的工作效率，也为管理部门提供了高效、科学的水质决策支撑信息。"中线水源公司副总经理齐耀华表示，通过密集的排查机制与自动监测系统，中线水源公司竭力为核心水源地提供全方位立体化的监护，将水污染隐患消除到最低，护佑一库清水永续北上。

周　瑾　岳鹏宇　班静东

原载 2018 年 12 月 19 日《人民长江报》

作用不可或缺　　配合不折不扣

——中线水源公司倾力做好丹江口水库征地移民安置工作纪实

　　2013年8月22日，丹江口水库加高蓄水前移民验收一次性通过了国家验收。这标志着丹江口水库移民工程在国务院南水北调工程建设委员会的领导下，河南、湖北两省圆满完成任务，创造了4年搬迁34.5万移民，且"不伤、不亡、不漏、不掉一个"的奇迹。

在丹江口水库移民搬迁过程中，作为实施的责任主体，两省各级人民政府和广大移民干部细致周到，相互配合，移民群众响应国家号召，无私奉献，谱写了一部感天动地的搬迁史诗。这其中，中线水源有限责任公司作为项目法人尽职尽责，不仅全过程参与，而且在每个阶段扮演了不可或缺的角色，为丹江口水库征地移民安置做出了应有的贡献。

4 月中旬，记者走在丹江口水库库区连绵起伏的大山深处，一块醒目的高大的水位标志牌突然映入眼帘。同行的中线水源有限责任公司（以下简称中线水源公司）综合处同志介绍说："这样的标志牌共 24 座，这只是其中一部分，库区界址点的测绘有 22134 个，永久界桩的埋设有 18502 座，都是我们在不到 3 个月的时间内完成的。"

在好奇心的驱使之下，记者经过两天多的详细采访，中线水源公司在丹江口水库征地移民安置过程中发挥的作用一点点浮出水面。

前期阶段：精心编制初步设计报告

20 世纪 50 年代初，毛泽东最先提出了南水北调。

随后，长江委按照水利部的部署承担了南水北调中线工程的前期研究工作。2002 年 12 月国务院批复总体规划后，长江委启动了规划研究工作。2003 年 2 月，国务院颁布丹江口库区停建令，长江委设计院完成了丹江口库区淹没影响区实物指标外业调查。

《南水北调工程建设征地补偿和移民安置暂行办法》规定，工程建设征地和移民安置工作，实行国务院南水北调工程建设委员会领导、省级人民政府负责、县为基础、项目法人参与的管理体制。

2004 年 8 月，中线水源工程项目法人——南水北调中线水源公司正式成立。他们迅速履行职责，积极开展征地移民初步设计编制组织工作。

2005—2008 年，组织完成了库区征地移民可行性研究报告。

2008 年，完成了库区移民试点规划报告，河南、湖北各搬迁移民约 1 万人。

2005—2011 年，完成了丹江口水库建设征地移民安置初步设计报告，包括库区环保、水保、生态修复和蓄水诱发地震、地质灾害及科研课题等专项报告。

在前期工作过程中，中线水源公司召开各种座谈会，参与上级部门赴库区的各项调研活动，将库区省、市、县移民机构相关意见充分反馈到设计单位；特别是涉及政策性的有关问题时，他们及时向上级汇报，并召开专题会或咨询会研究，使困扰的难题得到妥善处理，为报告的编制奠定了基础。

报告编制完成后，中线水源公司及时组织分专题的初步审查工作。邀请国内知名专家对报告认真核审，并督促设计单位及时修改，最终向国家提交了一份最佳的水库移民规划设计成果。

2010 年 10 月，国家正式批复了库区初步设计报告，批复补偿投资473.5267 亿元，补偿投资较好地反映了丹江口库区移民工程补偿的标准和水平，维护了移民群众的切身利益，为移民迁建后生产、生活水平的恢复和发展提供了保障。

据统计，在前期工作管理中，中线水源公司累计发出专业任务委托文件30 份，组织召开相关会议 50 余次，参加相关会议 200 多次；共组织编制库区试点移民报告 65 本册，总体可研中征地移民部分 4 本册，库区征地移民报告413 本册，水库环保水保初步设计 18 本册。前期规划设计工作的及时完成，为上级决策以及征地移民工程的适时开展铺平了道路。

实施阶段：努力确保搬迁资金落实

丹江口水库移民规划试点和移民规划批复后，中线水源公司立即会商河南、湖北两省移民机构，签订任务和投资包干协议，达成年度支付协议，按规定汇集编报年度投资建议计划，征求移民机构意见后编制年度资金预算和分月用款计划，按照协议分批、及时、足额地筹集支付移民资金。

中线水源公司统一负责筹集丹江口库区移民资金。为保障资金及时供应，他们主动与省级移民机构联络，建立了移民资金动态管理机制，及时掌握两省移民动态和资金的流向和存量情况，适时提取银团贷款和申请过渡性资金。

2009 年年底，库区试点移民正处在收尾阶段，大规模移民即将开展，而中央财政资金还没有到位。在这关键时刻，时任河南省移民安置指挥部指挥长的刘满仓副省长专程带队来中线水源公司协商资金问题。

在巨大的资金压力面前，中线水源公司积极想办法，利用企业身份的优点，由公司领导专门带队，上门拜访银团各成员行，向他们紧急求援。当时已近年底，银行信贷规模紧缩，在事前并无提款计划的情况下，终于争取到了银团贷款 21.5 亿元。

这无疑是雪中送炭！这些资金全部投入到移民工程的实施过程之中，解决了大规模移民的燃眉之急。

据统计，在库区大规模移民外迁的两年内，中线水源公司每年保证资金需求近 200 亿元，先后贷款近 60 亿元，占公司授信贷款规模的 83％，全部用于水库征地移民工作，弥补了中央资金暂时的空档，保证了移民搬迁的顺利实施。

为管好用好每一笔移民资金，中线水源公司多次实地调研移民资金需求情况，组织召开库区移民资金管理研讨会，分阶段总结库区移民资金管理的经验和存在的问题，研讨加强资金管理的有效方式，解决了移民资金在使用管理中存在的实际问题与困难，确保了移民资金使用的安全高效。

截至今年 4 月底，中线水源公司先后分 127 次共拨付两省资金 452 亿元。为减少资金请拨付时间，他们要求移民资金到账后，向两省拨付不过夜。2012 年，上级单位对中线水源公司到账移民资金支付情况认真检查，得出了平均每笔资金在公司仅滞留 2.8 天的结论。

在投资计划上报、资金筹措及拨付上，中线水源公司尽心尽责，积极配合，周到服务，为两省移民的实施开展提供了基础保障。

搬迁关键期：千方百计弥补资金缺口

随着两省移民搬迁大规模的开展，原初步设计规划情况发生了一些变化，如安置地房建及基础设施建设时，因为人工和材料爆发性的需求，造成价格大幅度上涨，国家批复的移民投资标准出现了较大的突破，安置地政府均不同程度地出现了资金不够用的问题。

按照上级指示，中线水源公司迅速组织设计单位，编制《南水北调中线工程丹江口水库移民房屋及点内基础设施补偿投资价差分析报告》，并审查上报。获得批复后，增加价差投资 13 亿元，很好地解决了地方政府在移民安置实施中的难题。

湖北库区内安移民数量大，在内安移民居民点建设过程中，遇到了不少高切坡和高填方等危及移民群众财产和生命安全的问题。中线水源公司配合地方政府认真调查，积极反映，并组织设计单位编制了相关规划报告上报。

2013 年 12 月，该报告获得批复，增加投资 56048 万元，为保护高切坡居民点移民群众的生命财产安全提供了资金保障。

中线工程的成败在水质。丹江口水库移民搬迁任务基本完成后，库区清理成为保证水库水质安全的关键。为高标准完成水库库底清理任务，中线水源公司于 2012 年 5 月委托设计单位，编制了《南水北调中线一期工程丹江口水库库底清理技术要求》，2012 年 10 月又委托设计单位编制了库底清理规划专题报告，并上报国务院南水北调办。

上述报告最终获得批复，不仅为丹江口水库设立了库底清理技术标准，同时获得增加投资 18726 万元，解决了库底清理的资金缺口。据统计，各专项报告的批复，共增加移民投资 20.96 亿元。中线水源公司辅助上级决策部门，不断修改和完善原初设报告，较好地解决了移民实施中出现的新问题。

非地方项目迁复建：急库区之所急

中线水源公司负责完成丹江口水库移民规划中非地方项目的迁移复建。在配合好两省移民搬迁的同时，中线水源公司完成了规划报告中涉淹库区水文监测设施，共完成复建水文站 4 个、水位站 31 个、河道观测设施 316 个、河道专业设施复建标点 1814 个；完成了大地测量设施的迁复建，包括丹江口水库一至四等水准点的基本标石 51 座、普通标石 748 座、钢管标 50 座、水准观测 3104.1 公里、跨江水准一至二等观测 43 处；负责完成了水库蓄水诱发地震台网建设，共布设 11 个固定数字遥测地震台，设置 1 个强震观测台、4 个流动数字地震台网，建立地下水动态观测井网，1 个地震分析中心。

丹江口库区土地征用线高程 170 米岸库线长达 4654.8 公里，移民迁移线高程 171 米库岸长度达 4711.3 公里。2013 年初，国务院南水北调办明确任务后，中线水源公司立即组织完成了《丹江口水库库区建设征地永久界桩》设计工作，并负责委托了承揽单位。在 3 个月内，中线水源公司完成了 18502 座永久界桩、24 座水位标志牌的埋设，以及 22134 界址点的测绘工作，为地方库区移民自验提供了边界依据，同时也满足了工程完建后水库运行管理和库区经济社会发展的需要。

中线水源公司还承担了其他诸如水库蓄水已发地质灾害监测治理项目、水质监测系统等建设项目的管理工作。目前，由他们负责组织的迁建和复建项目均在蓄水验收前完成，通过了国务院南水北调办组织的水库移民蓄水前验收。

随着移民工作重心的转移，中线水源公司副总经理齐耀华表示，将一如既往地做好后续工作，为上级部门当好参谋和助手：一是配合做好移民后期发展、稳定相关事宜；二是提前做好水库蓄水诱发地震、地灾等应对措施，确保库周人民生命财产安全和水库蓄水安全；三是开展移民经济研究等工作，为水库移民政策的制定提供理论依据。

许安强

2018 年 12 月 19 日人民长江网

碧 水 丹 心 润 京 华

——写在南水北调中线一期工程通水四周年之际

当欢快的浪花从节制闸喷涌而出时，2014 年 12 月 12 日 14 时 32 分，这个具有非凡意义的时刻被历史所定格。通水 4 年来，南水北调中线一期工程陶岔闸累计入渠水量超过 190 亿立方米。4 年，时光诠释了一份坚守；190 亿，数字记载着一种奉献。通水以来，汉江集团人用内心执着的坚守守护着水源地泽被后人的"生命之水"。

守 土 尽 责 写 丹 心

2014 年 12 月 12 日，南水北调中线一期工程正式通水。

铮铮话语激荡耳畔，重任在肩铭记于心。

忠实履行丹江口水库运行管理职责的汉江集团公司，始终牢记使命，保障枢纽运行安全、供水安全。汉江集团公司、中线水源公司成立了蓄水工作协调小组、明确职责分工、完善工作机制、强化应急措施，开展工程巡查、安全监测和隐患排查处置，全面研判枢纽运行工况，在确保安全的前提下按照预案分阶段逐步抬高运行水位。

世纪工程，巍峨丰碑。拔江而起的丹江口大坝将汉江上游一库清水轻轻揽入怀中。碧波微漾的一库清水中记录着枢纽在加高后接受高水位运行的每一次考验。为 1983 年特大洪水 160.07 米的最高洪水位所设的标志牌早已被不断刷新的库水位纪录淹没在水下。2017 年 9 月 23 日，162 米水位线淹没，新老坝体紧密咬合的部位经受住洪水的考验；10 月 5 日，164 米阶段蓄水试验工作完成；10 月 29 日，库水位最高达到 167 米，水库试验蓄水任务圆满完成。

无数次的数据分析，无数次的现场踏勘。汉江集团公司和中线水源公司加密开展工程巡查监测和蓄水安全隐患排查处置，提前完成丹江口大坝溢流坝段边墩横缝漏水应急处置，顺利完成 164 米和 167 米水位蓄水阶段大坝安全分析评估工作。

组织开展水情、水量与水质的监测、计量及报送工作，确保一库清水永续北送。每日 8 时向枢纽防汛指挥机构组成部门和领导成员通报丹江口水库水情；做好丹江口水库 3 个口门水量监测、计量、确认和通报，每日向中线总干渠管理单位通报水库运行情况、陶岔水量和水质信息；每月及时与中线总干渠管理单位确认陶岔供水量。开展陶岔取水口水质监测，并及时向相关部门报送。按照有关要求及时总结报送水库月水量调度情况、水库水量统计情况和生态调度情况。

大坝安全分析评估报告指出，大坝工作性态总体正常，水库具备抬升蓄水条件，可按设计工况正常运行。这是对水库管理单位履职担当的由衷肯定，更是汉江集团公司不忘初心、矢志不渝的指路明灯。

2018 年，按照水利部、长江委的要求，全面、彻底地完成了丹江口水库蓄水期间发现问题和工程建设遗留问题的处理工作，水库蓄水试验报告通过水利部组织的审查，枢纽具备 170 米正常蓄水的条件。大坝安全监测新老系统进行整合，实现了与水利部大坝中心数据对接和上传。

为 有 源 头 活 水 来

问渠哪得清如许，为有源头活水来。

中线工程正式通水后，为了保证南水永续北送，汉江集团与水源公司共同成立了中线水源供水领导小组，与中线干线局协商建立了陶岔供水调度流程，逐步建立起较为顺畅的供水调度运行机制，保证了沟通顺畅，调度有序，为实现平稳安全供水打下了基础。根据原国家防总有关文件精神，落实了水库"三个责任人"，即安全度汛行政责任人、抢险技术责任人、值守巡查责任人，确保责任人到岗到位、履职尽责。2016—2017 供水年度，丹江口水库向北方供水 48.46 亿立方米，提前 6 天完成水利部下达的水量调度计划；2017—2018 供水年度，丹江口水库向北方供水 74.63 亿立方米，提前 43 天完成供水计划。

"汉江集团积极与国家气象局合作，把握来水的准确性，保证供水计量准确。长期坚持供水值班和水库调度会商会制度，我们竭尽全力确保实时调度的精细化、准确化。"水库调度中心主任刘松说。

汉江集团公司全年实施 24 小时供水调度值班，加强水库水雨情预测和研判分析，加密调度会商，做好水库供水计划编报，按供水实时调度流程的规定，及时掌握中线干线用水需求，下达陶岔供水流量调整调度指令。通水以来，严格按照长江防总下达的调度指令以及长江委批复的月度供水计划实施水量调度，共下达陶岔供水流量调整调度指令达 189 次，保障了中线一期工程供水的安全稳定运行，最大限度发挥丹江口水库的综合利用效益。

2012—2016 年，水库年均来水约 260 亿立方米，较多年均值偏少 3 成。在水库来水持续偏枯、供水蓄水形势异常紧张的情况下，为保供水，汉江集团积极协调电力、航运等部门，主动大幅压减发电量，水库基本维持生态流量下泄，努力抬升库水位，确保了中线工程如期通水和正常供水。2018 年，水库首次实施汛期运行水位动态控制，最高运行水位超汛限水位 1.28 米，多蓄水近 10 亿立方米。

源头导引活水，资源合理善用。南水北调中线一期工程通水以来，惠及北京、天津、石家庄、郑州等沿线 19 座大中城市，沿线 5310 万居民喝上了甘洌的"南水"。日前，南水已占到北京市城区日供水量近 7 成，全市人均水资源量由原来的 100 立方米提升至 150 立方米；天津市 14 个行政区的市民用上了南水，结束了"自来水腌咸菜"的历史；郑州市中心城区自来水 8 成以上来自南水。

11 月 15 日，国家副主席王岐山在湖北调研期间来到丹江口，视察丹江口水利枢纽工程和丹江口水库。在库区考察生态环境保护情况时，王岐山试喝了刚从水库打上来的清水，连连称赞。12月6日国新办举行的新闻发布会上，水利部总规划师汪安南说"中线水源地丹江口水库的水是一级水，水质非常好"。南水北调中线一期工程输水水质一直保持在Ⅱ类或优于Ⅱ类，不仅保障了北方人民饮水安全，也从根本上改变了北方受水区的供水格局。

南 水 织 就 "生 态 线"

南来之水，款款流淌；无言述说，润泽北方。

4年来，汉江集团公司将"保供水"的承诺变成了纵贯南北的一江深情，更为国家生态文明建设增添了强劲的动力。

北京、天津等受水区利用南水加快了对当地地下水水源的置换，已压减地下水开采量逾8亿立方米。北京市利用南水每天向城市河湖补水17万～26万立方米，增加水面面积约550公顷，城市河湖水质明显改善，多年来超采严重的密云、怀柔、顺义等水源地，地下水水位下降趋势得到了遏制。天津市在通水后地下水水位累计回升0.17米。河南省14座城市地下水位回升，其中郑州市回升3.03米，许昌市回升约2.6米。

在保障中线一期工程受水区大中型城市供水的同时，南水北调中线一期工程又接受了新的任务——向北方启动生态补水调度。汉江集团公司坚决服从国家生态战略，严格落实水利部生态调度要求，今年4月13日至6月30日，丹江口水库完成了向北方30条河流生态补水，共向受水区河北、河南、天津等省市生态补水8.65亿立方米。沿线城市河湖、湿地及白洋淀水域面积明显扩大，地下水位明显回升，河湖水量明显增加，补水生态效益凸显。

汉江集团与水源公司共同推进水源工程运行管理专项建设，建成丹江口水库鱼类增殖放流站，首次放流优质鱼苗12万尾，有效促进库区水生态环境修复，保障水生生物的多样性。

当好库区"守护人"，这是任务，更是责任。近年来，汉江集团公司学习贯彻习近平总书记治水重要讲话精神，坚持绿色发展理念，响应国家低碳环保、节能减排的号召，深化产业结构调整，淘汰落后产能，减少污染物排放，先后关停了7万吨电解铝产能以及位于丹江口水库保护区内的20万吨电石产能；完成了丹江电化公司4台电石炉密闭化环保改造，实现了尾气循环清洁利用；实施九信电化公司破产，全力保障水量水质。

鱼邀碧水、鸟翔蓝天、水天一色、清水盈盈……一幅幅秀美的生态画卷呈现眼前。"作为源头'水脉'守护者，汉江集团公司仍将忠实履行水利企业、水管单位的政治责任、经济责任、社会责任，守护好丹江口水库这一南水北调中线核心水源区，让北方人民喝上放心水，继续为推进京津冀协同发展和促进区域生态文明建设作出应有的贡献。"汉江集团公司、中线水源公司董事长、党委副书记，丹江口水利枢纽管理局局长胡军说。

蒲　双　穆青青

2018 年 12 月 19 日长江水利网

一 泓 清 水 入 户 来

——走进漯河市南水北调受水区

11 月 16 日凌晨一点，我市南水北调最后一个受水厂市第三水厂实现了供水。这一天，标志着我市 8 个南水北调受水水厂全部通上了南水北调水。

自 2015 年 2 月 3 日我市首次实现南水北调通水至今已近 4 年。这 4 年来，我市南水北调配套工程已累计调水近 1.8 亿立方米，对漯河经济社会发展产生了积极影响。近日，记者走进居民家庭，感受一下南水北调给市民生活带来的变化，以及对社会发展产生的深远影响。

居民用水质量明显提升

12 月 2 日上午 9 时许，当记者来到纬一路某小区魏亚丽家时，她正在厨房内洗涮碗筷。她高兴地说："这几天家里的自来水真的有变化，水质好多了。"之前烧开水，能见到开水中漂浮的淡淡的水垢，这些天这个现象没有了，自来水烧开后依然清澈。

南水北调水走进寻常百姓家，让市民感受到了生活质量的逐步提高。市民于志海家住天鹅湖小区四楼，这些天他发现茶水的洁净度高了不说，茶水的味道更加纯正了。"水质好了，喝茶也成了一种享受。"于志海笑着说。

据监测，第三水厂的南水北调水经过处理后，水质浊度每立方米仅0.13，远远低于国家自来水水质浊度1的标准。受水区百姓最直接的感受是水质好了、水垢少了。如今第三水厂每天供水量在2.5万立方米，供水安全平稳，完全能满足供水区域内市民生产生活需要。

"变化不仅体现在水质上，而且出水量也更足了。"于志海说。他家有台热水器，水压不足的情况下有时候打不着火，无法正常使用。有些楼层高的住户还在热水器上加装了进水增压泵，来缓解进水压力低而打不着火的问题。因此他也买了一个，现在看来用不上了。

据了解，南水北调工程通水之前，我市城区居民生活用水的水源为澧河水和地下水。南水北调工程通水后，可以实现南水北调水源和澧河水源互补，我市的供水安全保障能力将大大提高。

记者入户采访，饮用南水后给生活带来的改变，让大家切实感受到了南水北调工程释放的民生红利，让市民拥有更多获得感和幸福感。

保护地下水，引入自来水成趋势

南水北调通水，为我市缺水地区的开发建设建立了基础，投资环境也得到改善。

11月28日，记者在市第八水厂见到了南京来的技术专家。"这两年随着投资环境的不断改善，经开区入住企业逐渐增多，用水量的需求也在逐年增长。保证企业和居民用水是水厂的责任所在。"他说。

2016年年底前，漯河市第八水厂正式通上南水北调的水。说起第八水厂的自来水处理工艺，他显然自豪满满。"我们是全市第一家采用超滤膜工艺的水厂！"他说。采用"高效澄清池＋超滤系统＋消毒"处理工艺，增加了运营成本，但是换来的是优质的供水。进入水厂的南水北调原水经过沉淀、过滤、消毒等过程后，进入超滤系统再进行深度过滤。最后进行加压处理，送往经开区的用水户。

南水北调水源源不断地走进经开区近3000户居民家以及10多家包括食品类等各种企业的生产车间。目前，辖区有部分村已经用上了南水北调水。还有一些村陆续提出申请开通自来水。

南水北调让老百姓喝上丹江水，不仅改善了民生福祉，同时也影响着企业的运行效率。南水北调正式通水以后，企业感触最大的是，用水效率得到进一步提高。在经开区采访，某企业负责人告诉记者，当时企业开工前，准备打一口自备井。但是自来水引进厂区后，他们打消了开采地下水的想法。

企业生产需要水，水质和水压等条件是企业生产必须考虑的问题，南水北调水与自备井水相比有着自身的优势。如今，随着政府对地下水资源保护力度的加大，封闭自备井，引入自来水成为趋势。

保护水资源，节约用水在行动

南水北调工程通水，为我市带来丰富的水资源。优良的水质保证，使城区居民对更加安全、纯净、甘甜的丹江水赞不绝口。同时受水区环境也得到改善。

冬日暖阳下，位于临颍县的黄龙湿地保护区内湖水波光潋滟，水鸟在水中嬉戏，湖水滋养着两岸的植被……临颍县以南水北调蓄水调节池为契机，进行高起点规划、高标准建设，打造一个集蓄水、生态、景观、休闲、文化于一体的黄龙湿地保护区。而这项重大民生工程的实施，不仅保障了城区企业和居民的优质用水，也改善了城市生态，提升了城市品位，提高了人民群众生活水平。

目前，我市南水北调配套工程已累计调水近 1.8 亿立方米。为了贯彻落实最严格水资源管理制度，加强地下水资源的保护，充分利用南水北调优质水源，保障城市供水安全，根据《河南省南水北调受水区地下水压采实施方案（城区 2015—2020)》的通知，我市制定了《关闭自备井实施方案》。市有关部门联合组成了关闭自备井队伍，根据先供后停的原则，对要关停的自备井用水户逐户动员，使我市的关闭自备井工作顺利开展。

不仅如此，我市各地大力推广工农业节水技术，严格限制高耗水行业规模，实行区域内用水总量控制，加强用水定额管理，提高用水效率和效益。从 2014—2017 年，我市的用水总量全部在省控目标值以内。

王海防　扬　淇

原载 2018 年 12 月 18 日《漯河日报》

丹江口大坝安全监测自动化
系统投入试运行

本站讯 12 月 22 日，随着混凝土坝最后一个测站的接入，监测中心站软件上线，丹江口大坝安全监测自动化系统投入试运行，完成了长江委主任办公会定下的"12 月底前完成安全监测自动化系统的安装调试工作"节点目标。

丹江口大坝安全监测新老系统整合及自动化项目为水利部重点督办项目，南水北调中线水源公司领导高度重视，带领工程部精心组织、超前预控、科学管理，会同各参建单位，及时协调解决相关问题，确保施工进度始终处于受控状态，提前 8 天完成年底节点目标。

丹江口大坝安全监测自动化系统具备监测数据的即时采集、分析、传输、展示和应用功能，集自动化传输、数字化管理、高效化运行于一体，实现了丹江口大坝安全监测智能化。

大坝安全监测自动化系统的接入测点总数为 1500 个，利用现行成熟可靠的大坝安全分析技术、数据处理技术、虚拟化、地理信息和 3D 技术、物联网、二维码、远程自动化控制等技术，实现了对大坝监测数据全天候、无缝隙采集以及系统性、即时性、结论性分析，大坝监测设施实现了远程控制、远程检测、自校、修复。

大坝安全监测自动化系统试运行完成后，大坝监测管理人员可按照自身权限，随时随地通过手机、计算机等终端，掌握大坝的运行情况，及时进行工程监测与管理。

周 愿
2018 年 12 月 28 日长江水利网

周恩来：南水北调，我来管！

今天是周恩来总理逝世 43 周年

周总理生前为南水北调的规划、查勘、建设

贡献了智慧和汗水

他以执着、科学、认真、严谨、负责的精神

推进南水北调大业梦想成真

鞠躬尽瘁，死而后已

1952 年，毛泽东主席提出南水北调的梦想。

1958 年 2 月，毛泽东对周恩来说："恩来，这些问题今后就由你来管吧。"

主席还伸出四个手指头，认真地说："一年抓四次。"

"这事"就是治理长江、南水北调的重任。

周恩来爽快地答道："好，我来管！"

到 2 月底，周恩来立即赶到武汉，视察长江三峡。

他在"江峡"号轮船上，听取了有关部门的汇报，当即指示："同意建设丹江口水利工程，现在就应积极准备，列入第二个五年计划开工。"

他说，总原则是丹江口水库综合利用，以近期为重点，济黄济淮作为远期并不排除，现在可以不考虑引水后发电问题，那是 10 年、20 年以后的事。

3 月 25 日，周恩来在中央政治局成都会议发言，提议根据毛泽东南水北调的宏图，应该首先兴建丹江口水利枢纽，因为这是综合开发和根治汉江的关键工程，也是将来南水北调的一条地理位置十分优越的通道。

他说，丹江口水利枢纽工程争取在 1959 年作施工准备或正式开工，将引汉水灌溉唐白河流域的灌区规划列为丹江口工程同期实施。

在会上，毛泽东听了周恩来的建议，很兴奋。他说："打开通天河、白龙江，借长江水济黄，丹江口引汉济黄，引黄济卫，同北京联起来了。"

会后，丹江口工程前期工作启动，开工时间比原计划提前一年。湖北、河南两省十万建设大军，推着小车、背着干粮，浩荡开进丹江口。隆隆炮声，拉开了战天斗地建设丹江口水利枢纽工程的大幕。

8月，在一家从北京飞往北戴河的飞机上，周恩来向"长江王"林一山询问："丹江口水利工程和中线南水北调规划怎样？"

林一山说："丹江口工程正常高水位175米最好，保证有200亿立方米水量从方城垭口直通华北平原，是引长江三峡之水北去的组成部分。"

在南水北调中线的规划图前，周恩来指着一个位置问："这里有一个始皇沟？"

"这是宋朝程能现带领30万民工开的，中途停止。现在南水北调的渠道正好经过这里。"林一山回答。

1958年丹江口大坝建设开工典礼

历史有时惊人的相似，而"南水北调"古已有之。周恩来说的"始皇沟"，其实就是"襄汉漕渠"。

周恩来深知，当时中国的技术条件、经济能力等都存在着不足，建设巨大的调水工程压力很大。"始皇沟"的结果，给周恩来添了一丝忧虑。有人猜测周恩来会因为"始皇沟"而改变南水北调的计划。

在 8 月 31 日的北戴河会议上，周恩来指出："江水北调有四条引水线路，长江的上中下游都可以设想，要搞一个全面的规划。"

当时，处于"大跃进"时期，涌现出很多不切实际的调水狂想。周恩来一边苦口婆心耐心地说服，一边铁青着脸对错误倾向进行严肃批评。

他指出，水利建设不能把设计能力当成实际，把前途当成现实，新工程上马要非常谨慎。

他说，理想总是要实现的，但是要经过一个历史时期，不能急，不能随便搞。

事实上，中国在 20 世纪 50 年代和 60 年代的经济、技术条件下，全面实施南水北调工程是不现实的。

1960 年丹江口大坝开始进行大坝建设

刚刚跨进 60 年代的门槛，丹江口工程出现质量问题。1962 年春节的晚上，周恩来来到国务院会议室，亲自主持丹江口工程质量处理会议。

他认真听取有关人员的汇报，然后语重心长地说："丹江口工程成绩还是主要的，工程上有了毛病是可以医治的，也是可以医治好的。今天只能有这样一个态度。"

他明确了处理丹江口工程的方针：

要把丹江口工程质量处理好，这是一件大事。既然现在工程质量不好，那就应该停下来，认真进行总结；是否原班人马可以搞好质量的问题，应该寄予希望，相信他们可以搞好，"一看二帮"，要是以后搞不好，那是另外问题；施工要服从设计；信心不要动摇，骄气太重也不好，要有朴实的作风……

于是，党中央下文正式批准水电部党组《关于丹江口大坝质量处理与施工安排的报告》，准确时间是 1962 年 3 月 5 日。

1964 年 12 月 26 日，丹江口工程复工。

1973 年年底，一座银灰色大坝拔地而起，千百年来桀骜不驯的汉江从此听从人类合理、科学的安排。

1972 年，病魔已经缠上了周恩来，但他念念不忘丹江口工程。他曾感慨地说，二十年来我关心两件事，一个上天，一个水利。这是关系人民生命的大事，我虽是外行，也要抓。水利抓了二十年，而水利至少有三千年的经验，这是科学的事，都江堰总算个科学，有水平，有创造嘛。两千年前有水平，两千年后我们应该更高嘛！

如今，南水北调中线工程已经通水，惠及北京、天津、石家庄、郑州等大中城市，滋养数千万居民。

如今的丹江口大坝

然而我们敬爱的周恩来总理没有喝上一口调来的长江水，也没有看一眼家乡淮安的水上立交枢纽工程。

千秋功史，何堪魂去。

寸草春晖，难忘恩来。

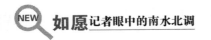

写在周恩来总理逝世 43 周年之际

周总理，今天我们怀念您！
不仅怀念您为中华之崛起付出的殚精竭虑
还怀念您为实现"高峡出平湖"
南水北调而呕心沥血的努力

当毛主席把南水北调重任交给您时说"一年要抓四次。"
您回答了四个字"好，我来管！"

当大跃进的调水狂想让丹江口大坝不堪重负时
您要求"处理好工程质量，质量不好，就停下来总结。"

当淮河洪涝泛滥，水患频发时
您坚持"为我们的子孙打下万年根基"

当晚年因日理万机病魔缠身时
您回忆说"二十年来我关心两件事，一个上天，一个水利。"

您说"要从现在大坝中找五利俱全的。"
您说"要使江河都对人民有利。"
您说"我们不能只求治标，一定要治本。"
您最后一次提到丹江口时，说
"什么时候我要到丹江口去看看。"
这是您最后一次说这句话

如今的丹江口枢纽工程不仅"五利俱全"
还成为了世界一流水利工程
我们已经把丹江口大坝加高到 176.6 米
向北方调了 220 多亿立方米的水

北方用水越来越不愁了

如今的淮河流域没有再发生大规模水患
生态补水让河湖更美了

当眼望千里碧波向北流时 我们怀念您
当耳听淙淙清水入万户时 我们怀念您
这江河 如您所愿
这盛世 如您所愿

朱文君　李　萌　王永康
2019 年 1 月 8 日信语南水北调

"分水"西黑山　"清泉"润津城

春节期间，人们忙着和家人欢聚，可在保定市远郊有一群人还和日常一样，巡视、记录、检查、维护，丝毫不敢松懈。偶尔给朋友们、家人们打个电话说声抱歉，偶尔接到拜年电话，寒暄一阵。"舍小家，为大家"在这里不单单是一句喊了很多年的口号，而是实实在在的行动，为了津城群众的饮水安全，他们付出了为了千家万户的欢声笑语，他们无怨无悔。

从天津向西行驶 170 多公里就到了保定市。保定与京津构成黄金三角，并互成掎角之势，自古是"北控三关，南达九省，地连四部，雄冠中州"的"通衢之地"。穿保定市区向北继续行驶，两边的地势越来越高，山丘黑石遍布。拐入村道，左转右绕、穿桥洞、爬斜坡，到西黑山脚下，再穿过铁丝网大门后，终于进到南水北调中线工程总干渠京津分水处——西黑山分水口。

39 岁的徐旸在偏僻的山脚下已经工作了 8 年了，负责管理处沿线所有明渠、箱涵输水段落的工程维护和安全巡查。因为边坡上没有台阶，巡查队员们每天都需要这样爬上爬下。边坡上每一处的马道是否牢固、坡顶的围栏是否完好，都要每日周而复始仔细筛查。对于每一位南水北调人来说，这里就是大家的战场。

　　西黑山村节制闸正处于中线总干渠 1120 公里处，在这里，滚滚长江水"一分为二"，一股继续向北进京城，另一股掉头东进，滋润天津。"别看地方偏僻，这可是南水北调中线工程的咽喉。"分水口天津干线建管单位负责人徐旸说。他从 2011 年天津干线规划建设时就到了这里。四下一瞧，黑山矗立，岩石裸露，山风硬，气温低，工作条件可真够艰苦的！"这山因黑石多而得名，东边叫东黑山，西边叫西黑山。"

因为目前正值冰期，尤其夜间温度骤降，徐旸最重要的工作就是观测水面的浮冰情况。如果流冰伴随水流冲过拦冰索，对闸口的安全就会造成影响。为了保障用水安全，徐旸今年再次选择了坚守在岗位上。"水利人四海为家，过年不能回去，对我们来说早习惯了。8 年前从江苏项目来的时候，我还不知道南水北调工程。后来知道保定是南水北调中线工程的'水龙头'，水利人能为这样的工程出一份力，这辈子也值了。"徐旸说。

2014 年 12 月 12 日，南水北调中线工程正式通水。看到丹江水从渠首大坝喷涌而出向北流去，徐旸特别高兴。"我用手机拍了几张照片发给家人和朋友，大家都为我点赞！"

说起家人，徐旸感到十分愧疚。老家在甘肃兰州的他，已经 4 年没有回去陪父母过年，今年原本想回去陪父母过年，可工程值班人太少，安全巡查任务重，他便又留了下来。"老人家会理解我，忠孝难两全啊！"说着说着，徐旸的眼睛湿润了。在坚守渠首的一千多个日日夜夜，他不停忙碌着，把对家人的思念化作工作的动力，一次次放弃与家人节假日团聚的机会，一心一意抓好工程建设和安全巡查，内心却满是"子欲养而亲不待"的心酸。

除了逢年过节无法陪伴在父母身边，徐旸经常一个月也歇不了两天，家里的事情也完全顾不上。前段时间家里的两个孩子都因为感冒而发起了高烧，妻子一个人实在顾不过来，打电话让徐旸请两天假，一起照顾下两个孩子。但是实在走不开的徐旸只能拒绝了妻子的要求。一直很支持丈夫工作的妻子不禁委屈起来："平时忙就算了，两个孩子生病你还得去加班……"，看着手机里孩子的视频，徐旸心里很不是滋味，但他只好对妻子说："南水北调工程是全国人民的孩子，无数人为了他抛家舍业，甚至付出了生命，咱们现在这点儿牺牲算什么呢？"嘴上这么说着，但心里知道自己亏欠家人太多，时间基本都用在了单位，陪家人的时间都少之又少。从结婚后一直和妻子计划带着孩子一起去旅游的徐旸，也一直没有实现。"这几年因为工作太忙最远没有出过保定市。"徐旸苦笑着说，2019 年最大的心愿是能多陪陪父母和带着家人去远方旅游。

　　截至 2018 年 12 月 12 日，南水北调中线工程通水 4 年，累计向天津市安全输水 34 亿立方米，守得江水入津门，是每一名南水北调人日复一日的坚守，他们守护着自己的岗位，守护着对千万老百姓饮水安全的责任。更是在京津冀一体化背景下，推动了京津冀在水资源利用和保护方面的协同发展，提高区域水安全保障。

郭　强
2019 年 2 月 12 日天津北方网

千里水脉润北方

——南水北调中线输水成效综述

冬日的京冀郊外，瑞雪覆盖着大地。在南水北调中线干线工程北拒马河暗渠，南水在阳光照耀下更显清澈。

据南水北调中线建管局消息，截至 2 月 15 日，中线工程累计输水达到 200 亿立方米。沿线河南、河北、北京、天津四省（直辖市）的百姓在水安全、水生态和水环境方面的幸福感大大提升。

5300 多万人喝上甘甜南水

2 月 15 日上午，在位于北京市房山区大石窝镇的惠南庄泵站，国内最大的单级双吸离心泵正在向北京输水。惠南庄泵站是南水北调中线工程总干渠上唯一的一座大型加压泵站，正如人体的心脏，为千里水脉提供源源不断的动力。

南水送来清凉。南水北调中线建管局有关负责人表示，截至目前，河南、河北、北京、天津四省（直辖市）5300 多万人已喝上甘甜的南水，500 多万人告别了高氟水、苦咸水。

据了解，河南受水区 37 个市县全部通水，郑州中心城区自来水八成以上为南水；河北石家庄、邯郸、保定、衡水主城区的南水供水量占 75% 以上，沧州达到 100%；南水占北京主城区自来水供水量的 73%，密云水库蓄水量自 2000 年以来首次突破 25 亿立方米；天津市 14 个区居民全部喝上南水，南水成为新的供水"生命线"。

喝好水直接关系百姓的幸福感。监测显示，通水以来，中线水源区水质总体向好，输水水质保持在优于 Ⅱ 类，其中 Ⅰ 类水质断面比例占 82% 以上。北京市自来水硬度明显下降，公众普遍感到水碱减少，饮水口感更好了。

河湖地下水重现生机

冬日暖阳下，河北滹沱河畔的冀之光广场附近流水潺潺，不时有水鸟飞过。难以想象这里曾经四季无水、到处垃圾。

干涸了几十年的滹沱河重现生机，是南水北调工程生态补水的一个缩影。记者从中线建管局了解到，中线一期工程连续两年利用汛期弃水向受水区 30 条河流实施生态补水，已累计补水 8.65 亿立方米。自 2018 年 9 月开始，水利部、河北省人民政府开展华北地下水超采综合治理河湖地下水回补试点。生态补水使河湖水量增加、水质提升。

监测显示，天津市中心城区 4 个河道断面水质改善到 Ⅱ 类至 Ⅲ 类；河北省白洋淀监测断面入淀水质提升为 Ⅱ 类；河南省郑州市补水河道基本消除了黑臭水体；北京城区新增 550 公顷水面，生态环境显著改善。

工程通水以来，通过限制地下水开采、直接补水、置换挤占的环境用水等措施，遏制了黄淮海平原地下水位快速下降的趋势。据监测，截至 2018 年 5 月底，北京市平原区地下水水位与上年同期相比回升了 0.91 米；天津市地下水水位 38％有所上升，54％基本保持稳定；河北省深层地下水水位每年由下降 0.45 米转为上升 0.52 米；河南省受水区地下水水位平均回升 0.95 米。

提前部署保障冰期输水

"冬季输水因为天气寒冷，总干渠结冰很正常，关键是采取有效措施，防止控制闸门受到冰冻影响，保障冰期输水的安全调度和运行平稳。"中线建管局有关负责人对记者说。

据了解，为了应对极寒天气，中线建管局采取了一系列举措：制定冰期输水调度方案，保持总干渠高水位运行，一旦形成冰盖，实施小流量输水；加强对水温、流速和流量的观测，加强工程巡查巡视；在全线增加 28 条拦冰索、拦冰桶，在重要的控制闸前安装扰冰装置；增加应急抢险车等。

工程全线列出了冰期输水 3 个重要部位：岗头、西黑山和北拒马河 3 个控制闸。现场管理处提前准备，弧形闸门槽两侧的电融冰装置已实现智能化，检测温度低于 5 摄氏度时，电融冰装置自动启动，控制设备温度在 0～5 摄氏度之间，确保不结冰。同时，抢险队伍配备了专业工具，可以迅速投入破冰、捞冰、运冰作业。在经历了 2016 年的极端天气后，有关部门在冰期输水方面已经积累了相当经验。

于文静

2019 年 2 月 16 日新华社

南水北调中线累计输水 200 亿立方米

2 月 15 日，刚刚落过雪的北京寒意正浓。位于房山区的南水北调中线干线惠南庄泵站，厂房外，白雪寂静；厂房内，机器轰鸣。这座南水北调中线工程总干渠上唯一的一座大型加压泵站犹如一颗心脏，为千里水脉提供着不竭动力。在这里，奔流 1000 多公里的南水经过加压后将继续一路向北流入总干渠终点颐和园团城湖。在这里，南水北调中线建管局北京分局惠南庄管理处处长唐文富和他的同事们正对运转着的两台国内最大单级双吸离心泵进行日常检查。

这一天，似乎和往常没有什么不同。

但从 1000 多公里之外的陶岔渠首传来的消息，又注定了这一天的不寻常——2 月 15 日，南水北调中线工程累计输水 200 亿立方米。这 200 亿立方米水调出了沉甸甸的幸福感——沿线河南、河北、北京、天津四省（直辖市）5300 多万人喝上了甘甜的南水，500 多万人告别了高氟水、苦咸水；河湖环境得到改善；地下水水位明显回升。

受水区供水格局优化

"2015 年之前，我一般不敢穿白衬衣。因为我们这儿煤尘大，白衬衣很容易脏；供水又难，衣服不能洗得那么勤，水质也差，白衬衣洗完很容易发黄。但现在不一样了，用水有保障了，水质也更好了。"家住河南省平顶山市石龙区的高广伟告诉记者。

高广伟的幸福感源自南水北调中线工程——2015 年 5 月，南水北调中线工程向平顶山市石龙区正式分水。南来之水经配套工程进入石龙区自来水管网，在河南省实现了供水全覆盖、城乡一体化。而这只是南水北调中线工程通水效益的一个缩影。

在河南，受水区 37 个市县全部通水，郑州中心城区自来水 8 成以上为南水，鹤壁、许昌、漯河、平顶山主城区用水 100% 为南水。

在河北，中线一期工程与廊涿、保沧、石津、邢清四条大型输水干渠构建起河北省京津以南可靠的供水网络体系，石家庄、邯郸、保定、衡水主城区南水供水量占 75% 以上，沧州达到了 100%。

在北京，一纵一环的输水大动脉已经形成，南水占主城区自来水供水量的 73％，平均每年的供水量相当于 500 个颐和园昆明湖的蓄水量，密云水库蓄水量自 2000 年以来首次突破 25 亿立方米，中心城区供水安全系数由 1.0 提升到 1.2。

在天津，一横一纵、引滦引江双水源保障的新供水格局得以构建，形成了引江、引滦相互连接、联合调度、互为补充、优化配置、统筹运用的城市供水体系，14 个区居民全部喝上南水，成为天津供水新的"生命线"。

百姓喝上甘甜的长江水

惠南庄泵站几公里之外，一渠清水缓缓流进北拒马河暗渠节制闸。在阳光的照耀下，渠中的南水尤为清澈。两名工作人员正蹲在横跨输水渠的一座浮桥上对南水进行取样，之后，这些南水将被送进仪器进行分析检测。除此之外，更日常的，是对南水水质的 24 小时自动监测。

南水北调，成败在水质。监测结果显示，通水以来，南水北调中线工程输水水质一直保持在 II 类或优于 II 类，其中 I 类水质断面比例由 2015—2016 年的 30％提升至目前的 82％以上。

优质的南水显著改善了沿线群众的饮水质量。河北省泊头市灌河村村民赵志轩说起当地饮用水的变化十分感慨："过去我们喝的水又苦又咸，而且很涩很硬，煮粥总是结块，在外的人都不愿意回来。现在可好了，水很甜。"

像赵志轩这样对水质变化有深切感触的村民在河北还有 506 万人。南水北调中线工程通水以后，河北省对包括灌河村在内的黑龙港地区的 37 个县实施农村生活用水置换工程，这 506 万人因此喝上了甘甜的长江水，彻底告别高氟水、苦咸水。

而在北京，喝上南水的人们也普遍感觉水碱少了，水变甜了。数据表明，北京市自来水的硬度从通水前的每升 380 毫克下降到目前的每升 120～130 毫克，水质明显改善。

河湖和地下水重现生机

冬日，阳光洒在河北石家庄滹沱河上，水面波光粼粼。支流汊河的河水通过一座两米多高的橡胶坝源源不断流向滹沱河，一条长长的小瀑布就此形成，水声隆隆。很难想象，这里曾经河床裸露、沙坑相连、杂草丛生。

滹沱河重现生机，得益于南水北调的生态补水效益——去年9月，水利部和河北省政府联合启动华北地下水超采综合治理河湖地下水回补试点，利用南水北调中线工程向河北省滹沱河、滏阳河、南拒马河三条重点试点河段实施补水，目前已累计补水5亿立方米，形成水面约40平方公里，三条河流重现生机。据中线建管局有关负责人介绍，根据119眼地下水监测井动态监测情况，与补水前相比，监测井水位呈上升趋势的占45％，呈稳定态势的占8％。

此外，记者了解到，南水北调中线工程通水以来，通过限制地下水开采、直接补水、置换挤占的环境用水等措施，有效遏制了黄淮海平原地下水位快速下降的趋势，北京、天津等省市压减地下水开采量15.23亿立方米，平原区地下水位明显回升。截至去年5月底，北京市平原区地下水位与上年同期相比回升了0.91米；天津市地下水位38％有所上升，54％基本保持稳定；河北省深层地下水位由每年下降0.45米转为上升0.52米；河南省受水区地下水位平均回升0.95米。

陈　晨

原载 2019 年 2 月 18 日《光明日报》

去年地下水位回升 1.94 米

本报讯　记者近日从北京市水务局获悉，2018 年，地下水埋深为 23.03 米，较上年回升了 1.94 米，相当于地下水储量增加了 9.9 亿立方米。目前，北京市地下水位已连续 3 年回升，去年是回升速度最快的一年。

北京市 885 个地下水监测点显示，2018 年，全市地下水埋深为 23.03 米。相较一年之前的 24.97 米，地下水位回升了近 2 米，相当于增加了 9.9 亿立方米储量。其中，平谷区地下水位回升最多，达到了 9.17 米；密云和怀柔也分别达到了 6.36 米和 3.92 米。

2014 年年底南水进京，本市地下水开始进入恢复期。2015 年地下水位停止下降，2016 年和 2017 年分别回升了 0.52 米、0.26 米。

城市因水而兴。历史上的北京水资源丰富，城内外湖泊众多，甚至一度"掘地成泉"。1960 年的监测记录显示，当时的地下水埋深为 3.19 米。自

南水北调终点团城湖调节池春景

1999年起，北京市经历了连年干旱，再加上经济社会迅速发展，用水量急剧增加。面对严峻的供水形势，本市不得不每年超采地下水以维持城市运行。自2000年以来，地下水位以每年1米的速度下降。

"三分天帮忙，七分人努力。"市水文总站的总工程师黄振芳这样形容爆发式增长的地下水储量。去年，北京市年降雨量为590毫米，与多年平均降雨量585毫米基本持平。"但可喜的是，去年好几场大雨下在了密云、怀柔、平谷、昌平等水库上游和山前地区，这些地区地处山区或山前冲积扇，非常有利于雨水下渗，快速补充地下水。"该负责人说。

南水充实了本市的水家底，本市地下水开采量缩减超3亿立方米。怀柔、平谷等应急水源地仅维持"热备份"状态，让连年超采的地下水得以休养生息。市水务部门持续推进自备井置换，去年，共填封近300眼自备井，相当于每天减采地下水8万立方米。

北京市还尝试性开展回补地下水，向桃峪口水库、稻田水库、小中河、潮白河、雁栖河等地开展生态补水。去年，平谷金海湖首次开闸放水，库水下泄进入河道，透过粗大的砂石颗粒下渗。据水文总站估算，去年共回补地下水约3.4亿立方米。

随着地下水位快速回升，昌平、怀柔、平谷等地陆续有干涸的水井和泉眼恢复喷涌。去年8月，昌平连山石村的一眼山泉时隔20年又冒出泉水，绵延流淌8公里。"地下水位的回升，不但能缓解地面沉降、提升地下水质，也为白浮泉、玉泉以及"三山五园"水系的恢复提供了可能性。"市水文总站相关负责人说。

朱松梅

原载 2019 年 3 月 18 日《北京日报》

世界水日现场直播：水质达标、
生态多样，南水北调中线工程
5 年来成效显著

万金波
南水北调中线建管局渠首分局
党委副书记

中线工程就是从我们现在所处的位置

经过沿线的河南 河北 北京 天津四个省市

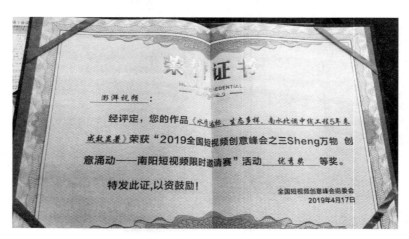

荣誉证书

HONOR CREDENTIAL

澎湃视频：

经评定，您的作品《水质达标、生态多样，南水北调中线工程5年来成效显著》荣获"2019全国短视频创意峰会之三Sheng万物 创意涌动——南阳短视频限时邀请赛"活动 优秀奖 等奖。

特发此证，以资鼓励！

全国短视频创意峰会组委会
2019年4月17日

2019 年 3 月 22 日，宣传中心在南水北调中线陶岔渠首开展一场以"节水优先、水质达标，南水北调中线工程实地再探访"为主题的现场直播，通过澎湃新闻客户端、澎湃新闻微博向社会各界宣传南水北调中线工程发挥的效益及运行管理情况，呼吁大家节水、护水，传递正能量。直播于 22 日上午10：37 开始，历时 1 小时 20 分钟，分别从南水北调工程概况和效益发挥、中线工程运行管理情况和供水效益、水质监测情况、生物多样性以及生态绿化林等方面做了直播采访，通过现场采访问答、体验式访谈等形式更加真实、直观地向社会公众介绍、宣传了南水北调工程。拍摄制作的短视频《水质达标、生态多样，南水北调中线工程 5 年来成效显著》荣获"2019 全国短视频创意峰会之三 Sheng 万物 创意涌动——南阳短视频限时邀请赛"活动优秀奖。

朱文君　李　萌　张成杰　郑朝渊　史含伟

原载 2019 年 3 月 22 日澎湃新闻客户端南水北调政务号

北京投 27 亿助南水北调水源区发展

本报讯　记者日前从北京市扶贫支援办获悉，为回馈南水北调水源区，自 2014 年开展对口协作工作以来，北京向河南、湖北两省水源区共投入资金25 亿元，实施项目 788 个，重点用于水质保护、精准扶贫、产业转型、民生事业、交流合作等领域；北京各区累计额外支持资金 2 亿元用于结对县市区发展。同时，还引导京企在河南、湖北两省水源区投资 1000 多亿元。

南水北调中线工程 2014 年 12 月 27 日进京通水，截至今年 2 月 15 日，北京已累计接收南水超 43 亿立方米，供水水质均符合或优于 II 类水质标准。南水北调来水已占北京城区日供水量的 73％，直接受益人口 1200 余万人。

按照国务院关于开展对口协作的工作要求，北京市研究编制对口协作规划，从 2014—2020 年，每年拿出 5 个亿（河南湖北各 2.5 亿元）用于对口协作。

保水质是第一要务。为此北京市重点实施主要入库河流及支流污染治理及生态修复工程、环库生态隔离带建设、沿河两岸乡村环境综合整治、新建和改扩建污水处理厂建设等重大工程，动员北京技术资金雄厚的企业积极参与水源区水质保护。如北排集团运用世界领先的"红菌技术"运营十堰渗滤液项目，首创集团接管东风水务公司，北京碧水源对十堰市及相关县市区污水垃圾处理设施进行托管运营等。截至目前，丹江口水库所有监测断面水质稳定达标。

支持发展特色产业，助力水源区群众脱贫致富，这条路正越走越宽。北京支持国家杂交小麦产业化基地落户邓州，开展组团式产业扶贫，建设淅川渠首北京小镇项目；支持建设西峡香菇、淅川软籽石榴、内乡杜仲、邓州黄金梨、栾川连翘、卢氏绿壳鸡蛋、竹溪茶叶、竹山食用菌等特色产业基地带动贫困村发展，打造了一批绿色农产品品牌；在水源区实施了邓州市杏山生态旅游小镇、西峡县丁河猕猴桃小镇、栾川县北京昌平旅游小镇、内乡七里坪乡旅游小镇、卢氏县五里川特色文化小镇等项目；支持丹江口吕家河民歌村文旅产业发展，助力脱贫攻坚。

社会力量也在广泛参与产业合作。据不完全统计，北京与河南、湖北两省累计开展各类政务、商务对接交流活动1000多次，河南、湖北两省水源区吸引北京地区企业投资达1000多亿元。中关村科技园积极开展园区共建，农林科学院、京能集团、北排集团、北控集团、首创集团、清控科创以及碧水源等企事业单位积极参与水源区建设，涉及环保、文旅、光伏发电、风电、饮用水、扶贫等20多个领域。

在加大公共服务支持力度，增强群众获得感方面，北京支持水源地建设了淅川县思源学校、栾川县三川镇养老中心、邓州市杏山引水工程、丹江口市柑橘大市场、神农架林区兴隆寺村入村道路等一批基础设施项目。

孙　杰

原载 2019 年 3 月 26 日《北京日报》

千里水脉　润泽北方大地

翻看中国地图，南水北调的一泓清水过江都、出陶岔、穿黄河，一路奔涌向北，编织着四横三纵、南北调配、东西互济的中国大水网。作为中国跨区域调配水资源、缓解北方水资源严重短缺的战略性设施，南水北调工程也是世界上覆盖区域最广、调水量最大、工程实施难度最高的调水工程之一。可以说，南水北调工程建成通水，向中国乃至全世界展示了中国水利工程的辉煌成就。

构 建 供 水 新 格 局

我国北方缺水问题由来已久。为解北方之渴，经过半个世纪的周密论证，我国决定将南水北调的伟大构想付诸实践，构建水资源"南北调配、东西互济"的新格局。南水北调规划为东、中、西三线，分别从长江下游、中游、上游向北方地区调水。这三条干线，就像三条巨大的"水脉"，把长江、黄河、海河、淮河相连互通，形成了"四横三纵、南北调配、东西互济"的供水新格局。

——东线，从长江下游江苏扬州市江都区抽引长江水，沿京杭大运河一路北上，到达黄河岸边的东平湖后分成两路，一路过黄河向北到天津，全长1156公里，一路向东给胶东半岛供水，干线全长701公里。

——中线，从湖北丹江口水库自流引水，沿中线主干渠向沿线河南、河北、北京、天津4省（直辖市）供水，干线全长1432公里。

——西线，规划从长江上游调水入黄河，主要解决黄河上中游地区缺水问题。

进入21世纪，南水北调工程进入全面规划论证。2002年12月27日，南水北调工程开工典礼在北京人民大会堂举行，江苏、山东施工现场同时启动，这标志着南水北调工程正式进入实施阶段。一年后，南水北调中线工程正式开工，并迅速进入全面建设阶段。

长江水如何克服重重困难来到北京？又怎么会千里奔腾，自流进京？南水如何跨越河流和道路？来自丹江口的清泉又是如何从黄河的滚滚浊流之下穿过？千里送水又怎样保证水质安全？

一连串的疑问，让人们的目光再次聚焦到南水北调工程建设上。据水利部相关负责人介绍，世界最大输水渡槽、第一次隧洞穿越黄河、世界首次大管径输水隧洞近距离穿越地铁……南水北调工程创造了一个又一个世界之最；63项新材料、新工艺，110项国内专利，南水北调人用中国智慧一次又一次刷新着水利工程建设的新纪录。以中线穿黄工程为例，穿黄工程是南水北调总干渠穿越黄河的交叉建筑物，不仅规模大，其建筑物的布置、形式等直接与黄河河势相关，工程难度之大可想而知。最终，耗时 5 年之久，穿黄工程才得以贯通，长江水与黄河水才得以实现有史以来首次"擦肩而过"。

南水北调中线总干渠和天津干渠全长 1432 公里，沿途地域气候差别很大，安阳以北渠段存在冬季渠道结冰问题，因此冰期输水也是南水北调工程必须面临的挑战。作为南水北调中线工程总干渠上唯一一座大型加压泵站，北京市惠南庄泵站的作用重大。"从丹江口水库到北京惠南庄泵站，南水一路都是靠自然落差，全线自流，但到惠南庄泵站的自流过流能力为 20 立方米每秒，遇到北京城区用水量大的时候，就必须靠水泵机组加压供水。"南水北调中线建管局北京分局惠南庄管理处处长唐文富介绍，泵站主厂房内共安装了 8 台卧式单级双吸离心泵，这也是目前国内最大的单级双吸离心泵，"泵站就如人体的心脏，为远来的江水提供源源不断的动力"。

如今，一座座枢纽、一道道堤防，不仅守卫了江河安澜，在保障工程沿线居民用水、治理地下水超采、修复和改善生态环境等方面发挥了重要作用，还有力支撑了受水区经济社会发展。

直 接 受 益 人 过 亿

家住河南平顶山市石龙区的沈君振回忆，年轻时，每天下班后第一件事就是要到离家几里地的水井去挑水。如今，在家打开水龙头，就能喝上千里之外清甜的南水，这是当年做梦都不敢想的事情。

如今，南水北调东、中线一期工程相继建成通水，连通长江、淮河、黄河、海河，构建起东西互济、南北调配的大水网，经受住了各种工况的考验。

5 年多来，南水北调东线一期工程通过大运河连接起江苏、安徽、山东 3 个省份，实现了稳定调水，做到了旱能保，涝能排。同时，完善了江苏省原有江水北调工程体系，增强了受水区的供水保障能力，提高了扬州、淮安、徐州等 7 市 50 个区县共计 4500 多万亩农田的灌溉保证率。

同样，中线工程自通水以来，已成为北京、天津等多地主力水源和社会经济发展的生命线。据南水北调中线建管局党组副书记刘杰介绍，我国水资源时空分布严重不均，加之华北地区水资源过度开发、水污染严重、地下水开采过度，供水安全形势严峻。

心细的"煮妇"们发现了自来水的变化。"以前我们这儿水浑、碱性大、水垢多，水壶两三天就会结一层厚厚的水垢，喝水都得买桶装水。"北京市丰台区星河苑小区居民梁怡说，现在家里的水质明显改善了，家里之前安装的净水器也拆了。

保障供水安全是南水北调工程的首要任务。东、中线通水以来，在京、津、冀、豫、鲁40多个大中型城市，南水已成为不少北方城市的"主力"水源。在北京，南水北调水占城区日供水量的73％，全市人均水资源量由原来的100立方米提升至150立方米；在天津，14个行政区居民都喝上了南水，从单一"引滦"水源变双水源保障，供水保证率大大提高；在河南，郑州、新乡、焦作、安阳、周口等11个省辖市全部通水，夏季用水高峰期群众再也不用半夜接水了；在河北，石家庄、廊坊、保定、沧州等7座城市1510万人受益，特别是黑龙港地区的400万人告别了高氟水、苦咸水，居民幸福指数明显提升……

治 污 先 行 水 质 升

南水北调，关键在水质，成败也在水质。南水北调东、中线工程水网密布，水系相连，污染情况复杂，治理难度大。数据显示，2000年，苏、鲁两省主要污染物（COD）入河总量35.3万吨，氨氮入河总量3.3万吨，分别超出要求COD、氨氮入河控制量6.3万吨和0.53万吨的4.6倍和5.6倍。

业内专家都知道，东线一期工程治污最难点在南四湖。这里是苏、鲁两省交界处，是我国北方最大的内陆淡水湖，总面积1780平方公里，是南水北调东线工程重要的调蓄水库，承接苏、鲁、豫、皖4省32个县市区的客水，入湖河流53条。然而，南四湖地区的污染，集中了发达国家上百年工业化、城镇化进程中分阶段出现的环境问题，入南四湖山东各控制断面主要指标超标倍数在10倍至80倍。

要实现水质达标，化学需氧量削减率需达82％、氨氮入河量削减率需达84％。对此，业内专家忧心忡忡。

为了保证南水北调的水质安全，在 2000 年南水北调工程进入总体规划论证阶段时，国务院就定下了"先节水后调水、先治污后通水、先环保后用水"的原则。工程重点就是加强污水处理，实施清水廊道建设，完成苏、鲁两省治污及截污导流项目。

"先治污后通水"，水质达标成了沿线各地"硬约束"。江苏省融节水、治污、生态为一体，关停沿线化工企业 800 多家。山东省在全国率先实施最严格的地方性标准，取消行业排放"特权"，建立了治理、截污、导流、回用、整治一体化治污体系；主要污染物入河总量比规划前减少 85％以上，提前实现了输水干线水质全部达标的承诺。

如今，在山东微山湖地区，水质的改善使周边生态环境重现生机；在江苏徐州，这个昔日的煤城，如今颇有江南水乡的柔美风韵。南水北调东线总公司相关负责人表示，东线工程治污成功，不仅探索出了一条适合南水北调东线实际的治污道路，还辐射带动了国家重点流域的水污染防治工作。有专家坦言，南水北调东线工程的开工建设，使山东省沿线治污提前了 15 年。

同时，为保护中线丹江口"一库清水"，国务院先后批复多个规划。通过规划实施，建成了大批工业点源污染治理、污水垃圾处理等项目，基本实现了水源区县级及库周重点乡镇污水、垃圾处理设施建设的全覆盖，使入库河流水质改善明显，水源涵养能力不断增强。

如今，汩汩清水就是最好的见证：东、中线一期工程通水后，东线一期工程输水干线水质全部达标，并稳定达到地表水Ⅲ类标准；中线水源区水质总体向好，中线工程输水水质一直保持在Ⅱ类或优于Ⅱ类。比如，进津的南水水质常规监测 24 项指标保持在地表水Ⅱ类标准及以上；北京市自来水硬度由原来的 380 毫克每升降到 120～130 毫克每升；河北黑龙港地区告别饮用苦咸水、高氟水历史。

水 清 岸 绿 景 更 美

阳光下，河北滹沱河汊河河段，流水潺潺，宽阔水面中丛生的芦苇随着清风摇曳，不时有水鸟飞过。难以想象这里曾是常年干涸、垃圾遍地的河道。

面对水流哗哗作响的汊河，河北水利厅防汛办公室副主任于清涛向记者讲述了这些年的变化。"20 多年来，滹沱河几乎常年无水，河道里全是沙坑丘陵，杂草丛生。自从南水北调东中线工程通水以来，水清、岸绿、景美，生态效果非常明显。"于清涛介绍说，记得滹沱河第一次通水时，附近居民纷纷来到岸边，十分兴奋。

干涸了几十年的滹沱河重现生机，是南水北调工程生态补水的一个缩影。2018 年 9 月，水利部、河北省联合开展华北地下水超采综合治理河湖地下水回补试点，向河北省滹沱河、滏阳河、南拒马河三条重点试点河段实施补水，截至 2019 年 2 月 15 日，累计补水 5.8 亿立方米，形成水面约 40 平方公里。

曾有专家表示，南水北调工程不是一般意义的水利工程，它承担了供水与探索解决生态问题的双重责任。生活在北京丰台区的朱莉坦言，自从北京通上了南水，不仅家里水质有了很大改善，周边环境也有了很大变化，如今一有空就带着孩子来到大宁调蓄水库边玩耍，"以前这边飞沙走石，环境很差，现在有了水库，碧波荡漾、群鸟嬉戏，到了夏天，周边绿树成荫，成了周边居民纳凉散步的好地方"。

南水的到来不仅提高了首都的供水保障率，也增加了首都水资源战略储备，密云水库水量已经突破 25 亿立方米，城区新增 550 公顷水面，显著改善了周边生态环境，促进水资源涵养恢复，改善重点区域城市河湖水质，提升了美丽北京形象。

"东中线一期工程全面通水以来，通过限制地下水开采、直接补水、置换挤占的生态用水等措施，不仅有效遏制了黄淮海平原地下水位快速下降的趋势，沿线的河湖水量也明显增加、水质明显提升。"水利部南水北调司副司长袁其田告诉记者，如今北京市、天津市、河北省、河南省、山东省的地下水水位均有所上升，水生态环境明显改善。在白洋淀上游，干涸了 36 年的瀑河水库近年来重现水波荡漾。保定市徐水区德山村 62 岁的村民代克山说："现在的河道，又变回了我们小时候的模样。"

南水来之不易，如何平衡南水北调工程生活供水和生态补水的关系？据南水北调中线建管局总调度中心副主任韩黎明介绍，在不影响供水需求的情况下，统筹考虑长江、汉江流域来水情况，制定专项计划，相机补水。比如，2018 年 4—6 月，利用丹江口水库汛期腾库的情况，启动对河南、河北、天津等地的生态补水。

同时，坚持"节水优先"。记者了解到，南水北调工程沿线各地坚持"先节水、后调水"，以水定城、以水定产，用水不再"任性"。比如，天津精打细算用水，把水细分为5种：地表水、地下水、外调水、再生水和淡化海水，实现差别定价、优水优用；河北则在全国率先启动水资源税改革，"三高"行业用水税率从高设定，以税收杠杆促节水。

南水北调工程作为我国重大战略性基础设施，正在发挥着水资源优化配置、促进经济社会可持续发展、保障和改善民生的重大作用，已经成为生态文明建设的示范工程。水利部南水北调司司长李鹏程表示，2019年南水北调工程管理工作将牢牢把握"水利工程补短板、水利行业强监管"的总基调，贯彻落实2019年全国水利工作会议的安排部署，坚持问题导向，不断改革创新，完善体制机制，强化工程建设和运行监管，保障工程安全运行，提升工程综合效益，提升南水北调品牌，服务国家战略，保障水安全，不断开拓南水北调工作新局面。

2019年2月15日，南水北调中线干线工程建设管理局实时监测数据显示，南水北调中线工程已累计输水200亿立方米，惠及沿线河南、河北、北京、天津4省（直辖市）5300多万人，500多万人告别了高氟水、苦咸水，大大提升了沿线百姓在水安全、水生态、水环境方面的幸福感和获得感。

吉蕾蕾

原载2019年3月27日《经济日报》

北京市水务局：密怀顺水源地
已"喝"下3亿"南水"

本报讯 记者从市水务局获悉，截至今天下午（2019年3月28日）13时33分，南水北调来水调入密云水库调蓄工程向密怀顺水源地补水累计达3亿立方米，其中向潮白河水源地补水2.22亿立方米、向怀柔应急水源地补水0.78亿立方米，补水区域地下水水位涨幅明显。

为密怀顺水源地补充"南水"的，是密云水库调蓄工程。这个全长 103 公里的调蓄工程反向爬坡，从颐和园内团城湖取水后逆流而上，通过沿途设置的 9 级泵站，将水头抬高 132.85 米，利用京密引水渠的渠道，借助 6 级泵站加压，提升输水至怀柔水库，之后再经 3 级泵站加压并通过 22 公里的 PCCP 管道输水至密云水库。

市水务局相关负责人介绍，该工程途经海淀、昌平、顺义、怀柔、密云五个行政区输水至密云水库，可向沿线的十三陵水库、桃峪口水库、南庄水库、怀柔水库补水，并通过小中河和雁栖河向密怀顺水源地进行地下水回补，增加了本市东北部地区的水资源储备量，在促进区域水资源涵养和恢复的同时，也改善了周边水生态环境。密云水库调蓄工程自 2015 年 7 月投入运行以来，已累计输水 9.19 亿立方米。除向密怀顺水源地回补地下水 3 亿立方米外，有近 4.5 亿立方米存入密云水库，其余存入十三陵、怀柔等水库。

密云水库（资料图　安旭东 摄）

记者了解到，密云水库调蓄工程向密怀顺水源地补水主要通过两大通道：第一大通道是通过第七级郭家坞泵站，由雁栖河向怀柔应急水源地补水，2015 年至今已三次回补，累计补水量 0.78 亿立方米。截至 2018 年 12 月底，怀柔应急水源地周边地下水位平均回升 11.94 米。

第二大通道是通过第五级李史山泵站，由小中河向顺义潮白河水源地补水。2015 年至今已连续五年回补，累计补水量 2.22 亿立方米。第五次补水工作于 2019 年 3 月 19 日开启，目前补水流量 5 立方米每秒，日补水量约 50 万立方米。据监测，与 2015 年第一次补水前的地下水水位相比，2018 年 11 月初潮白河水源地地下水水位平均升幅达 15.37 米，估算地下水流场影响范围约 30 平方公里。为了最大发挥补水效益，构建有水有绿、生态良好的河道水环境，顺义区水务局下大力气截污治污，充分发挥河长作用和水政保安力量，通过小中河道治理及顺义区排污口治理等工程，有力保证了水源地水质安全。

叶晓彦

原载 2019 年 3 月 29 日《北京晚报》

截至 4 月 1 日，南水北调中线工程已累计向我市供水 1.83 亿立方米。如何确保水质安全、永续北送？市南水北调办积极作为——

做南水北调水质安全的守护者

2014 年 12 月 12 日，南水北调中线一期工程正式通水。一泓清水顺着南水北调中线工程总干渠源源北上，从鹤壁城区西侧流向北京。目前，南水北调水质各项指标稳定达到或优于地表水 Ⅱ 类标准。截至 4 月 1 日，南水北调中线工程已累计向我市供水 1.83 亿立方米，其中向城市水厂供水 1.3445 亿立方米，淇河生态补水 4835 万立方米，为我市经济社会可持续发展提供了强有力的水资源保证，为推进"六城联创"、建设富美鹤城作出了积极贡献。

南水北调关键在水质，水质安全一直是南水北调工程的重中之重。这一渠清水水质安全的背后，是全体南水北调人付出的巨大而艰辛的努力。作为南水北调中线工程必经之地的鹤壁段工程，如何确保水质安全、永续北送？面对水质保护问题，市南水北调办尽职尽责，积极作为，做南水北调水质安全的守护者。

淇河下游生态补水效果（107国道东侧）航拍资料图　（市南水北调办提供）

南水北调淇河倒虹吸鸟瞰图

划定水源保护区，确保水质安全

2018 年 6 月 28 日，经河南省人民政府同意，由河南省南水北调办、省环境保护厅、省水利厅、省国土资源厅联合制定的《南水北调中线一期工程总干渠（河南段）两侧饮用水水源保护区划》（以下简称《区划》）印发实施。鹤壁市南水北调办高度重视，及时印发文件，并利用报纸、网络等媒体刊登文章，利用电视、广播等媒体播发新闻，采用道德讲堂、游走字幕、张贴标语、发放宣传单等方式，积极做好《区划》的宣传贯彻工作。

根据《区划》规定，南水北调总干渠两侧饮用水水源保护区分为一级水源保护区和二级水源保护区。在一级水源保护区内，禁止新建、改建、扩建与供水设施和保护水源无关的建设项目；在二级水源保护区内，禁止新建、改建、扩建排放污染物的建设项目。鹤壁段划定一级水源保护区面积 2.84 平方公里，二级水源保护区面积 9.59 平方公里。《区划》的实施，既有利于确保我市南水北调中线工程水质安全、有效规避总干渠水体水质污染风险，又对推动我市经济社会持续稳定发展、改善生态环境具有重要意义。

按照省、市水污染攻坚战的相关要求，市南水北调办结合《南水北调总干渠（河南段）两侧饮用水水源保护区标志、标牌设计方案》标准，积极协调推进南水北调总干渠两侧水源保护区标识、标志、标牌设置工作，督促有关县区按照调整后的鹤壁段总干渠水源保护区范围设置好标识、标志、标牌：在保护区边界设立界标，标识保护区范围，并设立警示标志；在穿越保护区的道路出入点及沿线重要部位设立警示标志。我市涉及淇县、淇滨区、鹤壁经济技术开发区等 3 个县区，目前淇滨区和开发区已完成任务，淇县将在 5 月底全部完成标志、标牌的设置工作。

打造南水北调生态廊道景观

春暖花开之际，南水北调总干渠两侧绿意葱茏，蓝天、碧水、绿地相映成趣。对于南水北调总干渠两侧饮用水水源保护区内改扩建或新建项目，我市规划、环保、国土和市南水北调办及南水北调中线干线鹤壁管理处等部门和单位形成合力，严格把关，确保了南水北调水质安全。

我市在南水北调总干渠两侧各建设了 100 米宽的绿化带，并规划了防护林带和农田林网，防止污染、保护水质；在城区边缘建设园林景观，成为城市重要的生态功能区。目前，南水北调生态廊道景观效果初显。

对南水北调总干渠鹤壁段的污染风险点，市南水北调办联合有关部门进行现场调查和督导，建立完善了日常巡查、工程监管、污染联防、应急处置等制度，切实加强总干渠两侧水污染防治工作。根据保护区内改扩建或新建项目单位提交的书面报告和有关批件，市南水北调办现场查勘、核实，严把保护区内建设项目政策关、程序关、审核关，定期到水源保护区沿线督察和实地查勘，全面加强水源保护区管理。

在水污染防治攻坚战中奋勇争先

近年来，市委、市政府积极全面落实省委、省政府决策部署，把打赢污染防治攻坚战作为重大政治任务和民生工程，先后印发了《鹤壁市水污染防治攻坚战 8 个实施方案的通知》《鹤壁市 2018 年水污染防治攻坚战实施方案的通知》等文件，成立了市环境污染防治攻坚战指挥部，建立了市领导分包环境污染防治工作制度。

在水污染防治攻坚战中，市南水北调办主动与畜牧、环保等部门联动出击，积极作为，推进南水北调中线工程鹤壁段总干渠两侧水源保护区的水污染防治工作，积极配合县区做好总干渠两侧禁养区内养殖户关闭和搬迁工作，为总干渠水质安全稳定保驾护航。他们还定期深入乡镇、办事处宣传相关政策，疏导群众思想，化解矛盾。市、县财政共同筹措资金，对关停搬迁的养殖场、户给予一定经济补偿，推动了关停、搬迁工作顺利实施。

同时，市南水北调办不断加强总干渠突发水污染事件预防工作，完善了突发水污染事件应急预案，建立健全了水污染联防、应急处置等制度，有效降低了总干渠两侧保护区污染风险。

保护好每一滴水、用好每一滴水，是每一个南水北调人的责任，也是每个公民的责任。通水 4 年来，主动护水、保水质安全的理念在南水北调总干渠两侧水源保护区已深入人心。

南水润鹤城。甘甜的丹江水进一步增强了鹤城百姓的幸福感，为我市建设高质量富美鹤城、经济社会可持续发展提供了强有力的水资源支撑，为保障一渠清水永续北送作出了积极贡献。

汪丽娜

原载 2019 年 4 月 13 日《鹤壁日报》

进京"南水"达 45 亿方，中心城区日均取用约 220 万方

南水北调中线一期工程于 2014 年 12 月 12 日全线建成通水，同月 27 日江水进京。记者 4 月 18 日从北京市水务局获悉，截至今天下午 17 时 6 分，北京市累计接收丹江口水库来水达到 45 亿立方米，水质始终稳定在地表水环境质量标准 Ⅱ 类以上，全市直接受益人口超过 1200 万。

据了解，45 亿立方米的南来江水中，30.19 亿立方米用于自来水厂供水，11.00 亿立方米存入大中型水库和应急水源地，3.81 亿立方米用于替代密云水库补入中心城区河湖环境。

据市水务局相关负责人介绍，南水北调来水极大增加了北京市水资源总量，提高了城市供水安全保障，改善了城市居民用水条件，在显著改变首都水源保障格局和供水格局的同时，也为北京赢得了水资源涵养期。

江水进京后，北京的人均水资源量由 100 立方米提高到 150 立方米，中心城供水安全系数由 1.0 提高到 1.2，提升了城市供水保障，也为城市副中心、新机场等重点区域提供了水源支撑。目前，北京市接纳江水的水厂共八座（第三水厂、第九水厂、郭公庄水厂、田村山净水厂、309 水厂、长辛店水厂、门头沟城子水厂和通州水厂），供水范围基本覆盖中心城区以及大兴、门头沟、昌平、通州等部分区域。4 月初至今，中心城区日均供水约 300 万立方米，日均取用南水约 220 万立方米，占城区自来水供水量的七成以上。

此外，记者了解到，自 2014 年年底以来，北京市大幅压采地下水、大规模开展自备井置换工程，促进了地下水资源的涵养和恢复，遏制了地下水超采局面，2016 年起，北京平原地区地下水水位止降回升。到 2018 年年底，

全市平原区地下水埋深为 23.03 米，与上一年同期相比回升 1.94 米。

　　在水资源战略储备方面，自来水厂使用南水置换密云水库水，水库每年减少出库水量超过 5 亿立方米，通过京密引水渠累计反向输送江水 4.46 亿立方米至密云水库存蓄，出库量减少、入库量增加，再加上近两年较为丰沛的汛期降雨、上游来水，共同保证了密云水库蓄水量稳步增加、水面不断扩大。目前，密云水库蓄水量已超过 25 亿立方米。

周　依

原载 2019 年 4 月 18 日《新京报》